U0301837

值此普光气田安全高效开发五周年之际，谨以此书献给高含硫气田的开发建设者。

石兴春，1958年生，1982年7月参加工作，中国人民大学硕士，中国石油大学博士，教授级高级经济师。长期从事油气田开发和企业经营管理工作。在吐哈油田参与组织了鄯善、温米、丘陵等三大油田产能建设和玉门老油田的开发管理工作；在中国石化负责天然气开发工作，先后组织了普光高含硫气田、大牛地致密气田、雅克拉凝析气田、松南火山岩气田和元坝超深气田的产能建设和开发管理工作。率先提出了"今天的投资就是明天的成本""承认历史，着眼未来，新老资产分开考核，着重评价经营管理者当期经营成果"的经营理念；在气田开发上提出了"搞好试采，搞准产能产量，优化方案部署""多打高产井，少打低产井，避免无效井""酸性气田地面工程湿气集输、简化流程，确保安全"和"气田开发稳气控水"的工作思路，组织实施了相关领域的技术攻关，形成了特殊类型气田高效开发技术，实现了气田高效开发，促进了中国石化天然气的大发展。对发展更加注重质量和效益、转换发展方式进行了有益的探索。

曾大乾，1965年生，1984年毕业于江汉石油学院获学士学位，1994年毕业于北京石油勘探开发科学研究院获博士学位。长期工作在油气勘探开发科研生产一线，主持和参加了近二十项国家和省部级科研生产项目，获国家科技进步特等奖1项、省部级科技进步奖9项。现为中国石化集团公司油气田开发高级专家，中国石化中原油田分公司高酸气田开发首席专家及国家"十二五"重大科技专项"高含硫气藏安全高效开发技术研究"项目技术首席。主要研究方向：气藏精细描述及气藏工程。

张数球，1963年生，1988年成都地质学院硕士研究生毕业，教授级高级工程师。曾任中国新星石油公司开发部副处长和处长职务，现任中国石油化工股份有限公司油田勘探开发事业部天然气处处长。长期从事油气田开发管理工作，主要参加了"普光气田80亿立方米混合气产能建设"项目，获得"中国石化油气田勘探开发优秀项目"奖；2009年被授予"中国石化突出贡献专家"，2010年被评为中国石化"川气东送建设工程先进个人"。公开发表论文二十余篇。

特殊类型气田高效开发丛书

普光高含硫气田高效开发技术与实践

石兴春　曾大乾　张数球　编著

中国石化出版社

内容提要

普光气田是我国第一个成功开发的特大型高含硫气田，也是国内地面集输首次采用湿气集输取得成功的高含硫气田。本书作者结合参加普光气田开发建设的切身工作体会，系统总结了高含硫气田高效开发的实践和技术成果，包括：储层沉积微相研究、气水系统研究、分类储层定量预测技术、含气性定量预测技术、"多打高产井，少打低产井避免无效井"的优化布井技术、开发技术政策优化和开发指标优化技术以及稳气控水、治理调整的高产稳产技术。通过这些技术创新与实践，保证了普光气田安全高效开发，取得了很好的效果和效益。

本书可作为高等院校相关专业教学参考书，也可供从事天然气开发工作的科研、生产及管理人员阅读参考。

图书在版编目（CIP）数据

普光高含硫气田高效开发技术与实践/ 石兴春，曾大乾，张数球编著.
—北京：中国石化出版社，2014.11
ISBN 978-7-5114-3060-1

Ⅰ.①普… Ⅱ.①石… ②曾… ③张… Ⅲ.①高含硫—气田开发—研究—
宣汉县 Ⅳ.①TE38

中国版本图书馆CIP数据核字（2014）第228327号

中国石化出版社出版
地址：北京市东城区安定门外大街58号
邮编：100011 电话：（010）84271850
读者服务部电话：（010）84289974
http://www.sinopec-press.com
E-mail:press@sinopec.com
北京柏力行彩印有限公司印刷
全国各地新华书店经销
*
787×1092毫米 16开本 27.25印张 565千字
2014年11月第1版 2014年11月第1次印刷
定价：176.00元

序 一

加快天然气发展，是中国石化打造上游长板，实施绿色低碳战略的重要举措。中国石化重组以来，天然气实现了大发展，产量从1998年的35亿立方米上升到2013年的187亿立方米，增长了5.3倍，产生了巨大的经济效益。同时，满足了国民经济发展对清洁高效能源的需求，每年可替代标准煤1566万吨，减少二氧化碳排放2338万吨，减少二氧化硫排放25万吨，减少了空气污染，保护了生态环境，带来了良好的社会效益。

为了总结天然气高效开发经验，中国石化组织广大科技人员撰写了特殊气藏高效开发技术与实践系列丛书：系统总结了普光高酸性气田高效开发、大牛地致密砂岩气田高效开发、雅克拉凝析气田高效开发、松南火成岩气田高效开发技术与实践，重点阐述了"多打高产井，少打低产井，避免无效井"的优化布井技术，攻关推广了超深气田、致密气田的水平井钻井技术，创新实施了水平井分段大规模压裂、酸压提高单井产量的完井技术，探索研究了稳气控水、治理调整的气田高产稳产技术。通过减少开发井井数，提高单井产量，降低了气田的开发投资，提高了气田的开发效果和效益。它是广大科技工作者集体智慧的结晶，是中国石化天然气大发展开发实践的丰硕成果。在此表示衷心祝贺！

这套丛书的陆续出版，将对今后类似气田的高效开发提供借鉴，对天然气发展更加注重质量和效益的转变起到推动和指导作用。

傅成玉

序　二

　　川气东送工程是中国石化"十一五"国家重点工程，包括气田勘探开发、酸性气田净化处理、长输管道等工程，总投资600多亿元。它的建成投产对完善我国天然气管网、推动能源结构调整、改善空气质量、保障国家能源安全具有重要意义。

　　普光气田是川气东送工程的主供气源，是中国石化开发的第一个酸性大气田。它的开发成败直接关系到川气东送工程的效果和效益。面对高含硫化氢、高地层压力、超深海相酸性气田开发的世界性难题，中国石化坚持不懈地学习、创新和实践，组织国内外相关领域知名专家和公司进行技术咨询和技术支撑，依靠中国石化广大技术工作者持之以恒的攻关研究，深入开展了礁滩沉积相、储层、含气性等专题研究和工程技术的创新突破，形成了"多打高产井，少打低产井，避免无效井"的优化布井技术，攻关推广了超深井水平井钻井技术，创新应用了长井段射孔酸压提高单井产量的完井技术，引进吸收推广了酸性气田湿气输送技术，探索应用了稳气控水、调整治理的气田高产稳产技术，形成了相关研究单位平行研究、项目部－分公司－总部三级审查、跟踪优化调整的保障体系，确保了开发钻井成功率100%，钻遇储层符合率86.5%，气井产能达标率100%，少打开发井12口，降低了开发投资，实现了普光气田的高效开发。截至2013年年底，年产110亿立方米混合气（80亿立方米净化气）已稳产四年，实现利润117.8亿元，实现了普光气田高效开发，为川气东送工程提供了稳定可靠的气源。

　　《普光高含硫气田高效开发技术与实践》是普光气田广大开发工作者多年工作实践的丰硕成果和集体智慧的结晶，在此表示衷心祝贺！该书的出版为广大气田开发工作者提供了一本极具价值的参考书，对高含硫气田开发理论和配套技术的提高将起到积极的推动作用。

王志刚

前　言

　　21世纪人类正进入低碳经济时代，天然气作为清洁能源的地位日益突出，是目前世界能源重点发展方向之一。2010年世界一次能源消费结构中天然气占22.6%，而我国仅占4.8%，大力开发利用我国丰富的天然气资源是国家能源发展的紧迫需求，也是中国石化实施绿色低碳战略的重要举措。

　　据统计，世界天然气资源约60%含硫、10%为高含硫，主要位于海相地层。我国高含硫天然气资源十分丰富。近年来，国内几大油公司加大了海相油气勘探力度，相继取得一系列重大成果，中国石化、中国石油在四川盆地发现了普光、罗家寨等大中型高含硫气田。高含硫天然气剧毒、腐蚀性强，安全风险高，大规模开发利用高含硫天然气资源国内没有成功的先例，是我国能源领域面临的重大挑战。

　　安全高效开发利用高含硫天然气资源不仅为我国提供大量的清洁能源，而且将剧毒的硫化氢转化为我国紧缺的化工原料——硫黄，对保障国家能源安全、促进国民经济发展具有十分重要的意义。为此，国务院把以普光气田为主供气源的"川气东送"工程列为国家"十一五"重大工程。

　　普光气田是中国石化启动开发的我国第一个特大型超深层海相高含硫碳酸盐岩气田，具有六个显著特点：①硫化氢含量高（平均15%），危害性和危险性巨大，安全风险巨大；②硫化氢和二氧化碳等酸性气体分压高（硫化氢分压达9MPa、二氧化碳分压达6MPa），天然气腐蚀性极强，材质优选难度大；③气田地处山区，沟壑纵横、水系发育，易发地质自然灾害；人口密集、交通不便、生态脆弱，在安全集输、平台布局、井位选择及天然气净化处理方面存在诸多安全环保挑战；④气藏埋深4800~6000m，属于超深气藏；气藏压力53~59MPa，从陆相地层到海相地层存在多套压力系统，超深井优快钻井、井控安全风险大；⑤储层厚度大、变化快（118~419.1m），非均质性强，飞仙关储层整体似块状，长兴组为生物礁体分布，Ⅰ、Ⅱ、Ⅲ类储层交错发育，储层各向异性严重；气藏气水关系复杂，存在多套气水系统；井位部署及井眼轨迹设计难度大；⑥储量规模大，2005年1月上报储量$1143.63 \times 10^8 m^3$，2006年2月新增储量$1367.07 \times 10^8 m^3$，2007年2月新增储量$272.25 \times 10^8 m^3$。累计探明天然气地质储量$2782.95 \times 10^8 m^3$，属于特大型特高含硫气田。

　　如何安全高效开发特大型、超深、高含硫化氢的普光气田，国内没有成功先例，缺乏相应的配套技术、标准和经验。首次大规模开发这样的气田主要面临两方面严峻的挑战：一是如何实现安全环保开发，确保安全万无一失；二是如何实现气井高产高效，确保气田有效益的开发。这对首次进行这类气田开发的建设者来说，是一项以自主创新为主的高风险、高难度、极复杂的大型系统工程，需要解决一系列的世界级技术难题。

针对这些挑战，中石化采取"走出去、请进来"的办法，在广泛开展国内外类似气田调研的基础上，积极与国内外知名专业公司开展技术交流与合作，充分吸收国内外高含硫气田开发的成熟经验，充分发挥国内外高含硫气田开发专家的作用，在引进、消化和吸收的基础上，大胆进行技术创新和管理创新。

一是针对硫化氢剧毒、腐蚀性极强，沟壑纵横、交通不便，人口密集、紧邻村镇，钻井、作业及生产过程中高含硫天然气一旦泄漏，复杂山地救援十分困难，易发生人员伤亡等特大事故的安全环保难题，在引进、吸收国外设计公司工艺包的基础上进行自主创新，研究提出了符合普光气田实际工况的工艺技术路线和设计。借鉴国外高含硫气田湿气输送的经验，在国内第一次论证应用整体湿气输送工艺。提高安全环保设计标准，在钻井、采气、地面、净化厂四大工程设计和设备材料选用上，采用高等级、高标准和先进可靠的自控系统，确保工程本质安全。在管理上建立健全完备的安全环保监测、监督、处置和应急救援体系，确保各个环节安全环保措施落实到位，为安全环保万无一失提供了强有力的支撑。形成了安全技术、设备材料、安全监管三位一体的安全环保保障体系，保证了普光高含硫气田投产一次成功，保证了普光气田投产以来安全平稳生产。

二是针对气藏埋藏深、储层变化大，气水关系、渗流规律复杂，投资风险大（单井投资超过2亿元）的难题，依托 国家"十一五"科技攻关重大专项《高含硫气藏安全高效开发技术》、《四川盆地普光大型高含硫气田开发示范工程》和中国石化"十条龙"科技攻关项目《普光气田产能建设关键技术》，构建了普光气田高效开发科技支撑体系。充分发挥国内外相关领域知名专家的带头作用和中国石化上游科研院所的核心作用，构建了地下地面一体化、地质工程一体化、生产科研一体化研究攻关平台，攻关形成了五项开发关键技术和一项保障体系。五项开发关键技术：一是海相超深碳酸盐岩气藏"多打高产井、少打低产井、避免无效井"的优化布井技术：通过开展构造精细研究、气藏类型和气水关系研究、储层沉积相（微相）和含气性预测研究，定量确定储层的含气性和富集规律，为井位确定和井眼轨迹优化提供技术保障。二是提高单井产量的钻完井技术：攻克长井段水平井优快钻井技术，攻关长井段射孔酸压关键技术，为提高单井产量，培育高产井提供技术保障。三是优化开发技术政策和气藏数值模拟技术：不断优化井型、井网、井距、井眼轨迹、投产层位和井段，确保开发方案和开发指标不断优化。四是引进吸收推广了酸性气田湿气输送技术：引进吸收了加热湿气输送工艺，优选湿气输送管材，应用了预涂膜+连续注入缓蚀剂腐蚀控制技术。五是探索应用了稳气控水、调整治理的高产稳产技术：优化单井配产，延长无水采气期，动态监测跟踪调整，确保了气田高产稳产。一个保障体系：就是建立了平行研究、开发方案、单井钻井方案和投产方案项目部–分公司–总部三级审查、跟踪优化调整保障体系。

普光气田五项开发关键技术和一项保障体系的实施，保证了普光气田的高效开发。普光气田最终优化方案，动用储量$1811 \times 10^8 m^3$，部署开发井总数40口，实钻38口井，利用探井1口，暂缓实施1口；设计产能$80 \times 10^8 m^3/a$，采气速度4.4%，稳产期8年。通过实施，普光气田开发井成功率100%，储层钻遇率达到86.5%，产能达标率100%；同时这些技术在大湾气田得到广泛应用，普光和大湾气田共建成了混合气生产能力$110 \times 10^8 m^3/a$（净化气$80 \times 10^8 m^3$）。四年多来，通过加强动态监测和动态调整，细化单井合理配产，稳气控水调整治理，实现气田高产稳产。截至到2013年年底，实现利润117.8亿元，实现了气田安全高效开发，为"川气东送"工程提供了稳定可靠的气源。

普光高含硫气田在安全环保和高产高效两方面都取得了巨大的成功。本书重点总结高含硫气田高产高效开发实践和技术成果，希望为类似气田科学高效开发提供借鉴。作者主要为参加普光气田开发建设的技术和管理人员。在编写过程中，收集和参考了诸多国内外高含硫气田开发研究成果、技术方案、论文和总结材料，结合自己的切身工作实践和体会，用了大约1年半的时间完成了构思和编撰。石兴春提出了本书的主体架构和思路，前言和第一章由石兴春、曾大乾、张数球、彭鑫岭执笔，第二章由曾大乾、彭鑫岭、李涛执笔，第三章由靳秀菊、郭海霞、刘欣执笔，第四章由刘红磊、毕建霞、张雪松执笔，第五章由林昌荣、曾大乾、彭鑫岭执笔，第六章由郭海霞、姜贻伟、谭国华执笔，第七章由王卫红、宿亚仙、张世民执笔，第八章由石兴春、孙兵、曾大乾、彭鑫岭、靳秀菊执笔，第九章由彭鑫岭、姚慧智、韩玉坤执笔，类似气田开发技术调研部分由张数球、姜贻伟、彭鑫岭执笔。参加本书编写的还有宋传真、耿波、秦余福、王秀芝、穆林、黄德明、孙伟、付德奎、余启奎、李占良、刘建亮、曾正清、王建青、秦冬林等。本书由石兴春、曾大乾和张数球统稿，中国石化出版社组织专家进行了审稿。

普光气田高效开发的成功，是参加普光气田开发建设各级领导、管理人员和广大科技工作者和建设者辛勤工作、开拓创新的成果。在本书编写过程中，他们提供了大量第一手资料和经验，中国石化、中国石油的专家给予无私的帮助和精心指导，在此表示衷心感谢。由于高含硫气田开发技术的复杂性及作者水平有限，书中难免存在不足之处，敬请批评指正。

目　录

第一章 普光气田开发面临的挑战及对策

通过海相勘探理论创新与实践，中国石化在四川盆地超深层海相勘探方面取得了重大突破，发现了普光气田。普光气田属于特高含硫化氢、超深层、特大型、礁滩相碳酸盐岩气田。在规模开发类似气田方面，国内尚无成功的先例，缺少成熟的系统开发理论和技术。这些因素决定开发普光气田是项以自主创新为主的高风险、高难度、高投入、极复杂的大型系统工程。安全高效开发普光高含硫气田面临巨大的挑战。

第一节 面临的挑战

普光气田具有特高含硫化氢、中含二氧化碳、气藏埋藏超深、压力高、储量大、碳酸盐岩储层非均质性强、气水关系复杂等特点。硫化氢属于剧毒气体，危险性、危害性极大，安全环保标准要求极高；硫化氢和二氧化碳气体属于酸性气体，分压高，腐蚀性很强，设备选材与防腐难度非常大。开发方案的设计与论证必须满足安全、环保、选材和防腐等方面的技术要求，内容复杂，技术难度大。气藏埋藏超深，碳酸盐岩储层岩相变化快，储集空间类型多，非均质性强，气水关系复杂，深化地质认识难度大，储层预测及含气性预测难以满足井位部署及井身轨迹设计要求；气井产层段储层物性变化快，Ⅰ、Ⅱ、Ⅲ气层间互发育，井段跨度大，射孔酸压技术要求高等。井深、管材和安全环保施工要求决定开发井建井成本极高；这些技术难题决定开发普光高含硫化氢气田面临巨大挑战。

一、主要特点

普光气田是国内已探明的规模最大的高含硫化氢、二氧化碳的大型海相气田，主要含气层段为三叠系的飞仙关组和二叠系的长兴组，属于超深层海相地层。主要特点如下：

（1）气田地处中低山区，地面海拔313～1130m，沟壑纵横，水系发育，降雨量大，易发洪涝灾害和地质自然灾害，生态环境脆弱；人口密集，交通不便。

（2）飞仙关组和长兴组气藏埋深4800～6000m，钻井深度5300～7000m，属于超深层气藏。

（3）飞仙关组气藏压力系数0.94～1.18，长兴组气藏压力系数0.98～1.10，属于常压气藏，气藏压力53～59MPa。从陆相到海相存在多套高压系统。

（4）天然气中H_2S摩尔含量13%～18%，平均15%，CO_2摩尔含量8%～10%，平均

8.6%。属于特高含硫化氢、中含二氧化碳气藏。

（5）碳酸盐岩储层非均质性强，厚度变化快。飞仙关组储层整体呈似块状，长兴组储层受生物礁控制呈点状分布。Ⅰ、Ⅱ、Ⅲ类储层交错分布，储层各向异性严重，储集空间类型多。

（6）气层厚度大，开发井平均钻遇气层厚度，65～560m，含气井段跨度85～1030m。

（7）发育边底水，存在多套气水系统，气水关系复杂。飞仙关组气藏发育边水，普光2块气水界面-5125m，普光3块气水界面-4890.0m，属于边水气藏；长兴组气藏发育底水，各个礁体独立成藏，存在6个气水界面，属于底水气藏。

二、面临的挑战

国内没有成功规模开发高含硫化氢碳酸盐岩气田的先例，缺少高含硫化氢气田成熟的开发理论与技术体系、标准规范和人才队伍。普光气田特高含硫化氢，开发工程面临十分突出的安全、环保与防腐方面的问题；普光气田属于超深层礁滩相碳酸盐岩气藏，气藏地质与气藏工程研究工作难以深入开展，钻井、作业施工难度大。与开发常规气田相比，开发普光气田安全环保控制、防护和救援要求非常苛刻，技术水平要求更高，开发投资成倍增加。这些决定了中国石化在普光气田开发设计、安全钻井、投产作业、采气、地面集输、环境保护等方面面临许多挑战，总结分析主要有以下几方面：

（1）普光气田地处中低山区，地面海拔313～1130m，沟壑纵横，水系发育，降雨量大，易发洪涝灾害和地质自然灾害，生态环境脆弱，环保标准要求高；人口密集，交通不便，安全控制和应急救援体系水平要求高。井位部署、站场建设和集输管线敷设等受到地面地形、环境的制约和影响，矿区道路、站场、集输、净化厂等地面工程建设难度大，工程量大，投资大。普光气田的特点决定普光气田属于技术和资金密集型工程，投资巨大，单井建井成本非常高，要实现有效开发面临很多难题。

（2）硫化氢气体剧毒，危险性和危害性非常大，国内外在开发高含硫化氢气田过程中都有过沉痛的教训，开发普光气田中国石化面临巨大的安全环保压力。安全和环保是开发类似气田必须首先要面对和解决的问题。硫化氢是仅次于氰化物的剧毒物，是极易致人死亡的有毒气体。硫化氢浓度1000ppm就会致人瞬间死亡，普光气田含量高达150000ppm。空气中一旦硫化氢浓度超标，将直接威胁现场人员的生命安全，所以高含硫化氢气田在钻井、投产作业、试气、采气、集输等方面的安全环保防控和救援标准非常高。

泄漏监测和应急处置成为高含硫气田重要安全控制措施。欧美等国家天然气泄漏监测技术相对比较完善，采取多种技术相结合的方式防止和应对管道泄漏。当发生天然气泄漏等严重事故时，需要对集输系统进行紧急关断控制。目前普遍采用的ESD关断技术，对不同系统单元采用相互独立的关断控制方式，当气田发生严重紧急状况时，有必要实现全气田各系统的自动联锁关断,以增加安全控制效率。此外,高含硫天然气一旦发生泄漏,必然对人身安全构成严重威胁,必须对影响范围内的人员进行紧急疏散。国外高含硫气田如加拿大、俄罗斯气田,多分布于偏远地区,地势平坦、人烟稀少。而我国高含硫气田主要分布在川东北山区,地形复杂、人口众多,有毒天然气泄漏影响后果严重,因此需要建立规模更大、要求更高的应急救援和处置体系。目前,我国高含硫气田开发还处于起步阶段,复杂地形条件高含硫天然气集输系统的失效行为和泄漏后果还有待于深入研究和分析。集输系统应急抢维体系尚不完善,需要在生产实践过程中进一步充实,同时有必要开发针对高含硫集输系统的应急决策管理信息系统,有效提升应急处置技术水平和处置效率。

在普光气田开发建设各个环节都必须严防死守,确保不发生天然气泄漏。在做好安全防控工作的基础上,必须建立健全HSE管理体系;必须研发天然气泄漏监测装置,形成在线泄漏预警监测、危险区域划分及泄漏控制为一体的安全联动系统;必须建立开发区内全覆盖的环境监测体系、企地联动应急广播体系,建立满足普光气田工况要求的多功能应急救援体系等。

(3)普光气田为超深层、高含硫海相碳酸盐岩气藏,地质条件复杂,加上类似气藏可借鉴成功经验较少,缺乏相应配套的研究思路、技术方法和手段。超深层礁滩相储层岩相变化快,非均质性强,储集空间类型多,大大增加了构造精细解释、沉积微相、储层预测和含气性预测、开发指标优化等研究工作的难度。礁滩相储层沉积微相研究、储层预测和含气性预测技术难以满足精细描述气层要求,难以保证井位部署方案和井身轨迹设计水平,产能评价技术难以满足开发方案设计的要求,这些是实现高效开发的主要制约因素。前期仅能在勘探成果的基础上开展地质特征及开发方案初步设计等方面基础研究工作,无法针对超深层碳酸盐岩气藏构造解释、礁滩相储层沉积微相、储层预测及含气性预测、多层合采气井合理产能确定、边底水碳酸盐岩气藏采气速度确定、非均质厚储层气井射孔层段、射孔参数及增产措施优化等方面进行全面的深入的研究工作。如何创新集成一套超深层、礁滩相碳酸盐岩高含硫化氢气藏构造精细解释、沉积微相、储层预测及含气性预测、产能评价、投产层段优化等技术系列,并将研究成果及时应用到开发方案、井位及井身轨迹、投产方案优化设计中,是高效开发普光气田必须解决的关键问题。

(4)由于开发普光高含硫气田存在巨大安全环保隐患,且井下工况恶劣,导致无法取全取准前期研究工作所需的系统试气、试采和PVT等资料。高含硫气井投产作业试气时,采用常规燃烧方式燃烧效率低,易造成环境污染、人体中毒,更无法满足长时间试气要求。在普光气田常规试气技术及装备不能满足安全环保及腐蚀要求,无法开展长时间系统产能测试,无法及时准确评价气井和气藏产能,直接影响开发方案设计过程中开发技术政策、井网部署、井型选择、单井配产、建产规模、投资规模等关键指标的确定,制约普光气田的科学有效开发。常规PVT取样仪器无法满足普光气田气井井下工况要求,无法进行井下产层段PVT取样,天然气相态分析结果无法满足气藏评价和开发指标预测等要求，同时无法准确测算天然气中单质硫浓度，难以合理评价硫沉积可能对近井地带储层物性、对气井产能、气藏最终采收率造成的影响。在国内，对于高含硫气井试井分析、产能评价、长井段厚气层多层合采产能预测、硫沉积对气井产能的影响评价等均属探索研究范畴，目前尚未见有完整的系列化成熟的成果报道。普光气田开发技术政策制定和开发指标预测存在不确定性。为实现普光气田科学、高效开发，必须解决系统试井问题和井下产层段PVT取样问题，必须研究形成一套适应普光高含硫气田开发的系统试气、产能评价和数值模拟技术。

（5）普光气田上部陆相地层特点岩石坚硬，可钻性差；水层层系多；裂缝发育，漏失严重，且漏失井段长。钻井工程面临的挑战主要有：高陡构造，地层倾角大，极易发生井斜；地层软硬交错，井深、裸眼井段长，起下钻次数多，易形成键槽，造成键槽卡钻；泥、页岩吸水膨胀，应力不断增大，造成井壁失稳，易造成掉块卡钻；岩性多变，岩石坚硬，跳钻严重，钻具事故频繁发生；钻头断齿多，造成井底落物，给下部施工增加了困难；钻铤丝扣易损伤，常常造成断钻具事故；气层压力高，喷漏共存，井控难度大；富含H_2S，对设备、工具及工艺要求高，钻具易氢脆破坏；固井施工难度大，易气窜，工艺要求高；整体单井建井周期长，单井钻井成本非常高。

针对这类超高压、高含硫化氢的井，国内尚未开展有针对性的钻井技术体系研究。因此在安全控制技术方面，应该对井控装置在满足超高压和高含硫方面开展研究，保证在最极端恶劣的条件下能有效控制井口，杜绝井喷失控；在钻井工具材质优选与防腐技术方面，高含硫化氢气体对钻井设备、工具易造成腐蚀和氢脆，钻具极易受损，材质优选和防腐技术必须解决；在固井工艺技术方面，国外主要针对SO_4^{2-}、Cl^-、Mg^{2+}和CO_2环境条件对水泥石的腐蚀及防腐蚀的方法进行了室内及现场的分析研究，而针对高含H_2S及其与CO_2共存的条件下，必须研究其腐蚀水泥石的机理，找到防腐蚀的技术方法。

（6）在特高含硫化氢，中含二氧化碳酸性介质条件下，气井生产管柱、完井工具长期受腐蚀影响，易发生硫化物应力腐蚀和电化学失重腐蚀，造成各类生产事故；气藏埋藏超深，气井含气井段长，射孔枪质量大，起爆、传爆可靠性难以保证，气层段一次性成功射开难度大；气井井段跨度大，Ⅰ、Ⅱ、Ⅲ类储层交互分布，再加上酸压液体体系必须满足储层流体高含硫化氢的特性，储层改造难以实现均匀布酸和深度酸压的目的，常规压井液体系和压井技术、井控技术、酸压（化）技术等无法满足普光气田投产作业的要求。气井投产作业是最危险的施工环节之一，投产作业施工要进行射孔、酸压、放喷求产等多道工序，从安全角度出发，必须尽量简化管柱结构，减少作业施工工序，尽量减少起下管柱次数。一次性射孔安全成功，Ⅰ、Ⅱ、Ⅲ类储层均匀布酸，有效改造储层是开发普光气田面临的挑战之一。

（7）天然气中的硫化氢和二氧化碳易导致集输管材发生氢脆开裂和硫化物应力腐蚀开裂，因此对集输设备、管道材质和腐蚀防护要求高，湿气和干气输送方式难以抉择。高含硫化氢、二氧化碳天然气腐蚀性极强，选材、防腐与腐蚀控制是实现高含硫化氢气田长期安全环保生产的关键因素。高含H_2S/CO_2工况条件下，气田集输管道极易腐蚀，普通钢材几小时就可能发生应力腐蚀开裂，导致气田无法正常生产。国内对硫化氢、二氧化碳、单质硫和氯离子共存条件下的腐蚀规律、抗硫管材选择和焊接工艺等研究甚少。管材材质优选、特殊管材焊接难度大，气井及集输系统腐蚀控制、监测难度大。酸性气体的腐蚀作用将给长期正常的生产带来巨大的安全环保隐患。必须通过大量实验研究，评价高含H_2S/CO_2介质条件下各种管材的腐蚀速率及其影响因素，确定适用于普光气田的集输管材；确定满足普光气田需要的防腐、防硫沉积、防水合物系列化学药剂等等。气田产出污水硫化氢含量高，腐蚀性强，采用常规污水处理工艺无法满足要求，且容易引发安全风险和环保事故。普光气田在开发生产过程中将会产生大量含硫污水，对安全环保、腐蚀控制等方面提出严格要求。目前国内外主要采用氧化、真空抽提、汽提和沉淀等方法将气田水中的硫化物脱出到规定指标，然后对脱硫气田水分别进行回注地层、排放和综合利用。由于不同气田含硫污水成分差异较大，需要根据水质、处理规模及要求选择适当的处理方法或工艺组合，提高除硫效率并达到无害化和资源化处理的目的。

综上所述，普光气田的特点决定了开发普光气田主要面临两方面的挑战，一是安全环保，二是高产高效。安全是基础，高效是保障。这些决定了在普光气田开发设计、安全钻井、投产作业、采气、地面集输、环境保护等方面面临诸多挑战。结合国内外类似气田开发建设的经验教训，可以看出，一方面，开发普光高含硫气田，存在巨大的安全和环保隐患。要确保安全环保开发必须从人员、制度、管理、监督等方面严防死守，开发生产过程中必须采用高等级安全控制和环保控制工艺技术和设备，必须建立先进完善的应急救援体系和广播疏散系统；这就决定开发高含硫气田安全环保投资巨大。另一方面，基于高含硫气田安全环保方面的投资要比常规气田高得多，要实现普光高含硫气田有效开发，必须在开发建设过程中注重科技攻关与应用，确保实现气井、气田高产高效开发。普光气田的特点决定普光气田开发工程是项技术和资金密集型的特大型工程。

第二节　应对思路与对策

开发普光气田面临的是世界级难题，科学合理的开发设计是实现普光高含硫气田安全高效开发的关键。中国石化结合国外类似气田开发技术调研成果，引进与创新并举，认真开展配套研究，组织开发方案、井身轨迹等开发设计文件的研究、编制工作；依据开发设计，积极稳妥推进现场工程建设工作。

一、总体思路

普光气田开发工程的重要性和艰巨性决定，在普光气田开发建设过程中，必须认真实践科学发展观。针对开发普光气田面临的巨大挑战，借鉴国内外类似气田开发经验教训，形成了"高效为目标，安全是保障"的总体思路。

（1）积极调研学习国内外含硫化氢气田开发经验，认真总结吸取高含硫化氢气田开发安全环保事故教训，遵照"员工是安全环保生产第一要素"的理念强化上岗培训，坚持持证上岗；积极构建企业安全文化，树立"我要安全"的安全理念。为气田安全开发创造人文环境，奠定人力资源基础。

（2）以科学的态度认清普光高含硫化氢气田的特点、开发面临的挑战和薄弱环节理论，注重技术引进，强化自主创新。以中石化上游科研院所为核心，充分发挥国内石油天然气上游领域科研优势，构建地质工程"一体化"科技支撑体系，开展高含硫气田高效开发技术理论的创新研究，立项攻关核心技术难题。为高效开发设计与实施提供理论基础和技术支撑。

（3）以中石化上游科研院所为核心建立开发设计专业队伍，在充分调研国内外高含硫化氢碳酸盐岩气藏开发技术经验的基础上，借鉴国外成熟工艺技术，应用最新科技攻关成果，遵照"安全第一，效益优先"的原则，以科学态度编制开发设计，跟踪优化开发设计，指导现场施工，确保开发设计科学合理。为安全高效开发普光气田提供科学的技术指导。

（4）开发安全环保设计高规格、高标准、高要求，满足高含硫气田安全环保开发要求，确保本质安全环保。建立健全高含硫气田现场施工标准和规范，加强施工过程监督与管理，确保安全环保施工。

（5）建立健全HSE管理制度和规范，构建完善先进的应急救援体系；严格HSE管理、风险识别、应急预案和应急救援要求，不断提高HSE管理和应急救援水平。满足普光气田安全环保开发要求。

二、主要对策

依据总体应对思路，结合普光高含硫气田特点和开发工作面临的挑战，可以看出要实现普光高含硫气田的安全高效开发，必须从安全环保和科学高效两方面分析寻找科学的对策。

（一）安全环保方面

（1）设计安全等级高标准，确保本质安全。设计人员全方位调研国外同类气田成功的开发经验，充分吸收国内类似气田在开发建设过程中的经验教训，工程方案安全设计尽量采用最高等级、最高标准，从方案设计把好开发工程本质安全关。如①钻井工程设计要求自储层顶以上200m至井底，生产套管采用双防合金钢进口套管，其余井段采用高抗硫套管，并采用金属气密封扣。防喷器组合采用2个双闸板防喷器、1个环形防喷器。闸板防喷器为70MPa、环形防喷器为35MPa压力等级，井控管汇压力等级为70MPa，井口类型为Ⅰ类等。②采气工程方案设计要求采用G3或同等材质的高镍基合金油管，丝扣采用VAM TOP扣或其他气密封扣，在气层以上50~100m处下入永久式封隔器。采用双翼双阀十字形井口，压力等级70MPa，材料级别HH。井下工具采用718材质，压力等级为70MPa，耐温

150℃。气井安装地面和井下两级安全阀。③地面集输工程安全控制系统具有自动和手动控制功能，可就地和远程控制关断等。

（2）建立健全完备的安全环保监测、处置和救援体系，为安全环保生产保驾护航。

①建立健全HSE管理网络、制度，形成普光分公司–厂–车间–班组"四级"HSE管理网络。

②开展全员持证上岗与危害识别，提高消减风险能力。

③狠抓工程建设全过程监管，严格执行"安全生产禁令"，对安全管理不严的单位责令停工整改，对发生事故的单位召开反事故现场会，对违章指挥和违章操作的人员坚决清退。

④严格安全条件确认，按照"逐站、逐管段、逐装置、逐仪表、逐设施、逐管理项目、逐项资料"的方式，对生产装置严格进行投产前的安全条件确认，确保了投产的顺利进行。

⑤建立七大防控系统。"安全设防体系——138安全线"搬迁了距离管道100m、站场300m、净化厂800m范围内居民；设计建立"泄漏监测与控制系统""事故放空系统""紧急疏散广播系统""消防水喷淋系统""企地应急联动系统""生产污水密闭输送与处理回注系统"等七大防控体系。

⑥建立国内一流的应急救援中心。购置满足普光气田应急救援要求的抢险设备，集成应用工业视频监控、气象监测、综合气体监测、应急预警短信平台、单兵视频传输、有线无线通讯等系统建立普光气田应急指挥系统，建立国内一流的应急救援中心。

⑦模拟高含硫天然气泄漏扩散，优选站场、管道、阀室、隧道、净化厂等有毒、可燃气体泄漏监测点，集成创新红外、激光、电化学和无线远程监测，形成高含硫气田天然气泄漏多元监测技术；优化气井、集输、净化、外输自控系统的关断逻辑关系，构建全气田一级关断信号硬连接逻辑，形成高含硫气田四级联锁关断控制技术；引进集成高效瓣状多点伴烧火炬头、三重保障点火、流体密封技术，研发两种放空泄压系统，形成高含硫气田高压火炬大排量快速放空技术；划分应急区域，构建覆盖全气田的大规模应急疏散通讯系统，研发山地消防坦克和远程点火装备，建立完整的应急处置、人员疏散与应急救援体系，形成复杂山地大规模应急疏散与救援技术。

（3）对于钻井、投产作业等安全环保隐患集中的关键环节，第一、集中调配中石化上游优秀钻井和作业等施工队伍，统一调配，统一组织，统一管理，统一监管，施工高规格高标准。第二、钻井、作业等装置、工具严格按照开发方案设计要求高标准、高规格、高要求，确保本质安全；第三、引进集成多种监测技术和设备，实现了现场实时泄漏监测与报警，泄漏监测准确率100%；第四、施工作业指挥紧贴现场，领导和专家坐镇一线指挥作业，确保有问题能够及时发现，马上解决，不留隐患。第五、严格管理，打开目的层之前，必须由分公司领导组织现场安全验收，排查安全隐患，消除安全隐患，确保安全施工。第六、钻井、作业施工过程，消防、气防、医疗等应急救援装备24h驻守现场。

（1）建立普光高含硫化氢气田安全高效开发科技支撑体系。依托中国石化集团公司"十条龙"《普光气田产能建设关键技术》、国家"十一五"科技重大专项《高含硫气藏安全高效开发技术》《四川盆地普光大型高含硫气田开发示范工程》，充分发挥国内外相关领域知名专家的带头作用，攻克普光气田开发技术难题，推动高含硫化氢气田开发技术进步，全方位培养高含硫化氢气田开发人才。在科技攻关和开发建设工程中，注重技术引进与创新，不断完善高含硫化氢气田开发技术系列，建立中国石化高含硫化氢气田开发人才队伍，建立并完善普光高含硫化氢气田安全高效开发科技支撑体系。

（2）在开发设计编制过程中，以中石化上游科研院所为核心的开发设计专业队伍，基于"地质-工程"一体化研究平台，开展专项论证工作，既紧密结合又各有侧重，整体与针对性相统一开展高效开发论证工作。在气田井网优化部署方面，重点将气藏高效开发与培育高产气井相结合开展井位部署方案论证。通过井型优选、井身轨迹和井位部署方案优化，减少开发井，降低开发投资。采气速度的论证重点考虑硫化氢对管材的腐蚀速率、管材使用年限和采气速度必须适应净化厂处理能力等，确定合理采气速度。在气井钻采工程技术方面，着重开展高含硫气井安全、科学的钻井技术、完井技术、投产技术及长井段射孔、酸压改造和井控防治等配套技术的研究与优化论证工作，确保钻采工程施工的安全、优质、高效。在地面集输工程方面，重点开展三防技术（防腐蚀、防硫沉积、防水合物）、集输管网选材与焊接评定等的研究工作，建立了硫化氢、二氧化碳、单质硫和氯离子共存条件下的腐蚀预测模型和高分压抗硫管材选材标准。在气田自控系统方面，开展气田管网泄露监测、紧急关断逻辑、应急控制联锁控制等的研究与论证工作，确保普光气田开发生产可控、可防。

（3）在开发方案实施过程中，开发井分批设计，分步实施，优先设计实施最有把握的构造高部位开发井。实时跟踪研究开发井实钻资料，不断深化气藏地质认识，特别是构造、储层相变规律、储层发育特点及气水关系等认识，适时重新评价动用储量，不断优化调整开发方案设计。不断深化气层纵横向发育特点及分布规律认识，认清Ⅰ、Ⅱ优质气层分布情况，实时跟踪优化调整井位部署方案、井身轨迹，力争实现"多打高效井，少打低效井，避免无效井"的目标。

（4）在投产方案实施过程中，实时跟踪研究投产作业实施效果，不断总结投产作业经验教训，及时优化新井投产设计，充分解除储层污染，尽量挖掘单井产能，多培育高产井。确保实现普光气田科学高效开发。

（5）以专家组论证审查为主要形式，建立了严格的开发设计三级审查机制，即"普光分公司—中原油田分公司—股份公司油田部"三级审查机制，充分发挥国内石油天然气上游领域专家队伍的技术把关作用和中石化主管部门的组织保障作用，确保气田开发设计科学合理、应用技术先进实用，安全保障措施切实可行。

第三节 开发技术调研与交流

中国石化开发建设普光气田，承受着巨大的安全环保压力，面临着巨大的开发技术挑战。如何实现普光气田安全有效开发，是中国石化必须思考解决的问题。为确保普光气田开发工程安全顺利完成，中国石化从2005年起，一方面，组织多批专家以多种形式，对国内外高酸性气田的开发工程、钻井工程、采气工程、集输工程、净化工程及相关配套技术进行调研（见附件）。另一方面，选择国际知名专业技术服务公司进行技术交流、引进和合作。中国石化广泛开展的调研和技术交流为气田开发方案设计与实施提供了技术支持。

一、国外气田开发技术调研

国外高含硫天然气田开发已经有几十年的历史。法国、加拿大、美国、前苏联、沙特、阿联酋、伊朗等国家高含硫气资源丰富，很早就开始进行高含硫气田的开发。在高含硫气田开发过程中，遇到了诸多困难和难题。20世纪50年代以来，国外许多石油公司和研究机构投入了很大力量来提升高含硫气田开发技术水平，取得了一系列有价值的研究成果。通过调研取得的主要成果：

（1）国内外在开发高含硫气藏过程中，非常重视储层预测、产能评价、储量计算、地质建模、数值模拟和动态储量评价等方面的研究工作。国内外储层预测、地质建模、数值模拟技术发展快，常规油气藏已广泛应用Petrel 、GOCAD、 Eclipse、CMG主流软件。目前国内外对于高含硫气井，试井分析、产能评价、长井段厚气层多层合采产能预测、硫沉积对气井产能的影响评价等均属探索研究范畴，均未见有完整的系列化成熟的成果报道。借鉴国内外类似气田开发经验，普光气田投入正式开发前，一方面要加强礁滩相储层分类预测技术研究，不断提高储层预测精度，满足井位设计、储量计算、地质建模和数值模拟研究需要；另一方面，应按照规范要求，开展系统试气，有效利用实钻气层资料和试气资料合理评价气井产能；搞好跟踪研究工作，根据研究成果不断完善开发方案和地面配套工程建设方案；同时，应建立考虑硫沉积影响的动态模型，评价开发过程中硫沉积量和裂缝渗透率的变化对气藏开发的影响。

①借鉴国内外类似气田经验，普光气田应在礁滩相储层基础地质研究基础上，开展储层表征方法、层序地层格架及沉积微相、储层展布、裂缝及分布预测，落实储层高孔渗发育带分布，结合井实钻资料，优化储层及裂缝预测属性方法，不断提高普光礁滩相储层分类预测精度，为井位设计、地质建模和储量评价提供可靠依据；通过井下PVT高压取样，实验和理论相结合，研究高含硫气藏流体相态特征及参数，建立固态硫–天然气共存体系相平衡热力学模型，物理模拟固态硫–天然气共存体系在多孔介质中微观运移机制和渗流机理，为数值模拟研究奠定可靠基础，科学预测气藏开发指标；通过对高含硫气井短期测试资料解释和分析，建立高含硫气田长井段合采气井的产能预测方法，合理评价气井产能；在对气藏构造、储层特征及展布、裂缝分布和储层参数研究的基础上，重点研究相控

指导下的裂缝-孔隙型储层展布和参数模型建立的思路及方法，建立气藏地质模型；在对该类气藏开发技术政策的研究基础上，研究高含硫气藏相态拟合、裂缝-孔隙型气藏动态模拟方法及开发指标预测。

②普光气田发育边底水，气水关系复杂，借鉴国内外类似气田开发经验，开展礁滩相储层分类预测技术研究，提高Ⅰ、Ⅱ、Ⅲ储层预测精度，认清储层非均质性，特别是高孔渗带发育特点，对提高开发井成功率和开发过程控水治水至关重要。掌握非均质储层的岩性、孔、缝分布规律，高、低渗透层之间的接触关系，及断层对气、水运移所起的控制作用，是搞清选择性水侵机理和选择合理的控水措施的基础。为此，开采过程中应综合利用地震、测井及生产井气水动态等资料，不断深入研究水侵机理，及时优化开采方式。在气田开发的不同阶段，随着资料的积累，跟踪研究气藏静、动态资料，厘清储层纵、横向上的非均质性，尤其是气水界面，对了解地层水侵机理和评价控水措施具有重要意义。断层和裂缝的存在对控水非常不利，容易使地层水沿断层和裂缝构成的高渗透带快速推进。

对于发育边底水气藏，影响开发的因素很多，但最主要的因素是储层很强的非均质性，高、低渗透层交互出现，加上开采不均衡，导致地层水选择性水侵，使部分气井过早水淹，这是奥伦堡气田开发中遇到的最主要问题。经过分析研究，将极其复杂的因素分为两类：一类是客观存在的因素，即地层的非均质性；另一类是人为可控制的因素，其中最重要的是采气速度。

国内外针对碳酸盐岩储层的研究比较深入，但储层预测符合率仍较低；储层反演由地震叠后到叠前反演、到非线性反演。

③国外非常重视天然气相态研究工作，做了大量相态分析工作，为相关后续基础研究工作提供了可靠依据。地层状态PVT取样与分析是高含硫气藏水合物形成和硫沉积预测研究的关键基础。国内仅在PVT筒内开展部分研究，取样和分析技术都无法满足要求，亟需开展多孔介质中H_2S-CO_2-H_2O-固态硫-天然气共存体系相态行为研究。

调研发现，当地面集输系统中工作压力为9.6MPa，温度低于23.89℃时，就可能形成水合物。这时必须对每口井加热，并采用二甘醇抑制水合物的形成。开发中后期，采用大直径油管，提高气井产量，集输系统流速加大，使温度保持在水合物形成的临界温度以上，从而不需加热和注入抑制剂就可防止水合物的形成。在开展三防技术（防腐蚀、防硫沉积、防水合物）论证工作中可以参考Lacq气田的经验。针对普光气田特点，应在井场设水套加热炉对天然气进行加热，防止节流过程中形成水化物，集气支线采用保温输送。

对于普光高含硫气田，储层硫沉积是一个不容回避的问题。随着气田开采时间的延长，地层压力的降低，元素硫将在天然气中达到过饱和而析出，造成近井地带渗透率降低，降低气井产能和采收率。在开发生产过程中，要加强元素硫沉积对开发影响的研究，及时做好技术储备，预测普光气田生产过程中硫沉积出现的时间、地层硫沉积对产能的影响程度等，有效控制元素硫固体颗粒沉积对最终采收率的影响。

加拿大Waterton气田位于阿尔伯达省西南部，H_2S含量为16.1%，N_2含量2.31%，CO_2含量2.02%，CH_4含量79.04%，C_2H_6含量0.28%，C^{3+}含量0.25%，每立方米天然气中含元素硫0.27g。储层温度81℃，原始地层压力36.6MPa，孔隙度4%，绝对渗透率0.7mD，储层厚度26m，探明地质储量$1300 \times 10^8 m^3$，单井控制井距1500m。在生产过程中，随地层压力下降，出现了硫元素的沉积，而在储层温度压力条件下，所沉积的元素硫为固相，堵塞了近井地带，使得储层渗透率出现下降，产量大幅下滑。该区某井投产时产量为$32 \times 10^4 m^3/d$，开井生产6天后，产量下降为$20 \times 10^4 m^3/d$，在随后的42天时间里，产量继续急剧下滑，降为$10 \times 10^4 m^3/d$。

通过研究分析认为，硫沉积堵塞地层主要出现在近井筒2m的范围内，采用增产措施降低近井地带渗流阻力，可以降低硫沉积作用。同时研究认为，储层非均质性进一步加剧硫沉积。

④国外高含硫气田正式投入开发前都要按规范要求进行系统试气和较长时间的试采。国内外高含H_2S、CO_2气藏试井、产能评价方法相似。普光气田地处山区，人口密集，环境脆弱，无法进行系统试气；净化厂建设进度无法满足试采要求。需要通过类比分析，研究应用符合普光气田特点的数学模型，充分利用现有短时试井资料合理评价气井产能；同时积极引进满足安全环保要求的试气设备开展有限的系统试气，评价验证气井产能的可靠性，为合理制定开发技术政策和科学预测开发指标奠定可靠基础，满足开发方案对产能评价的要求。

⑤高含硫化氢气田采气速度的论证应考虑两个方面的问题：一是硫化氢对管材的腐蚀作用缩短管材寿命，从经济效益上讲，应高速开发；二是气藏采气速度必须适应净化厂的处理能力。

（2）近年来，国内外优快钻井工艺技术系列发展迅速，在气体钻井、定向井和水平井钻井、防斜打快、钻井提速、垂直钻井、钻井液等方面取得了重要进展，配套完善了电动钻机、顶驱、105MPa井控装备和抗硫钻具等硬件手段；形成了钻井工程的作业标准体系；在国内外还研制了垂直钻井系统和MWD/LWD等工具和测量仪器；初步形成了与井身结构相配套的套管系列和钻头系列。我国在钻井装备的硬件配置方面与发达国家差距在逐步缩小；但在测量工具和仪器的研制、工程软件的开发方面还存在着较大差距。在安全井控方面，国内井控装备在通径（180~540mm）和压力级别（14~105MPa）上已形成系列，可以满足普通条件下的井控要求。

普光气田可以通过高含硫气藏井身结构设计及抗硫套管柱可靠性研究评价，提高钻井过程的安全性和延长气井的使用寿命；通过高含硫超临界态流体特征及井筒压力控制方法研究，完善高含硫气藏的井控与安全技术；通过评价漏失地层特征，研究漏层位置识别工具和高强度新型防漏堵漏材料，形成高含硫气藏找漏技术和防漏堵漏技术系列，提高防漏堵漏施工的有效性和成功率；通过酸性环境下水泥环腐蚀机理研究和水泥添加剂优选及评价，优选适合高含硫气藏的固井水泥浆体系，完善固井工艺技术，提高固井质量。

（3）随着国外一些高含硫气田的相继发现，高含硫气田的开发水平得到了快速的发展，经过多年的开发实践，形成了相对比较成熟的采气工艺技术。国外各酸性气田的地质条件、储层特征、气体成分不尽相同，开采所采用的具体方法和工艺技术也有差异。在腐蚀防护上，主要根据NACE、API和ISO的相关标准，选用合金防腐材料、采用添加有缓蚀剂的溶剂及辅以腐蚀监测等方法来控制腐蚀。高酸性气田的完井主要采取了套管射孔完井方式，应用最多的是油管传输射孔和集完井、酸化、生产等作业于一体的一体化完井作业方式，能够最大限度地保护油套管，实现一趟管柱进行各种不同的作业，缩短了完井作业时间，降低作业风险。国外高含硫气田普遍采用酸压（化）的储层改造措施提高气井产能，形成了以胶凝酸和乳化酸为代表的酸液体系，研发了沉淀控制剂、缓蚀剂、助排剂、铁离子稳定剂和H_2S吸收剂等多种添加剂。在碳酸盐岩储层酸压技术的研究与应用过程中，形成了前置液酸压技术、稠化酸（胶凝酸）酸压技术、泡沫酸酸压技术、乳化酸酸压技术、转向酸压技术、多级注入酸压等技术。高酸性气田在开发生产过程中，生产中易于出现水合物和硫沉积，可能会导致管线堵塞，引发安全事故。目前国外主要是采用硫溶剂解除硫沉积，常用的硫溶剂有二硫化碳、二芳基二硫化物、二烷基二硫化物、二甲基二硫化物（DMDS）等。其中二甲基二硫化物的溶硫能力较强，在美国、加拿大应用较多。在水合物防治技术方面，国外主要采用了两种方法：一是将适量的溶剂（热油溶剂）连续泵入井内油管和环行空间，然后借助井口双通节流加热器进一步加热，清除水合物。二是在生产过程中向井中泵注甲醇或乙二醇以抑制水合物的生产。安全、环保、高效是目前国内外高含硫气田采气工程技术主要发展特征，随着世界范围内越来越多的高含硫气田开发建设，下一步采气工程技术的发展趋势将是更加规范化、常规化、更加安全可控、更加环保、更具有针对性、更加智能化，以适应高含硫气田的大规模开发建设的需要。

Lacq气田为了安全采用小口径双层油管完井，限制了气井产能，增加了气井的摩阻损耗，未能合理利用气藏本身的能量，不利于气藏合理开发。在开发方案论证阶段要根据气藏特征充分论证优选油管尺寸，为培育高产井和提高气田开发效益创造有利条件。Lacq气田油管的腐蚀情况表明，压力降低，腐蚀加速。经分析可能与层间水进入油管有关，因此在开发中后期应定期向地层注防腐剂及在油套环形空间连续循环加防腐剂的燃料油，可以保持油管的抗硫防腐性能。

（4）国外高含硫气田通常采用枝状管网和湿气输送相结合的工艺流程。原料气在井口加热、节流、计量、加注缓蚀剂后输至集气干线，通过集气干线输送至气体处理厂。此类做法在加拿大和法国高含硫气田已成功应用了数十年。有研究表明，采用耐腐蚀材料是含H_2S气田安全生产的必要条件，并考虑介质的侵蚀性强度、管道及其区段的类别、直径、操作温度和压力。目前国内外用于输送高含硫化氢天然气的钢管主要分为抗硫碳钢管、镍基合金钢管、抗硫双金属复合管三种，并普遍采用低碳钢+缓蚀剂配套的腐蚀控制方案。常用的缓剂加注方法有注入式加注法、喷射式加注法和清管器加注法，但是国外气田一般地势平坦，适用于我国川东北地区复杂山区高含硫气田的缓蚀剂加注工艺还有待于深入研究。国外在抗硫管材焊接工艺方面技术比较成熟，并拥有系列配套的施工机具，国内在高压抗硫管材的焊接和施工领域尚处于探索阶段，目前还缺乏成熟的抗硫管材焊接工艺和配套技术。

加拿大酸气气田开发，湿气输送是主体工艺。针对普光地形地貌情况，气井的压力和温度，气井距脱硫厂的距离，天然气含烃、含水情况等特点，可优先考虑湿气输送工艺。采用井场不安装分离设备，可有效解决分离污水难以处理，输送费用高，环境污染隐患大等问题。

尽量简化站场工艺流程，在满足工艺要求的前提下，尽量减少阀门、弯头和连接管道，确保既减少设备及管道投资，又能达到安全生产，减少泄漏点的目的。

从安全技术等因素综合考虑，气田水首先在脱硫厂集中处理，进行闪蒸后，再将污水输送至回注站集中回注深部地层。

（5）在开发生产过程中，要加强动态监测，实时开展地质与工程的一体化综合研究，不断深化气藏认识，适时优化气井工作制度，确定不同开发阶段气藏合理的采气速度。在开发主力气藏的同时，兼探其他可能的含气层系，为气藏之间的产能接替和气田的增储上产作好先期准备。

对有水气藏要优选系统有效的监测方法，及时掌握选择性水侵机理和趋势，根据储层特点和裂缝发育情况，采取有针对性的方法调整、控制地层水的活动。奥伦堡气田采用了下列有效监测方法：

①井剖面分段测试，查明气、水层位。这些气田采用了地层试验器、测井仪、岩芯和气、水样分析及在推测的气水界面部位射孔测试。

②矿场地球物理测井，对于碳酸盐岩储层，采用了脉冲中子法测含气饱和度，恒定中子法划分含水层（或水淹层），提高了中子法的准确性和灵敏度，成功地划分了奥伦堡、谢别林等气田的气水层位。定期测井，绘制各小层气水界面变化图，是预报水活动状况的有效手段。

③地球化学监测法。奥伦堡气田利用水中氯根、锂、钾含量，气井水淹前凝析液含量增高等资料，预报气井水淹时间取得良好的效果。根据气体化学组分，如非烃类硫化氢、二氧化碳、氮气及稀有元素浓度随时间变化图，可指出气水运移方向，为调整气藏压力、产量，制定合理的采气速度提供依据。这种方法的关键是取全取准资料，定期作图，就能准确预报气井水淹时间和气水界面活动状况。

（6）提高非均质有水气藏采收率措施。奥伦堡气田科研人员仔细研究了布井方式、采气工艺等因素对采收率的影响，制定开发不同阶段气田管理方法，不断优化防水、阻水及排水采气工艺系列。

①根据气田不同地区的地质特点，采用不同的布井方式。

在高渗透区，宜采用不规则井网布井，生产井布在厚度大、裂缝发育的构造顶部，这有利于延长顶部无水开采期限。

低渗透带（或低产区），宜采用均匀布井方式，均衡降压开采，有利于采出其中的残留气或水封气。

②采气速度与井的分布对气藏最终采收率影响很大。

除了固有的地质因素外，水的选择性推进是形成封闭气的最重要的因素。根据不同的地质条件，布置控制一定排流面积的生产井，通过合理的气井配产，使某个区块或气藏均衡降压采气，是控制气水界面均匀推进，防止水窜的重要措施。

奥伦堡气田根据地质条件和生产特征，将气田分为11个区块（编号1~11），各自采用不同的采气速度（1.89%~6.1%，平均4%），以求达到均衡降压采气。

③防水、阻水和排水采气是提高有水气藏采收率的主要措施。

根据奥伦堡气田的经验，有水气藏应立足于早期整体防水和阻水。合理的布井和控制一定的采气速度是防水的重要措施。在气水界面外侧打排水井，可延迟边、底水推进；在地层水活跃的断裂带、裂缝发育带，用高分子聚合物黏稠液建立阻水屏障，可阻止边、底水进入气藏。这两种方法可减少气水接触，变水驱为气驱开采方式，采收率可高达80%~90%。

从理论上说，排水采气应当是气田开发中、后期，即二次采气的重要措施。但开发早期受资料限制，对储层的非均质性和气水关系认识不足，不能做到均衡降压，导致地层水选择性推进，分割气藏形成封闭。国外有水气藏统计资料表明，水封压力比含气带压力高2~3倍。因此，排水的目的是降低水封压力，可释放封闭气。

气井排水采气时机的选择，对提高采收率极为重要。在带水采气的井出现"脉冲"或"压井"之前，就应该开始采用泡沫剂助排，尽量延长带水采气期限，这不仅能充分利用地层能量，还能大大提高采收率。因为，在气井水淹严重时，气相渗透率急剧下降，极大地影响排水采气效果。

根据国外有水气藏开发经验，提出下列指标：

a. 利用各种防水、阻水措施，要求无水采气期采出储量的60%；

b. 在目前排水工艺水平条件下，要求采出残留气或水封气10%~20%；

c. 通过不断完善排水采气工艺系列，使气藏最终采收率达80%~90%。

④合理选择采气工艺是提高经济技术效益的重要因素。

在气田开采过程中，选用工艺措施时，常遇到各种不确定因素。除使用概率统计方法外，还应对各种类型井的状况、生产特征进行分析和研究，结合生产实践经验，选择合理的工艺系列。

奥伦堡气田通过井数分布随采气量、产水量变化柱式图解法分析，得出60%的采气量是由30%的井采出，80%的水是由33%的井采出。在此基础上，划分出影响气井生产的主要因素，就能正确地组织和实施相应的工艺措施。例如：

a. 优选有针对性的酸化措施。奥伦堡气田生产井从打开程度和性质来看都是完善井，但地球物理测井和气井生产动态分析表明，只有35%的有效厚度投入生产。酸化作业时，往往是高渗透层得益，酸液很少进入低渗透层。因此，对于高、低渗透层相间的气藏，在首次酸化作业后，应根据产出剖面，采取定向酸化工艺。该气田的6口井经此作业后，增产效果明显。

b. 采用泡沫体系强化采气。在气井生产过程中，用泡沫酸洗井和泡沫排水体系，平均每次增产天然气$440 \times 10^4 m^3$，凝析油200t。

（7）有水气田开发初期，一般很少注意研究储层的非均质性对选择性水侵的影响，加之高、低渗透层或区采用相同的采气速度，使高渗透层或区压降过快，沿断层和裂缝上升的底水向高渗透层径向侵入，造成水侵活跃。奥伦堡气田给我们有益启发：

①对于发育边底水气藏，重视储层物性特点研究，是控制选择性水侵的关键。

②根据地质特征划分开发区块，制定不同的采气速度，定期调整气藏纵、横向上的压力和产量的再分配，力求使气藏均衡降压，防止水窜。

③已出水井采取有效措施，防止水向含气带进一步侵入。

（8）高含硫气田安全环保措施及安全控制。高含硫天然气因高含硫化氢而引发的毒性及强污染性、强腐蚀性、易冰堵和单质硫沉积等特殊性及复杂性，大大增加了气田的安全风险。因此，泄漏监测和应急处置成为高含硫气田重要安全控制措施。欧美等国家天然气泄漏监测技术相对比较完善，采取多种技术相结合的方式防止和应对管道泄漏。当发生天然气泄漏等严重事故时，需要对集输系统进行紧急关断控制。目前普遍采用的ESD关断技术，对不同系统单元采用相互独立的关断控制方式，当气田发生严重紧急状况时，有必要实现全气田各系统的自动联锁关断，以增加安全控制效率。此外，高含硫天然气剧毒，一旦发生泄漏，必然对人身安全构成严重威胁，必须对影响范围内的人员进行紧急疏散。国外高含硫气田如加拿大、俄罗斯气田，多分布于偏远地区，地势平坦、人烟稀少。而我国高含硫气田主要分布在川东北山区，地形复杂、人口众多，有毒天然气泄漏影响后果严重，因此需要建立规模更大、要求更高的应急救援和处置体系。目前，我国高含硫气田开发还处于起步阶段，复杂地形条件高含硫天然气集输系统的失效行为和泄漏后果还有待于深入研究和分析。集输系统应急抢维体系尚不完善，需要在生产实践过程中进一步充实，同时有必要开发针对高含硫集输系统的应急决策管理信息系统，有效提升应急处置技术水平和处置效率。

在普光气田开发设计过程中，均要高度重视安全和环保，对抗硫管材和设备的选择提出具体要求，以确保本质安全和环保，同时要求在地面施工过程中深入做好风险分析，制定系统的预防措施和应急预案。

①建议最高职业H_2S接触含量最大20ppm。加拿大阿尔伯塔省对环境中H_2S含量的规定：8h职业接触含量：最大接触极限为8h，H_2S最大极限10ppm。15min职业接触含量：最长H_2S接触时间15min，最多4次/日，中间间隔最少为60min，H_2S最大极限15ppm。

②安全区域划分建议根据气井潜在的硫化氢释放流量，或其他设施潜在硫化氢释放体积，对高含硫气田开采和生产设施分设四级安全距离，100m、300m、500m、1500m。

③注重本质安全和人本安全。提出"零事故、零伤害、零污染"的管理目标。员工在

事故过程中首先要保证自身的安全。操作、处理事故必须结伴。事故状态下人员以疏散、撤离为主，工艺设备管线以截断为主。

④现场在最显眼的地方明确标识酸气泄漏初期紧急应对措施七步骤：撤离、报警、应急策划、自我防护、援救、急救和医疗救护。安全教育培训工作认真到位，安全教育培训工作强制化、程序化、职业化、规范化。进入现场人员必须穿戴齐全防护服、鞋、帽、护目镜，进入噪声超标区域要配备耳塞。现场配有足够的空气呼吸器，生产现场设置相对安全的集结地。现场有完整、详细、针对性强的应急预案，预案报经HSE管理部门审批、备案。

⑤广泛应用ESD系统。在所有生产操作场所设置ESD装置，事故状态下，操作人员可及时进行截断，防止事态扩大。ESD系统中硫化氢含量标值要高。达到10ppm自动报警，超过30ppm人员必须撤离。

二、技术交流与技术引进

在调研类似气田开发技术经验的同时，调研组与这些气田的国际工程技术服务公司进行了技术交流，并且拟定了主要技术引进和合作项目，为普光气田安全高效开发提供技术支持。

（1）威德福公司提供空气钻井及钻井管理与技术服务。为加快普光气田开发建设进程，中国石化与威德福公司签订了普光气田空气钻井及钻井管理与技术服务一体化项目合作协议。

（2）引进高镍基防腐材料，气井管柱设计寿命达20年。通过国外调研和国内实验对比，油管选用镍基合金管材，井下工具选择718镍基合金材料，井口装置选用内堆焊625材质的HH级井口和井口安全控制系统，产层套管采用825镍基合金管材，环空采用永久性保护液，配套选用合金油管专用的微压痕作业设备。实验数据显示，镍基合金油管在含单质硫的酸性环境下，腐蚀速率为0.014mm/a，气井管柱寿命可达20年以上。

（3）引进配套试气装备，保证气井产能测试安全环保。通过节点分析和冲蚀临界流量的计算，对地面流程进行优化设计，采用国产EE级降压放喷流程和进口HH级试气流程组合；普光302-2井成功应用焚烧炉试气，开创国内酸性气田作业试气的先河，酸性气燃烧效率大于99.99%，冲高达180m。

（4）加拿大VECO公司地面集输基础设计及指导。2005年12月，委托VECO公司进行普光气田一期$20 \times 10^8 m^3/a$产能建设基础设计，确定了普光气田采用节流降压、加热保温、全湿气混输工艺。

（5）加拿大IMV公司基础设计审查。加拿大IMV公司在高含硫天然气集输的设计、咨询、监理和投产技术指导等方面，经验丰富，业绩较多。2007年1月，加拿大IMV公司对普光气田地面集输工程和净化厂工程设计进行了审查和技术咨询服务。

（6）丹麦FORCE公司集输工程焊接工艺评定技术咨询。2008年4月7日，丹麦FORCE

公司对地面集输工程焊接工艺评定选择的抗硫试验室及中石化第十建设公司的设备、人员配备进行了考察，对相关的技术方案进行了审查，并对焊接工艺评定过程中的技术问题进行了咨询。保证了焊接工艺评定工作的顺利进行，确保了焊接质量。

（7）加拿大IMV公司集输工程监理服务。2008年10月24日，加拿大IMV公司开始对地面集输工程开展工程监理服务。$20 \times 10^8 \mathrm{m}^3/\mathrm{a}$产能建设由IMV公司人员担任总监，全面负责工程的质量、进度等工作；$85 \times 10^8 \mathrm{m}^3/\mathrm{a}$产能建设由IMV公司人员进行有关方案的审查、咨询，关键质量控制点巡视、监督，并指导国内监理人员开展工程监理的具体工作。有效的保证了地面集输工程的建设质量。

（8）德国ROSEN公司管道智能检测服务。服务的主要内容包括：智能检测器操作、数据采集和处理、检测报告和专用分析软件等，设备使用完毕后撤离现场。通过基线的检测，对管道缺陷及设施准确定位，并为今后的检测提供对比分析数据。

（9）地面集输投产技术服务。由德国ROSEN公司、加拿大IMV公司提供。

（10）挪威斯堪伯奥公司安全咨询服务。2006年9月12日，由挪威斯堪伯奥公司开展了《普光钻井、采气及集输工程的安全和可靠性分析》安全的咨询服务。主要包括：各种情况下的硫化氢气体扩散模拟、火灾和爆炸模拟，并对集输工程设计方案、钻井井控设施及安装、丛式井井场地面安全设施等进行了分析，提出了改进措施。为普光气田的安全运行提供了保障。

这些技术引进与合作对提升中石化酸性气田开发技术、酸性气净化技术水平具有重要意义。

在普光高含硫气田的开发建设和生产过程中，参战人员直面难题和挑战，选准了思路，找对了对策，从开发方案设计、井位设计、投产设计等开发设计，到钻井、作业等现场施工，始终追求高起点、高标准、高要求、高水平，实现了普光高含硫气田的安全环保、科学高效开发，取得了巨大的成功。本书重点围绕普光高含硫气田开发设计与优化、开发建设情况，总结高含硫气田科学高效开发技术创新成果和创新实践。

第二章 气田概况及勘探开发历程

普光1井是2001年中国石化部署在川东北东岳寨-普光构造上的第一口探井，2003年7月30日完井测试喜获工业气流$42.37 \times 10^4 \mathrm{m}^3/\mathrm{d}$，从而发现了普光气田。为了尽快将普光高含硫气田储量转化成清洁的天然气产能，中国石化及时组织开展了高含硫气田开发技术调研和攻关创新，为普光高含硫气田投入开发做好了技术准备工作。2005年2月启动开发建设工作。2005年12月第一口开发井P302-1井开钻。2008年7月P302-1井开始投产作业，2008年10月投入试生产，2009年10月普光气田建成投产，建成了世界第二个百亿立方米级的特大型高含硫气田，实现了中国几代石油人"川气出川"的夙愿。

第一节 气田基本地质特征

普光气田是目前我国规模最大、丰度最高的特大型海相整装气田，主要含气层段是三叠系的飞仙关组和二叠系的长兴组。构造上属于川东断褶带东北段双石庙-普光NE向构造带上的一个鼻状构造。

一、区域地质

（一）地层特征

根据钻井揭示及地表露头，宣汉-达县地区下古生界地层较完整，仅缺失志留系上统。上古生界缺失了泥盆系全部和石炭系大部，仅残留中石炭统黄龙组；二叠系齐全。中生界三叠系、侏罗系保留较全，早白垩世地层保留较好，上白垩统缺失。新生界基本没有沉积保留。

侏罗系和三叠系上统的须家河为陆相地层，三叠系中下统、二叠系、石炭系和志留系均为海相地层。普光气田主要目的层段为三叠系的飞仙关组和二叠系的长兴组（表2-1）。

1. 飞仙关组（$T_1 f$）

与下伏长兴组、上覆嘉陵江组为整合接触，厚一般为445～720m。该套地层沉积特征在区域上具有明显的两分性，从川东北-川北地区存在一个整体呈NW向延伸的相变线。该相变线在铁山坡-普光-渡口河一线呈NWW-NNW向穿过，相变线以西主要为陆棚相灰岩沉积，以东主要为台地边缘-台地相鲕粒灰岩沉积，普光气田飞仙关组为台地边缘-台地相鲕粒滩相沉积。

表2-1　宣汉-达县地区普光地区地层层序简表

系	组	段	厚度/m	岩性描述	岩相特征	构造事件	资料来源
白垩系	剑门关组		680～1100	棕红色泥岩与灰白色岩屑长石石英砂岩	浅湖与河流相	燕山中幕	地表资料
侏罗系	蓬莱镇组		600～1000	棕灰、棕红色泥岩与棕灰、紫色长石岩屑砂岩	浅湖与河流相		
	遂宁组		310～420	棕红色泥岩夹细粒岩屑砂岩	浅湖与滨湖		
	上沙溪庙组		13.5～2273	棕紫色泥岩与灰绿色岩屑长石石英中、细砂岩互层，含钙质团块	浅湖与河流相		
	下沙溪庙组		327.5～530	棕紫色泥岩与细粒长石岩屑砂岩不等厚互层，顶有黑色页岩，底部发育厚层砂岩	湖泊与河流相		
	千佛崖组		274～504	中下部以棕色、灰色泥岩与浅灰、灰绿色细-中粒岩屑砂岩不等厚互层，中部夹深灰、黑色页岩	浅湖与滨湖相	燕山早幕	
	自流井组		253～464	顶有灰褐色介壳灰岩，中下部灰绿色、灰色泥岩，与灰色岩屑砂岩互层	湖相与河流相	印支晚幕 印支中幕 印支早幕	普光1 普光2 普光3 普光4 普光5 普光6 普光7 普光8 普光9 毛坝1 毛坝2 毛坝3 毛坝4 毛坝6 毛开1 大湾1 大湾2 川岳83 川岳84 川付85 双庙1
三叠系	须家河组		468～1000	中上部黑色页岩、泥岩夹岩屑砂岩、煤线，中下部灰白色块状细粒岩屑砂岩、深灰色灰色泥岩互层，夹煤线，底部黑色页岩	辫状河三角洲		
	雷口坡组	三段	12～333	深灰色灰岩、云岩为主夹硬石膏岩	浅滩、潮间		
		二段	55～590	深灰色云岩、灰岩夹或与硬石膏互层	潮间		
		一段	32.5～243	硬石膏夹云岩及砂屑灰岩，底为"绿豆岩"	潮间		
	嘉陵江组	五～四段	0～673	硬石膏、盐岩互层，夹云岩、膏质灰岩、云质灰岩、灰质云岩，局部表现为上部膏盐岩为主，下部夹云岩夹膏或粒屑云岩	潮间		
		三段	100～230	灰色云岩夹硬石膏及砂屑灰岩	浅海台地		
		二段	99～211	云岩、砂屑云岩，间夹硬石膏	潮间		
		一段	263～382	深灰色、紫灰色灰岩、泥灰岩互层	浅海台地		
	飞仙关组	四段	25～74	灰紫色泥岩与硬石膏，灰白色云岩	蒸发台地		
		三～一段	400～640	部分地区为鲕粒云岩与灰色灰岩；部分地区为灰色灰岩，紫灰色泥质、泥灰岩，上部夹鲕灰岩	陆棚～台地边缘～台地		
二叠系	长兴组		92～240	灰色生物灰岩和/或溶孔云岩，含燧石层	陆棚～浅海台地	川黔运动	
	龙潭组		91～210	灰色燧石灰岩含燧石层，底为黑色页岩	浅海台地兼有台凹		
	茅口组		181～270	深灰色灰岩，顶有硅质，下部夹泥质灰岩	浅海台地		
	栖霞组		100～130	深灰色灰岩，含燧石结核	浅海台地		
	梁山组		5.5～7.5	黑色页岩夹砂岩	滨岸		
石炭系	黄龙组		5～70	云岩夹灰岩	浅海台地兼潮间	昆明运动 加里东运动	
志留系	韩家店组		600～900	灰绿、棕灰色砂岩、粉砂质泥岩，泥岩，黑色、深灰色页岩	陆棚		

飞四段，岩性为紫色、灰色白云岩、灰岩、石膏质白云岩与灰白色石膏等。地层厚度一般在30m左右，整体由东向西增厚，并且石膏层趋于发育。

飞三段，以灰岩较发育、针孔状白云岩不发育为主要特征。整体表现为东薄西厚。

飞一、二段，岩性为灰色、深灰色结晶白云岩、溶孔状白云岩、鲕状白云岩，总体以溶孔状白云岩较发育为特征，形成于台地边缘暴露浅滩相，与北部的铁山坡、东部的渡口河地区形成了一个白云岩发育区。飞一、二段地层分段性不明显，与下伏长兴组灰岩或生物灰岩呈假整合接触。

2. 长兴组（P_2c）

长兴组是本区的主要目的层之一，在本区厚92～240m，整体表现为西薄东厚，部分地区与上覆飞仙关组难以区分，地层划分方案有差异。区域上，顶部为青灰色含白云质、硅质、泥质灰岩，含生物层、局部富集发育礁或滩。中、上部为中厚层状灰色白云质灰岩、灰岩，以富含燧石结核为特征，底部以灰岩质纯和下伏龙潭组灰岩质不纯夹页岩层呈整合接触。

以普光6井、普光5井和老君一带生物礁相最为发育。向北至普光2井、普光4井一带主要为台地相沉积，主要为灰色、深灰色结晶白云岩、溶孔状白云岩夹鲕状白云岩，顶底部灰岩较发育，暴露浅滩沉积，向北、向东到坡1井~渡口河一带主要为台地相灰岩沉积。

（二）区域构造特征

普光气田构造上处于川东断褶带的东北段与大巴山前缘推覆构造带的双重叠加构造区，整体呈NEE向延伸，北侧为大巴山弧形褶皱带，西侧以华蓥山断裂为界与川中平缓褶皱带相接。在地质地貌上呈一向北西突出的弧形展布，主要由一系列轴面倾向南东或北西的背、向斜及与之平行的断裂组成（图2-1）。

该区主要经历了燕山期及早、晚喜山期三期构造变形，主要形成有北北东、北西向构造。总的特点是褶皱强烈，断裂发育，圈闭个数多，圈闭面积小。发育三套脆性变形层、三套塑性变形层，以嘉陵江组上部至雷口坡组下部膏盐岩为最主要的滑脱

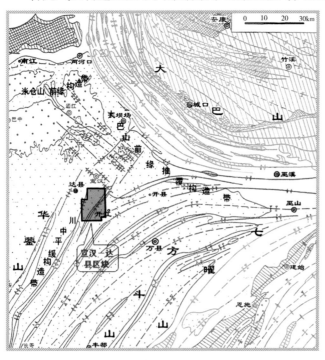

图2-1　普光气田区域构造位置图

层，志留系页岩为次要滑脱层，形成了上、中、下三个变形层，具有不协调变形特点。嘉陵江组上部至雷口坡组下部膏盐岩滑脱层和志留系页岩滑脱层形成封闭性很好的区域盖层。

下部变形层包括震旦纪—奥陶纪，主要为碳酸盐岩夹碎屑岩沉积。以志留系、下寒武统为顶底滑脱层，构造变形微弱，起伏平缓，有时表现为极宽缓的背斜，逆冲断层较少发育。

中部变形层是本区高应变层，卷入地层为志留系—中三叠统，由中、下三叠统膏盐岩、灰岩及白云岩、阳新统灰岩和石炭系灰岩、志留系页岩组成。构造样式上表现为由一系列逆断层及相关褶皱组成叠瓦状滑覆带。逆断层上陡下缓，消失于上部与基底滑脱层中。在本区，中变形层为受北东向断层控制的正负相间的构造格局，形成5个正向单元和5个负向单元；工区东南部受NW向构造改造，清溪场～宣汉县附近为北西向正负相间的构造格局，形成了2个正向单元和2个负向单元，应主要形成于晚燕山期至晚喜山期改造而成。

上部变形层以雷口坡组和嘉陵江组为滑脱层，主要发育于陆相层序中，以高陡褶皱变形为主要特征。以NW向构造为主，背斜带之间发育长轴、平行向斜，呈隆凹格局；NE向构造主要有北部的黄金口背斜，背斜狭长，为不对称背斜，其阻挡了北西向褶皱向南东延伸，二者成"T"形相会，形成了横跨、反接、限制等复杂的复合关系。NW向构造左列、NE向构造右列，在宣汉一带形成"十"字交叉构造，在东西两侧分别形成旋卷复杂构造（图2-2）。

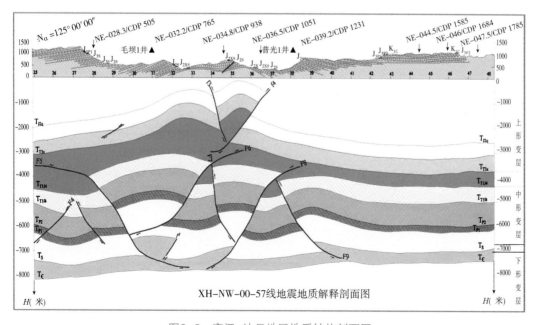

图2-2 宣汉-达县地区地质结构剖面图

中构造变形层是本区的主要勘探目的层，普光构造所处的双石庙–普光构造带即为中构造变形层中东侧的一个NE向褶皱带。

二、构造特征

普光气田构造依断层走向分为北东向和北西向两组断裂体系，依断层成因分为晚燕山期南东方向挤压断层，早喜山期北西向挤压断层和晚喜山期北东向挤压断层三种类型。受这些不同走向、不同期次的断裂系统的影响，东岳寨–普光构造、大湾构造、毛坝构造、老君庙构造、双庙构造、普光西构造及清溪场构造的形成机制存在较大差异，这里重点介绍普光构造。

普光构造整体表现为与逆冲断层有关的、西南高北东低、NNE走向的大型长轴断背斜型构造，构造位置处于双石庙–普光背斜带的北段，主要发育于嘉四段以下的海相地层中。断裂系统分为北东向和北西向两组，包括东岳寨–普光、普光7、老君庙南及普光3 4条断层，其中东岳寨–普光是普光构造的主控断层。普光3断层将普光构造分为两个次级圈闭，即普光2块圈闭、普光3块圈闭（图2-3）。

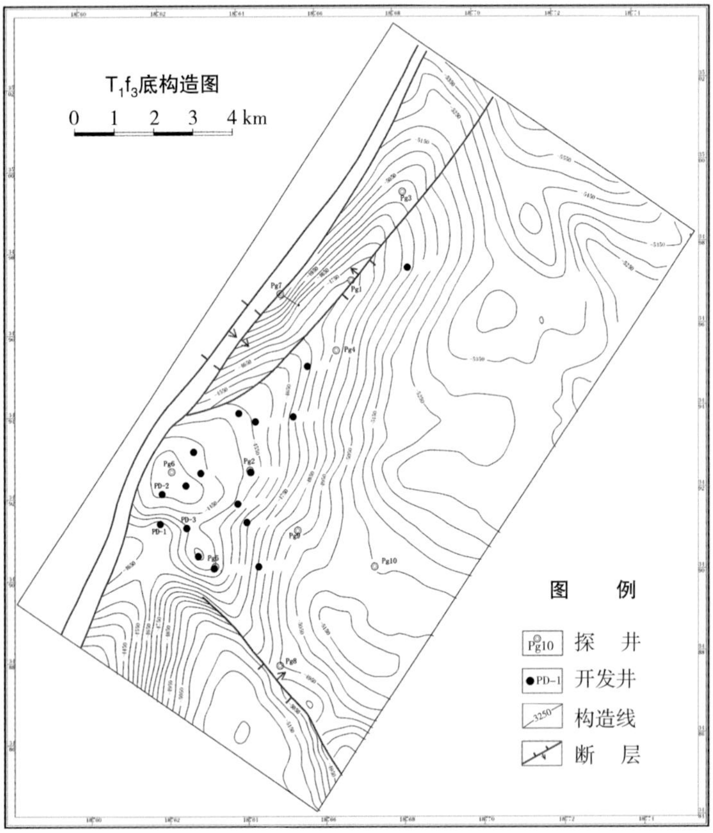

普光2块西北与普光3断层和普光7断层相邻，断层封闭；西南至相变带和普光南断层，东南与老君构造相邻，受储层边界控制，为一典型的构造–岩性圈闭，圈闭落实可靠。P_2ch底、T_1f_1底、T_1f_3底和T_1f_4底圈闭面积分别为29.8km^2、35.56km^2、24.03km^{2}和21.49km^2，幅度分别为510m、550m、490m和490m；

普光3块西侧与普光7断层相邻，东侧为普光3断层，向东北逐渐倾伏。东北受储层边界线控制，其他各方向则受断层遮挡，也是一个构造–岩性圈闭，圈闭

图2-3 普光气田主体飞一段顶面构造图

落实可靠。落实程度可靠。P_2ch底、T_1f_1底、T_1f_3底和T_1f_4底面积分别为1.24km^2、3.87km^2、13.81km^{2}和16.8km^2，幅度分别为130m、330m、770m和800m。

三、储层特征

（一）沉积相

宣汉–达县地区长兴组–飞仙关组为缓坡沉积模式，西部梁平–开江地区的川岳83井、84井、川付85井、七里峡构造、芭蕉场构造、雷西构造等地区为陆棚–开阔台地沉积环境，水体相对较深。东部毛坝构造、大湾构造、普光构造、坡1、坡2井及渡1-4井、黄龙构造、天东构造等地区为碳酸盐台地沉积环境。东部碳酸盐台地与西部洼陷之间没有明显的坡折带，在台地与洼陷之间发育台地边缘浅滩、生物礁。

长兴组–飞仙关组沉积期，普光气田位于碳酸盐台地边缘。飞仙关组发育有台地边缘暴露浅滩相、开阔台地相及台地蒸发岩相；长兴组发育有台地边缘生物礁相、局限台地相、开阔台地相、台地蒸发岩相及台地边缘浅滩相等。普光气田西部梁平–开江地区为陆棚–开阔台地沉积环境；普光气田东部地区为碳酸盐台地沉积环境。

（二）岩性特征

飞仙关组储层岩石类型复杂，以白云岩为主，主要发育6种岩石类型，即鲕粒白云岩、残余鲕粒白云岩、糖粒状残余鲕粒白云岩、含砾屑鲕粒白云岩、含砂屑泥晶白云岩和结晶白云岩，其中鲕粒和残余鲕粒白云岩最重要。

长兴组储层主要为一套礁滩–白云岩组合，以结晶白云岩、生屑白云岩、砂屑白云岩、砾屑白云岩、海绵礁白云岩、海绵礁灰岩为主，其中结晶白云岩、砾屑白云岩和海绵礁白云岩为重要的岩石类型。

（三）储层物性

1. 储层物性基本特征

储层整体上物性较好。其中，飞仙关组以中孔中渗、高孔高渗储层为主，孔隙度在0.94%～25.22%之间，平均为8.11%；长兴组以高中孔高渗储层为主，孔隙度在1.11%～23.05%之间，平均孔隙度为7.08%。大部分储层孔渗相关性较好，呈正线性相关，说明储层以孔隙（溶孔）型为主。储层岩石密度总体较小，主要分布于2.2～2.8g/cm³，与孔隙度、渗透率之间呈明显的负相关。

2. 储层物性分布特征

飞仙关组整体上储层物性较好。纵向上，飞三段物性相对较差，孔隙度处于1.02%～9.46%之间，平均为2.67%。渗透率介于（0.0116～83.9589）×10⁻³μm²，平均为0.059×10⁻³μm²；飞二至飞一段物性最好，孔隙度介于1.23%～28.86%，平均为8.75%。渗透率介于（0.0112～3354.6965）×10⁻³μm²，平均为1.6295×10⁻³μm²，纵向上存在四个孔隙变化带。

长兴组上部发育高孔高渗带，下部储层较差。其中，上部岩性以结晶白云岩、砂屑白云岩、生屑白云岩、砾屑白云岩等为主，孔隙度介于1.91%～23.08%，主要分布于

5% ~ 10%，渗透率介于（0.03 ~ 5874.56）×$10^{-3}\mu m^2$，大部分大于$1.0 \times 10^{-3}\mu m^2$，表明储集性中等至较好。

（四）储集空间与孔隙结构

1. 储集空间类型

长兴组–飞仙关组储层主要储集空间类型为孔隙和裂缝两种类型，以孔隙为主，裂缝发育较少。

孔隙类型：长兴组–飞仙关组储层以溶蚀孔（洞）占绝对优势，是最主要的储集空间，晶间孔次之。飞仙关组溶蚀孔（洞）含量达80%以上，晶间孔含量仅为10% ~ 15%；溶孔中又以晶间溶孔和晶间溶蚀扩大孔为主，占总溶孔的75%左右，次为20%的鲕模孔、粒内溶孔。同时，长兴组原生粒间孔几乎全部被胶结充填，只有极个别被保留下来，飞仙关组储层有极少量的原生粒间孔。

裂缝类型：裂缝主要发育飞三段、飞一底和在长兴组上部和下部。飞仙关组储层均以构造缝为主，且各类裂缝发育是有选择性的，岩性相对致密的储层以斜裂缝和纵裂缝发育较多，岩性相对疏松的储层以横裂缝发育较多；长兴组主要有压溶缝合线和构造裂缝两种类型。

2. 孔隙结构特征

长兴组–飞仙关组具有较好的物性与孔隙结构，储层孔喉分布频带较宽。其中，飞仙关组储层以大孔粗喉为主，微孔微喉很少；长兴组以大中孔隙为主，微至粗喉道均比较发育，以细喉道为主。

（五）储层敏感性

速敏程度弱 ~ 中等偏强。速敏指数为0.3282 ~ 0.8785。

水敏程度为中等。水敏指数为69.07 ~ 38.95，反映储层含有一定比例的黏土矿物，水对储层具有一定的危害性。

盐敏程度为中等 ~ 强。随着矿化度的增加，渗透率下降，渗透性损害程度在38.95% ~ 95.1%之间。

酸敏程度中等 ~ 强。普光1井酸敏实验分析，渗透性损害程度在–11.98% ~ 47.37%之间，酸敏程度为无 ~ 中等。普光302–1井三块样品酸敏实验分析，渗透性损害程度较高，分别为92.25%、74.29%、74.06%，酸敏程度较强。

碱敏程度为弱 ~ 强。随着液体pH值的提高，渗透率下降，样品渗透性的损害程度为10.7% ~ 85.89%，且渗透性好的其损害程度亦强。

（六）储层类型

1. 储集岩分类标准

参照四川碳酸盐岩储集岩分类方法，以孔隙度2%作为储层评价的下限值，将普光气田有效储集岩分为三类（表2-2）。

表2-2 四川盆地碳酸盐岩储层分类评价标准

储层分类	Ⅰ类	Ⅱ类	Ⅲ类	Ⅳ类
孔隙度/%	>10	10~5	5~2	<2
渗透率/$10^{-3}\mu m^2$	>1.0	1~0.25	0.25~0.002	<0.002
中值喉道宽度/μm	>1	1~0.2	0.2~0.024	<0.024
孔隙结构类型	大孔粗中喉型	大孔中粗喉型 中孔中粗喉型	中孔细喉型 小孔细喉型	微孔微喉型
储层评价	好至极好	中等至较好	较差	差

注：据《石油天然气储量计算规范，DZ/T 0217—2005》。中值喉道宽度、孔隙结构类型据四川盆地评价标准（钱峥，碳酸盐岩成岩作用及储层，石油工业出版社，2000年）

2. 储层分类

普光2井飞仙关组储层以Ⅱ类储层为主，占总厚度的45.0%，次为Ⅲ、Ⅰ类，含量分别为29.8%、17.04%，而Ⅳ类储层仅占8.2%。飞仙关组储层岩性为大套灰、浅灰色溶孔鲕粒白云岩夹灰质白云岩与白云质灰岩组合，以残余鲕粒白云岩为主，为暴露鲕粒滩沉积；储层物性较好，平均孔隙度为8.17%，渗透率最高可达$3354.6965×10^{-3}\mu m^2$；储集空间类型以早期鲕模孔、粒内溶孔和晚期各种溶孔为主，大中孔中粗喉型组合；纵向上以飞二-飞一段储层最好，次为飞三段。

普光6井长兴组储层以Ⅱ类储层为主，占47.5%；其次为Ⅰ、Ⅲ类，分别占24.3%、19.4%，而Ⅳ类储层仅占8.8%。长兴组上部岩石类型以海绵礁白云岩、海绵礁灰岩为主，夹少量的灰质白云岩、结晶白云岩，为台地边缘生物礁沉积，以Ⅰ、Ⅱ类储层为主。长兴组下部岩性主要砾屑白云岩、结晶白云岩、生屑白云岩、砂屑白云岩，为台地边缘浅滩与台地蒸发岩沉积，以Ⅱ类储层为主，纵向上长兴组上部储层物性好于下部。

3. 储层平面展布特征

普光气田储层整体呈似块状，纵向上Ⅰ、Ⅱ、Ⅲ类储层交错分布，平面上在构造高部位的普光6-普光2井区储层厚度大，向四周有不同程度的变薄，储层非均质性严重。其中，飞仙关组储层在普光2井、6井附近厚度最大，向四周变薄；长兴组储层受生物礁控制呈点状分布，普光6井、普光8井储层最厚。

四、气藏类型

普光气田天然气组分高含硫化氢、中含二氧化碳。天然气中甲烷含量范围70.53%~88.5%，平均含量75.29%；乙烷含量小，平均仅为0.07%；H_2S含量范围3.38%~17.05%，平均含量为13.93%；CO_2含量范围4.2%~14.25%，平均含量为9.57%。天然气相对密度0.6508~0.7861，平均0.7349。气藏埋深4800~6000m，地层压力系数1.00~1.18，为常压系统。地层静温梯度1.98~2.21℃/100m，为低温系统。飞仙关气藏发育边水，长兴组气藏发育底水。储集空间主要以晶间溶孔、晶间溶蚀扩大孔、溶洞、鲕模孔、粒内溶孔、晶间孔为最主要的类型，仅局部发育裂缝。

综上所述，普光气田具有埋藏超深、气层分布受岩性和构造双重控制、气藏储集空间以孔隙为主、局部发育裂缝和溶洞、高含硫化氢、发育边底水等特征。普光气田属于超深层、高含硫化氢的构造-岩性碳酸盐岩气藏。

第二节　勘探历程

普光气田所在宣汉-达县区块于20世纪50年代始开展地面石油地质调查等工作。1965~1980年开展了区域构造概查及构造预探；1980~1990年进行了构造带普查、局部构造详查、深层勘探，完成二维数字地震普查，部署在东岳寨构造上的川岳83井，在飞仙关组二段获工业气流；1990~1999年实施了川岳84井、川付85井及七里23井的钻探，皆未取得实质性突破。至此勘探工作陷于停滞状态。2000年进行了高分辨率二维地震详查。普光1井在飞仙关组测试获高产工业天然气后，2003~2004年完成了高分辨率三维地震详查面积456.06km^2，2005年完成宣汉-达县地区高分辨三维地震809km^2，2006年以三维地震资料为基础，完成了全区构造解释和储层预测。从2005年开始到今已累计上报国家探明含气面积125.08km^2，天然气地质储量4121.69×10^{8}m^3。

一、勘探历程

宣汉-达县地区油气勘探始于20世纪50年代，至今经历了半个多世纪，就工作性质和内容勘探历程大致可划分为四个阶段：

第一阶段：油气地质调查阶段（50年代~60年代中期）

1958年完成了1：200000地面地质调查，1：50000构造详查，发现了双石庙构造、黄金口构造，并完成了双石庙、东岳寨等局部构造的细测工作。

第二阶段：构造预探及区域构造概查阶段（60年代后期~70年代末）

这一时期的重点工作是以油气发现为目标，对局部构造进行大量钻井预探，但所钻之探井基本上是浅井。原四川石油管理局在双石庙、雷音铺、东岳寨、黄龙等构造施工浅井十余口，于下侏罗统发现了微弱油气显示；同时在双石庙构造完成中深钻井川1井，进尺2525.08m，于下侏罗统及上三叠统见微弱气显示；在付家山构造完成川25井，进尺2865.5m，发现工业品位的富钾卤水；在雷音铺构造完成川17井，于嘉陵江组获重大油气突破，并发现石炭系沉积；铁山构造施工川26井，于嘉陵江组四段钻遇厚达211m的岩盐层。此外，完成了双石庙构造、黄金口构造带、雷音铺构造带、铁山构造及涪阳坝构造1：50000构造详查。

第三阶段：构造带普查、局部构造详查，深层勘探阶段（80~90年代）

80年代随着原石油部川东地区天然气勘探取得重大突破，地矿部也在川东北地区开展了大量油气勘探工作。川东地区成为这一时期的热点探区之一。

宣汉–达县地区开展了覆盖全区的二维数字地震构造普查，测网达2km×4km，并选择当时认为具有油气勘探前景的东岳寨构造进行了地震详查，测网达1.5km×1.5km，在双庙场构造试验性地开展了25.6km²三维地震勘探。这些工作的开展，基本查明了构造格局，为部署探井打下了坚实的基础。同时也对山区地震技术进行了较深入研究。利用地震勘探成果，部署并实施了一批深、超深钻井。在东岳寨构造施工了川岳83井，于T_1f_2获工业气流，发现了东岳寨含气构造。在大量勘探工作进行的同时，开展了多学科的综合研究，在构造演化、沉积环境、天然气成藏地质条件等方面取得了一些成果。

进入90年代，由于勘探重心的转移，加上资金匮乏，特别是勘探认识难以深入，该区的勘探工作基本处于停滞阶段。

第四阶段：调整勘探思路，勘探突破和大发展阶段（2000年以来）

1999年以来，中国石化通过对前期勘探的反思，重新分析了川东北地区的天然气资源潜力。认为川东北地区具有下寒武统、上奥陶–下志留统、下二叠统和上二叠统四套优质烃源岩，油气资源基础雄厚；自下而上发育有石炭系黄龙组、上二叠统长兴组、下三叠统飞仙关组及嘉陵江组等优质储层；同时，上叠有较厚的嘉陵江组优质膏盐岩盖层；发育构造及构造–岩性复合圈闭，具有得天独厚的成藏条件，为大规模的天然气富集奠定了坚实的物质基础，明确了川东北地区是近期油气勘探的首选领域。

根据塔里木盆地、鄂尔多斯盆地及四川盆地所取得的丰富的勘探理论及技术成果，同时借鉴了邻区罗家寨、渡口河、铁山坡等成功的勘探经验，通过深化层序地层和沉积相研究工作，建立了川东北二叠系长兴组～三叠系飞仙关组沉积相和礁滩发育模式，认为川东北二叠系、三叠系地层主要发育开阔台地相、局限台地相、台地蒸发岩相、台地边缘生物礁相、浅滩相、缓坡相及陆棚相等6种沉积相13个沉积亚相类型。在加强山地地震技术攻关和勘探目标评价工作的基础上，调整了勘探策略，制定了以"长兴–飞仙关组礁、滩孔隙型白云岩储层为主的构造–岩性复合圈闭"为勘探对象的天然气勘探思路。

如何识别与预测出优质储层是制约深层碳酸盐岩油气勘探的关键与难点。针对川东北地区复杂山地、深层与碳酸盐岩层系的地震地质特征，以复杂山地深层碳酸盐岩储层预测为主线，开展了地震采集、处理和解释一体化攻关。2000年首先在普光地区实施了54条，满覆盖长1163.5km的二维高分辨率地震详查，经二维高分辨地震资料处理，有效频带范围大致在8～125Hz，优势频带20～80Hz，主频60Hz左右。主要目的层附近可达50～60Hz，主要地震反射波特征明显，波形较活跃，断层和构造形态清楚，满足了构造解释、储层预测和综合研究的需要。

通过新一轮区带评价、地震资料精细解释、圈闭评价优选及储层预测等系列研究，发现了普光、毛坝等一批飞仙关组构造–岩性复合圈闭。在宣汉–达县区块普光构造部署普光1井、毛坝场构造部署毛坝1井，分别于飞仙关组、长兴组获得天然气重大突破，首轮探井全面告捷，发现了普光含气构造，提交了普光飞仙关组构造-岩性气藏控制储量 $1379.85 \times 10^8 m^3$；发现了毛坝场含气构造。

在普光1井、毛坝1井获得油气重大突破后，又在大普光地区实施了高精度三维地震，重点在复杂山地高精度地震资料采集、高精度地震成像与深层碳酸盐岩油气储层预测方面，开展方法技术攻关与实际应用研究，建立了礁滩储层综合预测技术，形成了以高精度地震技术为主体的复杂山地深层碳酸盐岩油气藏勘探配套技术系列。在地震资料叠前高精度成像的基础上，应用叠前储层高分辨率成像技术，明显提高了储层的成像精度和分辨率。为探明普光气田，提供了支撑保障。

在地震储层预测技术取得突破的基础上，深化了川东北二叠系长兴组~三叠系飞仙关组沉积相与储层分布的研究工作，建立了精细的礁滩发育模式及地震储层预测模型。长兴期沉积模式由西向东分别由台棚、台地边缘生物礁-浅滩及开阔台地组成，缓坡坡度10°左右。东部为开阔台地，台地边缘生物礁，为海绵障积岩及海绵骨架岩为主，部分礁发生了白云石化。飞仙关期沉积模式，由西向东分别由台棚、缓坡同生滑动带、台地边缘暴露浅滩及台地蒸发岩组成。台地蒸发岩沉积白云岩为主夹石膏及鲕粒白云岩，台地边缘浅滩沉积了巨厚的鲕粒白云岩。

通过研究，建立了深层碳酸盐岩"三元控储"模式，表明了深层碳酸盐岩仍然发育优质储层。海相深层碳酸盐岩的储集性能受相互关联的三大因素控制，首先是沉积-成岩环境控制礁滩和同生白云岩的发育，进而控制了初始埋藏阶段孔隙的分布；构造应力-地层流体压力的耦合控制岩石的破裂行为和裂隙分布，进而控制了通过裂缝的流体流动；通过初始孔隙和构造裂缝注入储层的流体导致溶蚀作用，形成多期次的粒间溶蚀孔、鲕粒内溶孔、鲕模孔和溶洞等孔隙类型。"三元控储"模式的建立为深层碳酸盐岩优质储层的预测奠定了基础。通过综合分析研究认为，宣汉-达县地区长兴-飞仙关组具备形成礁、滩相孔隙型白云岩储层的基本条件，是构造-岩性复合圈闭发育的地区。

通过对普光气田的成藏解剖，明确了深层油气成藏的关键因素和成藏演化关系，为深层油气勘探目标评价奠定了基础。以构造演化和优质储层的叠合分析为主，建立了"原油聚集-流体调整-晚期定位"的海相深层碳酸盐岩天然气富集模式。认为海相深层碳酸盐岩天然气藏的形成主要经历了原油聚集、油气藏的化学改造和流体调整等复杂的物理—化学过程三个阶段，成藏主要受控于生油高峰期的古构造与储层岩相变化控制古油藏的分布，古油藏形成后的构造运动控制古油藏的化学改造和流体调整，喜山期构造与岩相变化共同控制天然气的富集和分布，建立了深层海相油气"复合控藏"模式。

为实现中国石化油气资源战略目标，勘探管理采取了"集团化决策，项目化管理，市场化运作，社会化服务"的运作机制，按照"加强组织管理，统一协调，靠前指挥；加强前期地质研究，科学部署，提高效益；加强工程技术攻关，强化技术配套，提高成效"的思路。积极稳妥地推进了川东北地区天然气勘探步伐，加快了勘探节奏，提高了勘探效率。

地质认识的深化、勘探技术的进步和科学的管理方式实现了川东北地区的天然气高效勘探。2001年在普光、毛坝两个圈闭上分别部署了普光1和毛坝1井，其中，普光构造-岩性复合圈闭上的普光1井获得重大突破，发现了普光气田。在普光1井取得了成功的基础上，按照"整体评价，分步实施"的思路，部署实施三轮评价井（普光2、普光3、普光4、普光5、普光6、普光7、普光8、普光9、普光10、普光11、普光12），发现和落实了整装海相气田——普光气田。同时普光外围的毛坝、大湾、双庙等构造也相继取得勘探的重大突破。

二、探明天然气地质储量

普光气田飞仙关组至长兴组气藏是川东北地区鲕滩气藏群的一个重要组成部分。2005年1月，根据普光1井、普光2井和普光4井资料，上报飞仙关组探明含气面积27.2km²，天然气地质储量（Ⅱ类）$1143.63 \times 10^8 m^3$。2006年2月在新增加了普光3、普光5、普光6、普光7等4口井资料基础上，重新上报普光2井区飞仙关组-长兴组探明含气面积40.86km²，探明天然气地质储量$2310.51 \times 10^8 m^3$；其中，新增含气面积18.39km²，新增探明天然气地质储量$1367.07 \times 10^8 m^3$。2007年2月，又在新增加的普光8、普光9井资料基础上，上报普光8井区飞仙关组-长兴组探明含气面积27.94km²，探明天然气地质储量$272.25 \times 10^8 m^3$。

截至2013年年底，普光气田飞仙关组、长兴组累计上报探明含气面积59.58km²，天然气地质储量$2782.95 \times 10^8 m^3$。

第三节　开发历程

2005年2月启动普光气田开发工作，始终高度重视科技攻关和成果应用工作，始终把开发方案放在实现高效开发的首要地位。根据最新勘探成果资料、新增探明储量和科技攻关阶段成果，自2005年2月～2006年12月，先后研究完成了《普光气田滚动开发方案》、《普光气田滚动开发方案》、《普光气田开发方案》、《普光气田主体开发方案》等。为确保实现普光气田的高效开发，在开发建设过程中，始终认真贯彻"科学发展观"，实时跟踪研究新钻开发井资料，不断深化气藏地质认识，及时优化调整开发方案。2008年3月30日，依据最新跟踪地质研究成果和科技攻关成果，编制完成了《普光气田主体开发调整（优化）方案》，为实现普光气田的高效开发奠定了坚实的基础。2005年12月第一口开发井普光302-1井开钻，标志着普光气田正式进入产能建设阶段。2009年6月15日最后一口开发井普光105-2完井，历时三年半完成最终开发方案部署的38口开发井的钻井任务。从2008年6～2010年2月底，分两个阶段完成了普光气田投产作业施工。2006年7月～2009年9月分两个阶段完成了地面集输工程建设任务。2008年10月投入试生产，2009年10月建成投产，历时5年安全高效建成$80 \times 10^8 m^3/a$天然气生产能力。

一、科技攻关与技术创新

在规模开发超深层、特高含硫化氢、礁滩相碳酸盐岩气田方面，国内尚无成功的先例，更缺少成熟的开发技术和人才队伍。这些因素决定普光气田开发工程是项高风险、高难度、极复杂的大型系统工程，中国石化面临巨大的挑战。20世纪50年代以来，国外许多石油公司和研究机构投入了很大力量来提升高含硫气田开发技术水平，取得了一系列有价值的研究成果。为安全高效开发普光气田，中国石化从2005年起，组织多批专家以多种形式，对国内外高酸性气田的开发、钻井、采气、集输、净化及相关配套技术进行调研和技术交流。

针对普光气田开发建设中面临的技术难题，完善的科技支撑体系是安全环保、科学高效开发普光气田的关键。在普光气田开发过程中，逐步建立了服务于普光气田开发建设的多级科研支撑体系，这个体系以中国石化科研院所为核心，汇集了西南石油大学，中国安全生产科学研究院，中国石油大学（北京），长江大学，宝山钢铁股份有限公司，天津钢管集团股份有限公司，北京航天动力研究所等专科研院所的技术力量。

针对普光气田开发面临的诸多难题，为做好普光气田开发技术攻关和技术准备，推动开发项目的顺利实施，以突破高酸性海相气田开发安全、高效关键技术为主要目标，中国石化于2005~2007年在"十条龙"攻关层面，立项攻关普光气田产能建设关键技术研究。通过该项目的攻关研究，创新集成了一套高效、安全的高含硫天然气藏开发开采技术系列，解决了普光气田产能建设中遇到的主要技术难题。同时，依托"十一五"国家重大专项和示范工程项目《高含硫气藏安全高效开发技术》及《四川盆地普光大型高含硫气田开发示范工程》攻关，建立了高酸性海相气田开发技术理论体系，从地质、气藏、钻井、采气、地面集输、天然气净化、安全环保和技术规范标准等方面，系统探索研究了高酸性气藏开发配套技术，完成了硫沉积、腐蚀防治技术及高酸性气体现场试验室建设，实现了一批关键装备及材料的自主研发，建成了普光高酸性气田开发示范基地。

通过国家科技重大专项、示范工程和中石化十条龙等项目攻关，取得了丰硕成果，为普光气田安全高效开发提供技术支撑和技术保障。一是形成12项关键技术：高效井设计及开发指标优化技术，全气田四级紧急关断联锁系统安全控制技术，复杂环境酸气泄漏应急疏散软硬件配套技术，高含硫高产气井系统安全环保试气技术，特大型散装硫黄料仓、液硫罐安全储存技术，特大型高含硫天然气净化厂高、低压火炬放空技术，高压酸气管道特殊管材焊接工艺技术，长井段多级传爆一次性射孔配套工艺技术，多级注入大规模酸压作业配套工艺技术，气体钻井为主的优快钻井集成技术，含硫污水多级除硫及回注技术，钻井废液残渣无害化处理与安全处置技术。二是建成了六类新装置：$120 \times 10^8 m^3/a$天然气净化联合装置，$240 \times 10^4 t/a$硫黄成型、储存及运输配套装置，大规模应急疏散通讯系统，井口残酸高压分离、储存及密闭转运装置，含硫污水多级除硫装置，应急救援山地消防坦克。三是形成了四类技术规范：普光气田钻（完）井技术规范，普光气田试气投产技术规范，普光气田酸气管道、站场工程技术规范，普光气田天然气净化技术规范。四是推进了关键设备材料的国产化：抗硫套管和油管，集气站场工艺阀门，抗硫压力容器，特大型散装硫磺料仓、液硫罐安全储存设施，缓蚀剂及试气焚烧炉。这些技术创新成果将对中石化石油天然气开发工业技术进步具有重大推动作用，同时将有力推动我国高酸性气田开发技术和净化技术的进步。

二、开发方案设计与优化

开发方案是指导气田开发的指导性技术文件，是气田开发工程项目成败和效益的关键，是气田产能建设工程决策的重要依据。气田投入开发必须有正式批准的气田开发方案。为此中国石化集团公司高度重视普光气田开发方案的论证、编制和审查工作。为确保开发方案设计的超前性、科学性和指导性，一方面，充分发挥中石化上中下游科研院所科研优势，组织中石化勘探开发研究院、中原油田地质院、胜利油田钻井院、中原油田采油院、胜利油田设计院、勘探南方分公司勘探研究院和中原油田设计院等单位组成了气藏地质、气藏工程、钻井工程、采气工程、地面集输工程和经济评价项目组，根据勘探成果和实钻资料，结合国内外同类气田开发技术调研成果、科技攻关与技术创新成果，采用分头专题研究和集中统一研讨相结合的方法，研究编制普光气田开发方案，并实时跟踪研究实钻资料，不断优化开发方案；另一方面，以专家组论证审查为主要形式，建立了严格的开发方案三级审查机制，即普光分公司—中原油田分公司—股份公司油田部三级审查机制，充分发挥国内石油天然气上游领域专家队伍的技术把关作用和中石化主管部门的组织保障作用。

针对普光气田的特点和开发难点，项目组研究论证形成了普光气田开发方案的整体设计思路：①根据单井产能和控制储量的经济界限，考虑边底水对气田开发影响，优先动用储量富集区，对构造低部位气水过渡带和气层较薄部位的储量暂不动用。②针对普光高含硫气田地处人口密集区和长江上游水源敏感区的实际，引进国外先进成熟的开发技术，提高设防等级，采用多级安全控制和气田污水回注，确保安全、环保开发。③根据储层发育特点，普光气田以定向井为主，大湾气田以水平井为主，并通过优化井身结构、管柱结构及储层改造等工艺措施，实现"少井高产"。④净化厂引进先进成熟的工艺设计，采用安全可靠的技术装备，对原料气气质变化具有一定的适应能力。⑤高含硫气藏开发生产能力与天然气净化处理能力相协调。

在开发方案设计与审查过程中，项目组始终把安全设计放在第一位。设计人员全方位调研国外同类气田成功的开发经验，充分吸收国内类似气田在开发建设过程中的经验教训，工程方案安全设计尽量采用最高等级，从方案设计把好开发工程本质安全关。如①钻井工程方案设计要求自储层顶以上200m至井底，生产套管采用双防合金钢进口套管，其余井段采用高抗硫套管，并采用金属气密封扣。防喷器组合采用2个双闸板防喷器、1个环形防喷器。闸板防喷器为70MPa、环形防喷器为35MPa压力等级，井控管汇压力等级为70MPa，井口类型为Ⅰ类等。②采气工程方案设计要求采用G3或同等材质的高镍基合金油管，丝扣采用VAM TOP扣或其他气密封扣，在气层以上50~100m处下入永久式封隔器。

采用双翼双阀十字形井口，压力等级70MPa，材料级别HH。井下工具采用718材质，压力等级为70MPa，耐温150℃。气井安装地面和井下两级安全阀。③地面集输工程安全控制系统具有自动和手动控制功能，可就地和远程控制关断等。为普光气田开发工程安全实施和运行提供了技术保障。

在开发方案设计与审查过程中，项目组重点围绕普光气田特点和开发难点，开展核心技术难题论证工作。在气田井网优化部署方面，重点将气藏高效开发与培育高产气井相结合开展井位部署方案论证；在气井钻采工程技术方面，着重开展高含硫气井安全、科学的钻井技术、完井技术、投产技术及长井段射孔、酸压改造和井控防治等配套技术的优化论证工作，确保钻采工程的安全、优质、高效；在地面集输工程方面，重点开展三防技术（防腐蚀、防硫沉积、防水合物）、集输管网选材与焊接评定等的论证工作；在气田自控系统方面，开展气田管网泄漏监测、紧急关断逻辑、应急控制联锁控制等的论证工作。

自2005年2月以来，根据最新勘探成果、新增探明储量和开发井实钻资料，结合跟踪研究成果和阶段科技攻关成果，先后研究编制完成了《普光气田飞仙关组气藏滚动开发方案概念设计》（$20 \times 10^8 m^3/a$）、《普光气田滚动开发方案》（$20 \times 10^8 m^3/a$）、《普光气田滚动开发方案》（$30 \times 10^8 m^3/a$）、《普光气田开发方案》（$60 \times 10^8 m^3/a$）、《普光气田主体开发方案》（$120 \times 10^8 m^3/a$）、《普光气田主体开发调整（优化）方案》（$105 \times 10^8 m^3/a$）等。这些不同阶段完成的开发方案经过油田专家到国内知名专家的多级审查和指导，为普光气田开发工程的安全、高效实施提供了强有力的技术支撑和指导。这里重点介绍几个关键阶段设计的开发方案。

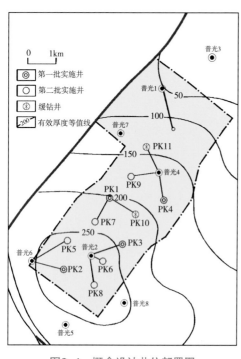

图2-4 概念设计井位部署图

1.《普光气田飞仙关组气藏滚动开发方案概念设计》

2005年1月，在普光气田探明天然气地质储量$1143.63 \times 10^8 m^3$的基础上，为积极利用高含硫天然气资源，中石化油田部组织了普光气田$30 \times 10^8 m^3$/年开发概念设计。

2005年3月24日至4月1日，在中石化勘探开发研究院、勘探南方分公司、中原油田地质院等单位科研人员编制完成《普光气田飞仙关组气藏滚动开发方案概念设计》。4月12日发展计划部和油田勘探开发事业部组织国内知名专家进行了评审。概念设计动用储量$615 \times 10^8 m^3$。部署开发井12口（利用老井1口），新钻井11口（2口直井，9口大斜度井），建成年产能力$20.13 \times 10^8 m^3$，采气速度为3.27%，初步预测稳产期13年（图2-4）。

2.《普光气田滚动开发方案》（20×10⁸m³/a）

遵照中石化对川东北天然气勘探开发工作的整体部署和安排，在《普光气田飞仙关组气藏滚动开发方案概念设计》的基础上，优先动用普光2、4井区优质储量，于2005年5月编制了《普光气田滚动开发方案》（$20 \times 10^8 m^3/a$），2005年7月通过中国石化油田勘探开发事业部组织专家组评审。

方案设计动用地质储量为$951.8 \times 10^8 m^3$，部署井场5座，其中利用老井场3个（普光2、普光4和普光6），部署开发井10口，其中利用老井1口，新钻井9口（2口直井，7口斜井），设计年产能力$20 \times 10^8 m^3$，采气速度2.3%，预测稳产期17年（图2-5）。

3.《普光气田滚动开发方案》 （30×10⁸m³/a）

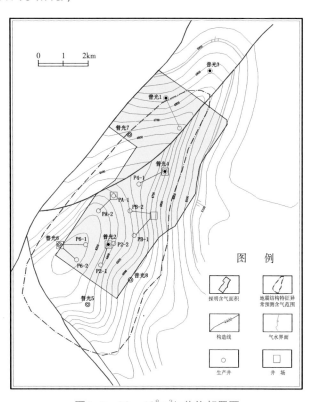

图2-5　$20 \times 10^8 m^3/a$井位部署图

根据最新探井资料和勘探成果，为了满足中石化四川维尼纶厂对天然气的需求，扩大中石化在四川、重庆的天然气市场，根据2005年7月1日《普光气田滚动开发方案》（$20 \times 10^8 m^3/a$）中石化专家组评审意见，于8月7日编制完成了《普光气田滚动开发方案》（$30 \times 10^8 m^3/a$）。2005年8月10日，通过中国石化油田勘探开发事业部组织专家组评审。开发方案设计动用储量$872.64 \times 10^8 m^3$，设计6个井场（利用老井场4个），部署开发井15（3口直井，12口斜井）；平均单井配产$61 \times 10^4 m^3/d$，年产气能力$30 \times 10^8 m^3$，采气速度3.4%，预测稳产期12年（图2-6）。

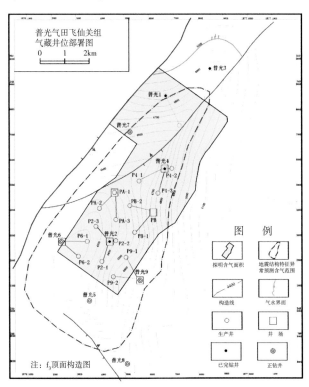

图2-6　$30 \times 10^8 m^3/a$井位部署图

4.《普光气田开发方案》（ $60 \times 10^8 \mathrm{m}^3/\mathrm{a}$ ）

2006年2月在新增加了普光3、普光5、普光6、普光7井4口井资料基础上，重新上报普光2井区飞仙关组-长兴组探明含气面积40.86km²，探明天然气地质储量2310.51×10⁸m³。其中，新增含气面积18.39km²，新增探明天然气地质储量1367.07×10⁸m³。根据新的勘探成果，中国石化重新规划部署了川东北地区资源、管网、市场配套建设，计划分步开发普光、毛坝-大湾和通南巴三个区块，以普光气田开发建设为龙头，建成中国石化川东北天然气生产及化工基地。计划建成川气北上输气管线（普光至山东），巩固山东、河南市场。

2006年5月15日编制完成《普光气田开发方案》（ $60 \times 10^8 \mathrm{m}^3/\mathrm{a}$ ），2006年5月16日通过中国石化油田勘探开发事业部组织专家组评审。

开发方案设计择优动用普光2块地质储量1764.33×10⁸m³，部署开发井30口，其中直井9口、斜井20口、水平井1口，设计井场9座，其中利用老井场4座，新增井场5座；平均单井配产60.7×10⁴m³/d，设计年产能力60×10⁸m³，采气速度3.4%，年产商品气44.58×10⁸m³，年产硫黄121.2×10⁴t，预测稳产期11年（图2-7）。

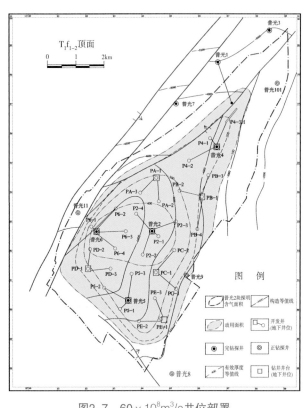

图2-7　 $60 \times 10^8 \mathrm{m}^3/\mathrm{a}$ 井位部署

5.《普光气田主体开发方案》（ $120 \times 10^8 \mathrm{m}^3/\mathrm{a}$ ）

随着勘探工作的深入，研究认为中国石化在川东北的勘探区块资源量巨大，勘探前景喜人。为实现"川气东送"，缓解我国能源供需矛盾，满足我国能源、环境发展战略的需求，中国石化要求按照"配套建设、协调发展"的思路，整体规划川东北地区天然气资源、市场和管网，分步实施普光气田和周边产能建设，规划建成普光气田输往长江中下游发达经济区的长输管道（普光至上海）。中石化2006年8月预审通过普光气田新增探明储量1131.46×10⁸m³。根据最新勘探成果，为了按时实现"川气出川"工程建设目标，尽早完成普光气田整体开发工程部署，2006年8月17日组织编制完成《普光气田主体开发方案》，2006年8月19日通过中国石化油田勘探开发事业部组织专家组审查验收。

开发方案设计动用地质储量2568.9×10⁸m³，部署开发井52口，其中新钻井50口（14口直井、24口斜井、12口水平井），利用老井2口，设计井场16座，年产规模120×10⁸m³，采气速度4.7%，气田开发稳产期6年（图2-8）。为延长普光气田的稳产期，气田投入生产后，可以考虑动用新增加的探明储量，使普光气田采气速度适当降低，延长其稳产期。

同时提出探井转生产井的建议方案：在$120 \times 10^8 m^3/a$开发方案（52口生产井，$120 \times 10^8 m^3$产能）的基础上，普光2、普光4、普光5和普光6井全部利用，平均单井配产$40 \times 10^4 m^3/d$，增加年生产能力$5 \times 10^8 m^3$，开发方案总井数达到（52+4）口，年产能力达到（120+5）$\times 10^8 m^3$规模，以保障普光气田$120 \times 10^8 m^3/a$的长期稳定供气。

6.《普光气田主体开发调整（优化）方案》（$105 \times 10^8 m^3/a$）

在普光气田开发建设过程中，为了确保实现普光气田高效开发，开发方案项目组以科学求是的态度实时跟踪分析研究实钻资料，不断深化气田构造、沉积相、储层特征、气水界

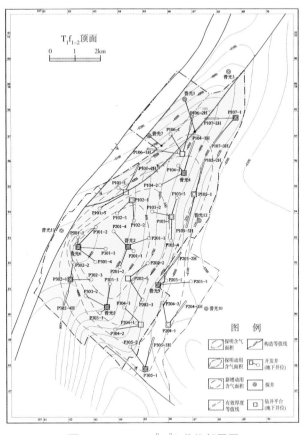

图2-8 $120 \times 10^8 m^3/a$井位部署图

面、边水能量等方面的认识，及时优化钻井平台及井位设计，适时评价了动用区储量，并将评价初步结果及时通报中石化主管部门。2007年12月6日，油田勘探开发事业部在北京召开了"普光气田已探明储量动态分析会"，成立了由中石化勘探开发研究院、南方勘探分公司、中原油田分公司、胜利油田测井公司组成的储量评价小组，根据最新勘探、开发跟踪研究成果和新的地质认识，开展了储量评价工作，完成了普光2块动用储量的评价工作。2007年12月27日，中国石化党组要求进一步研究优化普光气田主体开发方案，合理优化部署开发井，努力提高单井产能，提高气田整体开发效益。

开发方案项目组经过三个多月的研究论证，编制完成了《普光气田主体开发调整（优化）方案》。2008年3月31日中国石化油田勘探开发事业部组织专家组审查并通过《普光气田主体开发调整（优化）方案》。

开发方案设计：动用储量$1811.06 \times 10^8 m^3$，部署井台18座，开发井40口（利用探井1口）。平均单井配产$80 \times 10^4 m^3/d$，设计建成天然气产能$105 \times 10^8 m^3/a$，采气速度5.8%。气田按$105 \times 10^8 m^3/a$产能稳定生产一年后，依据净化厂的处理能力和大湾气田的产能建设计

划，将年产量调整到$73 \times 10^8 m^3$左右，采气速度调整到4%，气田再稳产8年（图2-9）。

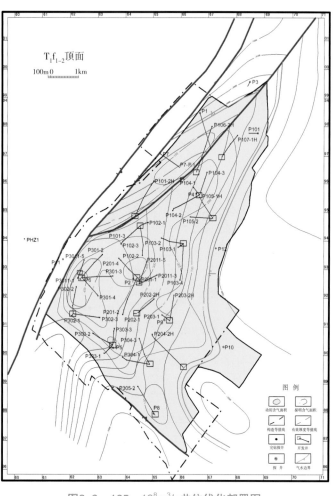

图2-9　$105 \times 10^8 m^3/a$井位优化部署图

三、工程施工

1. 钻井工程

根据最终开发方案设计，普光气田部署新钻井38口，其中直井2口，定向井30口，水平井6口（平均设计井深6055.68m）。普光气田气藏埋深在6000m左右，单井开发成本在1.6亿元左右。多打高产井是实现普光气田高效开发的基础，而开发井设计是培育高产井的关键。2005年9月从第一口开发井设计开始，普光分公司就组成了涵盖中石化上游科研单位的研究设计队伍，为科学、优质、高效完成开发井钻井设计提供了雄厚的科技保障。同时实行"普光分公司、中原油田分公司和油田事业部（或川气东送指挥部）"三级论证审查机制。普光分公司负责设计的第一级审查，修改完善后报中原油田分公司审查，最后报油田事业部（川气东送建设工程指挥部）审定。通过逐级审查，逐步完善，不断优化，确保开发井设计最优。

2005年12月28日第一口开发井（P302-1井）开钻，普光气田产能建设正式进入现场实施阶段；在钻井施工过程中，针对"深、硬、斜、喷、漏、毒"等技术难题，为确保安全、环保、优质、快速、高效实施钻井工程，首先，引进、消化吸收与自主攻关相结合，形成了适合超深高酸性气田的四大技术系列，保障了钻井施工安全，大幅度提高了钻井速度和质量。一是保障本质安全的钻井装备、井控、防漏堵漏、事故预防与处理等技术系列；二是保障工程质量的垂直钻井、无线随钻、复杂压力体系固井、井身质量控制等技术系列；三是提高钻井速度的气体钻井、复合钻井、参数优化、钻头优选等技术系列；四是保护和发现油气层的地质录井、超深井测井、屏蔽暂堵等技术系列。其次，程序化施工、制度化管理理念贯穿工程施工始终。以川东北28项技术标准为指针，建章立制，先后制定了《普光气田开发钻井工程管理规定》、《普光气田开发钻井井控实施细则》、《套管试压规定》、《空气钻钻井安全管理规定》和《开钻验收标准》，严格管理，不断规范钻井生产组织和运行。第三，形成甲乙方一体化的生产管理模式。建立了强有力的钻井监督队伍，每个井队都进驻钻井工程和地质监督，协调解决钻井过程中出现的问题，严把钻井质量和安全关；

2009年6月15日最后一口开发井（普光105-2）完井，开发井钻井成功率100%。38口开发井平均钻遇气层厚度为337.9m，全部达到设计指标，预测气层厚度与实钻气层厚度符合率达86.5%。为高效开发普光气田奠定了坚实的基础。

2. 投产作业

根据普光气田开发建设整体进度安排和《普光气田开发方案》，2007年12月11日编制完成了《普光气田投产方案》。2007年12月13日中石化油田勘探开发事业部组织相关专家审查通过了《普光气田主体投产方案》。2008年5月开始，根据《普光气田主体投产方案》研究编制单井投产设计。单井投产设计主要包括单井投产地质设计、工程设计和施工设计。2008年5月22日完成第一批8口井投产设计，随后分四批完成了普光气田39口井投产设计。

普光气田投产作业施工分两个阶段，第一阶段是一期 $20 \times 10^8 m^3/a$ 产能投产作业，从2008年6至2008年12月，包括普光301、普光302和普光303三个平台上的9口井；第二阶段为后 $85 \times 10^8 m^3/a$ 产能投产作业，包括15个平台上的30口开发井，从2009年1月开始至2010年6月底已完成27口井的投产作业施工。截至目前，除普光304-3井严重套变井和305-1井（探井转开发井）没有投产外，其余37口井已全部完成投产作业。在普光气田完井及投产作业过程中，通过引进集成与自主研发相结合，形成了普光高含硫气田完井、储层改造等采气系列技术，解决了普光气田腐蚀环境恶劣、超长井段射孔、酸压改造等技术难题。

普光气田已完成投产作业的37口井的总射孔跨度14635m，单井平均396m；总射开气层厚度11493m，单井平均311m。实测无阻流量（94～705）$\times 10^4 m^3/d$，单井平均 $479 \times 10^4 m^3/d$，达到或超过了开发方案配产指标要求。

3. 地面集输工程

地面集输系统主要包括自气井井口（采气树之后）至集气末站之间所有的站场、集输管线（普光气田集气管线分1号线、2号线和3号线，大湾气田集气管线分4号线、5号线），以及气田矿区内的基础设施建设，如矿区道路、电力网、通信网等。根据开发方案，普光气田集输工程设计16座集气站，1座集气末站，1座独立的污水站（位于净化厂内）；管网ESD阀室29座、ESD阀43套；集气管线29.228km；同沟敷设燃料气返输管线30km；光缆总长度80km，其中与集气管线同沟敷设37.237km，与电力线同线路架空33km，普通光缆10km；矿场道路60.2km；35kV电力线路33km；山体隧道5处；大中型河流跨越2处；大中型冲沟跨越23处；冲沟穿越2处；后巴河穿越1处。EPZ范围约230km²；预警人口约5万人。

普光气田集输工程设计采用全湿气加热保温混输工艺，井口天然气先进入集气站，经加热、节流、分离、计量后外输，采用"加热保温＋注缓蚀剂"工艺经集气支线进入集气干线，然后输送至集气末站分水，生产污水输送至污水站处理后回注地层，含饱和水蒸气的酸气则送至净化厂进行净化。井口～加热炉进口之间采用纯镍基合金管材，其他酸气管道采用"抗硫碳钢＋缓蚀剂"管材方案。

2006年7月28日普光气田第一座管道隧道－黄岭隧道开始现场施工，标志着地面集输工程现场施工正式开始。普光气田一期$20 \times 10^8 m^3/a$产能地面集输工程主要包括：集气站3座、集气末站1座、污水站1座，管线3段6720m。2009年4月13日，一期$20 \times 10^8 m^3/a$产能地面集输工程建成中交；6月13日，一期$20 \times 10^8 m^3/a$产能建设管道智能检测作业完成；6月19日，一期$20 \times 10^8 m^3/a$产能建设管道缓蚀剂预涂膜作业顺利完成；7月20日，通过集团公司投产安全条件确认检查；8月10日，一期$20 \times 10^8 m^3/a$产能建设集输系统酸气联动试运工作全部完成；2009年10月12日正式投产。

普光气田集输工程后$85 \times 10^8 m^3/a$产能包括15个钻井平台、13座集气站、13段管线，先后于2009年7月26日至9月6日建成中交。10月15日后$85 \times 10^8 m^3/a$产能建设地面集输工程完成氮气联调。12月22日，1号集气线通过集团公司投产前安全条件确认。12月29日，1号集气线投产。2010年1月19日，2号集气线通过集团公司投产前安全条件确认。1月25日，2号集气线投产。2009年8月开始引酸气进入集输系统进行联动调试，2009年10月开井试运投产，气井和集输系统生产安全，运行平稳。

4. 净化厂工程

普光净化厂工程是"川气东送工程"重要组成部分，位于川东北达州地区宣汉县赵家坝，总占地3402亩。工程采用"中原油田普光分公司管理下的采购透明的EPC总承包＋工程监理"的建设管理模式，建立了"建设单位—总体监理—标段监理—EPC总承包商"的管理控制体系。中国石化工程建设公司（SEI）是净化厂界区内联合装置、公用工程、硫黄储运工程的EPC总承包单位。中铁二院工程集团有限责任公司是硫黄铁路专用线工程的EPC总承包单位。

普光净化厂工程设计建成6个联合（12个系列）装置，混合气处理能力$120 \times 10^8 m^3/a$。工程由工艺装置、辅助生产设施、公用工程和维修设施四大部分组成。工艺装置主要包括脱硫、脱水、硫黄回收、尾气处理、硫黄成型和酸性水汽提装置，采用MDEA法脱硫、三甘醇法脱水、常规克劳斯二级转化法回收硫黄、加氢还原吸收尾气处理和酸水气提的工艺技术路线。年产商品气$90 \times 10^8 m^3$，硫黄$200 \times 10^4 t$。

2005年底SEI完成东区场平设计。2006年10月，SEI完成（装置部分）基础设计工作，12月通过了中国石油化工股份有限公司发展计划部审查，2007年3月5日，中国石油化工股份有限公司正式批复。2009年3月14日，净化厂厂区设计工作全部结束。2006年3月5日，净化厂东区场平工程破土动工。2006年8月18日，占地923亩的东区场平工程验收完工，移交SEI。2006年12月，根据普光气田开发工程可行性研究论证意见，普光气田产能规模由$60\times10^8m^3/a$提高到$150\times10^8m^3/a$，中石化党组决定扩大净化厂建设规模，场地平整面积由原来的923亩扩大到3402亩。2007年1月10日施工单位进驻西区工地，标志着占地2479亩的西区场平工程正式开工，2008年4月7日，西区场地全部完工并移交SEI。2007年3月27日，东区道路破土动工，标志着净化厂主体工程全面开工。2008年3月26日，第一台大件设备——第一联合装置两列水解分离器吊装就位，联合装置正式进入到设备安装阶段。2009年2月28日，第一联合装置实现中交；4月16日，第二、三联合装置实现中交；4月23日，净化厂公用工程中交；9月20日，第四、五、六联合装置总体中交。2009年10月12日，净化厂一联合一系列投产，至2010年6月15日最后一个系列——六联合二系列投料试车成功，普光净化厂工程全部建成投产。

5. 配套工程

普光气田开发工程及净化厂工程配套工程主要包括：220kV输变电系统工程、35kV配电线路工程、净化厂取水工程、通信系统工程、基地建设工程和急救援指挥中心6部分。

220kV输变电系统工程为整个普光气田的生产、生活提供电源，主要分为1座220kV变电站、2条220kV输电线路、2个220kV间隔扩建三部分。2006年12月15日完成可行性研究报告。2007年3月5日完成初步设计文件。2007年3月25日至4月25日相继完成了施工图设计。220kV普光变电站2007年6月1日开工建设，2008年11月2日完工并投运。2条220kV输电线路2008年2月28日开工，2009年4月2日完工并投运。2个220kV间隔扩建2008年5月15日开工，2008年11月2日和2009年4月2日相继完工并投运。

35kV配电线路工程包括35kV架空线路8回共计82.216km，35kV电缆线路9条共计15.72km，为净化厂、集输站场、输气首站、生产管理中心、前指办公区、应急救援中心、西南钻井公司胡家项目部等生产、生活单位供电。2007年6月至2008年4月相继开工，2008年2月至2009年4月相继完工并投运。

净化厂取水工程设计供水能力$2200m^3/h$。2006年8月26日开始勘察工作，2007年5月25日完成施工图设计。2007年7月开工建设，2008年11月2日完工并投运送水。该工程是从距净化厂1100m以外的后河取水，送至净化厂处理后作为工业和民用水。

通信系统工程，建设始于2006年，随着普光气田建设深入而不断完善，截至2009年底已建成中石化达州基地、105（普光分公司机关）、火烽山（普光分公司开发管理部）、生产管理中心、应急救援中心5座综合通信机房，20个综合配线间，6座无线通信基站。

基地建设工程主要包括生产管理中心和中石化达州基地。生产管理中心占地约42亩，内有5栋建筑物。2007年3月1日，宣汉县规划和建设局批复了选址意见书，2007年6月19日股份公司批复基础设计，2007年11月份开工，2008年10月30完工投用。中国石化达州基地位于达州市西外马房坝，占地76.77亩。2007年11月1日开工建设，2009年9月30日竣工。

6. 安全环保与职业卫生

普光气田高含硫化氢和二氧化碳，危险性、危害性非常大，气田钻井、采气、集输、净化工程的安全环保标准高，且国内没有类似气田安全环保开发经验可供借鉴，安全环保工作面临着极大的困难。在普光气田开发建设过程中，中石化高度重视安全环保工作，从健全HSE监督管理机构，完善HSE规章制度，明确HSE责任和目标入手，不断强化现场监督检查管理工作，认真贯彻落实"安全第一，预防为主，综合治理，全员参与"的方针，牢固树立"以人为本、安全发展、清洁生产"的理念，坚持开发建设与安全生产、环境保护并重的原则，始终把安全环保放在第一位，通过不懈努力和严防死守，确保了普光气田安全环保形势的稳定。

2005年7月8日，普光气田开发项目管理部就成立西南HSE监督管理站。为了加强安全环保和职业卫生领导工作，2006年7月2日，中原油田成立了普光气田安全生产、环境保护、职业卫生三个专门委员会；2007年4月26日，在HSE监督管理站基础上成立了中原油田西南工作委员会HSE办公室（普光分公司HSE监督管理部），同时，各直属单位也成立了HSE监督管理机构，形成了分公司—厂—车间（区）—班组（站）四级HSE管理网络。2005年8月12日开始，陆续建立健全了112项HSE管理制度，并汇编成册宣传贯彻。分公司直属单位相应制定了管理制度，初步建立了一套比较系统、规范的HSE管理制度体系，并根据"谁主管、谁负责"的原则，制定完善了720个岗位HSE职责，各单位负责人逐级签订《安全环保目标责任书》，责任目标，层层分解，干部职工签订《安全承诺书》，增强了干部职工安全意识和环保意识。初步建立了横向到边、纵向到底的HSE责任体系。

根据国家安全、环保部门的要求，2006年10月以来，对普光气田开发工程和净化厂工程及其分项工程进行了15项安全评价和32项环境评价，通过了安全环保部门的审查，并及时备案。同时HSE监督管理部认真开展日常、节日检查、专项检查等不同形式的安全环保检查，截至目前，共查出并整改问题和隐患4076个。HSE监督管理部对检查出的各类隐患，突出重点、分级监管、全程跟踪，及时督促整改，实现了安全环保生产。

根据高酸气田安全环保生产要求，从2005年10月至2009年7月先后三次修订完善了《普光气田应急救援预案》，同时采气厂、天然净化厂、钻井队、试气队及所属各车间、场站都编制了相应的应急预案及企地联动预案。建立了三级企地应急联动机制，组织了采气厂、天然气净化厂、钻井队、试气队等生产建设单位与所在县、乡（镇）、村举行企地应急联动演练，做到了预案-备案-演练的良性循环。

投产试车前认真开展三级安全条件确认工作，保证了投料试车工作的安全进行。至2010年6月15日，集输工程16个站场33口井已完成安全条件确认，具备投产运行条件；剩余5口井正按计划进行。2010年6月14日，净化厂第六联合安全条件确认工作完成，标志着一、二、三、四、五、六联合安全条件确认工作全部完成。同时严格执行安全、环保、职业卫生"三同时"制度。普光气田安全、环保工程坚持与主体工程同时设计、同时施工、同时投入生产和使用的原则，从设计、施工和投用方面进行严格把关，落实投料试车现场

"三同时"监督工作，从源头上消除安全隐患和污染，确保实现本质安全、本质环保。

根据普光气田"高温、高压、高含硫化氢"的特点和开发风险较大的实际，2006年3月，中国石化集团公司决定组建川东北地区应急救援指挥中心。2006年6月开始组建，选址于四川省宣汉县土主乡境内，占地面积36000㎡。应急救援指挥中心现有员工221人，下辖普光消防站、普光气防站、毛坝应急救援站（地处达州市毛坝镇）、泥浆配送站、环境监测站、医疗救护站、应急守护队7个基层单位。配备干粉、水罐、多功能、气防、供气、强风等各类抢险救援车辆59台，配置气防、侦检、救生、化验、洗消、破拆、堵漏、消防、监测、个人防护器材10大类217种29000余套件。应急响应区域为普光气田及普光周边毛坝、大湾、清溪、双庙等区块，具备"气防、消防、环境监测、医疗救护、重浆配制、泥浆配送、应急守护"七大功能，可处置井喷失控、H_2S泄漏、火灾爆炸、内部交通事故、环境灾害和自然灾害。2007年6月20日，普光分公司应急救援中心被国家安全生产监督管理总局命名为"国家油气田救援川东北基地"，成为全国4个油气田救援基地之一，目前是国家唯一的油气田救援示范基地。

四、开发生产

普光气田2009年10月建成投产。考虑到普光净化厂天然气处理能力$120×10^8m^3/a$和大湾气田天然气生产能力$30×10^8m^3/a$，根据天然气市场需求情况，普光气田实际安排天然气产量逐步提高，2009年天然气产量$2×10^8m^3$，2010年天然气产量$52×10^8m^3$，2011年开始每年安排天然气产量$80×10^8m^3$左右。截至目前，普光气田已累计生产天然气$400×10^8m^3$。气田实际开发指标均达到或优于开发方案设计，实现了安全高效开发。

第三章 沉积相与储层特征研究

在普光气田开发建设过程中，重视对储层发育主控因素的研究，探索和形成了一套沉积相、成岩作用和储层特征研究的思路及方法。即：在区域沉积环境分析基础上，根据露头、岩芯确定沉积相类型，结合地震资料确定四级层序下沉积微相，明确有利储层发育的沉积相带。应用分析实验、储层预测等多种技术手段相结合，研究后生作用的类型、成岩演化序列，以及各种成岩作用对储层物性的影响程度，并在此基础上落实优质储层的分布，指导部署高效井位设计。

第一节 沉积特征

在川东北地区沉积背景分析基础上，通过野外露头的实际勘查，优选与普光气田长兴组及飞仙关组储层可比性强的露头，对露头地层发育、沉积特征进行描述，分析碳酸盐岩矿物成分、结构组分、沉积构造和颜色等，收集了层序边界、体系域和凝缩层及沉积相标志，确定沉积环境和沉积相类型，为层序地层划分和沉积微相特征研究提供直观、精准资料。

一、区域沉积背景

长兴期川东北地区古地理面貌呈北西-南东展布（图3-1），呈现陆棚-台地相间格局。最东部为鄂西深水陆棚，沉积大隆组炭质页岩夹硅质岩。西部为广元、旺苍-梁平、开江陆棚沉积环境，西北部广旺地区为深水陆棚，沉积大隆组硅质岩、页岩，东南梁平、开江地区为浅水陆棚，沉积长兴组灰岩。陆棚西部为碳酸盐开阔台地，台地东边缘发育边缘礁滩相带，在铁山南气田等地发育生物礁。中部为通江-开县碳酸盐台地，沉积砂屑灰岩、生屑灰岩等颗粒岩，顶部沉积白云岩。台地东西边缘发育两条边缘礁滩相带，东部礁滩相在宣汉盘龙洞、羊鼓洞及开县红花等地有所发现，沉积生物礁白云岩和鲕粒白云岩，西部边缘礁滩相带沿铁厂河（林场、椒树塘及稿子坪）、普光2、普光5、普光6井、黄龙1、黄龙4井及天东1井等地分布，沉积生物礁灰岩和鲕粒白云岩，在铁厂河稿子坪及普光2井等地沉积了巨厚的鲕粒白云岩。

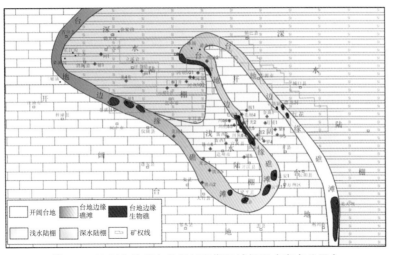

图3-1　四川盆地川东北部长兴期区域相图（南方公司）

飞仙关期岩相古地理格局基本沿袭了二叠纪长兴期格局，全区海平面总体变浅（图3-2）。广元、旺苍地区，飞一二期为浅水陆棚环境，沉积深灰色薄层状灰岩、泥质灰岩，飞三期变为开阔台地，沉积浅灰色厚层状鲕粒灰岩；达县-开江地区飞一二期为浅水陆棚环境，飞三期为开阔台地-蒸发台地，沉积大套灰岩；通江—开县地区为局限台地-蒸发台地沉积环境，飞一～飞三时沉积白云岩夹灰岩。飞四时由于填平补齐作用，早期高低不平的地貌已变得非常平坦。由于海平面下降，全区沉积环境相似，除普光6井附近发育少量局限台地外，其余大部分地区为蒸发台地环境。沉积物为紫红色泥岩、白云岩夹石膏，发育潮汐层理。

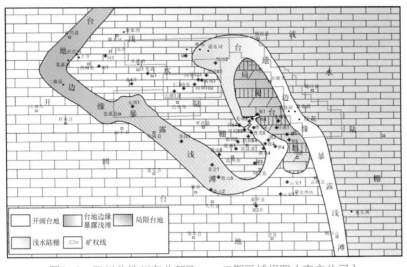

图3-2　四川盆地川东北部飞一～二期区域相图（南方公司）

二、野外露头调查

露头和岩芯是沉积相研究最直观的一手资料，可通过描述地层接触关系，分析碳酸盐

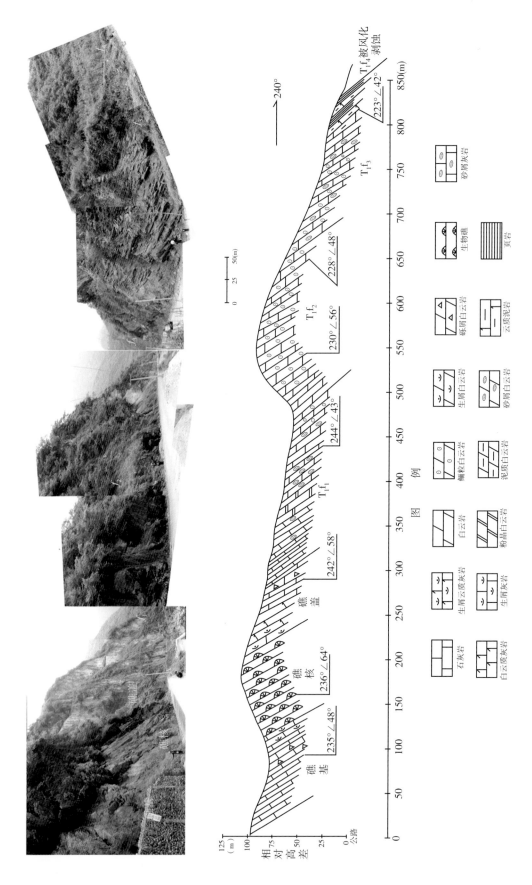

图3-3 盘龙洞头上二叠统长兴组-下三叠统飞仙关组剖面图

岩矿物成分、结构组分、沉积构造和颜色等，确定沉积环境和沉积相类型。川东北地区礁滩相储层露头分布相对广泛，综合考虑地层出露情况、沉积特征的可比性、交通等方面因素，最终选定距离普光气田约80km的宣汉县鸡唱乡盘龙洞露头剖面，长兴组-飞仙关组地层均发育于台地边缘相带中，与普光气田具有较强的可对比性（图3-3）。

盘龙洞剖面长兴组生物礁主要发育海绵障积岩、海绵骨架岩及海绵粘结岩3种岩石类型，以海绵障积岩为主，骨架岩次之，粘结岩最少（图3-4）。造礁生物主要为海绵类，少量水螅和苔藓虫。附礁生物门类众多，有腕足、瓣鳃、海百合、有孔虫及蜓类。根据主要造礁生物海绵的生活习性，结合附礁生物的类型及特征，长兴组生物礁沉积时水深大致在30~80m，具有陆棚边缘点礁特征。

盘龙洞生物礁海绵障积岩　　　　　　　　盘龙洞生物礁海绵骨架岩

图3-4　盘龙洞露头长兴组岩石类型

飞仙关组岩石类型以白云岩为主，岩性为鲕粒白云岩、残余鲕粒白云岩、糖粒状残余鲕粒白云岩、砂屑鲕粒白云岩、溶孔粉晶白云岩、结晶白云岩等（图3-5）。岩石组成以颗粒为主，含量65%~85%。其中，颗粒以鲕粒为主，砂屑、砾屑次之，由于溶蚀作用，部分鲕粒被溶蚀形成鲕模孔或粒内溶孔。粒间为颗粒支撑，亮晶胶结，胶结物含量15%~35%。露头区飞仙关组属碳酸盐台地边缘滩相沉积，水体深度大致在10~30m。

针孔状白云岩　　　　　　　　　　　　　鲕粒白云岩

图3-5　盘龙洞露头飞仙关组岩石类型

由于沉积环境及沉积相类型不同，长兴组与飞仙关组露头上发育的沉积构造也有较大区别（图3-6）。长兴组以生物礁沉积为主，礁基主要发育水平层理和波状层理，反映水动力条件比较弱；飞仙关组飞一二段以碳酸盐台地边缘颗粒滩沉积为主，水动力条件比较强，尤其飞二段沉积构造规模大，层系厚，主要发育大型交错层理；而飞三段属于局限台地沉积，水动力条件弱，主要发育水平层理。

礁基中发育的水平层理

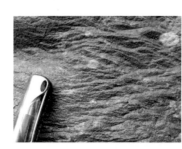
礁基中发育的波状层理

飞一段被沥青充填的缝合线

礁核中发育的构造裂缝

飞一段交错层理

飞三段水平层理

图3-6　盘龙洞露头沉积构造类型

三、岩石学特征

岩芯描述、薄片分析，碳酸盐储层岩石类型分为灰岩和白云岩，普光气田飞仙关组、长兴组储层以白云岩为主，白云石含量在92%以上，方解石4%～8%，含极少量沥青和泥质成分。通过进一步统计分析普光气田多口取芯井资料，认为储层岩石结构主要由晶粒、颗粒以、生物格架、胶结物四种类型。其中，晶粒云岩以粗晶、中-细晶、细粉晶为主；颗粒云岩以鲕粒（残鲕）、砾屑、砂屑为主；生物格架白云岩以海绵、生物介屑为主；胶结物以亮晶为主，含量19%～35%（表3-1）。

采用中国石油大学结构-成因分类法将飞仙关组白云岩储层分为鲕粒白云岩、砾屑白云岩、砂屑白云岩、生屑白云岩、中粗晶白云岩、细粉晶白云岩和泥晶白云岩等7个亚类；将长兴组白云岩储层分为鲕粒白云岩、砾屑白云岩、生屑白云岩、中粗晶白云岩、细粉晶白云岩、泥晶和海绵礁白云岩等7个亚类。每种亚类又可根据其颗粒含量、结构构造进一步细分，如鲕粒白云岩又可细分鲕粒白云岩、残余鲕粒白云岩、含鲕（残鲕）白云岩、糖粒状残余鲕粒白云岩、含砂（砾）屑鲕粒白云岩等小类（图3-7）。

表3-1 普光气田飞仙关组、长兴组储层岩石组成统计表

层位	岩石类型		矿物成分		结构组分							
			方解石/%	白云岩/%	颗粒		胶结物		晶粒		生物骨架	
					成分	含量/%	成分	含量/%	成分	含量/%	成分	含量/%
飞仙关组	颗粒白云岩	鲕粒白云岩	6	94	鲕粒	56	亮晶	27				
		砾屑白云岩	24	76	砾屑	71	亮晶	19				
		砂屑白云岩	8	92	砂屑	54	亮晶	23				
		生屑白云岩	7	93	生屑	17	亮晶	28				
	晶粒白云岩	粗-中晶白云岩	8	92	残鲕	9~32			中粗晶	72~100		
		细-粉晶白云岩	10	90	残鲕、内碎屑、生屑	少见			细粉晶	80~100		
		泥晶白云岩	9	91	残鲕、砂屑	少见			泥晶	90~100		
	灰岩		87	13	鲕粒、内碎屑	78	亮晶	22				
长兴组	颗粒白云岩	鲕粒白云岩	2	98	鲕粒	55~80	亮晶	27				
		砾屑白云岩	5	95	砾屑、砂屑	60	亮晶	19				
		生屑白云岩	4	96	生屑、藻屑、内碎屑	50	亮晶	35				
	晶粒白云岩	粗-中晶白云岩	1	99	残鲕	9			中晶	80		
		细—粉晶白云岩	2	98	残鲕、个别砂屑	少见			细粉晶	100		
		泥晶白云岩	4~30	70~96	残鲕、砂屑	少见			泥晶	80~96		
	生物格架白云岩	海绵礁白云岩	5.2	94.8	生物介屑	2~10					海绵	25~60
	灰岩	海绵礁灰岩	54	46	生物介屑、砾屑						海绵、苔藓虫	25~60
		灰岩	96	4	生物介屑	58	亮晶	22				

对各类岩性物性特征进行统计,飞仙关组白云岩7个亚类中鲕粒白云岩、中粗晶白云岩物性最好,是重要的两种岩石类型(图3-8),平均孔隙度分别达到9.7%、8.37%,平均渗透率为$1.83 \times 10^{-3} \mu m^2$、$11.06 \times 10^{-3} \mu m^2$;其次为生屑白云岩、泥晶白云岩、细粉晶白云岩、砂屑白云岩、砾屑白云岩。

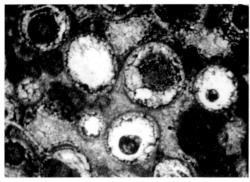

N017-008：鲕粒白云岩，T₁f，2.5×4-
岩石中鲕内溶孔及鲕模孔发育，被白云石和沥青
不完全充填

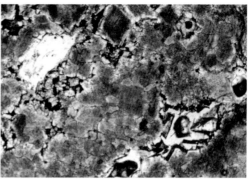

N016-013：残余鲕粒白云岩，T₁f，2.5×4-
大小不一的鲕粒及白云石沥青充填鲕间溶孔；
鲕粒间溶孔洞壁长有淀晶白云石晶体，沥青附着白
云石晶体上，说明沥青晚于白云石晶体形成

N034-006：糖粒状残余鲕粒白云岩，T₁f，2.5×4-
白云石重结晶强烈，呈"糖粒状"，沥青充填白云
石晶间孔和晶间溶孔

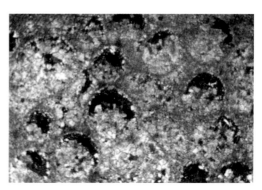

N041-022：含砾屑鲕粒白云岩，T₁f，2.5×4-
砾屑以复鲕为主，颗粒发育泥晶环边

图3-7　普光气田普光2井飞仙关组储层主要岩石类型特征

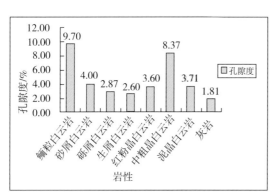

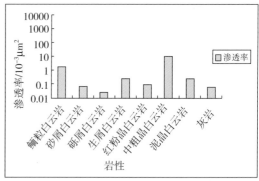

图3-8　普光气田飞仙关组岩性－物性关系图

　　长兴组7个亚类中以海绵礁白云岩、砾屑白云岩物性较好（图3-9），平均孔隙
度分别达到9.5%、9.55%，平均渗透率分别达到$4.57×10^{-3}μm^2$、$6.31×10^{-3}μm^2$；其次
为粗中晶白云岩、生屑白云岩、泥晶白云岩，平均孔隙度5.45%～7.1%，平均渗透

普光高含硫气田高效开发技术与实践

率（2.45～3.02）×$10^{-3}\mu m^2$；鲕粒白云岩、细粉晶白云岩尽管孔隙度较高，分别达到15.8%、9.74%，但渗透率却较低，反映储层孔隙之间连通性差。

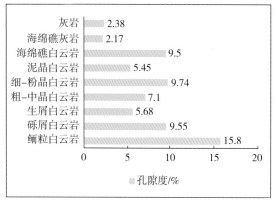 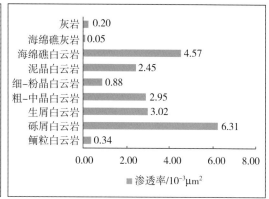

图3-9　长兴组岩性–物性关系图

四、沉积相类型

根据区域沉积环境发育情况，结合露头、钻井资料，认为普光气田长兴组-飞仙关组以发育碳酸盐岩台地为特征，这类沉积特征与威尔逊沉积模式较为相似。据此，采用威尔逊沉积模式将普光地区沉积相带划分出开阔台地、局限台地、蒸发～局限台地、台地边缘、台缘斜坡～陆棚5个相，并进一步划分出台坪、潟湖、台缘礁滩等8个亚相和相应的三十余个微相（表3-2），各种相带（或微相）交错分布。其中，台地边缘相的礁滩、鲕滩，开阔台地和局限台地相的台内滩、台内礁，以及局限台地相的台坪沉积是储层发育比较有利的相带。

表3-2　普光地区飞仙关–长兴组主要沉积相表

相	亚相		微相	岩相
局限台地局限～蒸发台地	台坪	潮上	云坪、云泥坪、膏云坪	泥岩、石膏、粉晶白云岩，泥质白云岩
		潮间	藻坪、灰坪、潮沟	藻纹白云岩，云质灰岩，灰质云岩，角砾状白云岩
	潟湖	局限潟湖	灰质潟湖、云质潟湖、风暴岩	泥晶灰岩、砂屑泥晶灰岩、泥灰岩
		蒸发潟湖	膏质潟湖、风暴岩、云膏质潟湖	泥晶白云岩、砂屑白云岩、膏岩
开阔台地	台内滩、台内礁		砂屑滩、鲕粒滩、生屑滩、礁核、礁盖、礁翼、礁坪	砂屑灰（白云）岩鲕粒白云岩，生屑灰（白云）岩，海绵障积礁灰（白云）岩，骨架灰岩，礁前角砾状灰（白云）岩
	开阔海			泥晶灰岩、砂屑泥晶灰岩、泥灰岩

相	亚相		微相	岩相
台地边缘	台缘礁滩	台缘滩	鲕粒滩（滩核）	鲕粒白云岩
			鲕粒滩（滩缘）	泥晶鲕粒白云岩
			砂屑滩	砂屑白云岩
		台缘礁	礁核、礁盖、礁翼、礁坪	海绵障积礁灰（白云）岩、骨架灰岩，礁前角砾状灰（白云）岩
	蒸发坪		云泥坪	（粒屑）泥晶白云岩，藻纹白云岩
			膏云坪	膏质白云岩
台缘斜坡~陆棚	滩间海			泥晶灰岩、泥晶白云岩、灰质白云岩
	前斜坡			泥晶灰岩

（一）台地边缘相

台地边缘相位于浅水台地与较深水陆棚或斜坡之间的过渡地带，水深在浪基面附近，海水循环良好，盐度正常，氧气充分，碳酸盐沉积作用直接受海洋波浪和潮汐等作用的控制。该带波浪、潮汐作用强，可形成具有抗浪格架的台地边缘生物礁或者台地边缘颗粒滩。

1. 台地边缘滩亚相

台缘滩沉积厚度较大，单滩体厚度一般大于5m，具有明显向上变浅的沉积序列。岩石类型以厚层~块状浅灰色、灰白色亮晶颗粒云岩为主，少量亮晶颗粒灰岩。颗粒含量65%~85%，以鲕粒为主，次为砂屑、生屑，分选、磨圆均好。沉积构造主要是各种规模的槽状交错层理，可有潮流往复形成的羽状交错层理。地震剖面中具有"S"形或平行状的中强振幅，常具有前积与上超特征，测井剖面上多为大段低自然伽马值，井径规则的白云岩储层（图3-10）。

按照构成台地边缘滩的颗粒类型的不同，可进一步划分为鲕粒滩、砂屑滩、生屑滩微相；台地边缘滩的分布位置与发育规模的不同，也可划分为滩核和滩缘微相。飞仙关组的台缘滩主要为鲕粒滩，次为砂屑滩；长兴组的台缘滩主要为生屑滩，次为砂屑滩。

2. 台地边缘礁亚相

台缘礁往往与台缘滩共生，构成台地边缘礁滩复合体。地震剖面上，生物礁沉积物形态为透镜状，具有中强变振幅–不连续等特征，测井剖面上多为低自然伽马值、物性中等偏低白云岩储层，或高阻低自然伽马的灰岩段，岩石类型以厚层~块状浅灰色、灰白色亮晶颗粒云岩为主，少量亮晶颗粒灰岩、灰泥岩。颗粒以海绵骨架、生物介屑、砾屑为主，次为鲕粒、砂屑。这类礁滩体白云岩化作用强烈，溶孔及溶洞发育，是长兴组的重要储层类型。可根据构成台地边缘礁的岩石类型划分为相应的岩石微相（图3-11）。

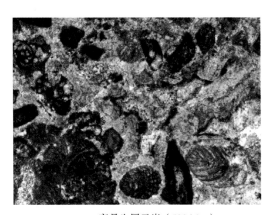

自然伽马 0 50	井深/m	岩性柱	沉积特征	相分析		
				微相	亚相	相
	4920		灰色、浅灰色溶孔鲕粒白云岩	滩核	台地边缘滩	台地边缘
	4960					

图3-10　普光2井飞仙关组台缘滩滩核微相沉积特征

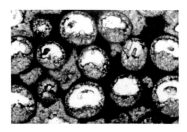

亮晶鲕粒云岩，鲕粒内溶孔，粒间孔为沥青充填。普光2井，4921.58m

亮晶生屑云岩（5306.0m）　　　　生物粘结灰岩（5385.54m）

图3-11　普光6井长兴组沉积微相岩石类型

3. 滩间海亚相

夹于颗粒滩之间的深水低地，安静低能沉积。岩石类型为泥晶灰岩、泥晶云岩。发育少量水平层理、生物钻孔等。地震剖面中常为平行状的连续弱振幅，测井剖面上自然伽马多为小段齿状的中低值曲线的灰岩、泥灰岩地层。

4. 蒸发坪亚相

位于潮上带，属于蒸发环境，岩性为泥晶云岩、含膏质细-粉晶云岩，颗粒以砂屑、藻屑、鲕粒为主，含量10%～30%。发育少量藻纹层、透镜状层理及条带状构造。

颗粒滩沉积与蒸发坪、滩间海沉积物在纵向上往往成频繁互层，构成下部滩间海上部颗粒滩的向上变浅沉积序列。该亚相在台地边缘的滩缘比较发育。

（二）局限台地、蒸发～局限台地相

发育于飞仙关组飞三和飞四沉积时期，包括台坪、潟湖和台内滩亚相。其中，飞四期以发育台坪亚相的含膏岩石组合为特征；飞三期以发育潟湖亚相的泥晶云岩、灰质云岩和台内滩亚相的颗粒云岩、颗粒灰岩为特征。

1. 台坪亚相

台坪是指位于台地内部远离陆地的水下高地，地形相对平缓，沉积界面处于平均海平面附近，主要发育潮间和潮上环境。周期性或较长时间暴露于大气之下，水动力条件总体较弱，往往具有潮坪相的典型沉积特征，所以也称局限潮坪，但是它与连陆滨岸带处于潮缘环境的潮坪在古地理位置和沉积动力方面又有明显的差异。和潮坪相比较，往往潮汐水道不发育，反映平均高潮面附近的潮上带和潮间带经常暴露的特征性。沉积微相主要为：a. 反映台坪潮上带蒸发作用强烈的、主要由膏岩、泥膏岩、膏泥岩、膏云岩组成的膏坪、泥膏坪、膏泥坪、膏云坪微相；b. 反映台坪潮上带强氧化环境的、由紫红色泥岩组成的泥坪微相；c. 反映潮间带周期性暴露、盐度变化大的藻叠层云岩、灰岩、云灰岩、灰云岩构成的藻坪、灰坪、云灰坪、灰云坪微相。

2. 潟湖亚相

潟湖是局限台地中主要处于平均低潮面以下的较低洼地区，水体循环受到限制，环境能量低，以静水沉积为主。岩石类型为灰色、深灰色泥晶灰岩、泥灰岩、白云质泥晶灰岩、泥晶云岩等。此外，间歇性的风暴作用可形成不规则状和薄层状的风暴岩夹层。沉积构造以水平层理和韵律层理为主，发育生物扰动构造和生物潜穴。生物化石单调，可见瓣鳃类化石。

区内飞仙关组飞三沉积时期，古地形差异已经在持续海退和碳酸盐沉积物填平补齐的影响下趋于不明显且总体水体安静，以潟湖沉积为主。根据组成潟湖的物质成分差异，可将潟湖划分为灰质潟湖、云质潟湖、泥云质潟湖、灰云质、云灰质潟湖、灰质潟湖和风暴岩几个微相，其中灰云质潟湖、云质潟湖和泥云质潟湖是研究区主要的微相类型。

3. 台内滩亚相

主要发育于飞三期，此时整个地区已经变浅演化为碳酸盐岩台地，其上零星分布台内点滩。台内滩滩体沉积厚度不大，横向分布不稳定。岩石类型为浅灰色、灰色中～薄层亮晶鲕粒云岩、亮晶砂屑云岩、泥晶-亮晶砂屑灰岩。根据组成台内滩的颗粒组分的不同，可以划分为砂屑滩和鲕粒滩微相。

（三）开阔台地相

开阔台地是处在靠近广海一侧的台地，与外海连通较好，水体循环正常、盐度基本正常，无早期白云岩化作用。台地内受地形变化控制可以进一步识别出台内礁、开阔海几个亚相。发育于普光气田西侧的大湾气田飞三段及普光气田长兴组的下部。

1. 开阔海亚相

开阔海是开阔台地内的地形低洼处，由于沉积水体开阔，白云岩化不发育，岩石类型为灰色~深灰色泥晶灰岩、泥灰岩。发育少量水平层理、生物钻孔等。受风暴影响，开阔台地常发育风暴沉积。风暴沉积由粒序层理组成，岩性自下而上为泥晶含砾砂屑灰岩、泥晶砂屑灰岩、砂屑泥晶灰岩及泥晶灰岩，底部发育冲刷面。粒序层理厚薄不一，薄者1cm左右，厚者可达30~40cm，多数在10cm左右。

2. 台内滩亚相

开阔台地内的台内滩沉积特征类似于局限台地的台内滩，形成于台地上的海底高地，沉积水体能量较高，受潮汐和波浪作用的控制，形成颗粒岩。由于沉积水体开阔，未发生早期白云岩化作用，岩石类型为灰色亮晶生屑灰岩、亮晶砂屑灰岩、亮晶鲕粒灰岩，对应的微相类型为生屑滩、砂屑滩及鲕粒滩等，以生屑滩为主。该亚相分布局限。

（四）台缘斜坡~陆棚相

该相带钻井和取芯资料较少，不易将较深水陆棚与斜坡相区分开来，因而笼统的称台缘斜坡~陆棚相，对应地震剖面中常为平行或单斜的连续强振幅，测井剖面上自然伽马为大段连续起伏的中高值曲线，电阻率常为低值与自然伽马曲线有很好的匹配性。

1. 台缘斜坡

斜坡位于台地边缘向海一侧与深水的过渡区，具有一定坡度，沉积能量低，沉积物以原地沉积为主，来自于台地边缘的浊流沉积物常堆积在此环境中，构成大套的灰泥夹薄层、透镜状颗粒沉积体。该相主要由大套中-薄层状深灰色的泥晶灰岩、泥质泥晶灰岩、瘤状灰岩夹薄层浊流成因的砂屑、粉屑灰岩组成，水平层理发育。

瘤状灰岩是一类分布比较普遍的岩石，单一的瘤状灰岩并不一定代表斜坡沉积环境的产物，其形成的环境比较广泛，从浅水的局限台地到开阔台地到陆棚和斜坡均可能出现该类岩石。其成因有多种解释：一是泥岩与灰岩间的差异压实作用；二是斜坡地形上的滑动变形；三是风暴作用。具体的成因解释需要结合沉积区背景、相序特征、沉积构造等综合分析。

2. 陆棚

该相处于台地边缘向海一侧的较深水环境之中，地形坡度不是很大。水深位于正常浪基面与风暴浪基面之间，水动力条件总体弱，受间歇性风暴作用影响。因面临广海，水体盐度正常，含氧丰富，有利于生物生长与发育。

区内该相带主要由中-薄层灰、深灰色的泥晶灰岩、泥质灰岩组成。水平层理和生物潜穴发育；颗粒岩常以不规则透镜状和薄层状夹于泥晶灰岩中，颗粒之间以灰泥充填为主，这些特征说明颗粒岩是结构退变的产物，自于台地边缘的高能颗粒被搬运到低能较深水环境下而形成。

第二节 层序划分

以地震地层学为基础，综合利用地震、测井、岩芯分析化验及野外露头等资料，结合沉积环境及岩相古地理，分析海平面变化趋势，准确刻画层序界面，对地层层序格架进行综合研究。

一、层序地层划分依据

研究采取的层序划分方案是将经典层序地层学理论与高分辨率层序地层学理论两者相结合的方法。在三级层序划分时，采用的是Vail等人（1977）建立的经典层序地层学的理论。在四级、五级层序划分采用的是Cross等人（1994）建立的高分辨层序地层理论。

1. 层序边界

层序界面是沉积作用相对海平面下降的结果，因此，层序界面由陆上暴露的不整合面及水下部分的连续沉积界面组成。水下连续沉积界面不易识别，一般利用暴露标志并结合沉积相带的变化、沉积物的堆积样式及测井曲线特征作为层序划分的主要依据。

2. 海泛面

海泛面是新老地层的分界面，层序分析中的主要海泛面是初始海泛面与最大海泛面。初始海泛面（FFS）亦称海侵面，是划分低位体系域与海侵体系域的界面。本区初始海泛面与层序界面基本重合，表现为质地较纯的海相灰岩、鲕粒灰岩直接覆盖在含泥质、泥质灰岩或溶蚀鲕粒白云岩、溶蚀白云岩之上。最大海泛面（MFS）是层序中最大海侵时形成的一个等时界面，对应凝缩层（CS），以从退积式准层序组到加积式或进积式准层序组的转变为特征，是海侵体系域与高位体系域的物理界面。

3. 体系域

体系域是一组有成因联系的同期沉积体系，具有三维岩相组合，是活动（现代）的和推测（古代）的沉积作用和环境的产物。可划分为低位体系域（LST）、海侵体系域（TST）、高位体系域（HST）。由于飞仙关组位于三级层序中的高位体系域，因此其四级层序的低位体系域不发育，仅由海侵体系域和高位体系域构成。

海侵体系域下以海进面（初始海泛面）为界，上以下超面或最大海泛面为界。垂向表现为一系列较新的岩层比下伏较老的岩层含有更多的灰岩和较少的陆源泥质成分，随泥质含量逐渐减少，自然伽马值亦逐渐变小。高位体系域（HST）下以下超面为界。海平面上升晚期、停止期及下降早期，由于沉积速率大于可容空间的增长速率，随着海退的进行，水体变浅，沉积相带向盆地中心迁移。

高位体系域多呈高自然伽马、低电阻率的特征，海侵体系域则相反，表现为低自然伽马、高电阻率。

本区的高位体系域沉积泥质含量普遍有增加的趋势，因此最大海泛面对应于泥质含量开始增加的地方，在岩芯柱上为泥质灰岩开始出现处，测井上为自然伽马值增高而电阻率值降低处。

二、 层序划分标志及特征

1. 三级层序划分标志及特征

三级及以上层序具有全球对比意义，也称为全球性层序地层单位或低频层序。是指"一套相对整一的、成因上有联系的，其顶底以不整合或与之可对比的整合为界的地层"，三级及以上层序具有全球对比意义，也称为全球性层序地层单位或低频层序。不整合是三级层序的边界，是一个"侵蚀面或无沉积作用面"，它代表一个"重要沉积间断"。通过对低频的三级层序沉积旋回和组成其中的第四级和第五级层序之间的关系分析，发现复合海平面变化是导致地层有序叠加型式形成的驱动力。

普光地区三级层序界面上下沉积相转换特征明显，通过对层序界面识别，根据普光地区沉积研究，把飞仙关组划分为2个三级层序，长兴组也划分为2个三级层序（图3-12）。

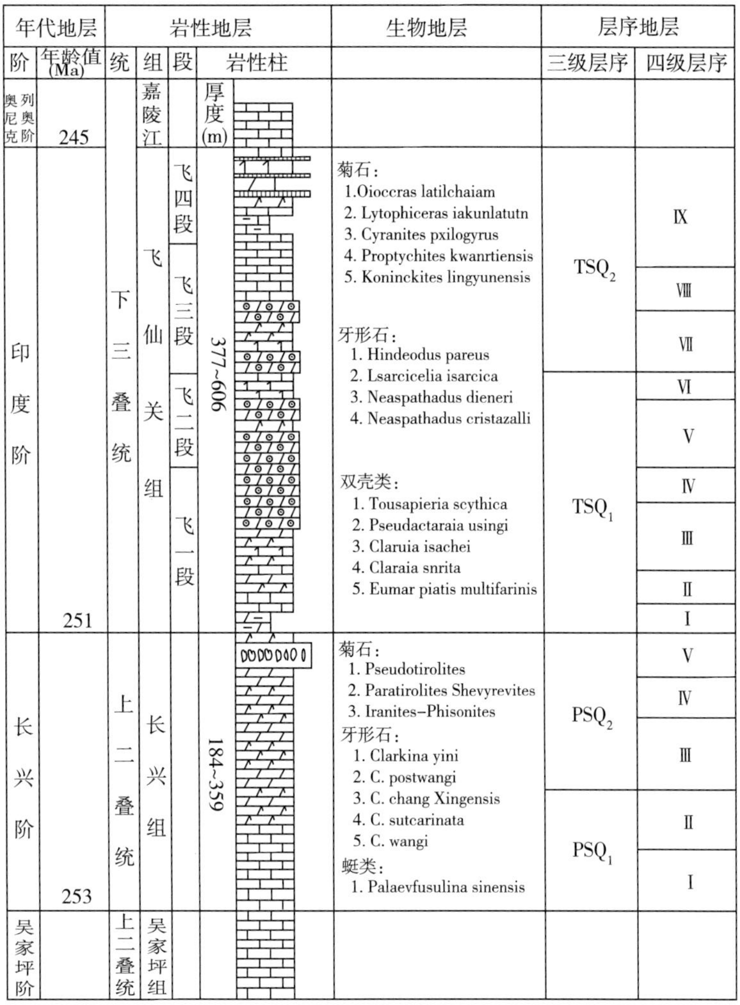

年代地层		岩性地层				生物地层	层序地层	
阶	年龄值(Ma)	统	组	段	岩性柱		三级层序	四级层序
奥列尼奥克阶	245		嘉陵江		厚度(m)			
印度阶		下三叠统	飞仙关组	飞四段		菊石：1. Oioccras latilchaiam 2. Lytophiceras iakunlatutn 3. Cyranites pxilogyrus 4. Proptychites kwanrtiensis 5. Koninckites lingyunensis	TSQ₂	IX
				飞三段				VIII
					377~606	牙形石：1. Hindeodus pareus 2. Lsarcicelia isarcica 3. Neaspathadus dieneri 4. Neaspathadus cristazalli		VII
				飞二段				VI
								V
						双壳类：1. Tousapieria scythica 2. Pseudactaraia usingi 3. Claruia isachei 4. Claraia snrita 5. Eumar piatis multifarinis	TSQ₁	IV
				飞一段				III
								II
	251							I
长兴阶		上二叠统	长兴组			菊石：1. Pseudotirolites 2. Paratirolites Shevyrevites 3. Iranites-Phisonites	PSQ₂	V
					184~359			IV
						牙形石：1. Clarkina yini 2. C. postwangi 3. C. chang Xingensis 4. C. sutcarinata 5. C. wangi		III
							PSQ₁	II
	253					蜒类：1. Palaevfusulina sinensis		I
吴家坪阶		上二叠统	吴家坪组					

图3-12 普光地区长兴–飞仙关组层序地层划分综合柱状图

2. 四级层序划分标志及特征

一个完整的层序反映了一次完整的海进–海退旋回。研究区四级层序由海侵体系域和高位体系域构成。本次研究主要从岩性、岩相、电性、成岩变化几个方面来识别Ⅳ级层序的界面。

①性的突变：多数情况下层序界面是岩性的突变面。在沉积水体相对较深、沉积特征

对海平面升降变化响应明显的斜坡和台地内部，这种岩性突变表现明显。界面上下岩性突变大致有以下几种情况：a.界面以下为砂屑、鲕粒白云岩，界面之上以泥晶灰岩、泥晶白云岩，例如普光1井5638m（图3-13）；b.层序界面之上为生物礁灰岩，界面之下为泥晶灰岩，例如普光6井5418m；c.界面以下为泥晶灰岩、泥晶白云岩，界面之上为泥质泥晶灰岩、泥质泥晶白云岩、泥岩，例如普光2井5324m。

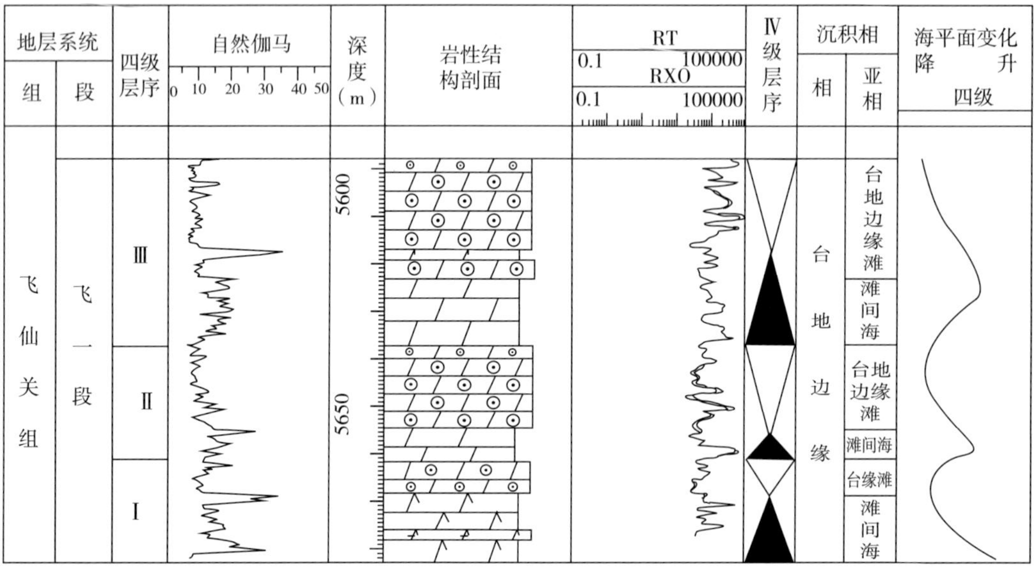

图3-13 普光1井飞仙关组典型层序界面的岩性、沉积相转化面

在沉积水体较浅、相带无变化的相区，如台地边缘相带，层序界面无明显的岩石类型突变。如处于台地边缘的普光2井、普光9井飞一段、飞二段地层中的层序，层序界面上下均为鲕粒白云岩。

②沉积相转换：IV级层序界面多为沉积相转换面。沉积相向陆和向盆地方向的迁移是钻井的层序识别的一个基础（Thomas C.Wynn and J.Fred Read，2006）。在单井层序界面上会表现出层序的界面是沉积相的转换面。这种相转换面在研究区可表现为两种不同类型相的转换。如普光2井飞仙关组层序VI与层序VII的层序界面即为台地边缘相与局限台地相的转换面；或者在沉积相带发育稳定的层段内表现为亚相的转换，如普光1井飞仙关组层序II底部以滩间海泥晶白云岩覆盖于层序I上部的台地边缘滩相鲕粒白云岩之上。但是在沉积水体较浅、亚相无变化的井区，如处于台地边缘的普光2井、普光9井飞一段、飞二段地层中的层序，层序界面上下均为台缘滩亚相。

③井曲线自然伽马值及伽马能谱TH、U曲线漂移特征：层序界面具有自然伽马值、伽马能谱曲线TH、U都正向漂移的特征。高位体系域（HST）与海侵体系域（TST）之间的层序界面是海侵转换面，海侵体系域（TST）在自然伽马曲线上表现为自然伽马值逐渐增大的退积变化趋势，高位体系域（HST）在自然伽马曲线上表现为自然伽马值逐渐减小的进积变化趋势。在沉积相分析基础上通过自然伽马曲线的叠置样式变化是进行层序

划分的重要方法和手段（图3-14）。

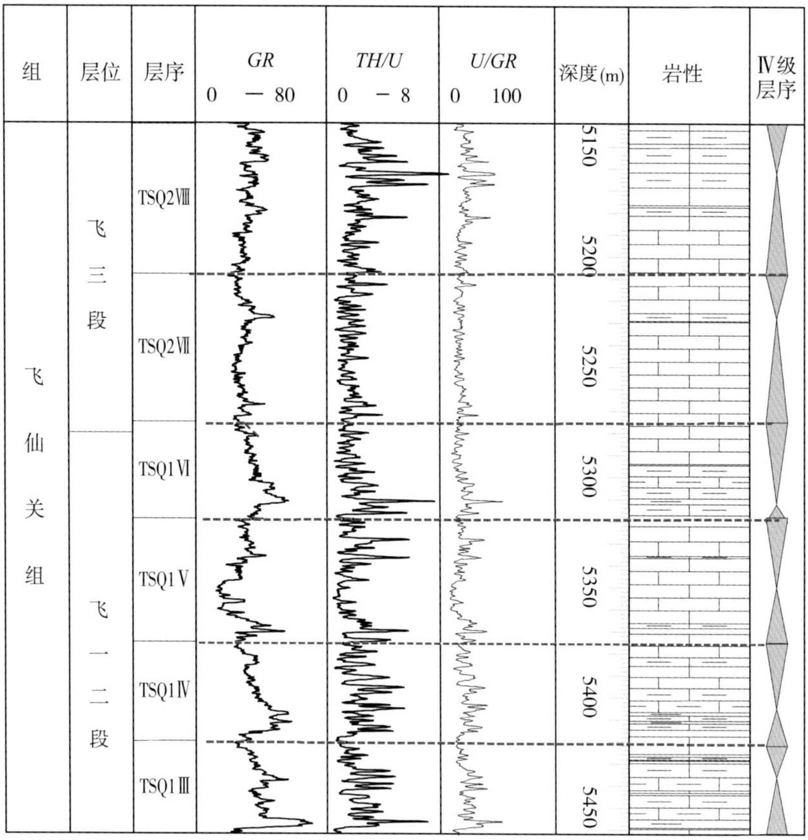

组	层位	层序	GR 0 — 80	TH/U 0 — 8	U/GR 0 100	深度(m)	岩性	Ⅳ级 层序
飞仙关组	飞三段	TSQ2Ⅷ				5150 5200		
		TSQ2Ⅶ				5250		
	飞一二段	TSQ1Ⅵ				5300		
		TSQ1Ⅴ				5350		
		TSQ1Ⅳ				5400		
		TSQ1Ⅲ				5450		

图3-14 普光8井典型层序界面的自然伽马响应特征

在本区缺乏低位体系域的台地内部和台地边缘，表现为具退积结构上部层序的海侵体系域（TST）叠置于下伏具进积结构的老层序高位体系域（HST）之上，受快速海侵影响，岩石中所含泥质增加，自然伽马值相应增大，在层序界面上表现出明显的正向漂移，但要通过沉积相的分析排除因为台地变浅而台坪化形成的泥质沉积层。

三、层序地层格架建立

层序格架，即指把同一时期形成的岩层按一定的顺序纳入相关年代的地层对比格架中。建立层序地层格架的关键是划分和对比高时间精度的等时地层单元或者等时层序界面。研究在单井地层层序划分的基础上，通过对比总结，提取各层序特征，结合对应地震剖面属性研究，建立了普光地区长兴-飞仙关组地层层序格架（图3-15）。

1.飞仙关组层序地层格架特征

飞仙关组在研究区共发育有2个三级层序TSQ$_1$和TSQ$_2$，TSQ$_1$相当于飞一二段地层，包括Ⅰ～Ⅵ共6个四级层序；TSQ$_2$相当于飞三段地层和飞四段地层，包括Ⅶ～Ⅸ3个四级层序。

TSQ$_1$纵向序列上表现出飞仙关组沉积早期在长兴组的沉积基底之上快速海侵和缓慢海

退的沉积演化特征，由飞一二段地层组成，可进一步划分出Ⅰ、Ⅱ、Ⅲ、Ⅳ、Ⅴ、Ⅵ6个四级层序。该三级层序在普光气田厚度相对稳定，厚257～398m，大湾区块向西南方向由于相变，沉积水体加深，层序具增厚的趋势。大套厚层的鲕粒白云岩构成了本层序的主体，间夹泥晶云岩，底部以快速海侵形成的暗色泥灰岩、泥晶灰岩与下伏长兴组层序分界。

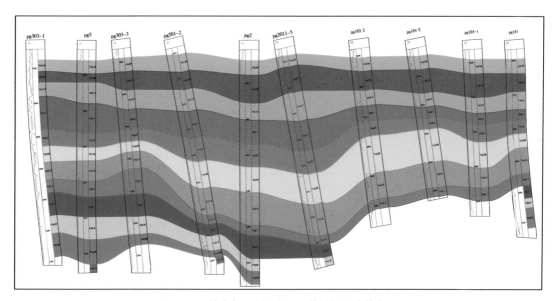

图3-15　普光气田长兴组-飞仙关组层序格架图

TSQ$_2$纵向序列上表现出飞仙关组沉积晚期在TSQ$_1$的沉积基底之上缓慢海侵和缓慢海退的沉积演化特征，由飞三段-飞四段地层组成，可进一步划分出Ⅶ、Ⅷ、Ⅸ3个四级层序。该三级层序在普光气田厚度较稳定，视厚171～318m。与TSQ$_1$层序的分界面是一小幅度海侵形成的叠置样式转换界面，而非岩性突变界面。早期以泥晶灰岩、泥晶云岩为主，在局部地貌高地发育鲕粒白云岩；晚期以泥晶灰岩、泥晶云岩和膏岩分布为主。受沉积格局区域性变浅，本层序沉积格局东西分异消失，由普光气田向东地层分布趋于稳定。

2. 长兴组层序地层格架特征

长兴组在研究区共发育有2个三级层序PSQ$_1$和PSQ$_2$，PSQ$_1$包括Ⅰ、Ⅱ共2个四级层序；PSQ$_2$包括Ⅲ、Ⅳ、Ⅴ3个四级层序。由于礁体的存在，普光8、普光6等井区PSQ$_1$和PSQ$_2$厚度明显变大，而在未发育礁体的井区厚度基本稳定。

PSQ$_1$纵向上表现为长兴组沉积早期在龙潭组的沉积基底之上快速海侵和缓慢海退的沉积演化特征，底部以快速海侵形成的暗色泥灰岩、钙质泥岩与下伏龙潭组层序分界。

层序PSQ$_2$层序厚度较稳定，厚100～191m。与PSQ$_1$的层序分界面是一小幅度海侵形成的叠置样式转换界面，而非岩性突变界面。早期以泥晶灰岩、泥晶云岩为主；晚期以泥晶云岩、礁灰岩分布为主。PSQ$_2$纵向序列上表现出长兴组沉积晚期在PSQ$_1$的沉积基底之上缓慢海侵和缓慢海退的沉积演化特征。

通过对长兴组-飞仙关组层序地层格架特征分析，有以下三点结论：

①长兴组-飞仙关组可划分为4个三级层序和14个四级层序，层序保存基本完整。尽管地层岩性和厚度存在变化，但在普光地区具有可对比性，而且具有良好的等时性。

②普光地区长兴组-飞仙关组由于处于浅水碳酸盐台地和台地边缘沉积环境，各个层序均由海侵体系域和高位体系域构成，无低位体系域发育，并且无凝缩段发育。

③长兴组的第一个三级层序（PSQ_1）和飞仙关组的第一个三级层序（TSQ_1）具快速海侵和缓慢海退特点，长兴组的第二个三级层序（PSQ_2）和飞仙关组的第二个三级层序（TSQ_2）都具缓慢海侵和缓慢海退特点。三级层序格架内四级层序均反映了快速海侵和缓慢海退的特征。长周期海平面变化特征控制了短周期海平面变化和沉积特征。

第三节　沉积微相

随着产能建设工作不断推进，开发井数陆续增加，为更加精细反映礁滩相储层沉积特征，揭示储集体成因类型、大小、展布及其纵横向连通关系，为气田开发提供依据，研究形成了一套礁滩相储层沉积微相研究思路和方法。

首先在沉积环境分析基础上，充分利用所有取芯井资料，确定普光气田主要发育的沉积相、沉积微相的类型以及对应的岩相组合；其次，丰富和完善了测井模式聚类方法识别了单井岩相；再通过分析各层序岩相纵横向发育情况，结合四级层序下地震属性特征、以及泥质含量、白云岩厚度、地层厚度等趋势特征，研究各层序填充演化过程和内部体系域特征；最后在层序格架内恢复长兴组和飞仙关组沉积环境和沉积体系，预测有利储层沉积相带，较好的指导了气田开发方案井位部署优化及井位设计。

一、典型单井相特征

通过取芯井岩芯观察、薄片鉴定、物性分析、电性识别等基础研究，结合区域沉积背景特征以及前人的研究成果，对取芯井进行单井相分析，划分了沉积微相。

1. 普光104-1井相分析

该井在飞仙关组连续取芯13筒次，主要位于飞仙关组早中期$TSQ_1 Ⅲ \sim Ⅴ$之间。从岩性上看，该段岩芯主要为鲕粒白云岩夹少量的泥晶白云岩、泥晶砂屑白云岩（图3-16），其中自然伽马相对高值的井段常对应泥晶云岩、粉晶云岩，且常含有砂屑。分析认为该井取芯段沉积相应属于台地边缘浅滩，且主要为鲕粒滩滩核微相。其中，由于海侵，在$TSQ_1 Ⅴ$早期都少量发育有滩间海沉积，水体能量较低，沉积有泥晶灰岩，砂屑泥晶灰岩，在$TSQ_1 Ⅴ$后期由于海平面变动，暴露于海平面附近接受了混合水白云化；而在$TSQ_1 Ⅴ$后期发育厚层的泥-粉晶白云岩，对应自然伽马曲线未见明显的起伏，岩性较致密，晶间孔隙不甚发育，分析认为应属于蒸发环境下准同生沉积，属于蒸发坪亚相，虽与滩间海沉积后混合水白云化形成的细-粉晶白云岩岩性相似，但两者的成因完全不同，代表的环境也是迥异的。区别在于蒸发坪下沉积的泥-粉晶白云岩白云化程度彻底，阴极下岩石发紫粉色光，发光均匀，几乎不含有灰质成分，不含生物化石，常含有石膏，而滩间海沉积后混合水白云化形成的细-粉晶白云岩岩性较杂，且生物含量多，自然伽马曲线幅值也较大，不含石膏成分。

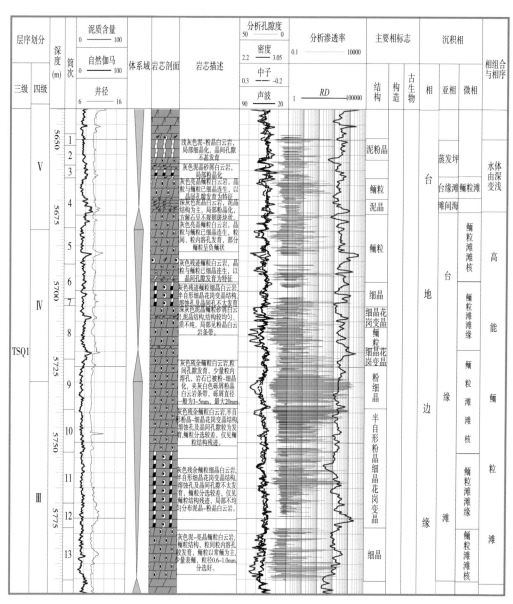

图3-16 普光104-1井取芯段单井相剖面

2. 普光304-1井相分析

普光304-1（侧前）共取芯13筒次（图3-17、图3-18）。其中，3～5筒次取芯段位于飞一二段TSQ₁Ⅱ层序，岩性主要是呈角砾状破碎的粉细晶云岩与砂屑细晶云岩，见由藻迹粘结形成的浮雕状绵层构造，分析其为潮坪的潮间带亚相沉积环境；6～9筒次取芯段位于飞一二段TSQ$_1$I层序，岩性主要是灰岩，薄片中见有石膏、黄铁矿等矿物，认为是潟湖环境成因，10~13筒次岩芯段为长兴组地层PSQ$_2$V，主要岩性为残余生屑粉晶白云岩，镜下可见棘屑，虫屑及藻屑残迹，上部泥质略重，反应认为属于蒸发坪环境下的泥粉晶白云岩沉积，中部5646~5658m沉积大量的棘皮、蜓、有孔虫、腕足、瓣鳃等附礁生物，海绵等造礁生物少见，认为应属于礁后环境。该井PSQ$_2$V层序底部伽马曲线突然增加再降低，岩性泥灰岩过渡到灰质白云岩、细晶云岩，整体上看，PSQ$_2$V层序有礁相地层与非礁相地层间互发育，认为应属于礁翼沉积环境。

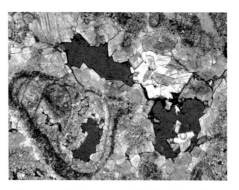

图3-17 普光304-1(侧前)体腔孔海绵云岩，见腕足类、海绵水管5644.35m10 19/22

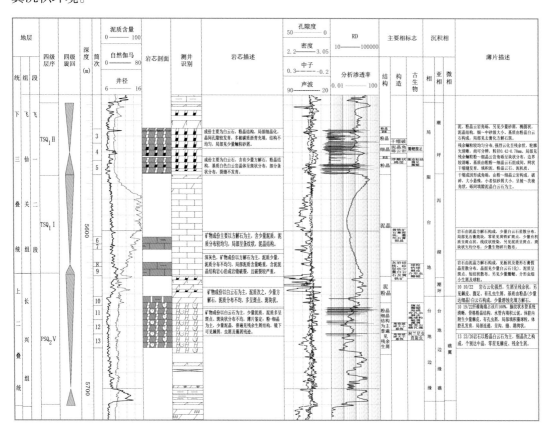

图3-18 普光304-1井侧前取芯段单井相剖面

二、测井相与岩相对应关系建立

不同的沉积相因其岩石成分、结构、构造、生物含量等不同造成测井响应不同。在单井的测井资料进行环境校正与标准化，达到全气田各类测井信息统一后，通过分析归位后的钻井取芯、录井岩屑资料，对取芯井进行单井相剖面分析，寻找岩相相对稳定并具有一定厚度的层段作为岩相标准层段，通过取芯观察、薄片鉴定等确认岩相与测井相的对应关系，并赋予相应沉积相含义。

灰岩、泥灰岩：曲线特征一般较规则，自然伽马曲线数值一般较白云岩大，反映灰岩中的泥质含量普遍大于白云岩，电阻率曲线与自然伽马曲线形态相当一致，随着自然伽马值的增大而减小；双侧向曲线间差异很小，反映灰岩中不具渗透能力；孔隙度曲线中密度曲线一般在2.71g/cm³，声波在48μs/ft，中子孔隙度在0%左右波动（图3-19）。当泥质较重时，密度随泥质含量增大略有减小趋势，而声波与中子孔隙度则略有增大。当岩性中含有白云质成分时（白云质灰岩），由于白云石的密度较方解石大，达到2.87g/cm³，导致密度曲线数值偏大，但声波曲线变化不大。对于生物礁灰岩，通常自然伽马较一般灰岩偏小，同时双侧向电阻率极高，其中生物化石丰富。

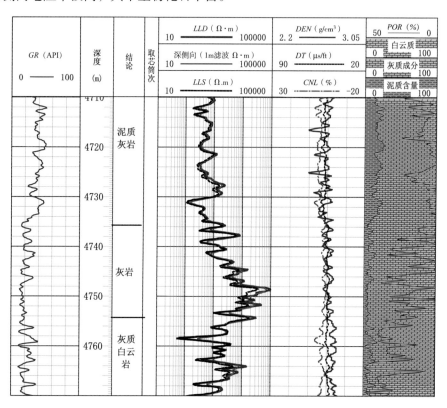

图3-19　普光2井飞三段泥质灰岩、灰岩与灰质白云岩电性特征图

盐岩与膏岩：密度曲线特征最为明显，盐岩密度在2.2g/cm³左右，而膏岩在3.01g/cm³，同时由于盐岩溶解井径垮塌严重，两种岩性的电阻率都很高，超过了电阻率仪器的测量范围。

白云岩：电性响应特征则较为复杂，以非储层为主的泥晶白云岩，自然伽马值较小，但对应电阻率极高，三孔隙曲线均接近于白云石理论值。当含有泥质后，受泥质影响，自然伽马值是明显增大的，电阻率曲线随泥质的变动而变化，三孔隙曲线也将在白云石理论值基础上体现泥质特征。

颗粒白云岩以及受多种成岩作用影响后形成的残余颗粒白云岩，一般储渗能力较强，是工区内最主要的储集体，其自然伽马值都较低，反映沉积时的高能环境，但除岩性曲线外，电阻率、三孔隙度曲线均受孔隙空间与流体性质影响，岩性特征表现较弱。不过一些统计特征可用于参考，如大套鲕粒白云岩层段，通常由于良好的渗流特征，在井壁上形成泥饼，导致缩径，而其他岩性此特征不明显（图3-20）。

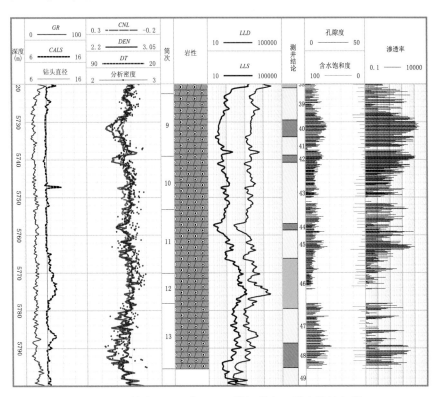

图3-20　普光104-1井飞一二段鲕粒白云岩电性特征图

致密的细粉晶白云岩系原岩受重结晶作用，结构构造消失，但偶可见残余的藻泥（泥晶白云石）呈藻纹层以及残余砂屑结构分布，分析认为是台坪环境沉积产物，原岩是藻纹层泥晶白云岩以及砂屑泥晶白云岩，显著的特征是储集性能很差。这类岩性通常自然伽马值较高，能达到20API以上。三孔隙曲线近在灰岩线附近摆动，其中中子曲线普遍高于灰岩线，密度较之略大，而声波曲线则基本与灰岩线重合。双侧向电阻率曲线有一定的差异，但较之颗粒白云岩明显减小，由于岩性致密、性脆常发育裂缝，易导致曲线呈齿状变化。

海绵障积白云岩与礁前角砾状白云岩整体电性特征由于受物性影响，与其他有储集性能的白云岩区别不甚明显

三、模式聚类方法测井相分析

针对取芯资料的限制，要进一步研究岩石类型（岩相）在平面上的分布，就需要利用测井资料来实现。其基本原理主要是根据不同沉积环境形成的岩石类别，其矿物成分、结构、构造、生物含量等存在差异，次生改造作用差别也较大，进而造成储层储集空隙结构

和进而造成储层物性差别较大，而这些因素形成的物理性质差异可在各种测井上出现差别响应，因而可根据各种测井信息的集总，形成随井深沉积环境变化而引起岩石物理变化的连续电相剖面，再通过数理统计聚类分析建立起测井岩相的数学模型，通过误差判断将电相剖面转化为测井岩相剖面，从而达到利用测井信息定性识别岩相的目的。

1. 岩相特征图版的建立

为进一步识别岩相，本次对除普光102-2井需作为检验井外的其余5口取芯井的测井曲线进行组合变化分析，进一步提取了3个较能明显反映岩性差异的测井参数：钍钾比TH/K、深侧向对数$\lg RD$、双侧向对数幅度差$\lg RDS$，进一步与常规测井值一起建立了普光主体的测井相-岩相库统计识别模式。再将岩相标准层段的测井变量加权求和，建立了含有各种岩性、具有一定代表性的测井相-岩相聚类中心模式，各模式对应的特征均值在高维空间中的点即为模式的凝聚点（图3-21）。

2. 模式聚类岩相识别

模式聚类从图形的角度来看就是将需要判别岩相的测井数据套用在各模式岩相的特征图版上，判断其相似程度，找出与其最相似的模式作为这个数据点的模式。当测井数据不全或数据品质不好时，这部分模式可以不参加判别，而只采用此外的测井数据进行判别，但其精度会有所下降。采用式（3-1）分别计算各模式与测井数据点的离差，选择最小离差的模式作为该层的岩相。

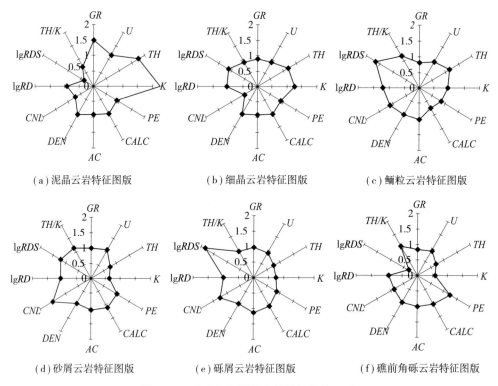

(a) 泥晶云岩特征图版　　　　(b) 细晶云岩特征图版　　　　(c) 鲕粒云岩特征图版

(d) 砂屑云岩特征图版　　　　(e) 砾屑云岩特征图版　　　　(f) 礁前角砾云岩特征图版

图3-21　普光气田岩相电性特征参数图版

普光高含硫气田高效开发技术与实践

$$MOD = \min\{\sum_{i=1}^{n} p_i \mid \frac{(z - Z_i)}{Z_i} \mid, \cdots,\} \quad （3-1）$$

式中的Z_i表示的是模式的特征值，z表示样品层点对应模式特征值的数据，p_i表示该模式特征的权值。

当离差$D \leq 1.0$时岩相可信度高，$D \leq 2.0$时可信度中等，$D > 2.0$时可信度低。在实际的处理过程中，当处理出的两个岩相的离差非常接近的时候，通过判断两者是否可以在同一沉积环境下形成，如果可以，则判断为这两种岩相的混相。当样品点的某些特征值品质较差或缺乏时，可降低聚类模型的维数，减小由于数据问题造成的误判。

对未参与标准建立的普光102-2井进行方法的验证，利用模式聚类识别的测井岩相如图3-22，岩相道中的数字分别代表识别出的不

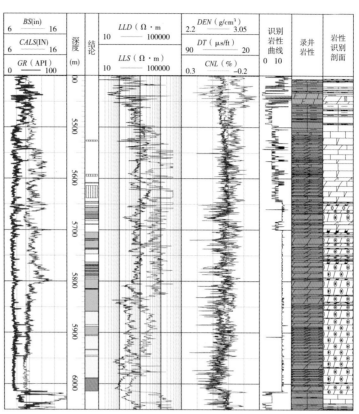

图3-22　普光102-2井岩性识别测井组合成果图

同岩相。该井储层段以鲕粒云岩为主，中间夹有部分的结晶云岩以及灰质云岩。

该岩相识别结果与取芯资料对比，准确率达到83%。由于参与研究的取芯资料增加了3口，建立岩相特征图版更精确，识别的准确率由初期的77%提高到83%。

四、四级层序下沉积微相纵横向展布

依据威尔逊模式与沉积背景，划分单井沉积相类型与对应岩相，进一步建立沉积相剖面。以四级层序为单元的剖面相能够很好的显示沉积纵向演化与礁滩体展布，沉积微相平面相能更精细地再现了台地边缘带颗粒岩的沉积演化过程。

（一）层序剖面相展布特征

在层序格架划分、岩相测井识别的基础上，结合地震属性开展剖面相研究，为层序平面展布研究打下基础。

如过普光302-1到普光103-1井的沉积相剖面（图3-23），在长兴末期的PSQ_2V时期，由于周围生物礁体的发育在礁后与礁间形成鲕粒滩沉积，如普光302-1、普光301-4、普

光2井区。到飞仙关组TSQ₁Ⅱ～Ⅲ层序早中期，由于强烈的海侵在滩体高部位形成了粒径较大的砾屑与角砾，在四五级层序早期形成砾屑鲕粒滩与角砾滩。而在飞仙关组中后期的TSQ₁Ⅲ～Ⅵ层序末期，特别是在TSQ₁Ⅵ层序时期滩体高部位，泥粉晶成分增加迅速，沉积微相也由鲕粒滩相变为蒸发坪。在普光302-1井区由于东北方向的抬升与海侵的共同影响，层序TSQ₁Ⅳ之后，岩性由鲕粒白云岩变为泥晶灰岩，层序发生退积，沉积微相也演变开阔海。

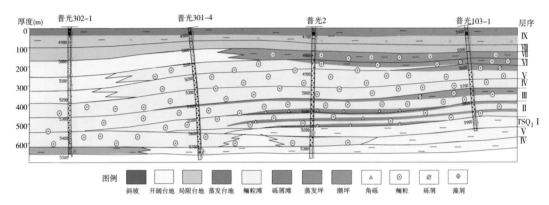

图3-23　过普光302-1～普光103-1井层序沉积微相图

　　普光7～普光4井层序沉积剖面的制作是在将飞四拉平的同时，考虑地层受整体构造变形以及断层断距等因素的影响，对地层进行了拉伸处理。由于普光7侧1井区位置相对较低，TSQ₁Ⅰ～Ⅲ时期仍然沉积斜坡环境的泥晶灰岩，而在到普光4井区TSQ₁Ⅲ时期已发育鲕粒滩，到TSQ₁Ⅳ～Ⅵ时期，鲕粒滩体范围明显扩大，越过普光7井区向大湾101井区推进，滩体高部位各层序末期蒸发作用增强，相变为蒸发坪，且不断扩大。到TSQ₂Ⅶ时期，受海侵影响，在普光7～普光7侧1井区沉积泥晶灰岩，而在普光104-1以及普光4井区沉积微相变化为以沉积泥粉晶白云岩为主的潮坪环境。到TSQ₂Ⅷ时期海侵继续增强，整个剖面区域全部沉积泥晶灰岩，而到TSQ₂Ⅸ时期发生海退，沉积环境也转化为以蒸发作用为主的蒸发台地环境，沉积标志性的膏质云岩、紫红色泥质云岩组合（图3-24）。

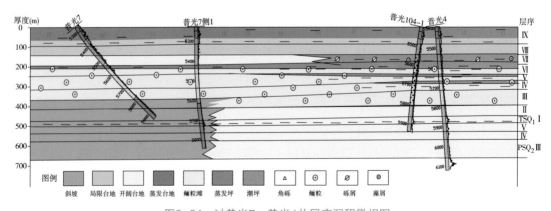

图3-24　过普光7～普光4井层序沉积微相图

（二）层序平面相展布特征

普光气田储层全部发育于白云岩层段，储层的展布特征大体能够反映礁滩相白云岩层段的展布特征，而地震波阻抗、波形、振幅等地震相特征以及地层厚度与气藏储层特征具有一定的相关性。研究发现，利用波阻抗反演预测出来的飞仙关组Ⅰ+Ⅱ类储层厚度中心通常对应鲕粒滩核微相。长兴组主要发育生物礁储层，由于造礁生物生长速度快，生物礁的厚度比四周同期沉积物明显增大，因此可通过制做长兴组深度域下地层厚度平面图以及在地震波阻抗剖面上拉平长兴组底界，观察地层厚度趋势、储层发育情况，来识别长兴组微相。因此，本次研究是在单井沉积相、剖面相对比研究的基础上，通过不同沉积时期沉积演化分析，结合颗粒岩厚度与地层厚度比例、储层厚度预测、泥质含量、灰质含量、白云岩厚度等趋势图（图3-25）进行综合分析。

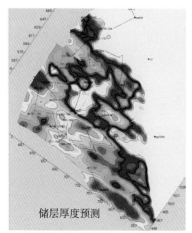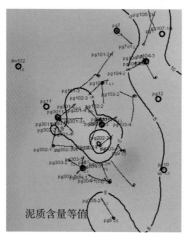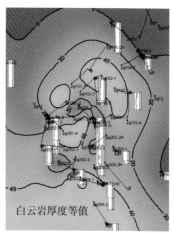

图3-25　普光气田长兴组储层厚度预测与层序Ⅴ单井泥质以及白云岩厚度平面等值图

1. 长兴组

研究区具有西深东浅的三分沉积格局的特点：普光主体以西为台缘斜坡~陆棚相分布区，普光气田主体普光6~普光5~普光9井一带为台地边缘分布区，普光4 ~ 普光10井一带以东为开阔台地相区。

层序PSQ$_2$Ⅲ分布于长兴中期，厚37 ~ 163m，处于三级海平面缓慢上升期。普光主体在普光6、普光102-3、普光5、普光9、普光305-2、普光8等井区形成各自独立的礁核，以点礁形式存在，生物礁均为海侵礁，在该层序后期开始海退，生物礁体距海平面越来越近，白云化作用强烈，形成一套很好的礁白云岩储层。在礁核周围沉积有从礁核来的经分选和磨蚀的碎屑，如砾屑、生屑、砂屑等形成礁翼。其中普光6、普光102-3井区礁体之间由于位置低，沉积开阔台地泥灰岩，礁体独立；普光5、普光305-2、普光8、普光9井区礁核周围礁翼相互叠置，连片分布（图3-26）。

层序Ⅳ时期，处于三级海平面缓慢下降期，在普光6、普光102-3、普光5、普光9、普光305-2、普光8等井区发育的生物礁由于海平面下降，礁体暴露并迅速死亡，演化为发育粒屑滩的礁盖沉积，礁翼的规模变化不大（图3-27）。

到长兴期末期PSQ$_2$V，处于三级海平面缓慢下降期，礁盖、礁翼的规模变化不大，主要是礁间滩的大发展时期（图3-28），取芯等资料显示在普光302-1井区发育礁间浅滩，沉积鲕粒云岩，根据储层预测等结果，分析在普光6、普光5、普光102-3井区礁体之间，原来相对低洼，为开阔台地灰岩沉积的部位，如普光302-3、普光301-4、普光102-2、普光2等井区，由于海平面的下降，相变为礁间浅滩沉积环境。整体上看礁滩相互叠置，呈镶嵌分布。

2. 飞仙关组

区内飞仙关组钻井多，资料丰富，具有按四级层序精细研究和成图的条件，因此以四级层序为作图单位进行沉积微相平面展布特征研究。

在晚二叠世长兴期晚期缓慢海退背景之上，早三叠世飞仙关沉积初期TSQ$_1$Ⅰ发生快速海侵，在飞仙关组底部普遍沉积了泥质较重的泥晶灰岩。该时期研究区继承了长兴组沉积期的岩相古地理格局，具有西深东浅的两分沉积特征，大湾102～普光6～普光302-1～普光8井一线以南为台缘斜坡～陆棚相分布区，以北为开阔台地。台缘滩规模很小，仅在微地貌高地普光301-4井区发育鲕粒滩，普光5井区发育砂屑滩，普光304-1侧前井区发育潟湖沉积。TSQ$_1$Ⅰ时期处于斜坡附近的大湾102、普光302-1、普光8井存在明显下超进积特征，均缺失该层序沉积（图3-29）。

TSQ$_1$Ⅱ时期（图3-30）处于三级海平面缓慢下降期，普光主体南部区域发育台缘滩，规模较小，但由于水动力强，滩体厚度大，主要位于大湾102～普光103-1～普光12～普光103-4～普光201-2围绕普光6井三角区域范围，滩核范围小，位于普光101-3～普光102-2～普光2011-3～普光2井区滩体内部微地貌高地，普光6、普光5井区受相对位置较高沉积以砂砾屑为主，应属于砂砾屑滩。滩体后部的普光304-1井区取芯显示，发育含膏的泥粉晶白云岩，认为属于潮坪环境。普光201-4井区由于相对位置低，处于滩间海沉积环境，岩性为泥晶灰岩，普光102-1以北仍为开阔台地。TSQ$_1$Ⅱ时期发生多期中小规模的快速海侵，存在多期五级旋回。在普光2井取芯显示，层序初期滩体中存在砾屑并有薄层的角砾滩分布，认为是由这些中小规模的快速海侵造成的。TSQ$_1$Ⅱ时期仅普光302-1缺失该层序沉积。

TSQ$_1$Ⅲ时期（图3-31），由于东北方向古台地的持续抬升，滩体规模明显扩大，大湾2～普光3～普光4～普光2～普光302-1滩体相互联片，成为该地区最重要的储集体之一。普光1～普光101井区以北，以砂屑滩为主，该区域南部以鲕粒滩为主。鲕粒滩体滩核主要分布在普光302-3～普光12～普光101-3区域以及普光104-1井区附近，这两个区域处于滩体内部微地貌高地，水动力能力最强，鲕粒滩加积沉积。普光6、普光5井区持续发育小范围砂屑滩。

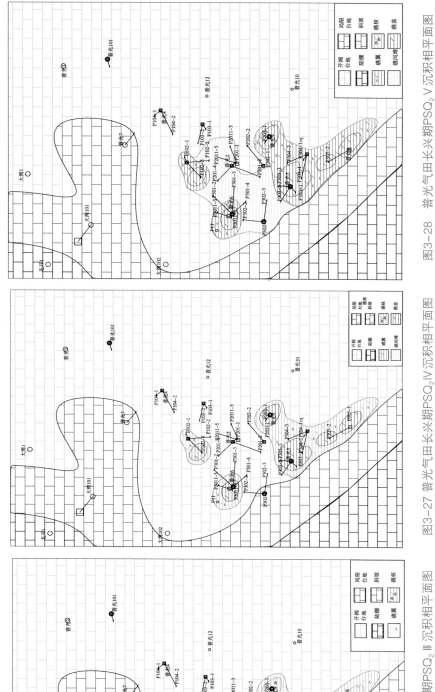

图3-26　普光气田长兴期PSQ₂Ⅲ沉积相平面图　　　　图3-27　普光气田长兴期PSQ₂Ⅳ沉积相平面图　　　　图3-28　普光气田长兴期PSQ₂Ⅴ沉积相平面图

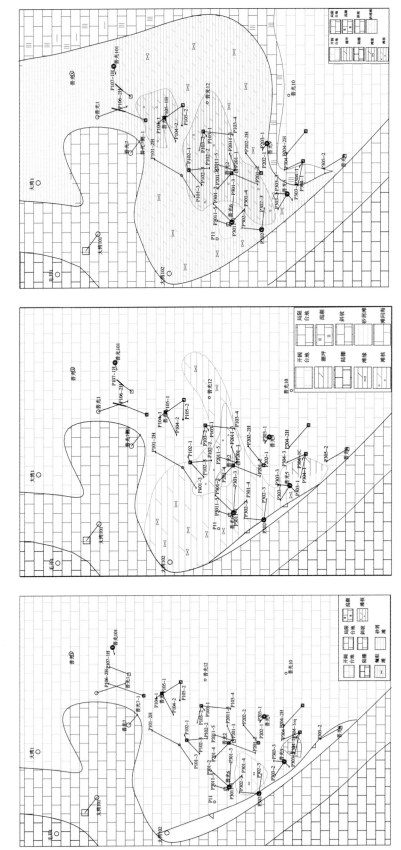

图3-31　普光气田飞仙关关组
TSQ₁ Ⅲ 沉积相平面图

图3-30　普光气田飞仙关关组
TSQ₁ Ⅱ 沉积相平面图

图3-29　普光气田飞仙关关组
TSQ₁ Ⅰ 沉积相平面图

TSQ$_1$Ⅳ（图3-32）时期三级海平面持续下降，滩体继续加积，规模未见明显变化，仅在普光302-1井区由于海侵影响，相变为开阔海环境。北部普光104-1井区滩核范围增大，普光7侧-1、普光104-2、普光1井为滩核沉积。南部滩核范围变化不大，普光6、普光10井区水动力能量增强，为滩核沉积。普光5井区砂屑滩规模明显减小。

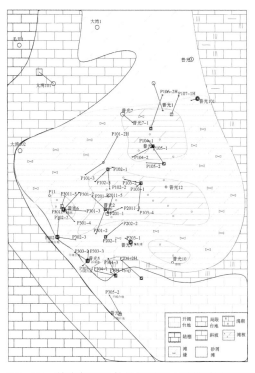

图3-32　普光气田飞仙关组TSQ$_1$Ⅳ沉积相平面图　　　图3-33　普光气田飞仙关组TSQ$_1$Ⅴ沉积相平面图

TSQ$_1$Ⅴ时期（图3-33），滩体继续发生加积，但规模有所缩小，而在大湾102井区受海侵影响，退积沉积阔海泥晶灰岩，并与普光302-1井区以及普光8井区连为一体。在TSQ$_1$Ⅵ（图3-34）时期，处于三级海平面下降末期，工区更加平坦，滩体以及滩核规模明显减小，其受海侵影响也更加明显，普光302-3、普光303-2井也都相变为开阔海沉积的泥晶灰岩。

到层序Ⅶ时期，普光气田乃至整个川东北地区的沉积格局发生了变化。处于新一轮三级海平面缓慢上升时期，前期稳定的快速海侵-缓慢海退的沉积序列再次被打破，海侵作用明显减缓，致使在填平补齐沉积作用的影响下，西深东浅的两分沉积格局不复存在，研究区演化为开阔-局限台地相。

在层序Ⅵ滩体发育部位，层序Ⅶ为潮坪发育区（图3-35），其沉积物细，岩石类型为中~薄层状灰色、深灰色藻纹层泥晶云岩、砂屑细晶云岩、鲕粒细晶云岩等。仅在普光102-1、普光9井区微地貌低处发育局限潟湖沉积。层序Ⅸ时期，处于海平面下降期，区内演化为蒸发台地环境。岩石组合为灰白色膏岩、紫红色泥灰岩、泥晶云岩、膏质灰岩等岩性组合，颗粒滩不发育。

普光高含硫气田高效开发技术与实践

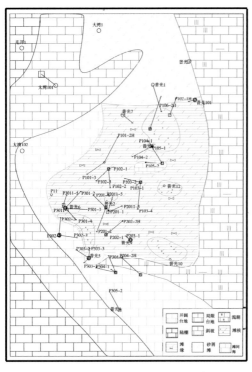

图3-34 普光气田飞仙关组TSQ$_1$VI沉积相平面图

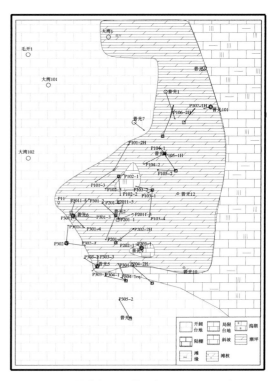

图3-35 普光气田飞仙关组TSQ$_1$VII沉积相平面图

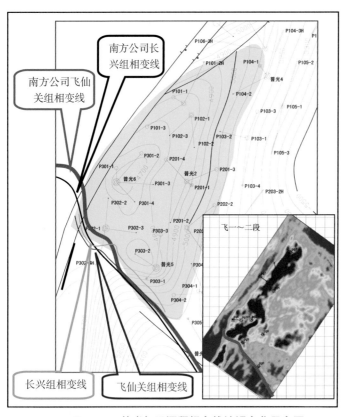

图3-36 普光气田沉积相变线认识变化示意图

根据沉积相研究成果，落实了普光气田西南相变边界，相变线附近气层发育程度较差。2008年3月，靠近相变带的普光304-1井中间电测，飞仙关组解释气层厚度仅39.5m，长兴组钻遇水层。该区域还有2口井没实施。其中，普光302-4H井处于相变线之外，无储层发育；普光304-2井处于普光304-1井以南，更靠近储层相变线，预计钻遇气层厚度仅60m，达不到单井经济界限气层厚度。因此，提出普光302-4H、304-2井不实施。

第四节　成岩作用

普光气田礁滩相储层的形成不仅受沉积相控制，而且受成岩作用制约。碳酸盐岩由于自身的化学活泼性，其孔隙的形成、演化、消亡受成岩作用影响很大，通过研究成岩后生作用的类型、成岩演化序列，以及各种成岩作用对储层物性的影响程度，有助于预测孔隙发育带，落实优质储层的分布，指导高效井位设计。

一、关键成岩作用

在漫长的历史过程，普光气田飞仙关-长兴组储层经历了同生、表生、浅埋藏、深埋藏等四个成岩环境，成岩作用极其复杂。经过详细的薄片观察和岩芯描述，主要成岩事件有压实压溶作用、多期方解石胶结作用、多种矿物充填作用、多期溶蚀作用、重结晶、白云石化作用及破裂作用等成岩现象（图3-37）。根据对孔隙形成、发展的影响分为建设性和破坏性的成岩作用。其中，对孔隙生成有重要贡献的有白云石化、溶蚀、裂隙作用。引起孔隙破坏的主要作用是胶结与充填、压实等。

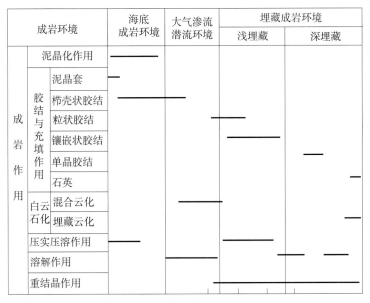

图3-37　普光气田储层主要成岩作用与成岩环境

（一）白云石化作用

研究表明，云化的鲕滩与非云化的鲕滩储集物性差异较大，是由于白云石化作用形成了大量的晶间孔隙，为储层优化改造提供了优越的物质基础。

根据白云岩沉积学、岩石学、氧碳同位素、微量元素、X-射线衍射、阴极发光等特征，分析普光气田飞仙关组白云石有三种成因类型：即混合水白云石化、回流渗透白云石化和埋藏白云石化（表3-4），以混合水白云石化为主，次为埋藏白云石化（图3-38）。

表3-4 不同成因类型的白云石特征

白云石化作用	沉积特征	稳定同位素		微量元素/%				阴极发光	X-衍射	
		δ¹⁸O‰PDB	δ¹³C‰PDB	Na₂O	SrO	MnO	FeO		有序度	碳酸钙摩尔分数
混合水白云石化	台地边缘鲕粒滩	-3.5~-6.5 平均-5.04	0.5~2.5 平均1.6	0.002~ 0.02	0.001~ 0.04	0.01~ 0.06	0.005~ 0.1	暗红光	≤0.9	≥50
回流渗透白云石化	台地内泻湖及点滩	-2.5~-4 平均-3.4	-2.5~0.5 平均-0.65	0.03~ 0.07	0.09~ 0.2	0.002~ 0.02	0.1~ 0.17	不发光	≥0.9	≤50
埋藏白云石化	台地边缘			0.01~ 0.03	0.03~ 0.08	0.01~ 0.08	0.02~ 0.04	亮红光		

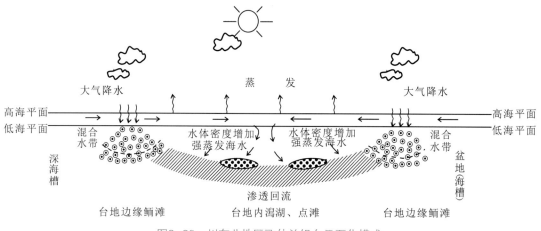

图3-38 川东北地区飞仙关组白云石化模式

混合水白云石化：主要见于台地边缘鲕滩沉积物中。由于古地形隆起和鲕滩快速加积作用，鲕滩常暴露于海平面之上，受到大气淡水影响，造成大气淡水与海水混合，从而产生混合水白云石化。形成的白云石多为半自形~它形，粉~细晶结构。鲕粒早期铸模孔较发育，但多被粉晶粒状方解石或单晶方解石充填。这种白云石化形成的鲕粒云岩常有发育的粒间孔隙和晶间孔隙，储集物性好，孔隙的发育与白云石化不彻底，灰质组份被溶有关。白云石有序度较低，CaCO₃摩尔分数较高。氧同位素偏负，碳同位素偏正。Sr、Na、Mn、Fe含量较低，阴极发光下发暗红光。普光气田飞一、飞二段储层主要发生这种混合水白云石化。海平面降低或鲕滩的快速加积作用，堡岛（台地边缘鲕滩）可暴露到海平面之上，受到大气淡水影响。大气淡水与海水混合造成台地边缘鲕滩白云石化-混合水白云石化。

回流渗透白云石化：台地边缘鲕滩沉积速度快，由此发展为堡岛，堡岛之后形成潟湖。高海平面时，海水通过堡岛的峡口向内流动，受蒸发作用影响，这种向内流动的海水浓度（密度）会逐渐增加，当达到一定程度时，重的卤水必然会向下和向海脊方向回流，从而导致潟湖内海底沉积物白云石化—回流渗透白云石化。潟湖中海水的蒸发将引起石膏沉淀，从而提高海水的Mg/Ca比，进一步的蒸发甚至可以引起石盐和钾盐的沉淀，这时海水的密度可高达1.30g/cm³。高密度、高Mg/Ca比的海水向下回流过程中，排驱海底沉积物中的孔隙水，从而使沉积物白云石化。越往潟湖中心，海水盐度（密度）越大，沉积的石膏越厚。潟湖中心大致在金珠1井~坡3井一线，膏岩厚度达60m以上。

埋藏白云石化：主要发育于台地边缘鲕粒灰岩中（不受早期混合水白云石化影响的鲕滩沉积物）。白云石选择性交代鲕粒或沿裂缝和缝合线分布。白云石半自形~自形，中晶为主，少数粗晶。埋藏白云石化并不强烈，没能形成白云岩。白云石中Fe含量较低、而Mn含量较高，因而阴极射线下发亮红光，Fe含量低与地层中H_2S含量高，导致FeS_2沉淀有关。含两相流体包体，均一温度大于90℃。白云石化流体为海槽相中泥页岩压实水，这种泥页岩压实水通常是富Mg的，它就近运移到台地边缘鲕滩储层中，在鲕滩中又沿着孔隙系统发育的地方流动，如裂缝、缝合线等。因此，埋藏白云石主要分布在裂缝及缝合线附近，在鲕粒云岩中则以次生加大形式出现（雾心亮边），在鲕粒灰岩中则以单个晶体或几个晶体选择性交代颗粒。埋藏白云石化作用并不强烈，可能与海槽相中泥页岩含量不高有关，海槽相中主要岩性为泥晶灰岩、泥质灰岩，夹泥页岩薄层。

（二）溶蚀作用

溶蚀作用分为选择性溶蚀作用与非选择性溶蚀作用两种。选择性溶蚀作用发生于早期成岩阶段，由于海平面下降，沉积物暴露于大气淡水渗滤带，大气淡水对岩石进行有选择的溶蚀，溶蚀对象是鲕粒、生物等颗粒及纹石、高镁方解石等不稳定矿物，以形成鲕模孔及生物模孔为主，见示底构造（图3-39）；非选择性溶蚀作用发生在埋藏期，含有机酸、CO_2及H_2S咸水对碳酸盐岩进行溶蚀，溶蚀作用不是针对易溶物质或矿物，而是对全岩进行溶蚀，形成了丰富的晶间溶孔、溶洞及溶缝（图3-40）。

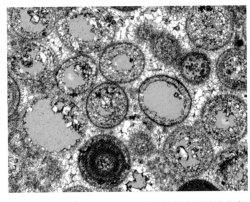
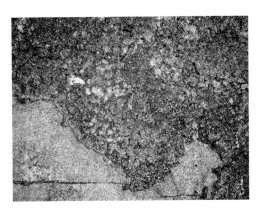

a. 普光102-1井，5604.93m，粒内溶孔和鲕模孔发育　　b. 普光6井，5363.84m，海绵体腔内溶孔

图3-39　选择性溶蚀作用图版

a. 普光2井，T₁f，结晶白云岩，溶蚀发育，晶间孔、晶间溶孔具沥青衬边结构

b. 普光2井，T₁f，残余鲕粒白云岩，发育溶缝及晶间溶蚀扩大孔，部分沥青环位于溶孔内部

图3-40　非选择性溶蚀作用图版

经过详细的薄片和岩芯观察，结合地球化学分析及沉积发育史、构造埋藏史和有机质热演化史分析，普光气田储层经过四期溶蚀作用。即：①同生期溶蚀作用，普光气田长兴–飞仙关组沉积层序的高水位期，4～5级海平面的波动造成正地貌的台地边缘鲕滩暴露，受到大气淡水的淋滤，发生同生期溶蚀作用，同时还会发生混合水白云石化，同生期溶蚀形成的孔隙大部分仅在孔隙边部有沥青衬边，或被沥青半充填及全充填，少部分未被充填，仍保留了大部分孔隙空间，形成主要储层岩石类型。②第1期埋藏溶蚀作用，发生在生油窗，与有机酸性水溶蚀相关且溶蚀强烈，使岩石发生非选择性溶蚀，溶解粒间方解石胶结物，或沿晶间孔、残余原生粒间孔溶蚀扩大，形成大量的粒内溶孔、粒间溶孔、晶间溶孔、溶洞等次生孔隙；形成于沥青侵位之前，是液态烃的主要储渗空间，溶蚀形成的孔隙大量仍被保存，形成了很好的储集空间，纵向上主要分布于飞三段、飞二至飞一段中部和下部。③第2期埋藏溶蚀作用，发生在生气窗，是在第1期埋藏溶蚀作用的基础上发育，溶蚀扩大粒间溶孔和晶间溶孔，也可以形成新的溶蚀孔隙，特点是没有沥青充填的各种孔、洞、缝，但不包括干净的鲕模孔、鲕粒内溶孔、示底构造；该期埋藏溶蚀虽以CO_2和H_2S为主，但非关键溶蚀期次。④第3期埋藏溶蚀作用，与构造抬升期的裂缝有关，白垩纪末期的喜山运动，使飞仙关组地层褶皱抬升，并形成较多裂缝，沿裂缝溶蚀形成一些溶缝、溶洞。这期埋藏溶蚀作用规模较小，裂缝和溶洞主要分布于致密岩石中，多被硫黄、粒状石膏、粗–巨晶方解石、石英等全充填。

（三）胶结作用

胶结作用主要发生在颗粒岩中，是使储层孔隙度降低的主要原因，原生碳酸盐沉积物的孔隙度40%~70%，而大多数灰岩的孔隙度小于5%，其主要原因是通过胶结作用而使孔隙度缩小了。

胶结物矿物成分有方解石、白云石、石膏、硬石膏、天青石和黏土矿物等，以方解石为主。普光气田飞仙关组储层胶结物有细粒纤维状白云石、半自形晶粒白云石、透明全自形淀晶白云石、连晶方解石、全自形晶粒方解石及石英晶体。其中，纤维状白云石为第一世代胶结物，主要形成等厚环边，半自形晶粒白云石为第二世代胶结物，充填剩余粒间孔。第一、二世代胶结关系明显，从颗粒边缘向孔隙中心，晶粒由细变粗，由栉壳状白云石→细晶白云石→中晶白云石变化。普光气田飞仙关组储层大致经历了三期方解石胶结，它是储层孔隙度降低的又一主要原因。

（四）重结晶作用

重结晶作用使白云岩形成了丰富的晶间孔。飞仙关组发育有两种重结晶作用，一为埋藏重结晶作用，二为构造重结晶作用。

埋藏重结晶作用发生于埋藏成岩阶段，是沉积物埋藏增加，温度增高，压力变大，岩石发生重结晶，由泥晶、微晶白云石演变为微晶、粉晶及细晶白云石过程，几乎所有岩石都发生了此类重结晶。白云石晶体粗大，常见自生加大边，晶体是在鲕粒边缘再生加大而形成的，粗大的菱面体中保留鲕粒残余结构。

构造重结晶作用是构造活动产生高温高压，使地层破碎，发育压碎角砾岩，造成白云石重结晶，在细晶白云岩中见结晶残余角砾。

二、成岩作用对孔渗演化的影响

结合普光地区长兴-飞仙关组沉积特点，归纳出普光气田礁滩相储层的成岩作用序列大致为：准同生阶段海底环境的泥晶环边、第一世代栉壳状胶结→早成岩期大气淡水渗滤带的选择性溶蚀→混合水潜流带的混合白云石化、胶结作用→浅埋阶段的压实、早期压溶、第二世代粒状胶结→中埋阶段的压溶、重结晶→深埋阶段的破裂、重结晶、非选择性溶蚀及晚期充填胶结作用。

不同的成岩作用，形成不同的储层空间，早期胶结作用使原生孔隙减少；压实作用和两期胶结作用，使原生孔隙基本消失；晚期充填作用使部分次生溶孔被堵塞，对储集空间发育不利。只有从早至晚的溶蚀作用、中晚期的白云石化作用和后期的裂隙作用对储层空间发育是有利的，且不同成岩作用对储层空间发育的影响程度是不同的。在礁滩相储层成岩演化序列分析基础上，进一步分析了不同成岩阶段的不同成岩作用对滩相储层孔隙演化的影响（图3-41）。

（1）准同生——早期成岩胶结孔隙缩减阶段。

该阶段主要发生泥晶化作用、第一期胶结作用、白云石化及溶蚀作用，对孔隙有重要影响的有海底胶结作用、溶蚀作用及白云石化作用。特别是处于微地貌高地的颗粒滩顶部在海平面下降时期容易接近和出露水面，接受大气淡水的淋溶改造，形成铸模孔和粒内溶孔，同时发生混合水白云石化作用。经过本次成岩后，使岩石原始孔隙度减少5%~10%，滩核残余孔隙度演变为28%~36%，滩缘残余粒间孔演变为9%~18%。

（2）浅埋-中埋藏压实、胶结孔隙缩减阶段。

主要发生压实作用、早期压溶作用、胶结作用及重结晶作用，对孔隙有重要影响的是压实作用、胶结作用。随上覆地层的沉积，颗粒滩进入浅埋藏阶段，受压实作用影响，颗粒发生重新排列并使原始孔隙损失35%~40%。由于浅埋藏期压实成岩流体的胶结，导致了滩体不同部位出现了较大的分异。滩核部位由于滩体较厚，胶结作用使顶、底部的储集空间消失殆尽，而中部胶结充填大部分储集空间，第2期晶粒状白云石胶结物损孔20%~25%，并使喉道堵塞，保留了2%~4%孤立的残余粒间孔和晶间隙；滩缘部分由于滩体较薄，成岩流体影响很大，残余粒间孔保存几率很小，储集岩变得致密。

（3）深埋藏构造破裂、埋藏溶蚀孔隙增加阶段。

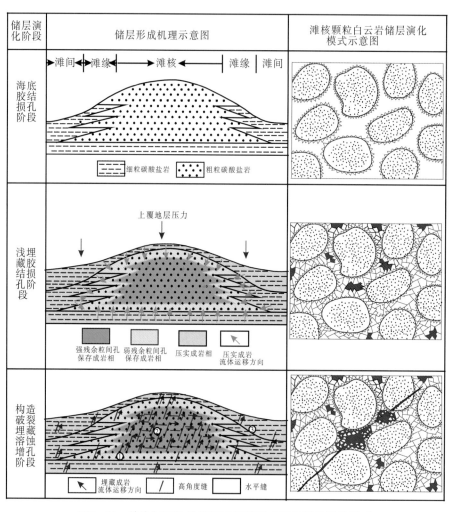

图3-41　普光气田飞仙关组滩相储层成因机理及演化模式

此阶段主要发生重结晶作用、破裂作用、溶蚀作用、胶结作用等。重结晶作用尤其构造重结晶作用形成部分晶间孔；烃内成熟期产生的大量有机酸促进了埋藏溶蚀作用的发生，滩核部位保存了较多的残余粒间孔；同时由于容易产生裂缝，利于埋藏溶蚀作用顺利进行，形成裂缝-溶扩残余粒间孔储层。但胶结作用又充填了部分裂缝、溶孔。增加与减少孔隙度相抵，孔隙度回升1%~3%，最终达到5%~15%（图3-42）。

归纳起来，飞仙关组储层储集空间经历了4次重要的形成过程：

①第一期为原生粒间孔，但受后期胶结与充填作用的影响，这类孔隙基本生全部消失，对储集作用不大。

②第二期为早期选择性溶蚀形成的鲕模孔、生屑模孔、鲕粒内溶孔和生物体腔溶孔，以鲕模孔和鲕粒内溶孔溶洞为主，纵向上主要位于飞二至飞一段上部和下部，孔隙大部分未被充填，仅少部分被方解石和白云石晶体完全或不完全充填，是保留下来重要的储集空间之一。

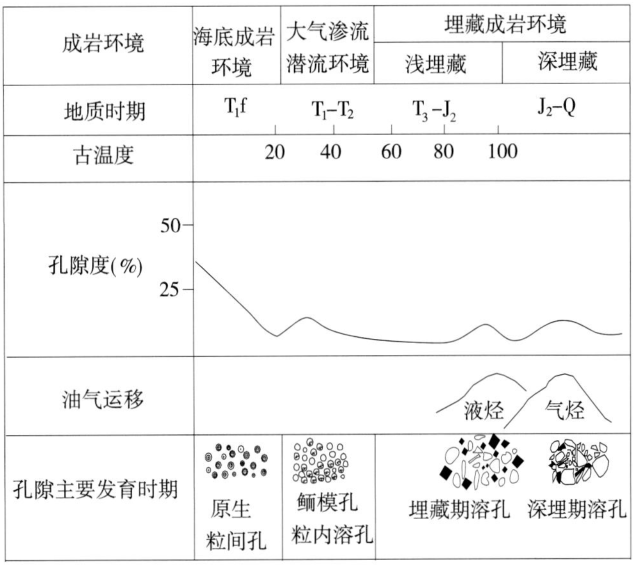

③第三期为深埋阶段第二次非选择性溶蚀形成的溶孔、溶洞及溶缝，充填少量炭质沥青，洞壁上长有少量白云石晶体（少量石英晶体），大部分未没充填，是气藏形成期最主要的储集空间，纵向上主要分布于飞三段、飞二至飞一段中部和下部。

④第四期为深埋阶段第三次非选择性溶蚀形成的溶孔、溶洞，孔、洞中无炭质沥青，只有少量白云石晶体，大部也未被充填，是气藏形成期重要的储集空间。显然，三、四期形成的孔隙是主要的储集空间。

成岩环境	海底成岩环境	大气渗流潜流环境	埋藏成岩环境	
			浅埋藏	深埋藏
地质时期	T₁f	T₁–T₂	T₃–J₂	J₂–Q
古温度	20　40	60　80　100		
孔隙度(%)				
油气运移			液烃　气烃	
孔隙主要发育时期	原生粒间孔	鲕模孔粒内溶孔	埋藏期溶孔	深埋期溶孔

图3-42　普光气田储层孔隙演化示意图

三、成岩相判别及平面展布

普光气田由于成岩作用导致的非均质性较强，在沉积相研究基础上，综合考虑白云石化、溶蚀作用、孔隙类型、古地貌、孔隙度、渗透率进行成岩相的划分，可以准确地评价各类储层分布，预测优质储层。

（一）成岩相判别

1.古地貌恢复

古地貌恢复采用印模法，由于长兴组和飞仙关组各层界面是一个高低起伏不平的面，上覆沉积层将按照"填平补齐"的原则进行沉积充填，而地层多为层层加积特征，因此在古界面上地势低洼地区的上覆沉积层较厚，而地势较高地区的上覆沉积层则较薄，故可以利用层序界面上覆充填沉积的标志层至层界面厚度等值线图镜像反映层序界面的古地貌格局。

普光地区飞四段沉积时，处于飞仙关组末期，宣汉–达县地区地势基本持平，海平面下降，为台地蒸发岩沉积环境，沉积一套紫红色泥岩、白云岩夹石膏和石膏层。因飞四段顶的石膏层在地震剖面上反射明显易于识别，且沉积时因区内填平补齐的影响，地势平稳，距飞仙关各层界面也足够近，最大限度地排除了后期构造活动的影响，因此采用飞四段顶部的石膏层做为"印模"法的标志层。

一般情况下，计算出标志层至层界面之间的现今地层厚度后，还必须把此厚度进行压实校正。但长兴和飞仙关组是碳酸盐岩地层，受早期胶结作用的影响，在沉积后不久就已固结，而且鲕粒、砂屑等颗粒本身也具有支撑作用，因此埋藏期间上覆岩层载荷造成的压实作用对地层厚度影响不大，可以忽略不计，因此不必做压实校正。

普光气田飞仙关组古地貌恢复结果（图3-43），东北方向为古地貌较高处，西南方向为古地貌较低处。

2. 成岩相判别

结合各层序相对高程古地貌图和取芯薄片成岩标志的关系，总结出古地貌与成岩相的关系。即，古地貌较高处发育同生期溶蚀和有机酸性水溶蚀，地貌较低处主要发育有机酸性水溶蚀。

根据古地貌、储集空间类型等与成岩相关系，建立识别成岩相的定量判别指标，划分出5种主要成岩相（表3-5）：大气淡水淋滤高孔中低渗成岩相，有机酸性水溶蚀＋弱大气淡水淋滤高孔中高渗成岩相，有机酸性水溶蚀高孔高渗成岩相，有机酸性水溶蚀＋白云岩化中低孔中低渗成岩相，压实胶结成岩相等。其中，前3种是优质储层成岩相。

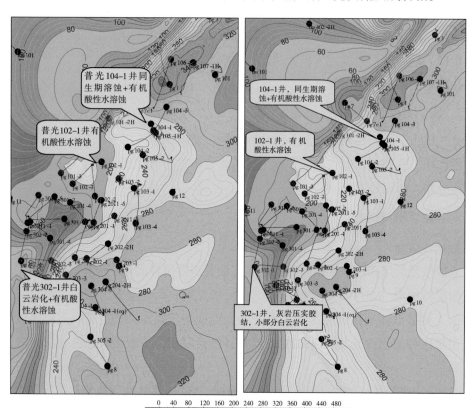

图3-43 普光气田层序古地貌相对高程图

表3–5 成岩相定量判别表

成岩相	孔隙类型	岩性	物性	地貌相对高差	声波密度幅值比
大气水淋滤相	鲕模孔、粒内溶孔	鲕粒白云岩	高孔中低渗	<10m	>1.5
大气水淋滤和有机酸性水溶蚀相	鲕模孔、粒内、粒间溶孔	鲕粒白云岩、砂屑白云岩	高孔中高渗	<110m	1.25~1.5
有机酸性水溶蚀相	粒间溶孔	鲕粒白云岩、砂屑白云岩	高孔高渗	110~230m	1~1.25
有机酸性水溶蚀和白云岩相	粒间溶孔、晶间孔、晶间溶孔	鲕粒白云岩、砂屑白云岩、结晶白云岩	中低孔中低渗	155~230m	0.8~1
压实胶结相	压溶线、裂缝	灰岩	低孔高渗	>230m	<0.8

（二）成岩相平面展布特征

普光地区自东北方向为古地貌较高处至西南方向古地貌较低处，依次主要发育同生期溶蚀、有机酸溶蚀和白云岩化，反映成岩作用类型受古地貌的影响。如，长兴组PSQ$_2$V因处于三级海平面下降末期，受混合水和大气淡水的影响较多，主要发育白云石化＋大气淡水淋滤相；飞仙关组TSQ$_1$Ⅲ因受古地貌格局两分的影响，西侧古地貌低，主要发育有机酸性水溶蚀成岩相，东侧古地貌较高，主要发育有机酸性水溶蚀＋弱大气淡水淋滤高孔高渗成岩相；飞仙关组TSQ$_1$Ⅵ成岩相三分，分别为白云石化中孔中渗成岩相，有机酸性水溶＋大气淡水淋滤成岩相，有机酸性水溶蚀＋白云石化高孔高渗成岩相（图3-44~图3-47）。

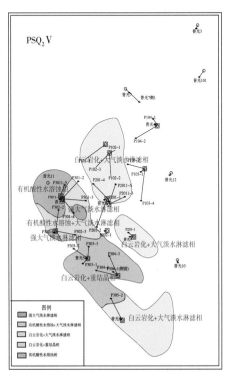

图3-44 普光气田长兴组PSQ$_2$V成岩相平面

图3-45 普光气田飞仙组TSQ$_1$Ⅲ成岩相平面图

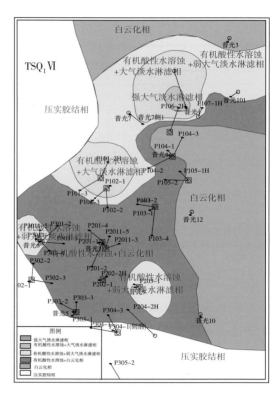

图3-46 普光气田飞仙组TSQ₁V成岩相平面 图3-47 普光气田飞仙组TSQ₁VI成岩相平面

第五节 储层特征

一、储层储集空间类型

通过分析岩芯压汞、薄片等资料认为，普光主体和大湾区块储层储集空间类型相似，主要发育孔隙和裂缝两种储集空间类型，以孔隙为主，局部发育裂缝。

1. 孔隙型

普光主体、大湾区块储层孔隙包括两种类型。一种为与溶蚀有关的溶孔、溶洞等，类型丰富，占绝对优势，溶孔中又以晶间溶孔和晶间溶蚀扩大孔、鲕模孔、粒内溶孔为主，而原生粒间孔基本消失或多数经过后期溶蚀改造后不易识别；另一种为与溶蚀无关的晶间孔。

晶间溶孔：是晶间孔因溶蚀扩大而形成。非常普遍，发育于各种结晶白云岩、残鲕白云岩及砂屑白云岩中（图3-48）。

粒间溶孔：由颗粒间胶结物或部分颗粒溶蚀扩大形成。这种孔隙比较常见，主要发育于鲕粒白云岩及砂屑白云岩中（图3-49）。

粒内溶孔和鲕模孔：是鲕粒部分全部溶蚀形成的孔隙，孔隙保留了鲕粒的形态。多数鲕模孔未被充填，少数充填少量沥青（图3-50）。

溶洞：溶蚀作用非常强烈，形成了大于2mm的洞。这种孔隙非常丰富，遍布于飞一~飞二段鲕粒滩白云岩中，是最主要的储集空间之一。岩芯观察发现，溶洞形态不规则，直径3~4cm，大者10cm，洞壁除有少量白云石、方解石及石英生长外，大部未被充填。

晶间孔：重结晶作用形成了大小不等的白云石晶体，白云石晶体在岩石中杂乱排列，形成了比较丰富的晶间孔。这类孔隙非常丰富，除了溶孔之外，是飞仙关组主要的储集空间，分布于粉晶、细晶、中晶及粗晶等各类结晶白云岩中（图3-51）。

图3-48 晶间溶孔（普光2井 T_1f_{1-2}）

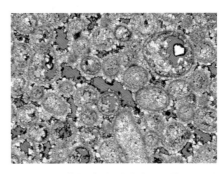

图3-49 粒间溶孔（普光102井 T_1f_{1-2}）

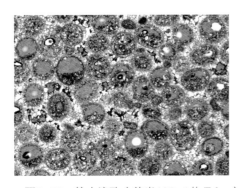

图3-50 粒内溶孔（普光102-1井 T_1f_{1-2}）

图3-51 晶间孔（普光2井 T_1f_{1-2}）

2. 裂缝类型

普光气田裂缝整体不发育，但从岩芯观察、EMI成像测井显示普光地区发育有三期裂缝。早期裂缝为张性缝，形成于浅埋阶段，多被方解石等矿物充填；第二期裂缝比较常见，形成于中~深埋藏阶段，为液态烃进入之前或同时形成，裂缝形成以后马上被石油占据，油转变成气以后大部分被沥青充填，为压性缝，宽度一般0.01~0.03mm；第三期裂缝非常常见，形成于深埋环境的气烃阶段，缝壁很干净，没有充填物，为张性缝，宽度一般0.05~1mm（图3-52）。

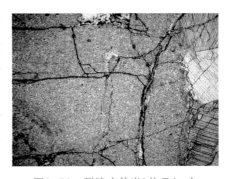

图3-52 裂缝（普光8井 T_1f_{1-2}）

为便于研究，依据这些孔隙类型的特征，进一步将特征相似的孔隙类型归为四大类：粒间孔、粒内孔、裂缝与礁相（礁相生物成因孔隙）。其中，晶间溶孔、晶间孔、溶洞与粒间孔合并为粒间孔，粒内溶孔、鲕模孔合并为粒内孔，礁相（礁相生物成因孔隙）为独成体系。

二、储层物性特征

（一）不同岩石类型物性特征

通过岩芯分析认为工区礁滩相储层岩性与物性关系密切，图3-53是工区取芯井岩芯分析孔隙度与渗透率的交会图版，可以明显看出各类岩性样点呈规律性展布。其中，灰岩、白云质灰岩等主要对应非储层，孔隙度一般小于2%，渗透率小于$0.1 \times 10^{-3} \mu m^2$；鲕粒、砂屑、砾屑等颗粒白云岩以及它们受成岩作用影响残余结构的白云岩与长兴组海绵障积白云岩与礁前角砾状白云岩对应储层物性较好，孔隙度一般大于3%；灰质白云岩、致密的细粉晶白云岩对应储层物性较差，但由于这些岩性本身易发育裂缝，局部渗透性较好。

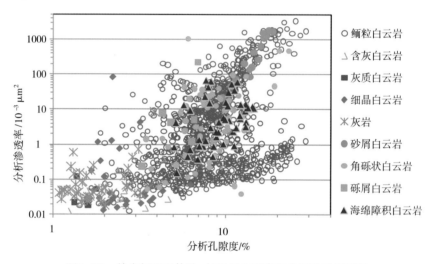

图3-53　普光气田飞仙关–长兴组主要岩石类型孔渗关系图

（二）不同储集空间类型储层物性特征

不同孔隙结构的储层，其渗流特征不同。普光气田礁滩相储层由于其极其复杂的成岩作用，造成多样的储集空间类型、复杂的孔喉组合特征。从气田薄片以及物性分析等资料看出，粒间孔隙、粒内、铸模孔等不同的孔隙类型的储层，具有不同的孔隙度与渗透率的关系，高渗透率段其孔隙类型主要是以粒间孔隙为主，而对于粒内、铸模等孔隙类型，高的孔隙度却很难对应有高的渗透率。因此，可以通过取芯井建立孔渗关系图版判别储层孔隙结构类型。

图3-54是普光气田飞仙关、长兴组储层孔渗关系图版，孔渗关系大致分为四种类型，分别对应四种不同孔隙类型储层的孔渗变化趋势。

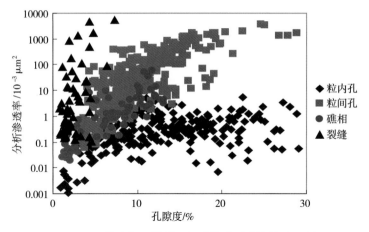

图3-54 普光气田储层不同孔隙类型孔渗关系图版

① 粒间孔隙结构孔渗关系：

$$\lg K = 0.00025\phi^3 - 0.0219\phi^2 + 0.6435\phi - 2.94$$

② 粒内孔隙结构孔渗关系：

$$\lg K = 5.244 \times 10^{-7}\phi^5 - 6.21 \times 10^{-5}\phi^4 + 2.697 \times 10^{-3}\phi^3 - 0.05193\phi^2 + 0.4795\phi - 2.506$$

③ 礁相孔隙结构孔渗关系：

$$\lg K = 0.16868\phi - 0.1433SH - 0.69819$$

④ 裂缝类孔渗关系：

渗透率与孔隙度的相关性较差，无一定关系模式。

（三）储层物性分布特征

1. 纵向上储层物性分布

通过对各层序取芯资料进行统计（图3-55），认为长兴组PSQ$_2$期各层序储层孔隙度差异不明显，层序PSQ$_2$Ⅴ孔隙度分布范围较宽2%～23%均有分布；层序PSQ$_2$Ⅳ孔隙度集中分布在4%～11%，占总样品数的73%；而层序PSQ$_2$Ⅲ中孔隙度集中在2%～9%，占总样品数的80.5%。各层序渗透率差异也较小，主要集中在（0.025～63）×10^{-3}μm^{2}之间，占总数的89.1%。其中PSQ$_2$Ⅴ在（0.1～1）×10^{-3}μm^{2}范围相对集中，占总数的51.9%。

飞仙关期层序TSQ$_1$Ⅱ～Ⅴ时期，储层孔隙度分布特征基本一致，主要分布在2%～14%之间，占统计频率的85%，特别是孔隙度在3%～9%之间占总数样品的52.3%。整体来看，大于10%的样品较长兴各期均较长兴组有所增大，特别是TSQ$_1$Ⅲ、TSQ$_1$Ⅳ时期孔隙度大于10%的频段分别达到38%与35%；在层序TSQ$_1$Ⅵ与TSQ$_2$Ⅶ时期，统计的小于2%的无效样品分别占35%与42%，超过10%的样品则分别为18.4%与2%，说明飞仙关末期TSQ$_1$Ⅵ与TSQ$_2$Ⅶ层序中储层孔隙度明显减小，孔隙度小于2%的无效层增多。

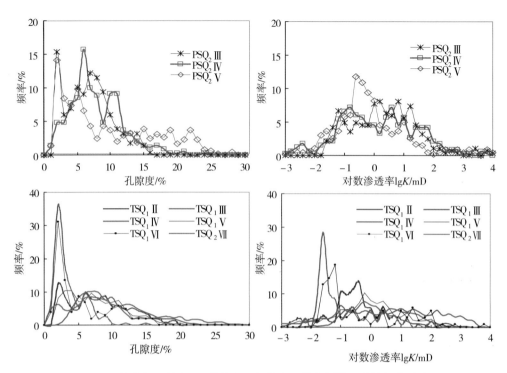

图3-55　普光气田长兴–飞仙关组四级层序取芯分析样品孔渗频率分布图

从渗透率统计数据来看，$TSQ_1Ⅲ$时期储层渗透率最好，大于$0.1×10^{-3}μm^2$占91%，大于$1×10^{-3}μm^2$占68.6%，大于$10×10^{-3}μm^2$占46%，大于$100×10^{-3}μm^2$占24%；其次是$TSQ_1Ⅳ$时期，大于$1×10^{-3}μm^2$占44.2%，大于$10×10^{-3}μm^2$占18.8%，大于$100×10^{-3}μm^2$占2.6%；其他层序相对略差，大部分样品渗透率小于$1×10^{-3}μm^2$，特别是$TSQ_1Ⅵ$小于$0.01×10^{-3}μm^2$样品占46.1%。

2. 平面上物性展布特征

研究依据各层序孔隙度解释成果，采用克里金差值，综合考虑沉积相特征，编制了各层序孔隙度平面分布图（图3-56）。通过对比各层序孔隙度展布特征，认为长兴组礁相储层展布面积较小，孔隙度大于5%的Ⅰ+Ⅱ类储层也较少，主要集中在礁间以及礁后的滩体，而礁核和礁前障集与粘结岩孔隙度相对较小。而飞仙关组滩体储层展布面积大，孔隙度大于5%的Ⅰ+Ⅱ类储层也较多，主要集中在滩核部位以及水动力较强的原礁体顶部发育的砂–砾屑滩体，纵向上Ⅰ+Ⅱ类储层也主要分布在$PSQ_2Ⅳ\simⅤ$、$TSQ_1Ⅱ\simⅥ$中。

进一步在依据声密幅度比判断井点各层序主要储集空间类型的基础上，利用储集空间类型孔渗关系计算渗透率，通过克里金对数差值绘制了不同层序下渗透率平面分布图（图3-57）。可以看出，飞仙关组储层较发育的层序$TSQ_1Ⅲ$与$TSQ_1Ⅳ$主要对应滩核部位，渗透率大多在$0.25×10^{-3}μm^2$以上，整体较好。但值得注意的是在气水边界附近渗流能力也较强，易引起水窜。

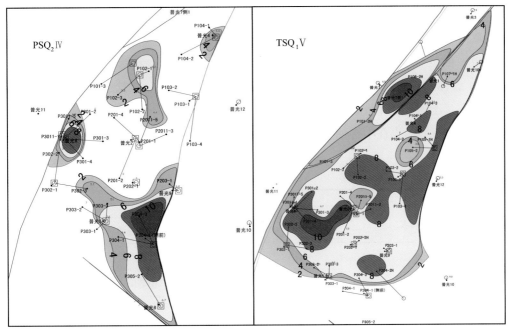

图3-56 普光气田PSQ$_2$IV与TSQ$_1$V层序孔隙度平面展布图

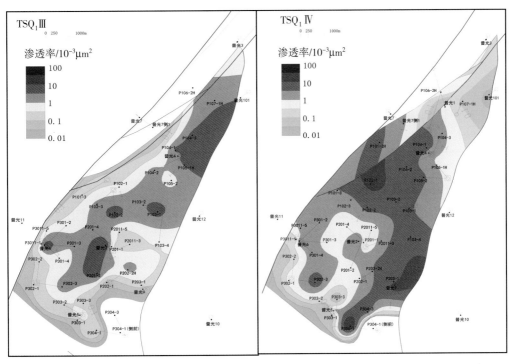

图3-57 普光气田TSQ$_1$III与TSQ$_1$IV层序渗透率平面展布图

三、储层敏感性评价

储层敏感性是指储层在外界因素影响下（如外来不配伍流体侵入储层，储层内部流体流动速度过大等）储层的组成结构发生物理或化学的变化，从而导致储层渗透率降低的一种特性。通过试验评价储层敏感性特征，可指导储层保护。

普光102-1、普光304-1、普光302-1、普光104-1井4口井做了速敏、水敏、盐敏、碱敏、酸敏、应力敏感等岩芯敏感性试验，对照《碳酸盐岩储层敏感性评价标准》（表3-6），储层速敏、水敏、盐敏、碱敏主要为弱-中等偏弱；在盐酸条件下，储层酸敏性基本没有，土酸作用下，储层酸敏性表现为极强；储层应力敏感性较复杂，主要为弱-中等偏弱，也有样品点在中等偏强、强、极强（图3-58）。

表3-6　碳酸盐岩储层敏感性评价标准

速敏程度 $(K_{w1}-K_{min})/K_{w1}$	<0.3	0.3~0.5	0.5~0.7	>0.7	
	弱	中等偏弱	中等偏强	强	
水敏程度 $(K_{w2}-K_{min})/K_{w2}$	<0.3	0.3~0.5	0.5~0.7	>0.7	
	弱	中等偏弱	中等偏强	强	
酸敏程度 $(K'_f-K_{ad})/K'_f$	<0	0~0.1	0.1~0.3	0.3~0.5	>0.5
	无	弱	中等	强	极强
碱敏程度 $(K_{wo}-K_{min})/K_{wo}$	<0.3	0.3~0.5	0.5~0.7	>0.7	
	弱	中等偏弱	中等偏强	强	
盐敏程度 $(K_{w2}-K_{min})/K_{w2}$	<0.3	0.3~0.5	0.5~0.7	>0.7	
	弱	中等偏弱	中等偏强	强	
应力敏感程度 $S_s=\left[1-\left[\dfrac{K_i}{K_0}\right]^{1/3}\right]/\lg\dfrac{\sigma_i}{\sigma_0}(i=1,2\ldots\ldots n)$	<0.3	0.3~0.5	0.5~0.7	0.7~1.0	>1.0
	弱	中等偏弱	中等偏强	强	极强

（一）应力敏感性对气田开发的影响

应力敏感性对气田开发的影响较大，在气田开发过程中，气井测试生产压差的确定、合理配产及工作制度、酸压等过程中都要考虑应力敏感。

应力敏感试验是通过测试不同净有效上覆载荷压力下对岩石孔隙度和渗透率的影响程度进行评价。实验方法：采用自动测量仪，测量时保持岩芯夹持器进口气变，出口通大气，不断升高围压，使有效应力点分别为5MPa、10MPa、15MPa、20MPa、25MPa、30MPa、35MPa、40MPa、45MPa、50MPa、55MPa，同时测定有效应力点下的岩样渗透率。然后逐步卸压，各有效应力点的选取与升压时相同，并测定各有应力点下的岩样渗透率。

评价方法：采用目前流行的应力敏感系数 S_s 来评价岩样的应力敏感程度，用应力敏感系数方法能够表征岩样整体的应力敏感性强弱。

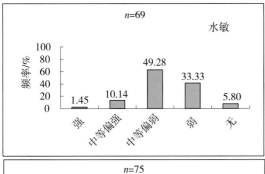

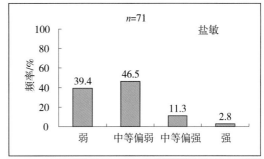

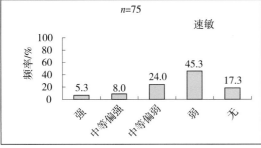

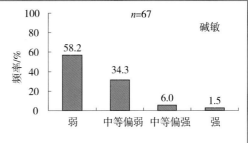

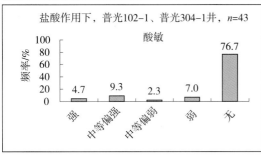

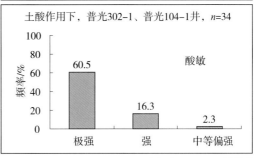

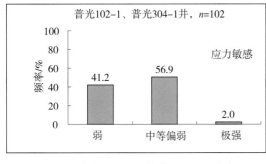

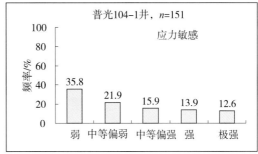

图3-58　普光102-1、普光304-1、普光302-1、普光104-1四口井样品储层敏感性频率分布图

其表达式如下：

$$S_s = \left[1 - \left[\frac{K_i}{K_0} \right]^{1/3} \right] / \lg \frac{\sigma_i}{\sigma_0} \quad (i = 1, 2 \cdots\cdots n)\qquad(3-2)$$

式中　　S_s——应力敏感性系数；

σ_i，K_i——各测点的有效应力值，MPa，对应的渗透率，$10^{-3}\mu m^2$；

σ_0，K_0——初始测点的有效应力值，MPa，对应的渗透率，$10^{-3}\mu m^2$。

对于每块岩样，在$(K_i/K_0)^{1/3}$-$\lg(\sigma_i/\sigma_0)$直角坐标图上绘制出相应的点，然后拟合出一条直线，其斜率的绝对值就是对应的应力敏感系数S_s。

分析普光102-1、普光304-1、普光104-1 3口井储层原始渗透率与应力敏感系数关系（图3-59），储层应力敏感程度在不同井区表现不同。普光104-1井区储层应力敏感性程度要强于普光102-1、普光304-1井区，但整体表现为两极分化，弱-中等极弱的样品占57.7%，中等偏强-极强的样品占42.3%；普光102-1、普光304-1井区应力敏感性系数大都小于0.5，应力敏感性主要为弱-中等偏弱。

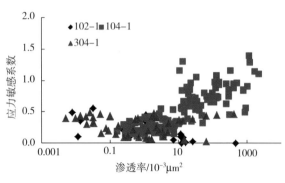

图3-59　普光气田不同井区样品原始渗透率与应力敏感系数关系图

进一步分析认为，应力敏感系数与原始渗透率关系存在明显的两段式：当渗透率小于$10 \times 10^{-3}\mu m^2$时，应力敏感系数一般小于0.5，随渗透率增加变化不大，应力敏感性较弱；当渗透率大于$10 \times 10^{-3}\mu m^2$以后，应力敏感系数普遍大于0.5，且随渗透率增大急剧加大。由此可见高渗、特高渗储层应力敏感性比低渗储层显著增强。

该结论可指导气井合理配产，对孔隙性低渗透储层可采取较大生产压差生产，配产比例（产量占无阻流量的比例）可适当高些，但也应该控制开关井的次数；对孔隙性高渗储层应选择合理的生产压差，配产比例应当低些，避免因有效应力大幅增加导致孔喉的收缩；而对于裂缝性储层，应该严格执行配产，控制生产压差，避免井底附近渗透率明显下降，影响稳产。

（二）影响储层敏感性因素

影响储层敏感性因素较多，主要有黏土矿物含量、储层孔隙结构类型等。根据普光102-1、普光302-1、普光104-1等井X-射线衍射沉积岩黏土矿物定量分析及扫描电镜结果认为（图3-60、图3-61），储层主要黏土矿物为伊利石，含少量绿泥石、伊蒙混层，毛发状、片丝状伊利石一般附着在次生溶孔中白云石晶体表面或鲕粒间孔隙中。但储层中黏土矿物含量基本小于4%，可以认为储层中黏土矿物造成的伤害微弱。

图3-60　普光104-1井，5695.31m，灰色鲕粒细晶白云岩，孔洞中的次生白云石晶体表面附着少量毛发状伊利石

图3-61　普光302-1井5107.91m，灰白色泥灰岩，见泥质团粒(伊蒙混层)

储层储集空间类型对敏感性影响较强。储层岩石受应力作用时，导致裂缝闭合、孔喉通道变形，从而使其渗透率减小。普光气田储层应力敏感性在不同井区表现不同，也与储集空间类型在平面上的分布变化大有关。从不同储集空间类型样品渗透率与应力敏感系数关系图（图3-62）可以看出，裂缝对应力的敏感程度一般要强于孔隙，主要由于有效应力增加时，裂缝首先被压缩闭合，然后是孔隙发生形变。普光102-1井区储集空间类型主要为粒内溶孔，普光304-1井区储集空间类型为礁相储层结构，储层渗透率相对较低，平均为$0.62 \times 10^{-3}\mu m^2$，因而应力敏感性相对较弱；普光104-1井储集空间类型主要为粒间、晶间（溶）孔、裂缝，储层渗透率相对较高，平均为$9.35 \times 10^{-3}\mu m^2$，因而应力敏感性相对较强些。

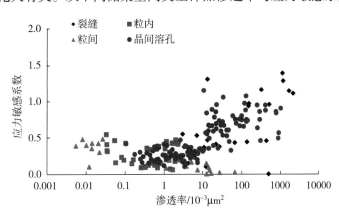

图3-62　不同储集空间类型样品原始渗透率与应力敏感系数关系图

四、储层主控因素分析

结合沉积相以及碳氧同位素等大量试验研究认为沉积与成岩环境是决定储层发育主要影响因素。沉积环境是储层形成的先天条件，决定了储层形成的物质基础，而准同生期的成岩作用对储层进一步进行了改造，同时具有较好的保存条件，从而形成了目前储层展布特征。

1. 沉积相是碳酸盐岩储层形成的物质基础

滩、礁相储层的发育与沉积微相密切相关，属于受颗粒滩控制的相控储层。沉积相不仅决定了主要储层的大致分布范围，还影响着储层后期所经历的成岩作用类型、强度及储层内部的孔隙结构等。因此，沉积相是储层形成的基础。

对亚相、微相与孔隙度关系进行统计发现，最好的储集岩段发育在颗粒滩亚相，且往往发育于向上变浅滩体的上部和顶部，其他微相储集条件较差（图3-63）。具有良好物性的岩类基本上为重结晶的鲕粒云岩、砂屑云岩和鲕粒灰岩、砂屑灰岩，其中又以重结晶的鲕粒云岩为主，其余岩性的储集条件很差。说明本区的储集空间形成发育与颗粒滩密切相关，即具有早期孔隙发育的储层，后期越容易改造形成优质稳定分布的储层，而早期"铁板"一块的不仅后期难于改造，而且也难于形成优质储层。

滩体的不同部位其储集条件差异较大，一般而言，储层质量由好至坏的顺序为滩核>滩核-滩缘>滩缘。这是由于，滩核部位水动力较强，颗粒岩大量堆积，鲕粒混合水白云化充分，完全发生变晶，早期选择性溶蚀强烈，加上后期埋藏溶蚀作用，原结构破坏严重，形成中粗晶残余鲕粒白云岩，粒间、晶间孔为发育，储渗能力强；滩缘部位颗粒岩与泥粉晶白云岩（灰岩）交互沉积，相对滩核部位颗粒岩比例减少，储层物性逐渐变差，但这些物性差、层厚薄的泥粉晶白云岩，纵向上位于厚度大、物性好的残余鲕粒白云岩之间，在后期历次构造运动中极易形成裂缝，有助于改善储层的渗流能力。

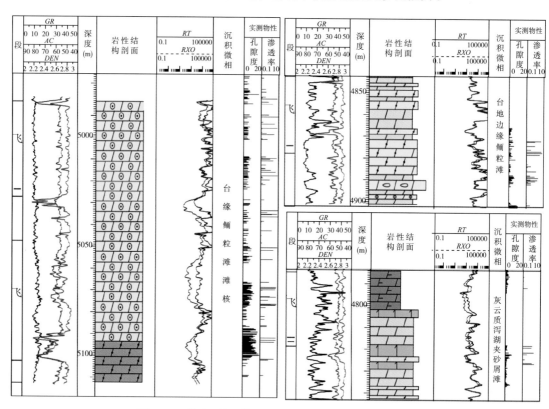

图3-63 普光2井飞仙关组不同微相带储集性能示意图

2. 成岩作用是碳酸盐岩储层发育的关键

对孔隙起建设性的成岩作用主要为白云石化与溶蚀作用，起破坏性的成岩作用主要为胶结、充填与压实作用。

（1）压实作用是原生储集空间缩减的主要因素之一。

压实作用是使沉积物体积减少、储层物性变差的一种重要成岩作用类型，而且压实作用是造成孔隙度随埋藏深度增加而不断降低的主要原因。在颗粒碳酸盐岩中，压实作用表现为颗粒的破裂和重新排列，颗粒的接触方式由漂浮状变为点接触-线接触，从而使得原始储集空间减小，甚至消失。但随压实强度的进一步增大，会发生化学压实作用，即压溶作用。压溶作用产生的压溶缝（缝合线）可以作为流体的运移通道，有利于酸性成岩流体和烃类运移，并可沿压溶缝扩溶形成新的可容空间。

（2）胶结充填作用也是破坏和降低孔隙度的主要因素之一。

早期胶结物的存在可使鲕粒碳酸盐岩形成坚固的骨架，阻碍压实作用的进行，有利于孔隙的保存，如针孔鲕粒白云岩储层，粒间胶结物形成的骨架使铸模孔得以保存。但胶结、充填作用却是破坏和降低孔隙度的最主要因素之一。根据胶结物的特征和生成环境，可识别出白云石的两—三期胶结物。第一期：海底胶结的马牙状白云石；第二期：受大气淡水引起的胶结作用，在大气淡水潜流环境中形成，胶结物形状为等轴细粒状或叶状方解石；第三期：埋藏胶结物晶体较粗大明亮，一般呈嵌晶状，充填于孔隙或孔洞的边缘，或全部充填孔隙或孔洞中一期胶结物的剩余空间。对储层发育影响较大的蚀第一、第二期胶结，第三期胶结物不是太发育。

（3）白云石化作用有利于埋藏溶蚀优化改造的进行。

由于白云石体积比方解石体积小，方解石向白云石转化过程中岩石体积要变小。即白云石化作用形成了大量的晶间隙。同时，白云石化作用有利于埋藏溶蚀作用的进行，为储层优化改造提供了优越的物质基础。实践表明，云化的鲕滩与非云化的鲕滩物性差异较大，这是由于埋藏酸性流体进入储层时，流体在云化的鲕滩更易横向运移，对储层改造的规模增大；而在具有残余粒间孔的鲕粒灰岩储层，由于孔隙呈孤立状，缺乏流体横向运移通道，流体横向运移距离仅限于断裂-裂缝系统附近，对储层的影响相应较小。

（4）早期大气淡水淋溶作用形成暴露浅滩储层。

沉积物在沉积过程中频繁受到多频次的海平面升降影响，在颗粒滩的高部位容易接近和出露海面，接受大气淡水的淋溶作用，选择性溶蚀形成粒内溶孔、铸模孔。但淡水透镜体的影响范围有限，这类储层的分布也是有限的，不会构成普光气田长兴组和飞仙关组的颗粒滩储层的主体。

（5）构造破裂和埋藏溶蚀的优化改造了储层的储、渗条件。

构造破裂与埋藏溶蚀在储层的发育改造中常常共生，总体上说来，构造破裂和埋藏溶蚀作用对储层的储渗能力有改善作用，但是改造程度的大小取决于早期储层的发育程度，即表现为早期储层越发育，则构造破裂和埋藏作用对其的优化改造越明显。岩芯和镜下观察表明：形成于不具有先期孔隙层的非相控型致密岩性中的裂缝，酸性流体仅能在直接的裂缝系统附近产生扩溶，裂缝对储层的改造不明显；形成于具有先期保存孔隙的透镜状鲕滩储层中的裂缝，更易于酸性流体的流动，形成溶蚀孔洞，储层得到明显优化改造，形成较好的储层（图3-64）。

总之，岩石原有孔隙度为35%左右，经过一系列成岩作用后，最终演变为10%左右。

3. 较好的保存条件是高深埋储层的保存成因

由于鲕滩储层的原岩-鲕粒灰岩本身可以形成较好的储层，因此鲕滩储层的形成具有天生的物质基础。后期建设性成岩作用的改造，使原有的孔隙网络进一步溶蚀扩大，形成现今高孔、中高渗的优质储层。但是在埋藏5000m以上深度里，储层还能有如此好的物性，保存成因也起到了关键作用。

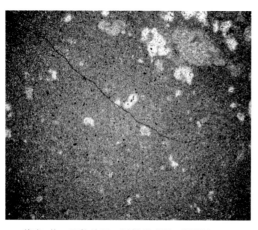

普光6井，飞仙关组，泥粉晶云岩，微裂缝，
沿缝溶蚀不明显，2.5×4

普光6井，飞仙关组，具鲕粒幻影中晶云岩，
微裂缝，沿缝扩溶，2.5×4

图3-64　普光气田微裂缝发育薄片图版

（1）巨厚沉积有利于原生及同生期孔隙的保存。

普光气田鲕滩相带沉积时颗粒之间原生粒间孔和同生期形成的各种溶孔和晶间孔在储层中的大量保存，与沉积速率和海平面变化匹配造成鲕粒岩向上加积形成巨厚储层密切相关。鲕粒岩的加积使滩核部位短期内形成巨厚沉积，渗滤粉砂、压实胶结作用使顶底和边部的储集空间消耗殆尽，但滩体中部由于顶底和边部致密胶结对压实成岩流体的相对屏蔽和巨厚的储层对碳酸钙饱和流体的淡化，减弱了渗滤粉砂、胶结作用和压实作用等对孔隙网络的破坏，利于原生孔及同生期孔隙保存；而滩缘位因储层较薄，成岩流体影响很大，原生孔及同生期孔隙保存几率很小，不利于早期储集空间保存（图3-65）。

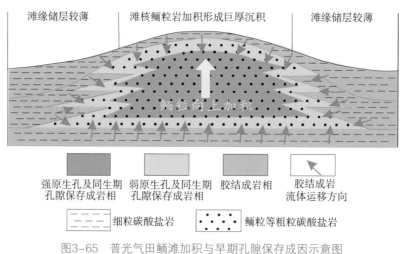

图3-65　普光气田鲕滩加积与早期孔隙保存成因示意图

（2）早期快速埋藏和烃类充注更好地保存原生及同生期孔隙。

研究表明持续浅埋~早期快速深埋有利于储层的发育。普光气田飞仙关组不仅具有一次早期快速埋藏过程，而且烃类充注与快速埋藏末期具有良好的匹配关系，更有利于原生孔及同生期孔隙的保存。

　　普光气田受早印支运动的影响，早三叠世开始大幅沉降，飞仙关组和嘉陵江组沉积了近2000m厚的沉积物。到晚三叠世长兴组–飞仙关组快速埋藏到3000m左右，此时志留系烃源岩开始进入生烃门限，有机酸和一些烃类物质开始逐渐侵入储层，改变了孔隙水的性质使其呈弱酸性，抑制了碳酸盐岩的胶结，更好保持了原生孔及和同生期孔隙。

　　（3）膏盐悬浮–构造托举，减压保持高孔隙。

　　飞仙关组上覆雷口坡–嘉陵江组发育厚膏盐层，低密度的膏盐层减轻了部分上覆压力，有效地抑制压实作用。各种鲕粒白云岩颗粒多呈悬浮接触或点接触关系，反而标志压实作用的线接触、定向排列构造和压溶缝合线在鲕滩储层很少见。

　　雷口坡–嘉陵江组在强构造挤压作用下形成为一系列顺层滑脱断褶带，断皱带底部因形变产生可容纳空间。下伏飞仙关组因上部可容纳空间的产生，形成强挤压应力区下伏的相对张应力区，并在逆冲断层和反冲逆断层的共同作用下，产生挤压上拱力，抵消了部分上覆压力，并使上盘上冲和变形扩容（图3-66）。变形扩容时在飞仙关组造成相对负压环境，从而加速天然气运聚过程。进而烃类的充注阻止了充填和胶结作用的继续，从而使原生孔和后期孔隙得以保存下来。

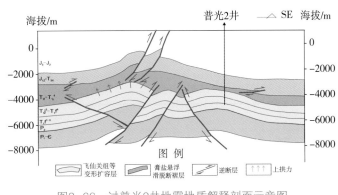

图3-66　过普光2井地震地质解释剖面示意图

五、储层综合评价

（一）分类标准的建立

　　储层的分类要考虑到储层的储集性、渗透性、储集的有效性以及孔隙结构的差异性等方面的内容。孔隙度、渗透率反映了储层的储集性和渗透性，是必选的参数；储集的有效性可用排驱压力和饱和度中值压力来表征，排驱压力反映油气进入储层所需的最低压力，饱和度中值压力反映要使储层达到50%的油气饱和度所需的压力值，在同样的油气源和动力条件下，这两个参数是衡量储层中能否有油气和有多少油气进入储层的指标。孔隙结构的差异性反映储层中孔隙、喉道分布的非均质性，它影响油气水在孔喉中的分布状况及流动规律，进而影响到采收率，可用储集空间类型来表征。

　　根据上面分类参数的选择，结合储层的岩性、储渗空间类型以及试气、试采资料，参照四川地区已有的碳酸盐岩储层分类标准，取孔隙度2%作为储层评价的下限值，将普光气田储层分为四类（表3-7）。其中，Ⅰ类、Ⅱ类、Ⅲ类为有效层，Ⅳ类为非储层。

表3-7　普光气田碳酸盐岩储层分类评价标准

储层分类	I类（好）	II类（中）	III类（差）	IV类（非）
孔隙度/%	>10	10~5	5~2	<2
渗透率/$10^{-3}\mu m^2$	>1.0	1~0.25	0.25~0.02	<0.02
排驱压力/MPa	<0.2	0.2~1	1~10	>10
中值压力/MPa	<1	1~10	10~100	>100
储集空间类型	粒间、晶间、礁相	粒间、粒内、礁相、铸模	粒内、裂缝、礁相、铸模	裂缝
孔隙结构类型	大孔粗中喉型	大孔中粗喉型、中孔中粗喉型	中孔细喉型、小孔细喉型	微孔微喉型
主要成岩作用	混合水白云化、溶蚀、重结晶、胶结	混合水白云化、溶蚀、重结晶、破裂、胶结	蒸发回流白云化、溶蚀、重结晶、破裂、胶结	蒸发回流白云化、泥晶化、结晶、破裂、胶结
岩石类型	（残余、含砾屑）鲕粒白云岩、海绵礁白云岩、（砾屑、砂屑、生屑）白云岩、结晶白云岩	鲕粒白云岩、海绵礁白云岩、（砾屑、砂屑、生屑）白云岩、结晶白云岩	中细晶白云岩、灰质白云岩、礁灰岩	灰质白云岩、泥晶白云岩、海绵礁灰岩、泥晶灰岩、鲕粒灰岩

I类储集岩：飞仙关组I类储层岩性主要为鲕粒白云岩、粒屑白云岩及其衍生的残余结构的岩性；长兴组I类储层岩性主要为海绵礁白云岩、砂屑白云岩、鲕粒白云岩等。储集性能较好~好，孔隙度>10%，渗透率>$1.0\times10^{-3}\mu m^2$。储集空间主要为粒间孔与礁相孔，孔隙结构主要为大孔粗喉、大孔中喉型，排驱压力<0.2MPa，饱和度中值压力<1MPa，毛管压力曲线表现出粗歪度（图3-67）。I类储集岩主要分布在$TSQ_1II~VI$与$PSQ_2IV~V$。

II类储集岩：飞仙关组II类储层岩性主要为鲕粒白云岩、砾屑白云岩等；长兴组II类储层岩性主要为砾屑白云岩、海绵礁白云岩、砂屑白云岩、生屑白云岩等。孔隙度介于5%~10%，渗透率介于（0.25~1.0）×$10^{-3}\mu m^2$。排驱压力0.2~1MPa，饱和度中值压力1~10MPa，储集空间主要为粒内孔、粒间孔隙以及礁相孔隙，孔隙结构为大孔中喉、中孔中喉、中孔细喉。毛管压力曲线中~细歪度，分选中等，储集性能中等。II类储集岩主要分布在飞二段和长兴组上部。

III类储集岩：III类储层飞仙关岩性主要为鲕粒中细晶白云岩、残余鲕粒细晶白云岩；长兴组以灰质白云岩、礁灰岩为主。孔隙度介于2%~5%，渗透率介于（0.02~0.25）×$10^{-3}\mu m^2$。排驱压力1~10MPa，饱和度中值压力10~100MPa。储集空间类型主要是粒内、裂缝、礁相、铸模等，孔隙结构为中孔细喉和小孔细喉型组合，毛细管压力曲线显示出中~细歪度，分选中等~差，储集性中等至较差。III类储集岩主要分布在飞三段、飞二段、长兴组下部。

IV类储集岩：岩性飞仙关主要为灰质白云岩、含生屑白云岩、鲕粒细晶白云岩；长兴组主要为灰质白云岩、海绵礁灰岩，储集性能差，孔隙度<2.0%，渗透率<0.02×10⁻³μm²。排驱压力>10MPa，饱和度中值压力>100MPa；孔隙结构以微孔微喉、微孔细喉组合为主，毛管压力曲线特征显示出细~极歪度，分选差~极差。储集性差，只有在裂缝发育的情况下方可成为储集岩。

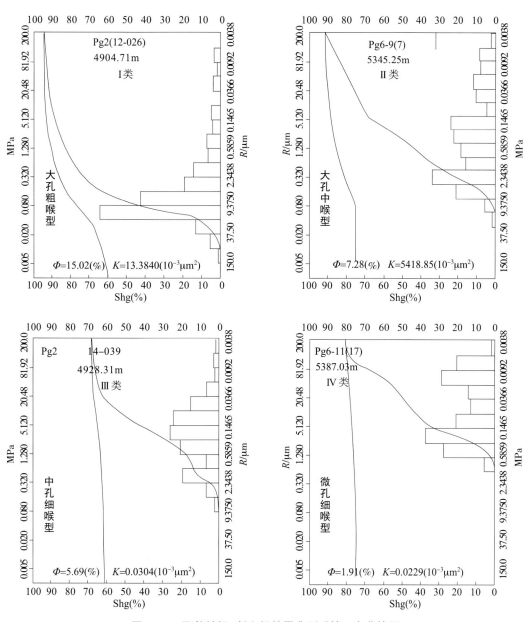

图3-67 飞仙关组-长兴组储层典型毛管压力曲线图

（二）储层分类评价

依据上述标准，综合各项因素对单井进行了分类评价。普光气田38口井统计结果显示，Ⅰ类储层占8.82%，Ⅱ类储层占33.06%，Ⅲ类储层占58.12%（图3-68）。

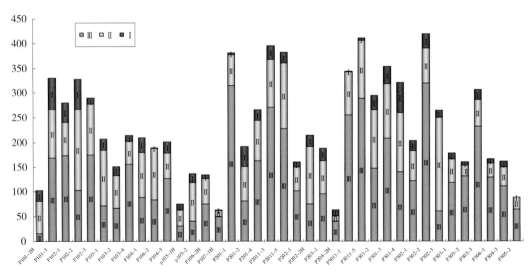

图3-68　普光气田主体38口井分类储层视厚度统计

图3-69为普光2井TSQ₁Ⅱ～Ⅲ层序内单井分类评价综合图，可以看出纵向上各类储层相互叠置，关系复杂。Ⅲ类层主要为蒸发坪微相，孔隙结构以中孔细喉为主，主要对应白云岩化成岩相，Ⅰ、Ⅱ类层主要为鲕粒滩沉积微相，对应孔隙度5%～25%，渗透率在（0.3～3000）×10⁻³μm²，孔隙结构为中孔中粗喉与大孔中喉，对应大气水淋滤成岩相与有机酸性水溶蚀相。

研究中依据单井储层分类划分结果，结合储层预测情况，深入研究了纵向上各类储层的展布情况，图3-70，而飞三段内储层主要以Ⅲ类层为主，且厚度变化较大。

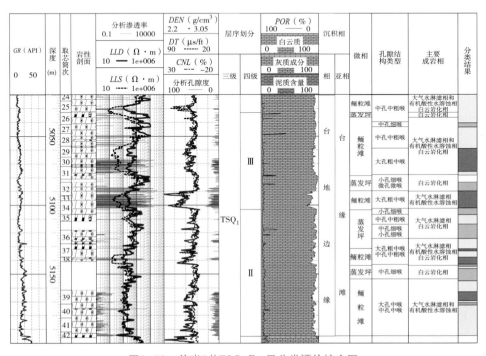

图3-69　普光2井TSQ₁Ⅱ-Ⅲ分类评价综合图

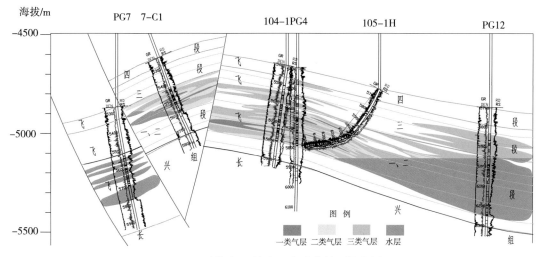

图3-70　过普光7-普光12井分类储层评价剖面

（三）储层综合评价

储层综合分类评价是对研究区内储层进行优劣等级排序，从而划分出有利的和不利的开发区块，为气田开发提供依据。由于普光气田为块状气藏，根据气藏开发需要，结合层序地层研究成果，在普光气田目的层位的四级层序中，选取其中9个发育储层的四级层序作为评价单元开展储层综合评价。

1. 评价方法及评价参数的优选

在制定储层分类标准时做到动静态资料相结合，主要是找出储层参数与产能（通常用无阻流量表示）的关系，即直接用储层参数评价产层的产能，这样对开发方案的编制、气井生产管理、气藏动态分析都具有重要的意义。

通过分析各储层参数对储层产能的影响程度，明确了对产能产生明显影响的参数，并尽量规避相关明显的参数同时参加评价。研究采用孔隙度、储层厚度、渗透率、沉积相参数、成岩相参数评价储层、裂缝密度和渗流特征电性系数，从储层规模、储量丰度、渗流能力等多个方面综合反映储层特征。研究中各参数多采用波阻抗或孔隙类型进行约束，应用变差函数在地质模型软件将其网格化后，确定每个网格的系数值，包含井点的网格参数与权值的确定。

2. 评价分数计算及权重系数确定

在获得各井点网格的储层评价参数后，为了给这些参数设置不同权重系数，通过与气层产能（q_{AOF}）进行灰色拟合，确定权重系数。每项参数经标准化后，得到单项评价分数，分别乘以本类权重系数，求得单项权衡分数，将各单项的权衡分数相加，即为各含气小层的综合权衡评价分数：

$$F = \sum E_i m_i \tag{3-3}$$

式中　F——储层估值打分；

　　　E_i——权系数；

　　　m_i——评价参数相对值。

研究中应用灰色理论法确定权值系数，这种方法的核心是灰色关联分析。基本原理是通过一定的方法寻求系统中各因素之间的主要关系，找出影响目标值的重要因素，从而掌握事物的主要特征，实际上是对于一个系统发展态势的定量描述和比较，包括母序列与子序列的选定、关联系数、关联度、关联序和关联矩阵的计算系列。

（1）母、子序列选定。

为了从数据信息的内部结构上分析被评价事物与其影响因素之间的关系，必须用某种数量指标定量化反映被评价事物的性质。这种按一定顺序排列的数量指标，称为关联分析的母序列，即为我们所选用的评价参数，记为：

$$\{X_t^{(0)}(0)\} \quad t=1,\ 2,\ 3,\ \cdots,\ n \tag{3-4}$$

子序列是决定或影响被评价事物性质的各子因素数据的有序排列，该处为各项参数值的有序排列，考虑主因素的 m 个子因素，则有子序列：

$$\{X_t^{(0)}(i)\} \quad i=1,\ 2,\ \cdots,\ m;\quad t=1,\ 2,\ 3,\ \cdots,\ n \tag{3-5}$$

（2）原始数据变换。

确定了母、子序列后，可构成如下的原始数据矩阵：

$$X^{(0)}=\begin{Bmatrix} X_1^{(0)}(0) & X_1^{(0)}(1) & \cdots & X_1^{(0)}(m) \\ X_2^{(0)}(0) & X_2^{(0)}(1) & \cdots & X_2^{(0)}(m) \\ \cdots & \cdots & \cdots & \cdots \\ X_n^{(0)}(0) & X_n^{(0)}(1) & \cdots & X_n^{(0)}(m) \end{Bmatrix} \tag{3-6}$$

由于系数中各因素的物理意义不同，数据的量纲也不一定相同，因此要对原始数据做变换以消除量纲间的差异。常用的变换方法有：初值化、归一化等。

初值化方法表述如下：

$$X_t^{(1)}(i) = X_t^{(0)}(i)\ /X_1^{(0)}(i) \tag{3-7}$$

归一化方法表述如下：

$$X_t^{(1)}(i) = (X_t^{(0)}(i) - \min\{X_t^{(0)}(i)\})\ /\ (\max\{X_t^{(0)}(i)\} - \min\{X_t^{(0)}(i)\}) \tag{3-8}$$

式中，$i=1,\ 2,\ \cdots,\ m;\quad t=1,\ 2,\ 3,\ \cdots,\ n$

（3）关联系数和关联度计算。

若记变换后的母序列 $\{X_t^{(0)}(0)\}$，子序列为 $\{X_t^{(0)}(i)\}$，则可计算出同一观测时刻子因素与母因素观测值之间的绝对值及其级值分别为：

$$\Delta_t(i,0)=\{X_t^{(1)}(i)-X_t^{(1)}(0)\} \qquad (3-9)$$

$$\Delta\max=t^{\max}i^{\max}\{X_t^{(1)}(i)-X_t^{(1)}(0)\} \qquad (3-10)$$

$$\Delta\min=t^{\min}i^{\min}\{X_t^{(1)}(i)-X_t^{(1)}(0)\} \qquad (3-11)$$

式中，$i=1$，2，$\cdots$，m；$t=1$，2，3，$\cdots$，n。$\Delta_t(i,0)$为某一时刻相比较序列的绝对差；$\Delta\max$，$\Delta\min$为所有比较序列各个时刻绝对差中的最大值和最小值。因比较序列均相互相交，所以$\Delta\min$一般取0。

母序列与子序列的关联系数$L_t(i,0)$：

$$L_t(i,0)=(\Delta\min+\rho\Delta\max)/[\Delta_t(i,0)+\rho\Delta\max] \qquad (3-12)$$

式中ρ为分辨系数，其目的是为削弱最大绝对差数值太大而失真的影响，提高关联系数之间的差异显著性。$\rho\in(0,1)$，一般情况下取0.1~0.5。本次取0.25。

而各子因素对母因素之间的关联度，可以由下式得出：

$$r_{i,0}=\frac{1}{n}\sum_{t=1}^{n}L_t(i,0) \qquad (3-13)$$

（4）权系数确定。

各因子权系数由下式得到，实际上为各项关联度与其总和之比。

$$\alpha_i=r_{i,0}\bigg/\sum_{t=0}^{m}r_{i,0} \qquad (3-14)$$

普光地区储层评价各因子权系数见表3-8，储层评价各因子关联度有差异。其中，渗流特征电性系数关联度值最高；孔隙度、渗透率、射孔厚度关联度值次之；沉积微相、成岩相关联度值较小；裂缝密度关联度值最小。说明渗流特征电性系数对储层产能影响最大，权系数相应最大，而由于气井储层以孔隙型为主，裂缝局部发育，裂缝密度对产能影响最小，权系数相应最小。

表3-8　各因子权系数计算结果表

名　称	射孔厚度	孔隙度	渗透率	裂缝密度	渗流特征电性系数倒数	沉积微相	成岩相	合计
$r_{i,0}$（关联度）	0.50	0.60	0.68	0.25	0.74	0.32	0.32	3.41
a_i（权系数）	0.15	0.18	0.20	0.07	0.22	0.09	0.09	1.00

（5）回归分析验证。

为验证求取的权系数的准确程度，需对结果进行回归分析验证，研究中将个参评参数分别乘以各自的权系数，然后将乘积相加得到总评分，将总分值与该井段的无阻流量做散点图求取相关公式及相关系数，相关系数高（$R^2=0.6097$）说明评价方法和权系数比较合理（图3-71）。

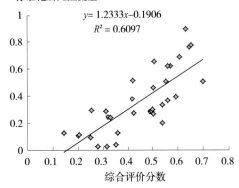

标准化后无阻流量

$y = 1.2333x - 0.1906$
$R^2 = 0.6097$

综合评价分数

图3-71　产剖测试井综合评分与无阻流量关系图

3. 储层综合评价分类标准

各项参数（经最大值标准化后）得分乘以相应权系数，逐一权衡后即得到综合权衡评价分数。根据综合评分的分布，对评价结果进行分析，依据分析结果将储层评价结果分为3个级别——好、中等、差储层，其储层综合评价分类标准为：

（1）好储层：综合权衡分数 > 0.6，以发育Ⅰ类、Ⅱ类储层为主，叠合气层厚度大，物性好。主要对应于台地边缘鲕粒滩、碎屑滩、台缘礁沉积中心区。

（2）中等储层：综合权衡分数0.3 ~ 0.6，以Ⅱ类储层为主，部分Ⅰ类、Ⅲ类储层，叠合厚度较大，物性较好。主要对应于台地边缘鲕粒滩、砂屑滩沉积边缘区，以及部分台内滩沉积中心区。

（3）差储层：综合权衡分数 < 0.3，以Ⅲ类储层为主，部分Ⅱ类储层，叠合厚度小或区块面积小、物性较差。对应于台内滩和台坪沉积区。

本次储层综合评价，在前期采用储层厚度、孔隙度、渗透率、沉积相、成岩相等参数评价储层的基础上，增加了与气井产能关系密切的裂缝密度、渗流特征电性系数，使得储层评价更加精细可靠。

从各层序储层综合评价的成果图可以看出（图3-72、图3-73），长兴组，储层围绕礁体零星发育，PSQ_2Ⅲ层序生物礁开始生长，在普光5、普光6、普光8、普光102-3、普光203-1、普光305-2井区发育礁核、礁翼储层，评价为中~差储层，好储层不发育；PSQ_2Ⅳ期处于三级海平面缓慢下降期，生物礁体暴露并迅速死亡，在普光5、普光6、普光8、普光102-3、普光203-1、普光305-2井区演化为粒屑滩的礁盖沉积，储层物性较礁核微相好，评价为中~好储层；PSQ_2Ⅴ期三级海平面继续下降，普光5、普光6、普光8、普光102-3、普光203-1、普光305-2井区礁盖、礁翼储层继承性发育，在普光6、普光5、普光102-3礁体间，如普光302-1、普光302-3、普光301-4等井区发育礁间滩鲕粒白云岩沉积，储层物性好，评价为好储层。

飞仙关早期层序TSQ_1Ⅱ中，处于三级海平面开始下降阶段，好储层主要分布在普光6 ~ 普光2井区嵌于中差储层之间，整体范围较小；TSQ_1Ⅲ、TSQ_1Ⅳ、TSQ_1Ⅴ期处于三级海平面缓慢下降中期，以滩体范围扩大为特征，好储层主要发育在普光6 ~ 普光4 ~ 普10 ~ 普光102-1等井围成的区域内，主要发育滩核微相，中间夹杂中差储层。相对于其他层序，TSQ_1Ⅲ、TSQ_1Ⅳ、TSQ_1Ⅴ层序好储层发育，且连片分布。TSQ_1Ⅲ层序气水边界附近，普光

4～普光9井一线好储层发育，TSQ$_1$Ⅳ、TSQ$_1$Ⅴ层序气水边界附近北部普光4附近好储层发育，南部普光9附近发育中差储层。TSQ$_1$Ⅵ时期处于三级海平面下降末期，主要发育滩缘微相储层，物性变差。好储层分布范围缩小，仅在普光4、普光6、普光302-1、普光10井区零星发育。

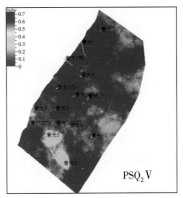

图3-72 普光气田主体长兴组四级层序储层综合评价图

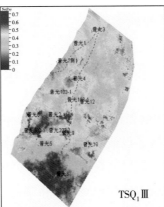
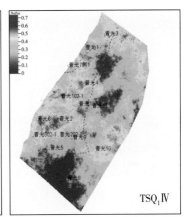

图3-73 普光气田主体飞一～二段四级层序储层综合评价图

第四章 礁滩相储层预测技术

普光气田礁滩相储层埋藏深、非均质性强，受上部嘉陵江组巨厚的膏盐岩影响，储层地震响应整体偏弱，不易识别，储层定量预测难度大。目前，国内常用的地震属性分析、拟声波反演和孔隙度反演等储层预测技术，用于礁滩相储层预测精度相对较低。因此，需要优选新的预测方法，定量预测不同类别的储层，尤其是Ⅰ、Ⅱ类优质储层的空间展布规律，指导井位和井身轨迹优化设计。依据这一指导思想，在充分借鉴前人研究成果的基础上，开展礁滩相储层岩石物理分析，确定采用基于岩石物理的波阻抗反演技术预测Ⅰ、Ⅱ类优质储层，采用多属性分析和神经网络相结合的预测方法定量预测Ⅲ类储层，并通过跟踪预测研究，不断优化预测参数，大大提高了储层预测精度，经开发井实钻验证成功率100%，储层预测厚度符合率高达86.5%。

第一节 储层地震预测技术现状

储层地震预测理论源于1899年和1919年Knott和Zoeppritz完成的AVO理论的基础工作，经过几十年的不断发展，形成了以地震反演、地震属性分析、AVO分析等技术为主体的一整套储层地震反演技术系列。同时，在油气储层研究中广泛使用了地震数据，特别是高分辨率、高精度地震数据。地震方法与地质应用相结合，相邻学科的不断渗透，又极大推动了地震预测技术的进步，使储层预测由简单到复杂、定性到定量、粗框向精细发展。

一、储层地震预测的主要技术

（一）地震属性分析技术

地震属性指的的是由叠前或叠后地震数据，经过数学变换导出的有关地震波的几何形态、运动学特征、动力学特征和统计学特征等方面的某种参数。它是地下岩性、物性和含油气性以及相关性质的物理表征。

1. 振幅特征统计类

振幅特征统计类是反映流体的变化、岩性的变化、储层孔隙的变化、河流三角洲砂体、某种类型的礁体、不整合面、地层调谐效应和地层层序等变化。反映反射波强弱。用于地层岩性相变分析、计算薄砂层厚度、识别亮点、暗点和烃类检测和识别火成岩等特殊岩性。

均方根振幅：是时窗内各采样点振幅平方和的平均值的平方根（图4-1）。因为在取平均值前先对振幅进行了平方计算，因此该属性对振幅的变化非常敏感，当岩层内有层理发育时，通常会引起反射振幅的变化，时窗内均方根振幅表现出高强的特征。

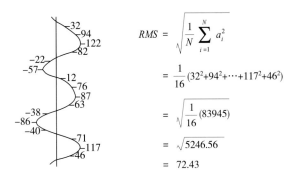

$$RMS = \sqrt{\frac{1}{N}\sum_{i=1}^{N}a_i^2}$$

$$= \sqrt{\frac{1}{16}(32^2+94^2+\cdots+117^2+46^2)}$$

$$= \sqrt{\frac{1}{16}(83945)}$$

$$= \sqrt{5246.56}$$

$$= 72.43$$

图4-1　均方根振幅计算原理示意图

波峰波谷振幅差：取地震记录中相邻的波峰和波谷振幅之差。这是表征波形特点的一个参数。对于薄层反射波，它将与薄层厚度有关。

平均能量变化：在时间域内时窗中所有采样点的平均能量（振幅平方）。可用于识别岩性或含气砂岩变化，区分连续沉积和杂乱反射，适用于刻画层序地层内的振幅变化。

2. 复地震道属性

复地震道属性是指根据复地震道分析在地震波到达位置上拾取的瞬时地震属性。主要包括三个属性——振幅包络、瞬时相位、瞬时频率。

瞬时振幅的强弱与地层界面反射系数的大小有关；瞬时频率异常反映地层厚度与岩性的变化；瞬时相位的一致性与地层的连续性一致。一般来说，综合利用三瞬信息了解地层岩性和岩相的变化，有助于预测含气区域的分布。当地层有强烈变化或含气时，在瞬时剖面上有明显的强振幅特征；当岩层的厚度或岩性发生相变时，在瞬时剖面上出现振幅异常；在断层或含气边缘地带，瞬时振幅发生相应的突变。

在地质剖面中，无论岩层之间物性差异大或小，也无论反射振幅是强还是弱，瞬时相位均能反映反射界面的形态和连续性。当有断层、不整合或超复时，瞬时相位的表现特征与地层结构的形态一致。对储集层而言，在含气区域，地震瞬时信息的特征明显，其表现是，在高频率、弱振幅的背景中出现相对稳定的低频率、强振幅异常，并在其边缘伴随出现极性反转。

3. 谱统计类

对地震信号的频率谱、能量谱进行描述，可以揭示裂缝发育带、油气吸收区、调谐效应、岩性或吸收引起的子波变化。

有效带宽：层段内检测吸收效应的变化。可用于地震地层研究；带宽值高说明地层复杂、振幅对比强烈，带宽越窄，说明信号越相似，地层反射特征简单。

弧线长度：区分高振幅–高频率、高振幅–低频率、低振幅–高频率和低振幅–低频率的异常。因为砂泥岩地层通常岩性突变、变化快和阻抗差别大，可用于区别同是高振幅特征，但频率变化的地层情况在砂泥岩互层中可识别富砂地层，表现为窄频带，高弧线。

（二）地震反演技术

地震反演是利用地表观测到的地震资料，以已知地质规律和钻井、测井资料为约束，对地下岩层空间结构和物理性质进行成像（求解）的过程。它是储层预测的核心技术，主要用来求取储层的各种地质参数变化。地震反演的分类方法依其不同的目的有不同的分类方法。依据所依赖地震资料可分为叠后反演和叠前反演两大类，目前叠后反演技术比较成熟，叠前反演技术随着计算机技术的不断进步也逐渐投入生产应用。同时，依据反演理论划分，可分为道积分法、递推法、模型法、波动方程法、地质统计法五大类。针对油田不同阶段、不同地质目标和井资料的多少，可以选用不同的反演方法，但不同方法的技术思路、应用条件不同，计算结果可能存在较大差异。

1. 道积分反演

道积分反演是最早出现的一种利用叠后地震资料计算地层相对波阻抗的直接反演方法，因为它是在地层波阻抗随深度连续可微条件下推导出来的，因此又称为连续反演。该方法从平面波法线入射反射系数公式出发，通过对反射系数系列的积分运算，来求取地层相对波阻抗。该方法的特点是计算简单，反演结果直接反映了地层的速度变化，可以岩层为单位进行定性解释，该方法无须钻井控制，在勘探初期即可推广应用。但它也有明显的局限性，一是受地震固有频宽的限制，分辨率低，无法适应薄层解释的需要；二是无法求出地层的绝对波阻抗和绝对速度，不能用于储层参数的定量计算；三是在处理过程中不能利用地质或测井资料对其进行约束控制，因而结果比较粗略。

2. 递推反演

递推反演是以平面波法线入射反射系数公式为基础的另一种叠后反演方法。其基本原理是基于反射系数的计算公式得到的。通常情况下，离散的反射系数计算公式为：

$$R_1 = (Z_{i-1} - Z_i)/(Z_{i+1} + Z_i) \qquad (4-1)$$

其中，R为反射系数，Z为波阻抗。

如果反射系数已知，则可根据上述公式求得波阻抗递推公式：

$$Z_{i+1} = Z_i[(1 + R_i)/(1 - R_i)] \qquad (4-2)$$

其中的反射系数认为可由地震道与子波通过反褶积得到。初始的波阻抗值由测井资料或经验给出。

它通过逐点递推的数学算法由反射系数求取地层的波阻抗。递推反演可以看作是将界面型地层反射系数剖面转换为岩层型波阻抗剖面的一种转换方法。由于它直接将地震信息从一种形式转换成另一种形式，它在很大程度上保留了地震叠加剖面上的基本地质特征，不存在模型法所固有的多解性问题，能够明显的反映岩相、岩性的空间变化，在岩性相对稳定的条件下，能够较好的反映储层的物性变化。

递推反演优点：具有较宽的应用领域，特别是在勘探初期只有很少钻井条件下，可通过反演资料进行岩相分析确定地层的沉积体系，结合钻井资料揭示的储层特征进行横向预测，确定评价井位。在开发前期，储层较厚的条件下，递推反演资料可以为地质建模提供可靠的构造、厚度和物性信息，优化开发方案设计。

递推反演缺点：当地震道包含相干噪声或随机噪声时，会使反射系数的估算结果出现较大偏差，并且随着深度的增加误差积累越来越大。由于地震资料的频带限制，递推反演的结果缺少低频分量和高频分量，其分辨率依赖于地震资料的分辨率。通常从测井资料或地震叠加速度中提取低频分量进行补充。

3. 稀疏脉冲反演

基本原理是假设反射系数为由一系列大的反射系数叠加在高斯分布的小反射系数的背景上构成的，大的反射系数相当于主要的岩性界面。反演的目的是寻找一个使目标函数最小的脉冲数目，然后得到波阻抗数据。

其缺点：一是如果子波选取不当，会使合成道与地震道存在差异，从而影响反演结果；二是对地震资料的信噪比要求较高。其优点：一是直接使用地震数据进行反演，不受初始地质模型约束；二是产生一个地质特征的反演结果，反映了较大地质事件的信息。

4. 基于模型的反演

基于模型的地震反演技术以测井资料丰富的高频信息和完整的低频成分补充地震有限带宽的不足，可获得高分辨率的地层波阻抗资料，为薄层油气藏精细描述创造条件。基本原理是利用声波和密度测井资料，以地震解释的层位为控制，从井点出发外推内插，形成初始波阻抗模型；通过对波阻抗模型不断更新，使得模型的合成记录最佳逼近实际地震道，此时的波阻抗模型便是反演结果。

其缺点是主要依据测井资料，没有充分利用地震资料，在空间预测上具有一定的多解性；其优点是反演结果分辨率较高。

（三）AVO技术

AVO分析技术是利用纵波地震资料提取叠前地震属性进行储层岩石物性预测及含气性检测的非常重要的工具。AVO分析的用途有两方面：一是利用AVO响应异常，直接检测油气显示；二是利用AVO分析所生成的属性数据进行波阻抗反演，用于岩性解释和储层非均质性解释。

AVO分析理论基础来自Zoeppritz方程。理论上，利用Zoeppritz方程可以预测任意岩石组合的振幅响应。实际应用都是对方程进行一些近似和假设，将方程简化后应用。AVO分析的精度依赖于输入的叠前地震资料质量。近些年来发展了很多新技术，如叠前成像、精细速度分析等，大大提高了AVO输入数据品质。目前发展应用的技术有AVO叠前反演、AVO孔隙度流体识别、AVO统计分析、AVO各项异性分析等。

二、普光气田礁滩相储层早期预测成果

在普光气田不同的勘探开发阶段，应用了多种方法开展储层预测工作，由于资料基础

以及需求的不同，不同阶段采用的地震储集层预测技术差异较大。

（一）预探阶段

地震预测的作用是查明地层纵向总体情况和沉积体系平面分布的关系，结合钻井资料建立气藏的宏观概念。预测方法采用属性分析技术定性预测储层宏观展布特征。通过分析普光气田礁滩相储层地震波的速度、振幅、相位、频率等参数的变化幅度、范围，并结合测井、取芯资料，认为储层与非储层之间存在一定的速度差，由此优选振幅为代表的能量类属性来区分储层与非储层。如选取振幅梯度反映储层的物性变化特征、利用反射波能量半衰时变化特征反映储层非均质性等（图4-2）。

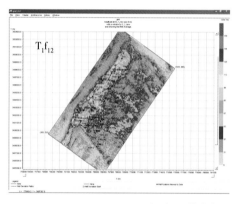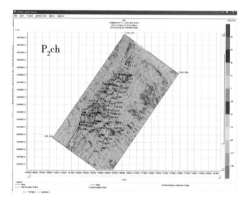

图4-2（1） 普光气田飞一二段–长兴组振幅梯度图

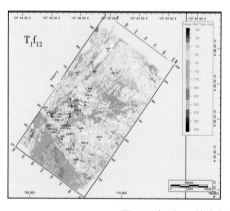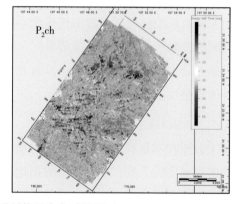

图4-2（2） 普光气田反射能量半衰时平面图

由于普光气田致密灰岩与含气的白云岩物性差别较小，地震属性响应特征基本一致，很难有效区分，预测结果为定性-半定量，多解性强，预测精度相对较低。

（二）评价阶段

地震预测的作用是预测岩相、岩性、储集层物性、含气性，为形成初步开发设计方案提供依据；预测思路及方法仍采用碎屑岩常用的自然伽马、拟声波、波阻抗等地震反演技术，定量预测储层岩相、物性、含气性，指导探井井位设计。

普光高含硫气田高效开发技术与实践

1. 自然伽马反演

自然伽马反演技术是直接利用井轨迹深度点的波阻抗或速度与物性参数之间建立一个数学方程，直接反演出自然伽马参数。其技术的关键是利用自然伽马与多种地震属性进行多元回归拟合，建立回归方程（图4-3）。

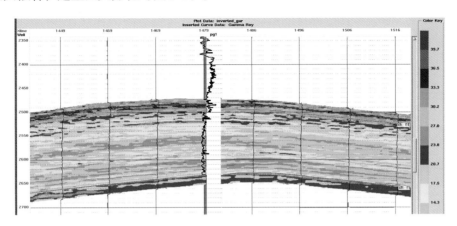

图4-3　普光气田自然伽马反演剖面图

2. 拟声波反演

分析普光气田飞仙关-长兴组声波测井曲线特征发现，声波曲线上难以明显的界定储层和非储层，其原因可能是碳酸盐岩储层中含泥或其他原因，导致碳酸盐储层与非储层岩声波速度无明显差异。然而，电阻、密度、自然伽马可以有效区分储层和非储层。针对这一点，提出了一种利用自然伽马、密度同时参考电阻和电测解释结果对实测声波曲线进行重构的方法（图4-4）。去泥质拟声波反演广泛应用于碎屑岩、碳酸盐岩和火成岩，该技术的优势在于只要能够在单井上找到识别储层与非储层的电性参数，通过数学变换，就能用于地震预测，理论上井上预测符合率为100%，但该方法在实际应用中，井间储层预测符合率有高、有低。其主要原因是该方法有一定适用条件，对于井间储层均质性强，有一定的延展范围的地区，预测成功率高，但类似普光气田储层非均质性强，井间储层变化大的区域，采用该种方法井间预测可信度低，并不适合于井位部署及井轨迹设计。

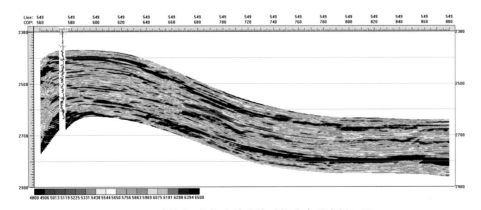

图4-4　过普光6井拟声波曲线重构速度反演剖面图

3. 波阻抗、孔隙度反演

普光构造位于台缘鲕粒坝和鲕粒滩相区，在对常规剖面和属性分析鲕滩储层地震响应认识的基础上，采用约束稀疏脉冲波阻抗反演获得的波阻抗剖面对鲕滩储层进行研究，以达到将低速、低密度储层从膏盐或泥晶灰岩层中检测出来的目的。从波阻抗反演结果上看，储层发育段表现为低阻抗特征，普光2、普光4井和普光1井多套鲕滩储层[图4-5（1）]都得到了较好的反映，反演结果与井吻合程度高，分辨率得到一定程度的提高，反演结果符合基本的地质规律。

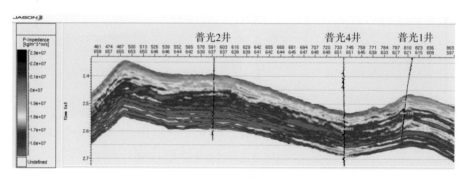

图4-5（1） 过普光2-普光4-普光1井波阻抗反演剖面图

孔隙度反演是利用井上波阻抗与孔隙度建立关系式，将阻抗数据体转换为孔隙度数据体[图4-5（2）]。在求取大于2.5％的孔隙度作为有效储层孔隙度临界值，在层间统计大于该临界值的累计厚度，得到预测有效储层厚度分布结果。波阻抗和孔隙度反演也是国内普遍采用的反演方法，该方法适用于普光气田评价阶段的礁滩相储层预测，有效指导了探井的井位部署，但该方法用于产能建设阶段还需进一步优化，不断提高预测精度。

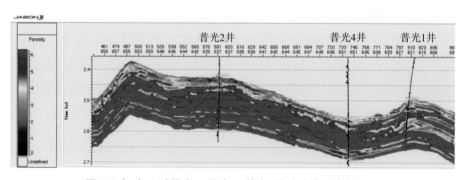

图4-5（2） 过普光2-普光4-普光1井孔隙度反演剖面图

第二节　礁滩相储层岩石物理模型建立

针对开发井部署储层预测精度高，尤其是要精细刻画Ⅰ、Ⅱ类储层空间展布要求，通过开展礁滩相储层岩石物理分析，研究不同类别储层的岩石物理特征，确定储层定量预测的弹性参数及储层识别标准，为储层定量预测奠定基础。

一、面向储层预测的储层评价

常规的测井评价是计算孔、渗、饱等参数，最终的目的是用于储量评价，它并不完全适用于储层预测的目的。面向储层预测的储层评价技术是用于寻找储层与非储层的界面，也就是评价储层与非储层的弹性参数界限。它把岩石物理建模思想有机地融合在其中，通过分析岩石矿物成分，孔隙空间结构，最终拟合用于区分储层与非储层的弹性参数——纵波速度、横波速度、纵横波比、泊松比等，用以寻找定量区分储层与非储层的依据（图4-6）。

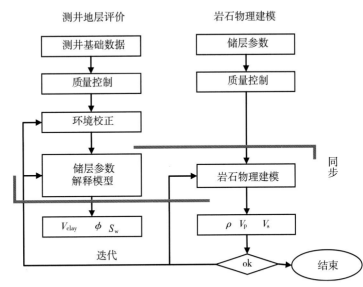

图4-6 基于储层预测的测井评价技术流程图

（一）测井曲线标准化

测井曲线标准化的实质就是利用同一气田或地区的同一层段具有相似的地质-地球物理特征这一自身相似分布规律，对气田各井的测井数据进行整体的分析，进行整体误差校正，校正后的岩性曲线特征应符合已知岩性或地区规律。

标准化工作的关键是选取区域分布较稳定、岩性较纯、具有一定厚度的地层作为标准层。通过对全工区50余口井分析，认为嘉一段、嘉三段沉积环境稳定，灰岩全区分布且厚度相当，整体表现为 GR 在20～50API之间，三孔隙度曲线接近灰岩理论值（图4-7），可以作为标准层。经过研究分析，选取进行岩芯归位后的普光2井为标准井，嘉一段、嘉三段灰岩作为标准层，进行标准化处理。

测井资料标准化方法较多，研究中主要采用直方图平移法，做各井的测井数据统计直方图。数据点应处于灰岩骨架点附近很小的变化范围内，如果偏离较多，需要校正到骨架点处。通过提取这些标准层的测井特征参数，与普光2井标准层对比分析，认为有7口井的声波、密度曲线不需要校正，其他井的声波校正量介于0.1～4.0μs/ft之间，密度校正量介于-0.06～0.06 g/cm³之间。

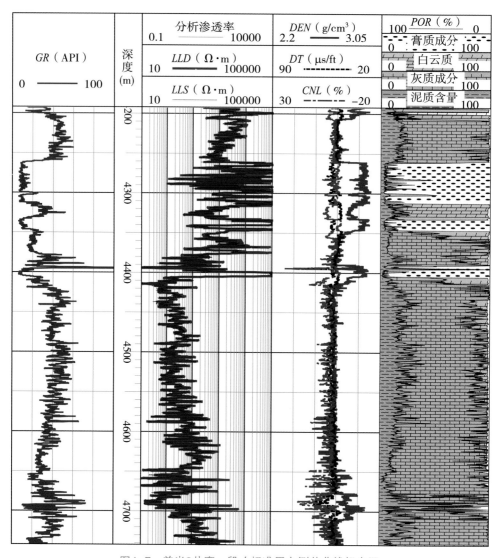

图4-7 普光2井嘉一段（标准层）测井曲线组合图

（二）泥质含量计算

通常测井计算泥质含量利用的是自然伽马资料。而在高放射性储层中，由于含铀多，造成总伽马高值，一般采用能谱中的无铀伽马资料。在普光构造碳酸盐岩目的层段几乎没有高铀储层，自然伽马曲线可以有效的用于泥质含量的计算。计算公式如下：

$$SH=\frac{GR-GR_{min}}{GR_{max}-GR_{min}} \qquad V_{sh}=\frac{2^{GCUR \cdot SH}-1}{2^{GCUR}-1} \qquad (4-3)$$

由于工区内的井大部分光电指数曲线由于受重晶石压井等因素的影响，测量数值远大于工区内主要岩性（石灰岩与云岩）响应范围，导致无法利用其进行岩性识别，研究中采用geoframe程序中ELAN plus对泥质含量进行计算（图4-8）。

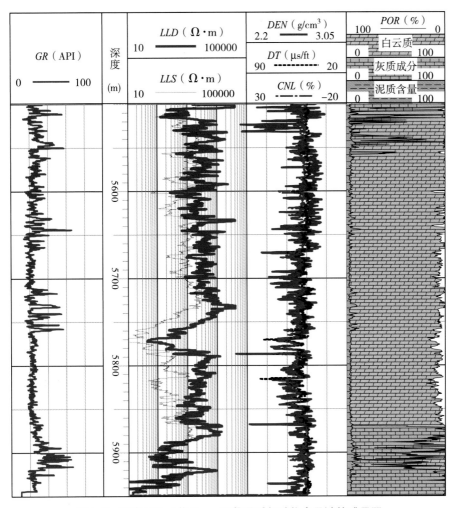

图4-8　普光103-1井飞一~二段泥质与矿物含量计算成果图

（三）孔隙度、渗透率、饱和度计算

1. 孔隙度计算

由于受孔隙结构的影响，声波测井不能真实反映岩石孔隙空间，主要采用中子与密度测井来进行计算。对于碳酸盐岩地层，不同岩性矿物其骨架密度等测井参数是有所差别的（表4-1）。因此，要准确的计算岩石孔隙度，就必须首先获得岩石中各种矿物的含量。

表4-1　矿物成分的测井物理参数

矿物名称	矿物骨架			
	中子/p.u.	密度/（g/cm³）	声波/（μs/ft）	有效光电吸收截面指数/（b/e）
石灰岩	0.0	2.71	47.5	5.08
白云岩	2.0	2.87	43.5	3.14
硬石膏	−1.0	2.98	50.0	5.05

矿物名称	矿物骨架			
	中子/p.u.	密度/（g/cm³）	声波/（μs/ft）	有效光电吸收截面指数/（b/e）
重晶石	−1	4.09		267
伊利石	20	2.52		3.45
蒙脱石	10	2.12		2.04
绿泥石	37	2.76		6.30
黄铁矿	−2	4.99	39.2	16.97

分析认为，利用康普顿效应测得的光电指数对岩性具有很好的分辨能力，它几乎不受孔隙度、流体性质等非岩性因素影响。在井况较好，未采用重晶石压井的井筒中，直接利用光电指数资料采用体积模型就可以计算出方解石与白云石的含量，这对于计算岩石的骨架参数是非常重要的。应用P_e曲线计算地层矿物含量的公式：

$$V_{c2} = \frac{P_e - P_{e1}}{P_{e2} - P_{e1}} \qquad V_{c1} = 1 - V_{c2} \qquad (4-4)$$

式中　　V_{c1}、V_{c2}——第一、第二种矿物的相对体积，%；

P_e、P_{e1}、P_{e2}——光电吸收截面指数测井值、第一、第二种矿物成分的相对光电吸收截面指数骨架测井值，b/e。

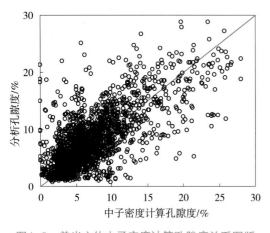

图4-9　普光主体中子密度计算孔隙度关系图版

而在重晶石压井的井筒中，光电指数受其影响会产生严重的失真，不能用于计算岩性，此时可以使用中子密度交会图版同时计算孔隙度与矿物成分，但由于受多重影响以及岩性敏感性较低，计算效果较差。

利用岩芯资料归位后的物性资料与测井资料对比，可以看出具有较好的相关性。通过加入环境校正后的密度、中子以及计算获得的白云岩含量得到了普光主体孔隙度计算经验公式（图4-9）：

$$\phi = (132.987 + 0.1747 \times \phi_N - 47.458\rho_b) V_{dol} \qquad (R=0.7344 \ N=2089) \qquad (4-5)$$

式中　　ϕ_N——中子孔隙度，%；

ρ_b——补偿密度，g/cm³；

V_{dol}——白云岩体积；

ϕ——孔隙度，%。

而在井况较差，只有声波测井的井筒中，可以先利用双侧向幅度差定性判别孔隙类型然后利用岩石物性回归经验公式计算孔隙度（图4-10）。

粒内孔隙结构声波计算孔隙度公式：

$$\phi=-69.408+1.5407\times AC \quad （R=0.7569\ N=759） \tag{4-6}$$

粒间孔隙结构声波计算孔隙度公式：

$$\phi=-37.17+0.88787\times AC \quad （R=0.6891\ N=765） \tag{4-7}$$

生物礁相岩层声波计算孔隙度公式：

$$\phi=-59.862+1.3413\times AC \quad （R=0.7655\ N=300） \tag{4-8}$$

式中　AC——声波时差，$\mu s/ft$；

　　　ϕ——孔隙度，%。

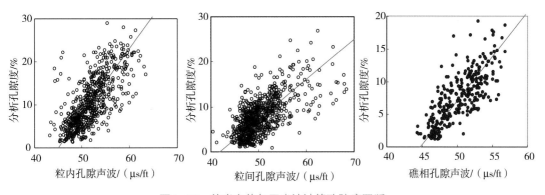

图4-10　普光主体气田声波计算孔隙度图版

2. 渗透率计算

碳酸盐储层孔隙度和渗透率受多种因素的控制，对于川东北地区，储层孔隙类型是影响孔渗关系的最主要因素之一。从取芯井薄片以及物性分析等化验资料中可以看出，高渗透率段其孔隙类型主要是粒间孔隙为主，而对于粒内、铸模等孔隙类型，高的孔隙度却很难对应有高的渗透率。

在储层孔隙结构识别基础上，利用建立的粒间孔隙、粒内孔隙、礁相孔隙等不同孔隙结构储层孔渗关系式分别进行渗透率计算。计算渗透率与取芯样品分析渗透率相关性较好，相关系数达到0.78（图4-11）。

3. 饱和度计算

由于工区以碳酸盐岩滩相、礁相储层以孔隙型储层为主，因此可以采用阿尔奇

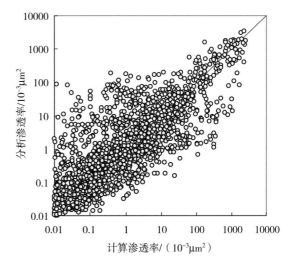

图4-11　孔隙度计算渗透率与分析渗透率关系

（Archie）公式计算含气饱和度。

$$F = \frac{R_\mathrm{o}}{R_\mathrm{w}} = \frac{a}{\phi^m} \quad I = \frac{R_\mathrm{t}}{R_\mathrm{o}} = \frac{b}{S_\mathrm{w}^n} \qquad (4-9)$$

根据荧光薄片分析，该气藏不含残余油，含水饱和度与含气饱和度之和应为100%：

$$S_\mathrm{g} = 1 - \sqrt[n]{\frac{abR_\mathrm{w}}{R_\mathrm{t}\phi^m}} \qquad (4-10)$$

式中，F表示地层因素，只与孔隙度和孔隙形状有关；I表示电阻率放大倍数，不仅与岩石原由孔隙结构有关，而且与气水在孔隙中的分布状况有关；R_o表示饱含水时岩石电阻率；R_w表示地层水电阻率；S_g表示含气饱和度；S_w表示含水饱和度；ϕ表示孔隙度；R_t表示岩石真电阻率；a表示与岩石有关的比例系数，m表示岩石的胶结指数，b表示与岩石有关的常数，n表示饱和度指数。

对于本工区，孔隙结构复杂多样，是否公式中代表其特征的a、b、m、n等参数也应该随孔隙结构的不同而有所变化呢，通过分析普光2井岩电实验数据，可以看出对于不同孔隙结构，地层因素并不敏感，因此可以采用同一系数进行计算。

研究最终采用15MPa（与45MPa条件下孔隙度基本相同）高压实验拟合获得的普光2井岩电关系参数（图4-12）。其中，$a=1$，$m=2.41$，$b=1.0352$，$n=2.1686$，作为目前普光主体饱和度的计算参数。

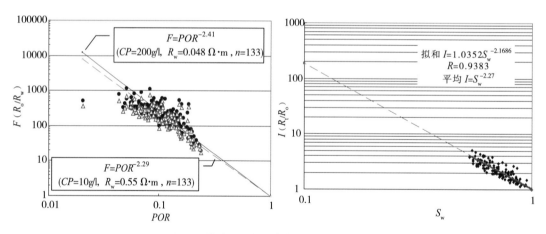

图4-12 普光2井高压岩电实验拟和关系图版

二、礁滩相储层岩石物理建模

岩石物理分析是通过对岩石中各种类型的组成结构进行假设后，建立岩石物理模型并应用该模型对岩石组成的矿物和流体的岩石弹性特征进行计算。通过对正演曲线和已有的弹性曲线进行对比，从而对模型参数进行优选和优化，拟合用于储层预测所需的测井曲线，最终确定能够反映储层的弹性参数。目前，碳酸盐岩的岩石物理建模技术还在摸索阶段，还没有一套成熟的技术可以借鉴。针对礁滩相储层孔隙为主，裂缝并存的特点，参考碎屑岩岩石建模思路实现普光气田鲕滩储层岩石物理模型。

（一）Xu-White模型

考虑普光气田为裂缝-孔隙型储层，优质储层主要以孔隙型为主，裂缝相对不发育。因此，引入碎屑岩的Xu-White模型，在刚性孔隙的基础上增加微裂缝，扩展到岩石模型中。Xu-White模型是Xu和White结合Gassmann方程和Kuster-Toksoz模型及差分等效介质理论（DEM），提出的一种利用孔隙度和泥质含量估算泥质砂岩纵波和横波速度的方法。Xu-White模型同时考虑到了岩石基质性质、孔隙度及孔隙形状、孔隙饱含流体性质对速度的影响。模型假设岩石骨架矿物主要由砂和泥组成，并采用椭圆形状纵横直径比（扁度）来描述孔隙形状。其简单表达形式为：

$$f(V_{sh}, \phi, \alpha_{sand}, \alpha_{clay}, otherparameters) \Rightarrow (V_p, V_s, \rho) \qquad (4-11)$$

式中：V_{sh}，ϕ，α_{sand}，α_{clay}分别为泥质含量、孔隙度和砂、泥孔隙的扁度；

$otherparameters$：包括矿物质骨架的物理模量和流体的物理模量；

骨架的物理模量：砂、泥成分的体积模量（K）、剪切模量（μ）、密度（ρ）；

流体的物理模量：流体的体积模量（K_{fluid}）和密度（ρ_{fluid}）。

各参数中，岩石骨架弹性模量需要利用Kuster-Toksoz模型求取；流体的物理模量可根据Batzle-Wang公式，用温度（T）、压力（P）和其他的一些参数算出；泥质含量（V_{sh}）和孔隙度（ϕ）通常可由测井资料得到；剩下的4个模量、2个密度和2个扁度需要由自定义。其中，α_{sand}，α_{clay}反映孔隙形状，当值无限小时，可看作是微裂缝。

（二）弹性参数拟合

首先设定地层岩性与弹性参数，包括弹性模量、体积模量等，在这种情况下正演V_p，再与实际的V_p比较，如果有差别，说明弹性参数有误，修改地层弹性参数后，再正演V_p，直至二者匹配，说明地层岩性与弹性参数合理，最后用这种地层岩性与弹性参数正演横波V_s，计算波松比。如果有实测横波资料，再修正地层与弹性参数，使纵、横波都匹配，达到一个更加合理的结果。同时，可进行流体置换，正演出储层中充填气、水时的测井响应特征，来寻找当储层含气时比较敏感的弹性参数。图4-13为普光302-1井岩石物理建模成果图，通过建立岩石物理模型，估算不同类别储层中充满天然气条件下，纵波阻抗、纵横波比等岩石弹性参数的值。

（三）交会图分析

通过建立岩石物理模型，计算岩石的弹性参数进行交汇图分析，来寻找不同岩石之间波阻抗的差异，确定储层与非储层的界限。

从纵波波阻抗分类直方图上可以看到（图4-14），Ⅰ类储层的纵波阻抗值在10500～15800，Ⅱ类储层的纵波阻抗值在11000～18000，Ⅲ类储层的纵波阻抗值在13200～20000，非储层的纵波阻抗值在13200～22000。纵波波阻抗能有效区分Ⅰ类和Ⅱ类储层，而Ⅲ类储层和非储层发生叠置现象，难以区分。从岩石物理模板上看（图4-15），Ⅲ类储层和围岩之间虽然有部分重叠，但还是可以区分的，相对Ⅰ、Ⅱ类储层的有效区分，其预测精度略低，这与普光气田储层埋藏较深、Ⅲ类层物性差有关。因此，确定采用叠后波阻抗反演来区分Ⅰ＋Ⅱ类储层兼顾Ⅲ类储层，其预测思路完全能够满足"打高产井、钻遇优质储层"的要求。

普光高含硫气田高效开发技术与实践

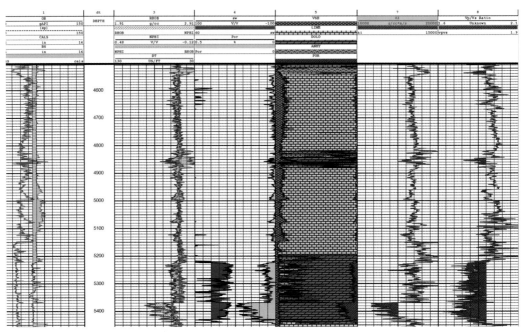

图4-13　普光302-1井岩石物理分析成果图

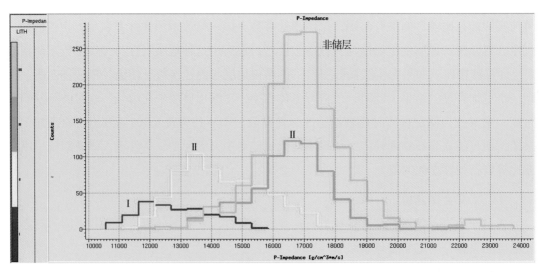

图4-14　纵波波阻抗分类直方图

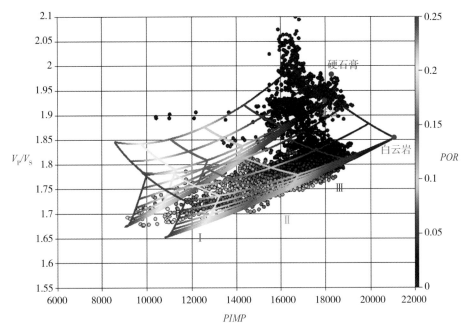

图4-15 普光气田岩石物理模板

第三节 Ⅰ、Ⅱ类优质储层定量预测

依据岩石物理分析结果，纵波阻抗能够很好的区分Ⅰ、Ⅱ类优质储层，为了进一步提高储层预测精度，为井位部署及钻遇更多优质储层服务，重点针对影响储层预测精度的子波提取、地质模型、储层非均质性、反演参数优化开展攻关。

一、稀疏脉冲反演原理

Ⅰ、Ⅱ类优质储层的预测采用叠后波阻抗反演技术，其算法选用稀疏脉冲算法，它不同于传统的基于褶积模型的简单递推反演，而是基于地震道的反演方法。该方法采用稀疏脉冲技术，利用测井进行约束，直接从地震数据中提取反射信息，较忠实于地震资料，所得到的结果比较符合实际地质情况。测井资料只起到对地震进行标定和提供低频信息的作用，不直接参与反演处理，能充分发挥地震数据横向密集的优势，将界面型地震资料反演成岩层型的测井剖面，较客观地反映地质体在横向上的变化，适用于普光气田井少、储层厚度大、横向变化大的地区。

其原理为：从地震道中根据稀疏的原则抽取反射系数，与子波褶积生成合成地震记录道，利用合成地震记录与原始地震道的残差修改反射系数，得到新的反射系数序列；再作合成地震记录，如此迭代，最后得到一个最佳的逼近原始地震道的反射系数序列。然后用测井声阻抗拟合的阻抗趋势线和在趋势线两边定义的两条约束线作为约束，来控制阻抗的变化范围，减少反演的多解性，得到相对波阻抗，再补偿低频信息后得到绝对波阻抗。该算法的优点是其本身可以降低调协效应，可以使之对岩性尖灭预测不产生误差。

二、提高优质储层预测精度研究

在反演过程中，地质模型精细程度和反演参数选取是提高储层预测精度关键。从稀疏脉冲原理可以看到，影响储层预测的因素主要有子波提取、时深关系、反演参数和空间约束趋势等。其中，子波、时深关系和空间约束是构建精细地质模型的关键参数，反演参数的优选则是动态跟踪预测的一个过程。

（一）精细地质模型构建

反演结果的准确与否，主要取决于初始模型与实际地质情况的吻合程度，精确的地质模型构建是一个反复构建的过程，断层的走向、井的多少、准确的子波、合理的标定结果都会对模型产生很大的影响。子波的估算、合成记录的标定和构造模型是一个充分必要条件，三者之间经过不断叠代循环修正，最终才能得到一个准确的地质模型。

普光气田发育逆断层、储层非均质性强，钻井以大斜度井和水平井为主，这些复杂因素给地质模型的构建带来了一定的难度，采用什么样的方法解决大斜度井的时深标定、逆断层建模、非均质低频模型建立，成为精细地质建模的关键。

（1）采用井控制下基于模型的子波相位–幅度谱估算方法，使大斜度井的时深标定由常规雷克子波标定的0.3提高到0.8以上。

精确的子波估算对于任何地震反演技术都是绝对重要的。计算的地震子波形状对反演结果和后续评价的气藏品质有严重的影响，它是反演过程中非常重要的一个因素，主要包括子波的相位（极性）、频率和振幅。地震子波的极性是正还是负，是零相位还是其他相位，直接关系到合成记录标定。绝大多数地震反演技术假定：观测到的地震数据可以用具有带宽限制的反射系数序列与地震子波褶积来模拟得到，反演过程就是首先估算地震子波。当估算地震反射系数系数时，把子波作为已知量，这样估算的地震反射系数和地震子波进行褶积，产生与原始地震道高度匹配的合成地震记录，可见子波在反演中有着非常重要的地位。图4-16为普光气田主体不同相位子波反演的结果的对比，a、b分别采用0°相位子波和90°相位子波计算的波阻抗反演结果与地震剖面叠加图，两者有着明显的差别。正极性0°相位子波反演剖面上低波阻抗层是从波谷到波峰，90°相位子波反演剖面上，不仅有相移而且还有细微的差别。

子波振幅和频率同样是非常重要的影响因素。不同振幅、频率的子波得到的反演结果会有所不同，它影响到反演结果的分辨率和连续性。图4-17为两个振幅、频率和相位上有细小差异的不同子波反演的结果对比，其中的差异很明显。

通过以上分析可以看出，子波的相位（极性）、频率和振幅的不同会对反演结果有着非常大的影响。如何求取正确的子波是反演过程中至关重要的一步，如果子波不准确，则反演结果将是无效的。

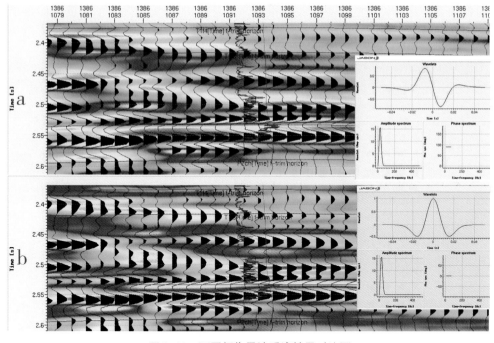

图4-16 不同相位子波反演结果对比图

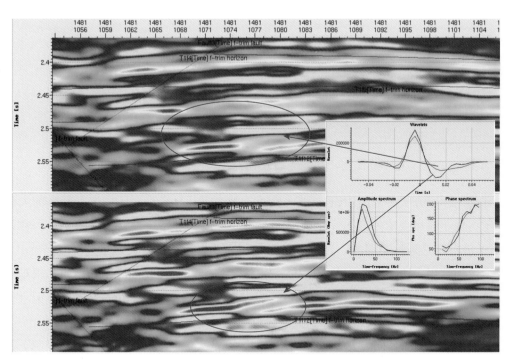

图4-17 不同子波反演结果对比图

同样，合成记录标定也是反演过程中重要的一环，它和子波的提取有着紧密的联系。标定的好坏直接影响着深度域储层与时间域地震在三维空间的匹配关系。图4-18为普光302-1井地震记录相关性都很好的两次不同合成记录对比图，a是正确的时深关系，b是错误的时深关系，尽管标定的结果相关性很高，但是b的时深关系发生了严重漂移和变形，最终反映到储层预测结果的错误。

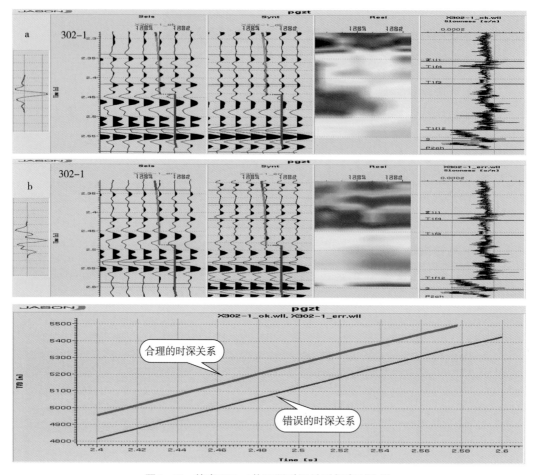

图4-18　普光302-1井不同时深关系标定对比图

常规的标定方法是采用RICH子波（雷克子波）进行标定，对于构造解释中的大套层位标定，由于精度要求不高，完全能够满足需要。但针对储层预测精度的要求，常规的RICH子波标定是远远不够的，尤其是普光气田主要以大斜度井、水平井（如普光102-2井）为主，常规方法标定结果误差较大，相关系数一般低于0.6，个别井仅0.3，很难保证预测结果的准确性[图4-19（1）]。随着开发井陆续完井，大斜度井的合成地震记录标定成为难点。采用常规的标定方法，相关系数较低，不能满足储层预测的需要。

为能够充分利用目前已完钻的开发井资料，在本次合成地震标定中采用井控制下基于模型的子波相位—幅度谱估算方法。其方法是在应用地震数据或者井控条件下，用统计的方法估算子波幅度谱和相位谱。对于子波估算过程而言，也可以应用一口或多口带有声波和密度测井资料的井。统计技术用来获得初始的子波，然后用它来生成初始的合成记录。当子波估算的相位和基于模型方法的结果一致时，子波估算的收敛过程比以假设零相位作为起点收敛的更快。该方法的技术特点是基于R.While（1980）方法，通过优选子波使估算结果更加稳定，尤其是在斜井标定中，测井曲线以地层成图的方法投影到地震道上进行子波估算，从而避免了当地震数据投影到井筒时进行选择性处理产生的假象。通过实际开发井的标定，相关系数一般能够达到0.8以上[图4-19（2）]。

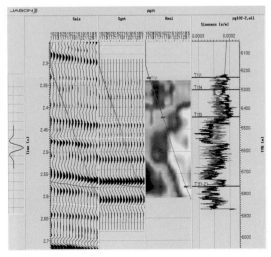

图4-19（1） 普光102-2井雷克子波标定结果   图4-19（2） 普光102-2井基于模型的子波相位—幅度谱方法估算子波标定结果

（2）采用三维建模技术构建精细的地质模型，消除断层附近储层扭曲的问题。

普光气田内部发育3条逆断层，逆断层的处理不当往往造成断层附近扭曲变形，不能很好的表现逆断层的上下盘形态，导致插值错误，影响模型的准确性，这一直以来是一项技术难点，没有能够很好的解决。在2006年初次反演中，没有考虑到逆断层的影响，导致反演过程中断层上下盘波阻抗体发生严重的扭曲变形，预测精度相对较低（图4-20）。在随后的预测中，采用三维建模技术，分别选取不同的层位名（Horizon）建立模型上下盘（Layer），彼此之间互不干扰，保证了层位的延伸趋势和接触关系，形成了准确的构造层面（图4-21）。

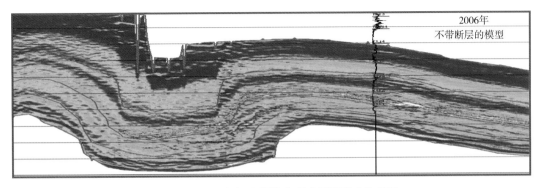

图4-20 2006年初次反演未考虑断层影响的模型

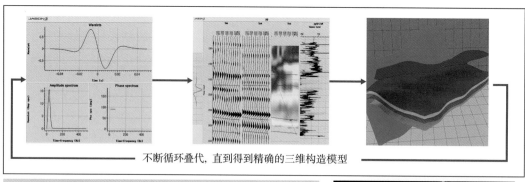

不断循环叠代，直到得到精确的三维构造模型

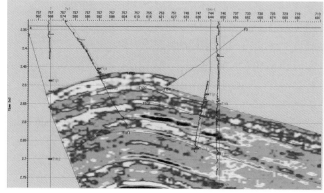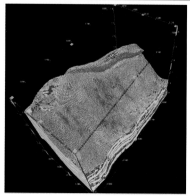

图4-21 普光主体迭代法构建的三维逆断层模型

（3）利用高频滤波技术，建立低频模型，实现非均质体建模，提高少井条件下横向预测精度。

在无井条件下利用地震体高频滤波建立低频模型，消除储层非均质性影响，提高横向预测精度。由于碳酸盐岩地质条件的复杂，造成了储层纵横向非均质性严重，消除储层非均质性的影响的有效方法是建立一个精确的地质模型。通常情况下，建立低频模型采用井间插值的方法，然后依据地质认识确定插值算法的合理性或通过平面上的相控，得到一个地质模型。当井达到一定数量时，可得到一个准确的地质模型，但井相对较少，甚至没有井的情况下，往往造成井间未知区域缺乏空间预测性，给储层预测带来很多不确定性因素。

普光气田主体面积达到100多平方千米，完钻井数为50口，井间距离一般在1~2km，主要集中在构造高部位，边部相对稀疏。在实际预测中，充分利用地震的横向资料，依据岩石物理模型认识岩相的不同会造成波阻抗之间的明显差异。在建立低频模型时，目的层段一律插值为纯灰岩，得到一个初始低频模型与稀疏脉冲反演结果合并，滤掉高频部分，得到一个具有岩相趋势的低频模型，再与稀疏脉冲反演结果合并，经过多次叠代滤波，得到一个接近真实地质情况的低频模型，其优势在于不考虑井的多少，充分利用了地震资料的横向展布的可预测性，建立一个更加符合真实地质情况的地质模型（图4-22）。

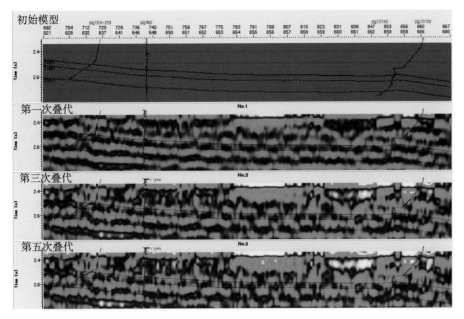

图4-22 普光气田主体低频模型剖面图

（二）预测参数优化

每打完一批井，就开展一次抽井检验，及时跟踪新钻井动态，不断利用新井资料对反演参数进行优化。

选择合适的反演参数是做好反演处理的前提。针对不同的地质情况，有目的地选取合适的反演参数，同时利用相应的质量监控手段，加强对反演信息的反馈处理，可以有效地约束反演结果的质量。根据稀疏脉冲反演流程，反演关键参数主要有λ值的选取。在稀疏脉冲反演公式中，反演函数的前两项$L_p(r)+\lambda L_q(s-d)$表达了所反演的反射系数序列稀疏模型的精细程度与残差地震数据误差（即模型合成地震数据与实际地震数据之间的差值）之间的调和关系。两者之间不能同时最小化，最小残差剩余需要一个精细的模型，而稀疏的模型却引起合成地震记录与实际地震数据的不匹配。其中，λ因子是用来平衡不匹配模的。低λ使$L_p(r)$反射系数项增强，但将引起阻抗有少许峰值和小的细节，还将产生高的分辨率；而高λ值则使$L_q(s-d)$地震不匹配数据项增强，但引起细阻抗道和大剩余值（图4-23）。因此，正确选择λ值非常关键，要根据资料的实际情况通过实验选择合适的值，在本次反演中，通过质量控制，选取λ值为16.5。

（三）抽井检验

反演完成后，需要对反演结果进行验证，以检验反演效果。最好的分析方法是做抽井检验，抽取一些井不参与计算，通过波阻抗剖面的检查来验证反演结果的质量。图4-24是将未参与的普光302-1、普光302-3井经合成记录标定后投影到剖面中的结果。图中测井曲线为孔隙度曲线，可以看到孔隙度曲线与反演波阻抗结果基本吻合，进一步验证了反演结果的可靠性。

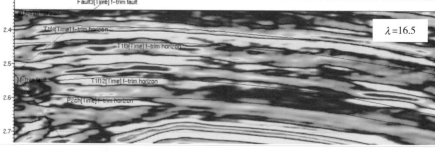

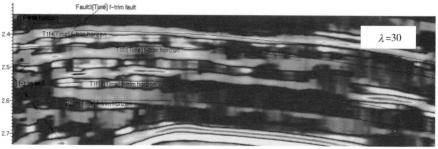

图4-23　不同λ值的波阻抗反演剖面对比图

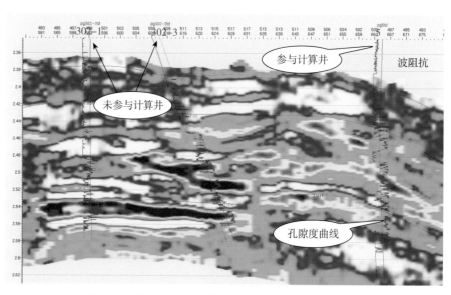

图4-24　普光302-1—普光302-3—5井波阻抗剖面图

　　每完钻一批新井，都要充分利用新井资料，展开新一轮的储层预测和分析，同时加强子波提取、地质建模、参数优选等提高储层预测精度方面的研究工作，使预测结果与气田地质实际更加符合，图4-25为2006年和2008年两次预测的结果，从图上可以看到，经过不断的跟踪优化，预测结果更加精细可靠。

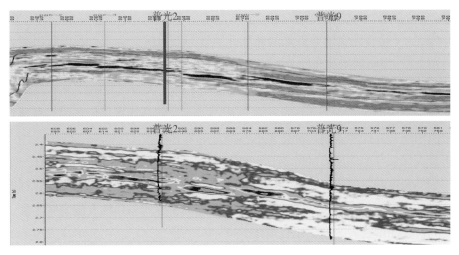

图4-25　过普光2-普光9井前后两次储层预测剖面对比图

第四节　Ⅲ类储层定量预测

从岩石物理分析可知，纵波波阻抗可以有效的区分Ⅰ+Ⅱ类优质储层，但Ⅲ类储层与非储层叠置严重，预测精度低。为进一步提高Ⅲ类储层的预测精度，通过采用多属性分析技术，利用波阻抗属性和其他属性进行线性回归，求出2%~5%孔隙度体的空间展布，实现Ⅲ类储层的定量预测。

一、多属性预测技术

（一）单属性预测技术局限性

对于地震数据的某种特性，获得目标数据与地震属性间期望关系的一种最简单的办法就是绘制两者之间的交会图。传统的利用地震属性预测储层参数的方法，主要是利用地震信息的某种单一属性与储层、流体的参数建立关系，然后由这种关系来完成二维或三维储层参数预测。通常情况下，由于不同岩石之间的物性差别较小，往往造成提取属性的多解性问题，预测精度相对较低。

以孔隙度多属性分析为例，表4-2是普光主体井点处的储层孔隙度与28种地震属性中相关性列表。其中，孔隙度与绝对振幅的相关系数最大为25.2%。图4-26（1）是普光主体井点处的储层孔隙度与绝对振幅交会图，从图上可看出井点的储层参数孔隙度与该地震属性存在一个线性关系，可以用以下的方程式表示：

$$y=a+bx \tag{4-12}$$

系数a和b可以通过最小二乘法求得。所有点的预测：

$$E^2 = \frac{1}{N}\sum_{i=1}^{N}(y_i - a - bx_i)^2 \tag{4-13}$$

式中，E 为误差，N 为采样点数。

图4-26（2）是普光主体井点处的储层孔隙度与波阻抗交会图，可以看出两者相关性更差，为17.7%，说明利用单属性分析的缺点在于预测的精度不高。

通过对24种常见的地震属性与测井曲线进行分析，认为测井属性与地震振幅以及对应的飞仙关组地层的振幅频率等属性相关性均不大，也就是如果仅依靠单一种属性去做预测，无论使用什么方法和手段，都很难取得满意的效果。

由于Ⅲ类储层与非储层之间的物性差别较小，采用单个属性分析技术存在一定的多解性问题，预测精度相对较低。为此，考虑采用多属性分析技术，利用多元线性回归和神经网络算法降低多解性带来的预测不确定因素，其预测结果比单属性方法高频丰富，和井旁的吻合度高，孔隙度横向的变化比较清楚。

表4-2　普光井点处储层孔隙度与属性相关性表

Target	Attribute	Error	Correlation
Porosity	Integrated Absolute Amplitude	2.743371	0.252553
Porosity	Amplitude Envelope	2.767827	0.216834
Porosity	Integrate	2.773638	-0.207392
Porosity	Quadrature Trace	2.780213	-0.196135
Porosity	Amplitude Weighted Frequency	2.792824	0.172411
Porosity	Derivative	2.803669	0.148914
Porosity	Amplitude Weighted Phase	2.804771	-0.146312
Porosity	1 / (m-invertinon)	2.809671	0.134106
Porosity	Log(m-invertinon)	2.810695	-0.131409
Porosity	Sqrt(m-invertinon)	2.811209	-0.130035
Porosity	m-invertinon	2.811724	-0.128643
Porosity	(m-invertinon)**2	2.812754	-0.125812
Porosity	Average Frequency	2.813833	-0.122774
Porosity	Dominant Frequency	2.816386	-0.115261
Porosity	Filter 5/10-15/20	2.817949	-0.110408
Porosity	X-Coordinate	2.824698	-0.086326
Porosity	Instantaneous Phase	2.826336	-0.079376

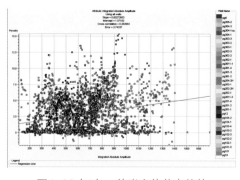

图4-26（1）　普光主体井点处的储层孔隙度与绝对振幅交会图

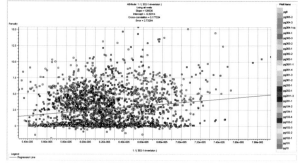

图4-26（2）　普光主体井点处的储层孔隙度与波阻抗交会图

（二）多属性预测技术原理

为了提高预测的精度，需要同时利用一组属性来预测储层参数，即首先利用多元线性回归算法进行属性优选，然后利用神经网络算法，对优选的多属性做进一步的计算，进而提高针对Ⅲ类储层的预测精度，达到储层参数精确预测的目的。

图4-27为利用三种地震属性组合预测井点相同采样点处储层参数的例子，可以看出多种属性预测储层参数关键问题是选用哪些属性和每种属性的权值的大小。通常多属性分析采用多元线性回归算法和神经网络算法。

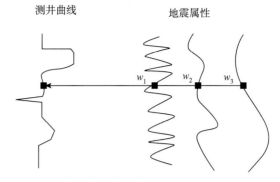

图4-27　利用三种地震属性组合预测井点处的储层参数

多元线性回归算法，可采用以下线性方程式表示：

$$L_1 = w_0 + w_1 A_{11} + w_2 A_{21} + w_3 A_{31}$$
$$L_2 = w_0 + w_1 A_{12} + w_2 A_{22} + w_3 A_{32}$$

$$\cdot \quad \cdot \quad \cdot \quad \cdot \quad \cdot$$
$$\cdot \quad \cdot \quad \cdot \quad \cdot \quad \cdot$$
$$\cdot \quad \cdot \quad \cdot \quad \cdot \quad \cdot$$

$$L_N = w_0 + w_1 A_{1N} + w_2 A_{2N} + w_3 A_{3N}$$

利用多元线性回归技术预测的结果与实际数据的相关性有时还不是最好，而神经网络的方法可提高相关性。

神经网络算法，对于多属性预测，输入层的节点就是所有可利用的属性。如果使用褶积运算，一个三点的褶积，每一种属性将被重复运算三次。

训练过程就是在节点中发现最优的权值，训练数据包括一系列的训练样本。每一个样本是所有井在分析窗口中地震属性的采样。

$$\{ A_{11}, \ A_{21}, \ A_{31} \ L_1 \}$$
$$\{ A_{12}, \ A_{22}, \ A_{32} \ L_2 \}$$
$$\{ A_{13}, \ A_{23}, \ A_{33} \ L_3 \}$$
$$\cdot$$
$$\cdot$$
$$\{ A_{1N}, \ A_{2N}, \ A_{3N} \ L_N \}$$

上式表示有N个训练采样数据和三个地震属性，L是相对应地震采样要预测的储层参数。

在训练过程中，PNN神经网络假设通过训练产生的新的储层参数能被写成训练数据的一个线性组合。用下式表示三种地震采样的组合：

$$x = \{ A_{1j}, \ A_{2j}, \ A_{3j} \}$$

那么预测的储层参数为：

$$\hat{L}(x) = \frac{\sum\limits_{i=1}^{n} L_i \exp(-D(x, x_i))}{\sum\limits_{i=1}^{n} \exp(-D(x, x_i))} \qquad (4-14)$$

式中

$$D(x, x_i) = \sum_{j=1}^{3} \left[\frac{x_j - x_{ij}}{\sigma_j} \right]^2 \qquad (4-15)$$

是输入点与每一个训练点 x_i 的距离，这个距离是在多维空间的。

式（4-14）与式（4-15）描述了PNN神经网络，通过训练来确定一系列的最优参数 σ_j。

利用式（4-15）得到任意采样点的预测值，因为这个点的实际值是已知的，所以能够计算这个采样点的预测误差，对每一个采样点重复这个过程，能得到在所有训练数据中采样点的误差。

$$E(\sigma_1, \sigma_2, \sigma_3) = \sum_{i=1}^{n} \left(L_i - \hat{L}_i \right)^2 \qquad (4-16)$$

其中预测误差依靠参数 σ 的选择来确定。

在PNN网络中使误差量减少到最小是通过使用非线性共轭梯度算法来实现的，所以，PNN神经网络具有有效误差最小的特点。

二、礁滩相储层多属性分析

针对礁滩相储层的地质特点，利用多属性预测技术进行Ⅲ类储层的定量预测，关键就是寻找合适敏感地震属性及个数，并在此基础上选择神经网络算法进行有效组合，使其对Ⅲ类储层的区分、响应达到最好效果。

（一）礁滩相储层敏感属性优选

对于选取多少个属性达到最优的问题，可通过有效性分析来解决。理论上随着属性的增加，误差会逐渐降低，这仅当应用于井旁地震道的训练数据时是符合的，但在应用其他数据而不是训练数据时，它有可能没有效果或者相关性反而降低，这种现象被称为"过度训练"。因此，通常采用有效性分析的方法来确定最佳属性个数。有效性分析将训练数据分为两个子类，训练数据和确定数据。训练数据是所有井都参加运算，它被用来预测关系式；确定数据是目标井不参加运算，被用来测量最后的有效误差，所有井的平均有效误差可用公式得到：

$$E_v^2 = \frac{1}{N} \sum_{i=1}^{N} e_{vi}^2 \qquad (4-17)$$

其中，E_v是所有井的有效误差；e_{vi}是第i口井的有效误差；N是分析井的数目。

在采用有效性分析方法确定最佳属性个数，及多元线性回归算法指导属性优选的基础上，对多种属性与普光气田主体22口开发井飞仙关组孔隙度进行最优分析，最终得到6个属性相关最大的属性体，分别为绝对振幅、5/10~15/20滤波、瞬时相位余弦值、振幅加权频率、主频、积分属性。图4-28为多属性分析预测孔隙度的有效性分析的交会图，横坐标是属性的个数，纵坐标是平均误差。

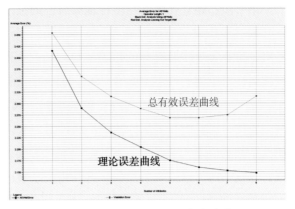

图4-28　多属性分析预测孔隙度有效性分析图

上面（红色）的曲线为总有效误差曲线，每一个点的计算是通过隐藏该井，利用其他的井预测实现的；下面（黑色）的曲线为理论误差曲线，即预测某口井时，该井参加运算，它是单调下降的，随着属性的增加，预测的误差降低。从交会图看出，当属性个数为7时，总有效误差是上升的，因此最佳属性个数应为6个。

采用6种属性预测时，22口井飞仙关组实际孔隙度与预测孔隙度相关性为0.47，预测孔隙度与实际孔隙度平均误差为2.45%（图4-29），预测测井曲线和原始测井曲线吻合程度比单属性预测大大提高（图4-30）。

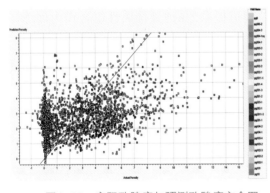

图4-29　实际孔隙度与预测孔隙度交会图

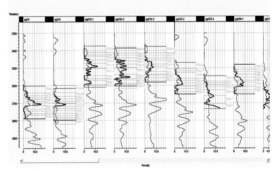

图4-30　孔隙度曲线与井旁地震道的多属性曲线

（二）优选多属性神经网络算法组合

经过前面多属性的对比、分析，优选出6种最佳属性，进行接下来的多属性组合，以期达到最好的预测效果。

对于具体组合算法的选择，一种方法是通过穷尽搜索。假设希望从总共N种属性中选择出M种属性，褶积因子长度为L，测试所有M种属性的组合，在所有组合中预测误差最低的就是所求的解。问题是穷尽的，搜索运算量将很大，耗时很长。另一种是假设已经知道最好的M种属性的组合，那么最好的$M+1$种属性组合一定包含这M种属性的最优组合，当然，以前计算的系数必须被重新计算，其步骤如下：

第一步：建立孔隙度与多种地震属性的关系，并按相关系数的大小进行排序。

第二步：寻找最佳的参数对，假设第一个参数是$A1$，计算由$A1$和其他属性组成的属性对，计算每个多属性对的相关系数和误差，根据相关系数及误差对属性对进行排序。假设该属性对中的另外一个参数是$A2$，那么优选相关系数最大的属性对为[$A1$，$A2$]。

第三步：寻找第三个属性，假设前两个属性分别是$A1$、$A2$，从剩下的属性中寻找第三个属性，组成由三个属性构成的属性组。假设寻找到的这个属性是$A3$。计算该属性组的相关系数及误差，选择相关系数最大而计算误差最小的一组，[$A1$，$A2$，$A3$]，照此流程类推，寻找第四、五……个参数，直到相关系数达到最大（表4-3）。

表4-3　多属性预测孔隙度列表

	Target	Final Attribute	Training Error	Validation Error
1	Porosity	Integrated Absolute Amplitude	2.743371	2.757259
2	Porosity	Integrate	2.678451	2.696452
3	Porosity	Filter 5/10-15/20	2.658711	2.684165
4	Porosity	Cosine Instantaneous Phase	2.649857	2.677728
5	Porosity	Amplitude Weighted Frequency	2.642099	2.675021
6	Porosity	Dominant Frequency	2.631352	2.670537
7	Porosity	Time	2.623826	2.677659
8	Porosity	X-Coordinate	2.585247	2.642668

依据此神经网络算法，将由每口井井旁地震道提取的6种最佳属性组合作为训练样本，孔隙度测井曲线作为目标样本进行PNN训练。

预测结果表明，22口井飞仙关组实际孔隙度与采用神经网络算法得到的6种属性的最佳属性组合所预测孔隙度相关性为0.793，预测孔隙度值与实际孔隙度值较为接近，平均误差仅为1.81%，预测测井曲线和原始测井曲线吻合程度进一步提高（图4-31、图4-32）。

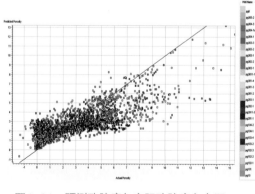

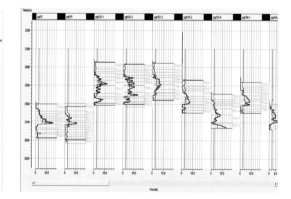

图4-31　预测孔隙度与实际孔隙度交会图　　　图4-32　孔隙度曲线与井旁地震道的神径网络曲线

（三）Ⅲ类储层定量计算

按照平面属性分析方法，对孔隙度与地震属性分别进行单属性分析、多属性分析，并在多属性分析的基础上进行神经网络训练，并利用神经网络训练建立的地震属性与测井曲线的非线性关系进行孔隙度曲线的反演，得到孔隙度体（图4-33）。

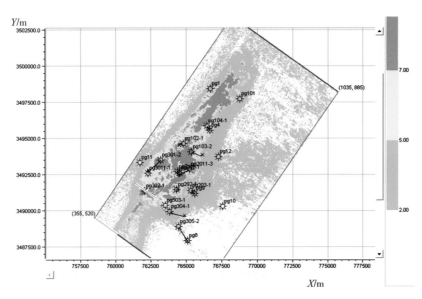

图4-33　普光气田飞一二段孔隙度平面分布图

图4-34为过普光101-3、普光102-2、普光103-4井的孔隙度反演剖面。从反演剖面上看，孔隙度多在2%～10%之间，以Ⅱ、Ⅲ类储层为主，主要发育于构造高的隆起部位。

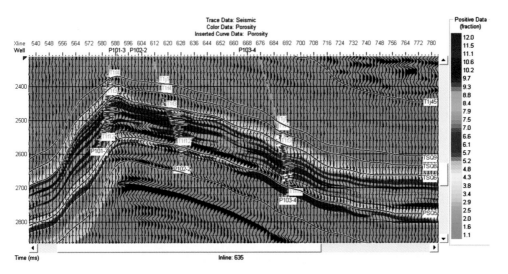

图4-34　过普光101-3—普光102-2—普光103-4井孔隙度剖面图

在Ⅲ类储层孔隙度体预测的基础上，可以通过在体上直接雕刻出2%～5%孔隙度储层的空间展布范围，结合速度模型，计算出Ⅲ类储层的厚度分布（图4-35）。

飞一二段，Ⅲ类储层主要分布在普光气田主体构造高部位201平台附近，厚度在250m

左右，并向北方向减薄。

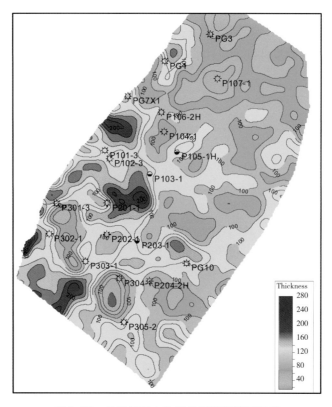

图4-35　普光气田主体Ⅲ类层预测储层厚度

第五节　储层综合评价

在对Ⅰ、Ⅱ、Ⅲ类储层定量预测的基础上，开展不同类别储层的综合评价，弄清储层空间分布规律，指导开发方案的优化部署及井轨迹的调整优化，确保钻遇更多优质储层，实现气田高效开发。

一、储层分布特征

（一）纵向分布特征

普光气田飞三段、飞一二段及长兴组均有较厚储层段发育，但在不同的层段储层发育的程度有较大的差异。

为研究储层的纵向分布规律，结合前面对Ⅰ、Ⅱ、Ⅲ类储层的预测结果，计算了分类储层纵向分布示意曲线（图4-36），从该曲线可以清楚看出：

（1）飞三段的储层发育程度较低，最多只有38%，平均23%，而且是以Ⅲ类储层为主，Ⅱ类储层很少发育，Ⅰ类储层仅在底部有零星的发育。

（2）飞仙关组的储层主要集中在飞一二段中上部，在中部，储层最多占到了地层的85%。下部储层发育程度下降，但也达到50%左右，其中Ⅲ类储层比较稳定，占到地层的30%左右。

Ⅱ类储层在飞一二段各部均有发育，尤其在中上部最为发育，占到地层的30%~40%左右，下部也占到20%，是飞仙关组最为发育的储层类型。Ⅰ类储层在各层段也均有发育，占到地层的10%～15%左右。非储层在飞一二段中上部仅占15%～20%左右，而在下部占到一半左右。

（3）长兴组生物礁储层比较发育，主要发育在长兴组的中上部，下部储层发育程度逐渐变差，底部基本无储层发育。在中上部的储层发育段，储层可以占到地层的60%左右；Ⅲ类储层比较稳定，基本保持在30%～40%左右。与飞仙关组相比，长兴组Ⅱ类储层稍少，仅占10%左右，但Ⅰ类储层比较发育，占到地层的10%左右，Ⅰ类储层主要发育在长兴组的上部，中部以Ⅱ类和Ⅲ类为主，下部储层发育程度逐渐下降，只有Ⅲ类储层发育，至底部不再发育有储层。

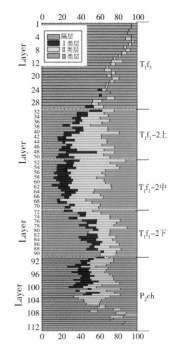

图4-36　普光气田分类储层纵向分布图

（二）平面分布特征

在前面礁滩相储层预测的基础上，通过各个组段分类储层的厚度平面图分析，结合其他地质资料，认为储层平面分布特征如下：

（1）从飞三段（图4-37）、飞一二段（图4-38）及长兴组储层厚度平面图（图4-39）可以清楚的看出，普光气田的储层比较发育，总厚度大于300m的区域呈片状连片分布。其中以普光2井和普光6井区最为发育，达到500m以上，向构造边部逐渐减薄。

（2）飞仙关组储集层主要集中在构造的中部，分布面积较大，以普光2井附近最厚，达到400m以上。储层在平面上整体呈大范围的连片分布，向南部和北部以及构造低部位储层厚度降低，普光8井附近基本没有储层发育。

（3）飞三段储层最不发育，仅在普光3井及构造低部位有小面积的储层发育区。

（4）飞一二段上部储层比较发育（图4-40），而且平面分布范围广，除西南部的普光8井附近以外，都有储层发育。储层发育的高值区呈现出条带状延伸的特点。

（5）飞一二段中部储层发育比较集中（图4-41）。在普光2井～普光6井一带，最大厚度大于150m，但储层主要集中在普光4井～普光6井一带的构造高部位和东北部的构造低部位，北部的普光1井和南部的普光8井井区储层发育程度并不高。

（6）飞一二段下部储层发育程度明显下降（图4-42），主要集中在普光6井一带的构造高部位，最大厚度150m左右。向四周储层厚度快速下降，高值区分布面积很小。

（7）根据前人的沉积相研究，长兴组储层主要是生物礁体，从储层等厚图上可以清楚的看出，长兴组的生物礁储层是由一系列厚度特征较为独立的小礁体组成。

普光高含硫气田高效开发技术与实践

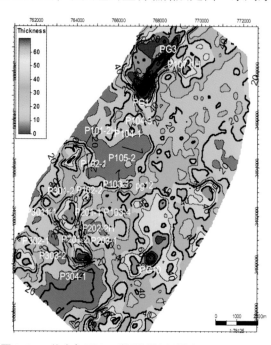

图4-37　普光气田飞三段预测储层厚度平面图

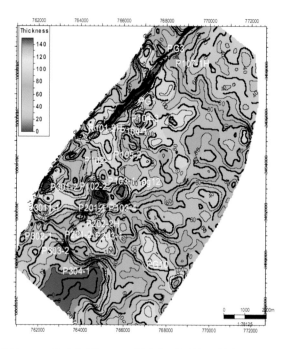

图4-38　普光气田飞一二段预测储层厚度平面图

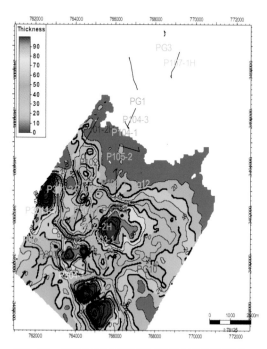
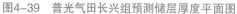

图4-39　普光气田长兴组预测储层厚度平面图

图4-40　普光气田飞一二段上部预测储层厚度平面图

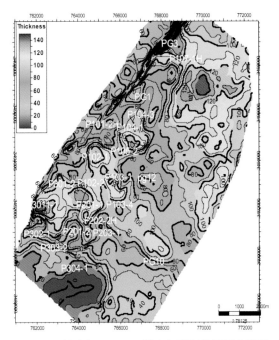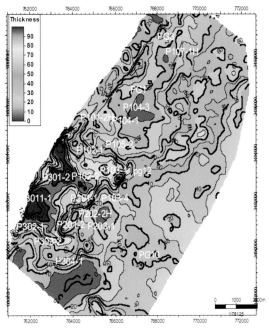

图4-41 普光气田飞一二段中部预测储层厚度平面 图4-42 普光气田飞一二段下部预测储层厚度平面图

二、预测与实钻效果评价

普光气田储层预测以多钻优质井、培育高产井为井位设计目标，先后开展了5轮次的储层预测，通过不断优化地质模型和反演参数，修正储层预测结果，指导完成了普光气田新钻开发井井轨迹优化设计。

与设计相比，新完钻井全部达到设计指标。斜井和直井钻遇气层厚度118.0~531.8m（斜厚），单井平均309.7m。水平井钻遇气层厚度较厚，测井解释气层厚度在410.2~623.5m之间，单井平均501.8m。实现钻井成功率100%，钻遇气层符合率达86.5%，为气井高产、稳产奠定基础。

第五章　地震波形结构特征含气性预测

长期以来，人们以地震资料为基础发展起来的油气预测技术，如亮点技术、模式识别技术、AVO技术、神经网络技术和多属性地震油气预测技术等，通常是提取地震不同属性、不同地震物理参数特征等方法，用色标分级的色彩显示出处理结果，进而对不同色彩进行含油气性的推理、分析和判断。普光气田所采用的地震波形结构特征含气性预测技术，是我国自主研发的一种创新技术（发明专利号ZL2008 1 0104011.9），其基本原理是通过提取每一地震道的振幅数值或其他地震参数特征值，研究其排列、组合特征与含油气性的关系（如拐点、斜率等等），达到预测油气层的目的。普光气田应用该技术，研究气田地震波形结构特征模型、含气性量化判别标准及含气性的分类，将研究成果及时应用于井位部署方案和井眼轨迹优化设计中，为确保"多打高产井、少打低产井、避免无产井"提供了技术保障，取得了很好的应用效果。

第一节　油气预测技术现状

从20世纪60年代的直接烃类检测、亮点，到70年代的瞬时属性或复数道分析，80年代的多属性分析，直至90年代的多维属性分析技术等等，目前已逐渐走向成熟，但对于不同类型油气藏有其局限性。

一、亮点技术

亮点技术是一项有效的地震油气检测技术，同时又是一项在石油物探界颇有争议的技术。所谓"亮点"指的是在地震相对保持振幅剖面上，振幅相对强的一些"点"，即很强的反射，也称"热点"，亮点可能是油气引起的，也可能源于其他因素。根据剖面上有无亮点及亮点的分布，分析亮点附近反射波的特征。结合各种地层参数信息，可以直接判断地下是否有油气的存在。

虽然在20世纪60、70年代曾掀起一股亮点勘探的热潮，但一段时间过后，人们发现许多油气藏并没有亮点显示。勘探实践告诉我们，亮点多出现于较浅的新地层中；在那些古老的、埋藏较深的气藏中，气藏的反射特征不是变亮，而是变暗，即所谓的暗点。由于暗点是一个非常弱的反射，在地震资料上并无多少明显的特征，故使用不多，通常是配合其他方法开展油气检测。而平点是一种非常平的、与一般地震反射界面不同的同相轴，是由气水界面产生的反射形成的；若亮点伴有平点，则气层识别的可信度大为提高。特别是当岩层分界面倾斜时，在倾斜反射同相轴中出现能量比较强的水平反射同相轴且范围不大，可以认为是气水界面的反射。

从亮点的定义和应用过程中可以看出，亮点是一个模糊的、不确定的、相对的概念。在纵波地震反射叠加保真振幅剖面上，反射振幅相对于整个剖面的背景振幅（或平均振幅）而言强到什么程度才算是亮点？中深层含气是否就一定产生亮点？中深层亮点是否就一定是含气层的反映？这些都是模糊的、不确定的、相对的概念。不同的人解释的结果和结论可能不一样。另外，由于亮点技术对地震处理有很高的要求，亮点具有多解性，一般只适用于埋藏较浅的、较新的地层；若储层泥质含量较高，气层较薄或薄互层结构，气层顶面反射可能为弱反射，则亮点技术不适用。

实践证明，即便是同一种油气藏位于不同地区、不同深度时，其在亮点剖面上的表现也可能不同，所以在实际解释中，现在更多的是根据测区具体情况，实际资料制作反射系数量板来指导分析、解释。所谓反射系数量板即为测区油、气、水层反射系数随深度变化的关系曲线。它是根据测区不同深度处的波速、密度和孔隙度资料算出的。

二、模式识别技术

模式识别（Pattern Recognition）是对感知信号（图像、视频、声音等）进行分析，对其中的物体对象或行为进行判别和解释的过程。模式识别能力普遍存在于人和动物的认知系统，是人和动物获取外部环境知识，并与环境进行交互的重要基础。我们现在所说的模式识别一般是指用机器实现模式识别过程，是人工智能领域的一个重要分支。早期的模式识别研究是与人工智能和机器学习密不可分的，如Rosenblatt的感知机和Nilsson的学习机就与这三个领域密切相关。后来，由于人工智能更关心符号信息和知识的推理，而模式识别更关心感知信息的处理，二者逐渐分离形成了不同的研究领域。介于模式识别和人工智能之间的机器学习在20世纪80年代以前也偏重于符号学习，后来人工神经网络重新受到重视，统计学习逐渐成为主流，与模式识别中的学习问题渐趋重合，重新拉近了模式识别与人工智能的距离。模式识别与机器学习的方法也被广泛用于感知信号以外的数据分析（如油田数据分析、商业数据分析、基因表达数据分析等），形成了数据挖掘领域。

模式识别是近年来迅速发展起来的前沿学科，在计算机、语音分析、图像处理等多种学科领域中的应用有着广泛前景。模式识别技术在地球物理勘探中应用始于20世纪80年代初期。如何提高它在油气勘探中的效果，拓宽它的应用范围，仍是研究的主要方向。油气田的模式识别方法包括地震多参数统计模式识别方法和神经网络方法，它可提取和应用自相关、自回归、功率谱和均方根振幅等多种地震信息特征参数，并用这些地震参数的两种模式识别方法，对有井和无井地区进行油气预测。

解决模式识别问题有很多种不同的方法，其中最常用的一类是统计模式识别方法，基本思想是根据对样本数据的统计分析完成分类（图5-1）。如果对某一模式区，h_i（x）>0的条件超过一个，这种分类形式失效；若对i=1，2，…，M，h_i（x）<0，分

类亦失效[图5-1（a）]；采用每对划分，一个判别界面只能分开两个类别，而不能用他把其余的所有类别分开，要分开M类模式，需要$M（M-1）/2$个判别函数[图5-1（b）]。

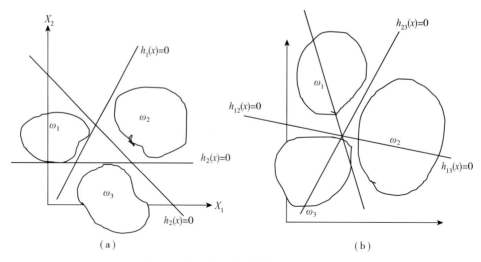

图5-1　模式识别线性判别分类示意图

建立地震特征与储层性质之间关系的过程是一个模式识别过程，可用各种统计模式识别和神经网络方法实现。根据地区的实际情况，可有两类方法来建立这种关系：一是以一定数量的已知探井或其他已知点为训练样本，用监督模式识别或神经网络方法进行学习；二是直接根据数据的分布规律进行非监督的模式识别或神经网络分析，得到一个基本的分类，然后根据有关知识、研究区的特点或一定的已知井点来解释和标定这些类别。

三、神经网络技术

神经网络概念的提出是在20世纪40年代中期，70年代这一方法得到应用，80年代以来迅速发展。一个神经网络模型通常由多个简单计算单元（神经元）经过一定的复杂连接构成的一个系统，其中的某些因素（如连接权值）能够根据外部数据的情况按一定的规则自行调节（也称作学习或训练），最终达到一定的稳定状态，完成一定的功能（图5-2）。人工神经网络的一个重要特点是它根据数据学习的能力，经过适当学习的神经网络可实现十分复杂的非线性映射关系，因而十分适合解决模式识别和函数映射问题。与统计模式识别一样，神经网络也分为监督和非监督学习两种类型。目前，神经网络和统计模式识别已成为解决模式识别最主要的两类方法。由于神经网络具有强抗干扰能力，高容错性能和自组织学习，有较高的分类精度等特点，因此在油气预测中得到广泛应用。

目前有两种比较成熟的自组织神经网络，即采用BP学习算法的前馈型多层感知器网络（简称BP网络），和有广泛反馈联接的Hopfied网络以及以神经元间的竞争学习为特点的自组织映射（SOM网络）等，其中，多采用BP网络于岩性解释及油气预测。

虽然BP网络得到了广泛的应用，但自身也存在一些缺陷和不足，主要包括以下几个方面的问题。首先，由于学习速率是固定的，因此网络的收敛速度慢，需要较长的训练

普光高含硫气田高效开发技术与实践

时间。对于一些复杂问题，BP算法需要的训练时间可能非常长，这主要是由于学习速率太小造成的，可采用变化的学习速率或自适应的学习速率加以改进。其次，BP算法可以使权值收敛到某个值，但并不保证其为误差平面的全局最小值，这是因为采用梯度下降法可能产生一个局部最小值。对于这个问题，可以采用附加动量法来解决。再次，网络隐含层的层数和单元数的选择尚无理论上的指导，一般是根据经验或者通过反复实验确定。因此，网络往往存在很大的冗余性，在一定程度上也增加了网络学习的负担。最后，网络的学习和记忆具有不稳定性。也就是说，如果增加了学习样本，训练好的网络就需要从头开始训练，对于以前的权值和阈值是没有记忆的。

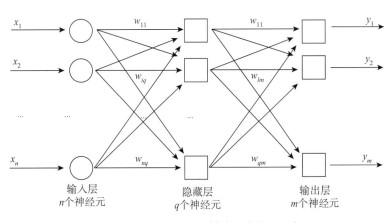

图5-2　一个典型的多级前馈网络模型示意图

四、AVO技术

AVO（Amplitude Versus Offset）技术是近几十年来新发展起来的，具有巨大潜力的新技术之一，该技术自20世纪70年代诞生以后之所以能得到迅速发展，其主要原因是它具有三大优势：其一，AVO技术是从严密的数学物理推导出来的，代表着振幅随偏移距的变化规律；其二，AVO技术在应用上具有广泛性；其三，AVO技术在某种程度上能够定量地认识"亮点"与"暗点"。AVO理论表明，振幅随炮检距的变化是地下岩石及孔隙流体弹性参数的函数，这就奠定了根据振幅信息反演岩性及其孔隙流体性质的可靠的数学物理基础。正因为上述三大优势，AVO技术作为一种能够有效提供多种岩性参数的新技术，特别适用于寻找油气藏。用AVO拟合的纵横波、梯度、近道和远道迭加等剖面，结合AVOC、AVO偏振性分析、交汇图、流体替换、声阻抗、波阻抗、LMR等技术，可以从地震剖面中提取与地层直接相关的岩石物理参数，如λ、μ、K、σ等，进而预测储层的岩性和含流体性。用角度扫描方法确定AVO分

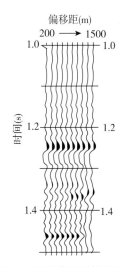

图5-3　时差校正后的CMP道集，在1.25s处的反射同相轴显示了振幅随偏移距的变化（由西方地球物理公司提供）

析的角道范围，形成角度道的又叠加道集，从而获得高质量的AVO特征剖面（图5-3）。

AVO分析所产生的各种属性数据是根据佐布里兹方程解的各种近似表达式应用于实际数据而生成的，因此它含有产生AVO响应特性的地质模型的参数，如阻抗和泊松比参数等，这就是我们应用AVO分析数据来求模型参数的理论基础。用于AVO反演的数据可以是截距梯度数据、角度叠加数据或偏移叠加数据，主要是基于Shuey的近似方程，采用伽德纳常量和从测井曲线数据估算的低倾V_s/V_p模型；对于截距梯度数据，首先是计算纵横波反射系数剖面，然后估算纵横波的子波，主要用于反演；反演结果是纵、横波波阻抗，可用来计算用于指示岩性的数据体，如泊松比、纵–横波比、拉梅系数等；对于角度叠加和偏移叠加数据，有效波阻抗尽可能充分利用褶积模型。

对于AVO分析而言，一般仅对下列三种情况有效：①阻抗和泊松比向同一方向变化，反射系数随入射角增加而增加；②阻抗和泊松比只要其中一个减小另一个变大，反射系数随入射角增加而减小；③泊松比不变，反射系数近似平稳。

五、地震属性技术

地震属性指的是那些由叠前或叠后地震数据，经过数学变换而导出的有关地震波的几何形态、运动特征、动力学特征和统计学特征的特殊测量值。长期以来我们使用地震属性来进行地震解释，因为地震剖面中含有丰富的地下层序结构、岩性和油气信息。当层序结构、岩性和含油气等发生横向变化时，波形必定发生相应的变化，这些变化表现在地震波的振幅、频率、相位等方面。特别是当含油气性变化时，地震波在地层中的衰减、速度和密度都会有很大变化。所以，从地震剖面中提取与这些有关的信息参数进行识别分析判断，把层序结构与岩性相似的道聚在一起，结合地质资料对之进行解释和横向预测很有必要。目前，地震属性还没有建立一个公认的完整属性列表。

地震属性是从地震数据中提取的几何的、运动学的、动力学或统计等的具体信息。一些属性对某些储层条件比另外的属性更敏感，而一些属性可能更好地解释地下不易探测的异常，更有一些属性可直接用于油气检测。从地震数据中提取的地震属性越来越丰富，有关时间、振幅、频率、吸收衰减等方面的地震属性已多达近百种，包括了运动学和动力学属性，几何属性以及物理属性等。新的属性还在不断涌现。人们除了仍按传统方法从频谱、自相关函数、复数道分析以及通过线性预测等方法中提取属性外，近年来还采用分形、小波变换等方法从数据时窗中提取属性。大量新属性的出现，引发了多属性联合分析（如聚类、神经网络或协方差等方法）的应用，而地震属性的分类学又使这项技术上了一个新台阶。

可用的地震属性很多，据有关文献揭示有140多个，甚至有人说可提取300个以上，主要包括时间、振幅、频率及衰减特性。振幅属性能提供地层和储层的信息，频率属性能提供其他有用的储层信息，衰减特性目前尚未利用，但可能提供有关渗透率的信息。大多数属性能从常规叠加和偏移的二维或三维地震数据中提取。

与油气有关的地震属性有瞬时相位、瞬时频率、反射强度、平均能量、峰值振幅的最大值、谷值振幅最大值、振幅绝对值求和、复合绝对值振幅、振幅谱主频率、振幅谱中心频率、主功率谱、具体能量与有限能量的比值、功率谱对称性、功率谱斜率等。以上这些地震属性有基于剖面的瞬时属性，基于同相轴的属性和体的属性。提取瞬时地震属性是通过对地震道数据进行的复杂地震道分析而得到的。单道分时窗地震属性是用可变时窗即通过解释地震同相轴来定义时窗。这些属性需要一个时窗上限和一个时窗下限，还需要道数的限制及地震道的同相轴波形，将提取的地震属性分配到波形的中心道同相轴位置上，对每个新的中心道都重复上述过程将产生一个属性界面层。

通常把地震属性分为两大类：界面属性和体积属性。界面属性是在三维数据体内沿三维层面求取的与分界面有关的地震属性，它提供了沿分界面或在两个分界面之间的变化信息。拾取方法有：瞬时属性拾取、单道时窗属性拾取和多道时窗属性拾取。瞬时属性是根据复地震道分析，在地震波到达位置上拾取的属性。单道时窗属性，是沿着一个可变的进窗拾取的。拾取的过程中，时窗在道间滑动时，其位置和长度都是可变的。可变的时窗的上下界，由解释的地震层位确定，也可以使地震属性拾取时窗沿一个解释层位滑动，在层位的上下方、上方或下方，取一个固定的时窗长度。多道时窗属性拾取，也可以使用如同单道时窗属性拾取时使用的固定尺度或可变长度时窗。某些多道时窗属性拾取时，除要求一个上下界定义以形成时窗外，还要求定义一个道数和道模式界限。地震属性拾取结果，赋予指定道模式的中间道位置和时窗中点。对每个中间道位置，重复上述拾取过程，可以获得一个新的属性平面。体积属性的拾取方法与界面属性的拾取方法相同。从地震属性分析技术发展来看，在多数情况下，在一个时间内，选用一个单一的地震属性或属性立方体，要搜寻和确定一个对工区研究目标有效的地震属性异常，是很费时的，也要求解释员有丰富的解释工作经验。

由于众多的地震属性间并不是相互独立的，有些属性所反映的地质信息是类似的，且各种属性对储层参数的影响也是不同的。因此，在进行地震属性参数与储层参数的相关性研究，并进一步由地震属性参数预测储层参数时，必须分析地震属性参数间的相关性，优选出能够反映储层参数本质特征的、相互之间独立的地震属性参数。

第二节　地震波形结构特征预测含气性的方法

一、基本概念及原理

每个地震道的地震数据元素都不是孤立的，在它们之间存在着某种关系，这种数据元素相互之间的关系称之为地震波形结构。所谓地震波形结构特征，专指每一地震道离散数据点按时间顺序排列所显示的波形特征（图5-4），有单道和多道两种表现形式。单道的地震波形结构特征是指每一地震道离散数据点按时间顺序排列所显示的单道波形特征；多道的地震波形结构特征是指道与道之间离散数据点按时间顺序排列所显示的众多波形组相邻数据点集的结构特征。

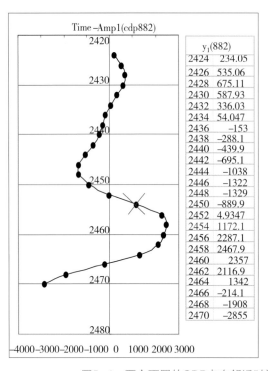
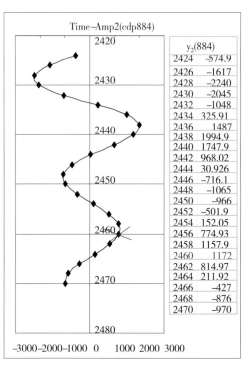

y_1(882)	
2424	234.05
2426	535.06
2428	675.11
2430	587.93
2432	336.03
2434	54.047
2436	-153
2438	-288.1
2440	-439.9
2442	-695.1
2444	-1038
2446	-1322
2448	-1329
2450	-889.9
2452	4.9347
2454	1172.1
2456	2287.1
2458	2467.9
2460	2357
2462	2116.9
2464	1342
2466	-214.1
2468	-1908
2470	-2855

y_2(884)	
2424	-574.9
2426	-1617
2428	-2240
2430	-2045
2432	-1048
2434	325.91
2436	1487
2438	1994.9
2440	1747.9
2442	968.02
2444	30.926
2446	-716.1
2448	-1065
2450	-966
2452	-501.9
2454	152.05
2456	774.93
2458	1157.9
2460	1172
2462	814.97
2464	211.92
2466	-427
2468	-876
2470	-970

图5-4　两个不同的CDP点在邻近时间段内的地震波形结构对比分析

这里有两层意思：①纵向上的时间顺序排列；②横向上的空间组合变化特征，有了时-空关系，就可以作研究。具体地说，对于单道地震波形结构特征，是这样来描述的，如图5-4所示，该图由一条地震测线抽取并经高倍放大的二个地震道，横坐标为反射振幅值，纵坐标为t_0时间，地震道右侧y_1和y_2数据表分别是由CDP882和CDP884经SEGY转换后的实际t_0时间对应的振幅值，采样率为2ms。对比两个地震道可以看到：在2430ms至2445ms时间段内地震道的波形是不同的，图左2440ms处为波谷，图右为波峰，且波形的斜率不同。在此时间段内，不仅波形不同，而且地震波形的结构在时间及空间上也有差异；此外，在2454ms（图左）和2460ms（图右）邻近时间点上数值基本一致，为1172.1和1172，但是，它们组合、排列是不同的，图左2454ms处往上数值减少为4.9，往下数值增加到2287.1，图右2460ms处往上数值减少为1157.9，往下数值减少到814.9。数值基本相同，排列不同，同样体现了地震波形中的数据结构在时-空上的差别。

地震勘探资料的主要作用在于提供地下构造信息，然而，由于不同的地层物质对地震反射波具有不同的滤波作用，不同物质之间的反射界面所造成的反射响应也不同，因此，地震反射数据中除了反射时能反映地下岩层界面的深度和构造形状外，反射波的能量（震幅）、形状（波形）、频率成分等还包含大量关于地下岩石性质以及所含流体情况的信息。

当地下岩层层序结构、岩性和含油气等发生纵横向变化时，地震反射波必定发生相应的变化，这些变化表现在地震波的振幅、频率、相位等方面，特别是当含油气性变化时，地震波不仅发生了地震参数的变化，如地层中的衰减、速度和密度等都会有变化，同时也会出现不同的地震波形结构特征。

由于含油气砂岩、碳酸盐岩等储集层物性与围岩物性的不同，以及流体性质的不同，使得地震波（主要指纵波）穿过该油气层时地震参数的变化而出现不同的地震相，同时也会出现不同的地震波形结构特征，所以，从地震波形中提取与这些有关的信息参数，进行地震波形结构特征的含油气识别分析判断是有理论依据和必要的。利用差异信息原理显示数值差（即地震相变原理）预测油气只是展示这总信息量中的一部分，而应用数据体结构预测油气则是另一部分，因为地震波形结构特征较为稳定，而且与油气有关联，所以，可以较好地用来预测油气。

地震波形结构特征预测油气的基本依据是地震反射振幅数据与目的层油气之间的关系（当然与油气有关的地震参数还有相位和频率等），虽然振幅的数据能提供地层和储层的有关信息，但这种关系尚无法用确定的模型来描述或是从严密的数学物理推导出来，同时不同地区又有很多特殊性，故适合采用灰色系统理论有关预测模型的分析方法，在某种程度上能够定量地认识油气。

通过定量描述地震波形结构特征，即从地震波形中每一地震道离散数据点按时间顺序排列所显示的波形特征研究出发，找出地震波形结构异常与油气的关系，从而实现直观预测油气的目的。直接利用地震资料预测油气，尽可能减少或不受层位和井控制等边界条件的限制，减少人为干扰因素，这也是当今人们利用地震资料直接预测油气的一个发展趋势。

二、方法技术优势

应用"地震波形结构特征法"预测油气，可以增加识别油气的敏感性。

1. 精细的结构特征分析，增加了对油气判别的确定性

传统上用不同的色彩图表示不同的数值，不能把每个数值点用一种颜色表现出来，颜色只能反映一个数值段，它不能反映某个数值点与上下数值点排列的结构变化特征和横向相邻道数值段排列的空间结构变化特征，所以，带色彩的地震相变图虽然增强了光学动态范围（消息量不增加），图形漂亮直观，但是，同时也增加对油气判别的不确定性因素，而油气检测原则要求人们应尽可能减少不确定因素，可见用地震数值预测油气，由于油气的信号在大量地震信息中只占很小部分，因此应该用结构这种微妙的变化特征来反映油气更为现实（图5-5）。而用数据结构（而不是数据数值）则可直接在地震波形上（只要地

震品质是好的）就可直接定量解释出油气层，而且准确率要比传统的用数值预测法高出三倍以上。

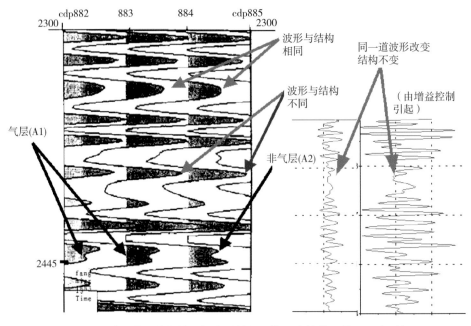

图5-5　地震波形结构特征与波形特征比较图（结构不等同于波形）

2. 不同的结构特征类型具有不同的地质内涵

相变图显示有相同或相似色调的不同部位的地质体所包含的地质含义是不同或完全不同的，即相同地震相可有不同的地质内涵。因为只要地质体与其围岩数值相差一样的2个地质体就会出现相同的色彩显示结果，比如"亮点"可以含气也可以不含气就是个例证。

3. 波形结构特征可以反映出波形的一些微细变化

图5-6为一张黑白地震剖面图，其对于追踪层位、构造研究是合适的，但很难用于油气预测，因为它不能反映出如图5-7中的f_a、f_b、f_c、f_d和f_e不同的波峰波形结构特征，不同的波峰波形特征所代表的地质含义是完全不同的，所能反映的这种变化特征的数据结构也是不同的。所以，作者通过近20年（从1985~2001年）深入地研究地震数据结构，并且应用10多种预测方法（如回归分析法、趋势外推法、指数平滑和灰色预测法等）的上千次油气预测实验，发现地震数据结构与油气关系极为密切，通过研究地震数据结构并引入新型的灰色计算模型（Greymodeling），就可以在地震剖面图上较为准确地识别出油气层，还可以定量地确定油气层分布面积、厚度，最后结合其他参数计算出地质储量。

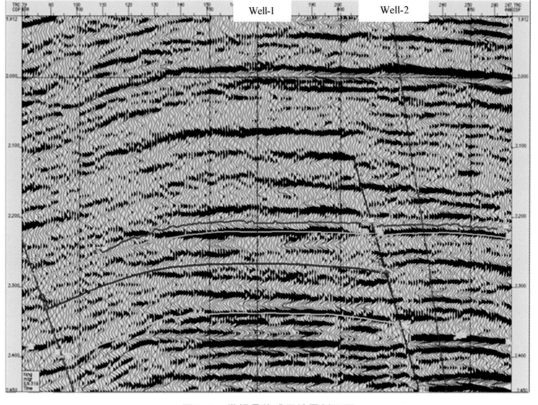

图5-6　常规叠偏成果地震剖面图

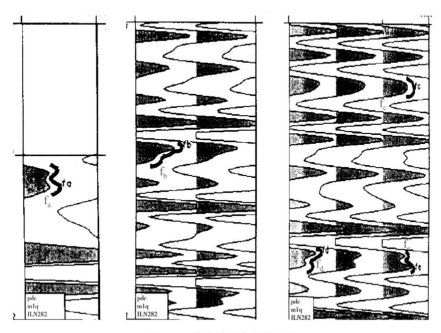

图5-7　地震波形变化特征图

（图中的不同 f 的波峰波谷结构特征所代表的地质含义是完全不同的，
所能反映的这种变化特征的数据体结构也是不同的）

三、预测数学模型的建立及工作流程

1. 建立预测数学模型的基本方法

地震波形结构特征法预测油气满足灰色预测模型原理，由于局部地震波形结构特征异常与油气的关系不是一一对应的确定性关系，而是某种准确性不十分明确的灰色关系，故利用灰色系统理论来进行研究是非常合适的。

通过将灰色系统理论与局部地震波形结构特征异常的基本理论相结合，从而形成了一种新的油气预测方法。其基本原理可简单表述为：在地震道局部（一个同相轴）范围内，利用指数拟合公式：

$$x(t) = \mu \exp(-a(t - t_0)) \tag{5-1}$$

拟合地震道$x(t)$的背景，使$x(t)$垂向积分拟合残差的统计分布满足高斯分布规律。其中，a为数据行为发展系数，μ为灰色作用量。这种残差分布与波阻抗反演时（类似于垂向积分）的最小二乘拟合残差分布假定一致，但由于是局部拟合，故又与需要很好低频分量的整条曲线反演波阻抗不同。这种拟合模型的局部频谱为对称中心为0的低通谱：

$$X(w) = F(x(t)) = \frac{\mu \exp(iwt_0)}{iw + a} \tag{5-2}$$

$X(w)$为地震道的局部频谱，$F(x(t))$表示Fourier变换。根据自回归算子谱分解与O'Doherty公式得：

$$1 + X(w) + X(-w) = \frac{1}{A(w)A(-w)} = \exp\left(-\left|\sum_{n=1}^{N} r_n \exp(iwn\Delta t)\right|\right) \tag{5-3}$$

r_n为上覆层反射系数，此时假定：

$$\left|\sum_{n=1}^{N} r_n \exp(iwn\Delta t)\right| = \log\left(\mu \frac{a\cos(wt_0) + w\sin(wt_0)}{w^2 + a^2}\right) \tag{5-4}$$

即反射系数r_n的频谱是一种低通的谱。因此，本文方法相当于利用地层含油气对地震道振幅与频谱的影响，尽可能检测缓变（垂向）上覆层下面快速变化的反射（灰色异常值），然后对这些反射进行灰关联分析，进而达到油气预测目的。

2. 实现油气预测过程的基本步骤

其实现过程可分为两大步骤：首先建立灰色模型，即地震振幅数据列参数预测模型，用以确定局部地震波形结构特征异常的灰色异常值；然后将灰色异常值进行关联分析，并通过排序来识别油气水层。

针对地震波形结构特征异常油气预测异常值计算特点，可将其建模工作归纳总结为六个步骤，具体实现如下：

第一步，设有任一地震振幅数据列；首先建立灰色模型$GM(1, n)$，其中，1表示一阶，n为变量的维数，实际中通常采用$GM(1, 1)$模型。若给定原始地震数据的振幅

数据列：

$$X(0) = \{X_{(1)}^{(0)}, X_{(2)}^{(0)}, X_{(3)}^{(0)}, ..., X_{(N)}^{(0)}\} \tag{5-5}$$

式中：下标N表示时间点数，上标（0）表示操作次数。选择任一子数列，并记作

$$X^{(0)} = \{X_{(2)}^{(0)}, X_{(3)}^{(0)}, X_{(4)}^{(0)}, ..., X_{(N)}^{(0)}\} \tag{5-6}$$

第二步，对子数列作一次累加生成；对子数列式（5-6）作一次累加生成，其目的是使数据更有规律性，可得新的子序列$X^{(1)}$：

$$X^{(1)} = \{X_{(2)}^{(1)}, X_{(3)}^{(1)}, X_{(4)}^{(1)}, ..., X_{(N)}^{(1)}\} \tag{5-7}$$

其中：

$$X_{(1)}^{(1)} = X_{(1)}^{(0)}$$

$$X_{(t)}^{(1)} = \sum_{k=1}^{t} X_{(k)}^{(0)} \quad (t=2, 3, \cdots, N)$$

第三步，用式（5-7）建立由下式表示的灰色模型GM（1，1）：

$$\frac{\mathrm{d}X^{(1)}}{\mathrm{d}t} + aX^{(1)} = u \tag{5-8}$$

其中：a为数据行为发展系数，反映原始数列和累加数列的发展态势；u为灰色作用量。一般情况下，系统作用量可以是外生的或预设的，而GM（1，1）是单列建模，只用到系统的行为序列，而没有外作用序列。GM（1，1）中的灰色作用量是从背景值挖掘出来的数据，它反映数据变化的关系，其确切内涵是灰的。灰色作用量是内涵外延化的具体体现，它的存在是区别灰色建模与一般建模的分水岭，也是区分灰色系统观点与灰箱观点的重要标志。

第四步，用最小二乘法求解灰参数列$\hat{a}$，由$\hat{a} = \begin{bmatrix} a \\ u \end{bmatrix}$得：

$$\hat{a} = (B^T B)^{-1} B^T Y_N \tag{5-9}$$

式中：

$$B = \begin{bmatrix} -\frac{1}{2}(X_{(1)}^{(1)} + X_{(1)}^{(2)}) & 1 \\ -\frac{1}{2}(X_{(1)}^{(1)} + X_{(1)}^{(2)}) & 1 \\ .... \\ -\frac{1}{2}(X_{(1)}^{(1)} + X_{(1)}^{(2)}) & 1 \end{bmatrix} \tag{5-10}$$

$$Y_N = \{X_{(0)}^{(1)}, X_{(0)}^{(2)}, ..., X_{(0)}^{(n)}\} \tag{5-11}$$

第五步，将灰参数代入式（5-12），求得模型值序列：

$$\hat{X}_{(t+1)}^{(0)} = -a\left(X_{(1)}^{(0)} - \frac{u}{a}\right)e^{-at} \tag{5-12}$$

即：$\hat{X}^{(0)} = \left\{\hat{X}_{(2)}^{(0)}, \hat{X}_{(3)}^{(0)}, \cdots, \hat{X}_{(N)}^{(0)}\right\}$ （5-13）

第六步，计算$X_{(t)}^{(0)}$与$\hat{X}_{(t)}^{(0)}$之差，得到用灰色预测模型计算的地震振幅数据灰色异常值$e_{(t)}^{(0)}$，同时求出其相对误差$q^{(t)}$；

$$X_{(t)}^{(0)} = X_{(t)}^{(0)} - \hat{X}_{(t)}^{(0)}, \quad q^{(t)} = \frac{e_{(t)}^{(0)}}{X_{(t)}^{(0)}} \tag{5-14}$$

求出局部指数拟合异常的灰色异常值后，接下来就要进一步找到与油气密切相关的异常层段，即对所求出的灰色异常值进行关联分析。

同样，实现局部指数拟合异常油气预测灰关联分析也包含几个方面的内容，针对其特点，可分为五步：

第一步，对原始地震振幅数据进行无量纲化处理，如初值化、均值化等。

第二步，求关联系数中的两级差。

第三步，求关联系数；设母序列记为x_0，即$x_0 = \{x_0(1), x_0(2), \cdots, x_0(n)\}$；子序列为$x_j$即$x_j = \{x_j(1), x_j(2), \cdots, x_j(n)\}$ $j=1,2,\cdots\cdots,m$。各数列间的联系，称为灰关系。灰关系的紧密程度可以用灰关联系数来体现，其表达式为：

$$\gamma_j(k) = \frac{\min\limits_j \min\limits_k |x_0(k) - x_j(k)| + \xi \max\limits_j \max\limits_k |x_0(k) - x_j(k)|}{|x_0(k) - x_j(k)| + \xi \max\limits_j \max\limits_k |x_0(k) - x_j(k)|} \tag{5-15}$$

表明子序列x_j的第k个元素$x_j(k)$与母序列x_0中相应元素$x_0(k)$的相对差值，ζ为分辨系数。

第四步，求关联度；两条曲线的形状彼此越相似，关联度就越大，反之，则关联度越小。其中的关键是对灰关联矩阵进行分析，找出其中起主导作用的因素。

由于关联系数的数目较多，信息不集中，不便于比较。为此，将各个元素下的关联系数取平均值为$\bar{r}_j$。将$\bar{r}_j$定义为子序列对母序列的关联度：

$$\bar{r}_j = \frac{1}{n}\sum_{k=1}^{n} r_j(k) \tag{5-16}$$

第五步，排出关联序列确定油气层。当参考数列不止一个，被比较因素也不止一个时，就可进行优势分析。下面称参考数列为母数列（或母因素），比较数列为子数列（子因素），由母数列（或母因素）与子数列（子因素）可构成关联矩阵。通过关联矩阵各元素间的关系，分析哪些因素是优势，哪些因素不是优势，最后确定一个关联序列来进行油气的预测。

3. 处理流程

针对普光高含硫气田研究区的复杂性和特殊性，本次研究专门为其设计了地震波形结构特征预测油气的特殊处理流程。应用地震波形结构特征法预测气层的技术路线，见图5-8。

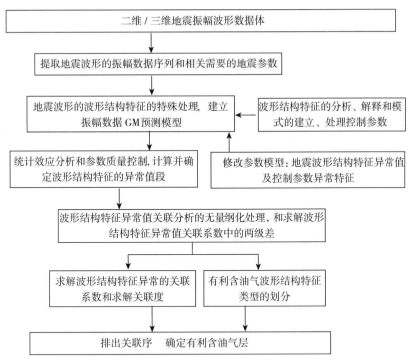

图5-8 地震波形结构特征法预测油气工作流程图

4. 控制参数

根据大量实验室和野外测定，地震波的波速、振幅、频率、相位、极性、反射系数等等与岩石的物理性质、所含的流体内容、饱和度以及压力等有关（Hicks 和 BeIry（1956））。所以，本区碳酸盐岩储集层利用地震资料（数据体结构特征）直接预测地层含油性的处理参数控制包括有：

（1）碳酸盐岩储集层基岩密度控制参数：

密度最大值：2.87（常规白云岩密度，最大值密度设定，g/cm^3）；

密度最小值：2.71（常规灰岩密度，最小值设定，g/cm^3）；

（2）几个特殊地层物性控制参数：

地温梯度：1.67 ~ 2.30（℃/100m）（1.94 ~ 2.21）；

地压系数：0.80 ~ 1.30（cm^2/达因）；0.94 ~ 1.18（飞仙关组）/0.98 ~ 1.1（长兴组）；

流体压缩系数：8.6999964×10^{-5}（cm^2/达因）；

岩石压缩系数：1.1999979×10^{-5}（cm^2/达因）。

（3）含气饱和度控制参数：

含气饱和度最大值：95%；

含气饱和度中间值：50%；

含气饱和度最小值：5%；

（含气饱和度按每增加5%调整控制：分别按5%、10%、15%、……、85%、90%、95%调整控制，以便观测地震波形结构特征的变化规律）。

（4）有效频率段控制参数：

频率最大值：60Hz；

频率最小值：5Hz；

有效主频率段范围：15～45Hz。

（频率段分别按两个小层调整控制——分别以飞仙关组和长兴组两个小层调整控制）。

（5）振幅数值控制参数：

振幅最大值：2.12082E+4；

振幅最小值：–2.10469E+4；

振幅平均值：–7.48034E–1。

（振幅数值大小控制参数，完全根据提供的三维地震波形实际数值运用，并分两个小层段实际数值调整控制）。

第三节　普光气田地震波形结构模型特征

一、普光气田气层的地震波形结构特征

应用地震波形结构特征分析方法对地震波形在时空上的变化进行了实际的分析，并提供了相应的油气预测结果。首先选取典型单井进行地震波形结构特征模型量化分析，建立结构特征与油气的关系。图5-9是普光气田过普光5井的变面积地震剖面，由于波峰相互叠置，因此无法显示不同地震道之间波形的微细变化，也无法区分目的层与其他层的地震道间波形的差异。强振幅波峰反映的是岩层与围岩间的变化，而不是同一岩层内含气与含水的变化。双极性彩色剖面增强了光学动态范围，从而提高了判断振幅异常范围的效果，但是，它在某些方面也增加了识别油气水关系的不确定因素。图5-10为普光气田过普光4井目的层的局部放大剖面，地震波从波峰变化到波谷（或从波谷变化到波峰）时，波形曲线的斜率变化较快，显得较杂乱，没有规律，通过地震波斜率的定性分析，可以很好地看出同一地震道在目的层内外地震波形的变化。图5-11显示的是普光气田过普光5井抽出了井旁目的层时间段附近的10道地震波形图。表5-1普光气田过普光5井附近10道目的层定量计算了图中对应的斜率值，它更清楚地说明了不同地震道之间波形及地震波形结构特征的细微变化，同时也充分说明不同的波形必然具有不同的地震数据结构。通过对同一目的层地震波斜率的计算及分析，可以更好的找到目的层内横向上的变化，更有利于地震横向分辨率的提高。

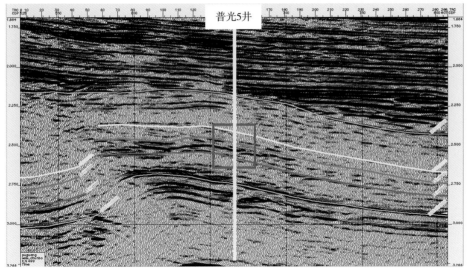

图5-9　普光气田过普光5井的常规地震剖面（ILN499）

（横坐标为CDP号；纵坐标为时间、单位为ms。横坐标的坐标通常都在图片的顶部）

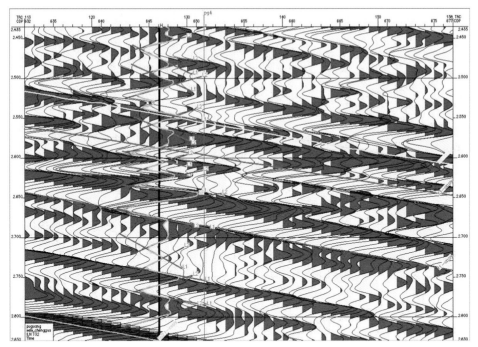

图5-10　普光气田过普光4井目的层地震数据结构的斜率变化图（ILN732）

（横坐标为CDP号；纵坐标为时间、单位为ms。横坐标的坐标通常都在图片的顶部）

　　其次，应用单井地震波形结构特征模型量化分析结果，建立了普光气田全区普光2井、普光3井、普光4井、普光5井、普光6井和普光7井等井的地震波形结构特征量化模型和异常剖面。

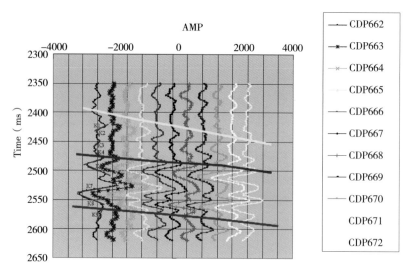

图5-11　普光气田普光5井井旁11道目的层附近的波形特征
（横坐标为振幅值，纵坐标为时间、单位为ms）

表5-1　普光气田过普光5井附近第一道CDP662目的层附近的波形斜率变化表

斜率	662	663	664	665	666	667	668	669	670	671
K_1	0.0294	0.0702	0.0269	0.0255	0.0213	0.048	0.0667	0.0844	0.0509	0.0421
K_2	−0.0525	−0.0714	−0.0413	−0.0503	−0.0715	−0.0611	−0.0279	−0.0214	−0.0212	−0.0334
K_3	0.0446	0.0626	0.0407	0.0353	0.0636	0.1984	0.0036	0.0224	0.018	0.0208
K_4	−0.0668	−0.0302	−0.0306	−0.0331	−0.0282	−0.0367	−0.031	−0.0235	−0.0303	−0.0221
K_5	0.0211	0.0199	0.0172	0.0148	0.0146	0.0137	0.0161	0.0191	0.0155	0.0123
K_6	−0.02	−0.0171	−0.0122	−0.0135	−0.0278	−0.0283	−0.0305	−0.0222	−0.0122	−0.0146
K_7	0.010	0.0085	0.008	0.0092	0.0197	0.0222	0.0272	0.024	0.0214	0.0177
K_8	−0.0242	−0.0325	−0.0299	−0.0329	−0.0142	−0.0118	−0.095	−0.0141	−0.0242	−0.021
K_9	0.1171	0.0892	0.071	0.0548	0.0334	0.0254	0.0197	0.0544	0.0382	0.0313

　　这里以普光2井为例，图5-12显示了普光气田过普光2井主测线的叠偏地震剖面图，井点位于背斜构造上。图5-13为过普光2井的地震数据结构特征剖面模型图，在含气层段中，地震道的数据体结构特征变化大（其斜率及夹角变化都比较大），自上而下一致性较差，没有规律可循。而在不含气的层段，自上而下地震道的变化不大，无论斜率或夹角均较为一致。

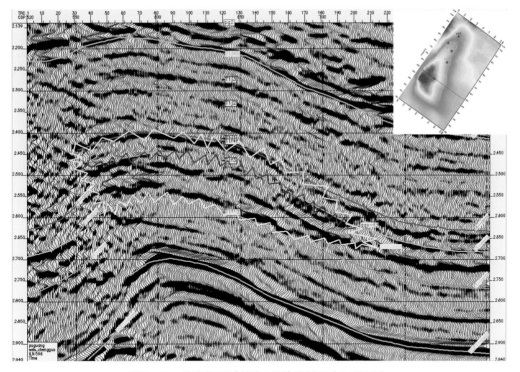

图5-12 普光气田过普光2井地震剖面（ILN596）

（横坐标为CDP号；纵坐标为时间、单位为ms）

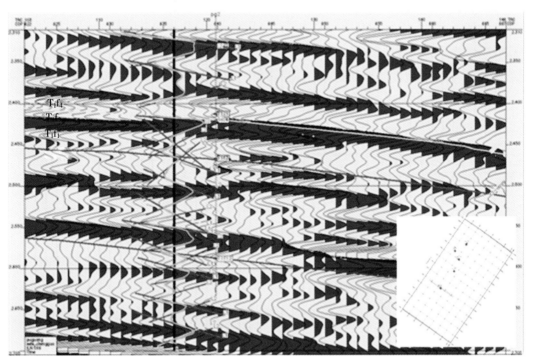

图5-13 普光气田过普光2井地震波形结构特征剖面模型图（ILN596）

（横坐标为CDP号；纵坐标为时间、单位为ms）

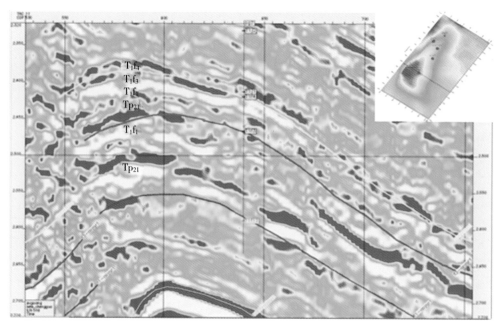

图5-14 普光气田过普光2气层井约束地震反演属性剖面图（ILN596）

（横坐标为CDP号；纵坐标为时间、单位为ms）

这就说明了地层含气情况影响了地震波形结构特征的变化，不含气层段的地震数据结构特征变化不同。而此时波形和振幅值的大小都变化无常，这也说明数据结构变化与波形变化是有区别的。图5-14和图5-15为普光气田过普光2井井约束地震反演属性剖面与地震波形结构特征剖面对比图（Inline596）。从两张剖面对比图可以明显看到，普光2井气层（T_1f_4-T_1f_3-T_1f_1）地震波形结构特征剖面突出、明显，而井约束地震反演属性剖面不明显。图5-15更为清晰地体现出了含气层段在纵向上所具有的数据结构异常变化，并由此可以圈定出含气层段的数据结构异常边界。

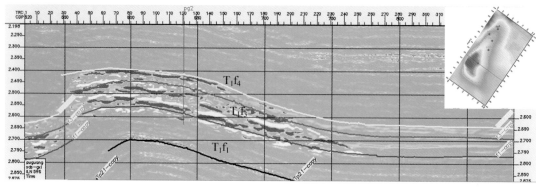

图5-15 普光气田过普光2气层地震波形结构特征剖面图（ILN596）

（横坐标为CDP号；纵坐标为时间、单位为ms）

二、地震波形结构预测模型数值特征

表5-2～表5-5分别为普光气田过已钻井普光1井、普光2井、普光3井和普光4井各井点气层的地震波形结构特征异常值（GM异常值）表，表中t表示时间（ms），第一行中的1，2，3为时间序列，红色粗字体为异常段的灰色异常值）。其中，过普光1井点的地震波形结构特征异常数值分布范围为17.58～21.83（无量纲）（表5-2）；过普光2井点的地震波形结构特征异常数值分布范围为18.01～27.33（无量纲）（表5-3）；过普光4井点的地震波形结构特征异常数值分布范围为11.78～29.80（无量纲）（表5-4）；而过普光3井点全井都没有明显地震波形结构特征异常数值分布（表5-5），地震数据结构特征异常数值都比较低，分布范围为2.05～5.77（无量纲）。

从上述地震波形结构特征异常数值分布大小可以明显看出，无论是钻井已证实的气层或预测的气层，它们都有明显的结构特征异常值段；如果是没有明显的地震数据结构特征异常值段，则为不含油气。在已知井含气层段处理的地震道显示出明显的灰色异常，这些异常值段在地质上的含意可能是异常体，但内涵不清楚，是岩性异常或是由于含油引起的异常则需进一步关联分析说明；通过实钻井对比解释，异常体在地震剖面上普遍反映为一个较强的同相轴，有些反映在较弱相位上，但为了追踪对比和作图方便，仍标定在强相位上。

表5-2　普光气田过普光1dx井地震数据结构异常值表

t	1	2	3	4	5
实测值	3990.24	5107.68	4775.28	6863.76	6240.96
模型值	5666.04	10135.26	14963.76	20909.70	27664.02
还原值	4469.22	4828.50	5945.94	6754.32	7572.06
误差	478.98	279.18	1170.66	109.44	1331.10
相对误差/%	10.72	5.78	38.26	1.62	17.58
t	6	7	8	9	10
实测值	6721.20	8992.08	7341.36	5427.36	
模型值	35236.08	43605.36	51156.90	57182.76	
还原值	8369.28	7551.54	6025.86	6025.86	
误差	1648.08	1440.54	1315.50	598.50	
相对误差/%	19.69	19.08	21.83	9.93	

普光高含硫气田高效开发技术与实践

表5-3　普光气田过普光2井地震数据结构异常值表

t	1	2	3	4	5
实测值	5616.72	8092.32	9115.92	8089.92	7402.56
模型值	5063.40	11232.72	19596.24	28970.82	37516.50
还原值	6169.32	8363.52	9374.58	8545.68	6991.92
误差	552.60	271.20	258.66	455.76	410.64
相对误差/%	8.96	31.94	2.76	5.33	5.87
t	6	7	8	9	10
实测值	6967.68	6629.76	4350.24	6531.12	
模型值	44508.42	50412.78	55878.12	61684.02	
还原值	5904.36	5465.34	5985.90	5985.90	
误差	1063.32	1164.42	1635.66	545.22	
相对误差/%	18.01	21.31	27.33	9.11	

表5-4　普光气田过普光4井地震数据结构异常值表

t	1	2	3	4	5
实测值	4230.24	5107.68	6071.28	6863.76	7008.96
模型值	5666.04	10135.26	14963.76	20909.70	27664.02
还原值	4469.22	4828.50	5945.94	6754.32	7572.06
误差	238.98	279.18	125.34	109.44	563.10
相对误差/%	5.35	5.78	2.11	1.62	7.44
t	6	7	8	9	10
实测值	7383.60	9136.08	7821.36	5427.36	
模型值	35236.08	43605.36	51156.90	57182.76	
还原值	8369.28	7551.54	6025.86	6025.86	
误差	985.68	1584.54	1795.50	598.50	
相对误差/%	11.78	20.98	29.80	9.93	

表5-5　普光气田过普光3井地震数据结构异常值表

t	1	2	3	4	5
实测值	4048.72	4147.84	4604.80	5229.36	5880.88
模型值	5486.22	9335.52	13584.42	18412.92	23899.86
还原值	3849.30	4248.90	4842.50	5486.94	5560.02
误差	199.42	101.06	223.70	257.58	320.86
相对误差/%	5.18	2.38	4.63	4.69	5.77
t	6	7	8	9	10
实测值	5587.84	5295.52	4963.12	4687.12	
模型值	29459.88	34837.38	40026.60	44874.72	
还原值	5337.50	5189.22	4848.12	4848.12	
误差	210.34	106.30	115.00	161.00	
相对误差/%	3.91	2.05	2.37	3.32	

三、地震波形结构预测模型图形特征

（一）地震波形结构预测模型剖面特征

地震波形结构预测模型过井剖面特征研究，包括普光气田过普光1井、普光2井、普光3井和普光4井各井井点上的原地震波形结构特征剖面模型图和过普光1井、普光2井、普光3井和普光4井气层和无气层地震波形结构特征属性剖面图的分析研究（图5-16～图5-19）。

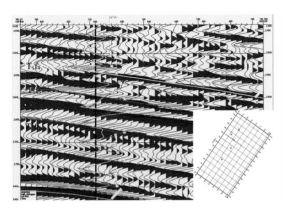

图5-16　普光气田过普光1井原地震波形结构特征剖面模型图(ILN808)

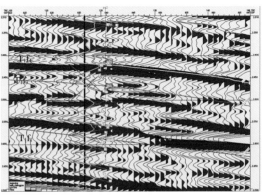

图5-17　普光气田过普光2井原地震波形结构特征剖面模型图(ILN596)

从普光1井、普光2井和普光4井原地震数据结构特征剖面模型图可以看到，在含气层段内，其斜率及夹角变化都比较大，没有规律或规律性差，它们纵向上主要分布在 $T_1f_4 \sim T_1f_1$ 层位上。在不含油气的层段内，其斜率及夹角变化都比较有规律，详见普光气田过已钻井普光3井井点上的无气层地震波形结构特征属性剖面图（Iln911）（图5-19）。从地震资料处理后的地震波形结构特征异常剖面图上（图5-20~图5-24），可以看出，剖面上有地震波形结构特征的边界清楚，纵向小薄层可清晰分开，经与部分新部署的井钻后效果对比来看，吻合性很好，说明了结构特征法预测油层的有效性和可靠性，如普光5井和普光6井均取很好的效果。通过进一步深入对地震波形结构异常特征研究，成果表明：

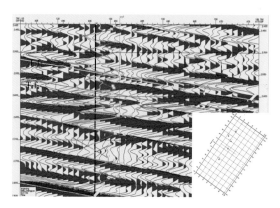

图5-18　普光气田过普光4井原地震波
形结构特征剖面模型图（ILN732）

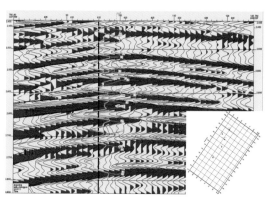

图5-19　普光气田过普光3井原地震波
形结构特征剖面模型图（ILN911）

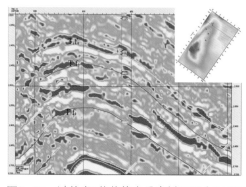

图5-20　过普光2井井约束反演剖面图（ILN596）

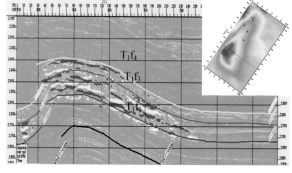

图5-21　过普光2井结构特征剖面图（ILN596）

（1）总体地震波形结构异常特征与实际开发主体区结果基本一致，而且层内细节刻画清晰。

（2）主体区的地震波形结构异常特征主要呈北东——南西向葫芦状分布，实际开发的气层分布特点也是这样。

（3）地震波形结构异常特征分辨率提高，而且不破坏原始三维地震资料的分辨率，研究区三个小层位预测效果好，纵向薄气层可清晰分开。

（4）在原27.2km²含气面积范围外扩的有利含气性系统单元上，部署了新井，取得很好的效果（普光5井、普光6井、普光8井和普光9井），说明了结构特征法预测气层的有效性和可靠性。

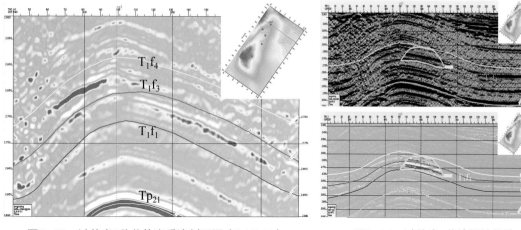

图5-22　过普光3井井约束反演剖面图（ILN911）　　　图5-23　过普光3井地震结构特征剖面图（ILN911）

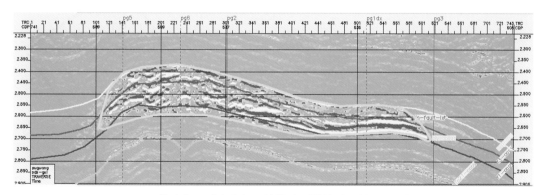

图5-24　普光气田过连井气层地震波形结构特征剖面图（折线）

（二）地震波形结构预测模型平面特征

图5-25～图5-27为普光气田全区三叠系下统飞仙关组（T_1f）和二叠系上统长兴组（P_2c）三个气层处理的地震波形结构特征异常值分布叠合图（其T_1f_1往下取150ms，T_1f_4往上取30ms）。处理和解释的工区范围为ILN：355～1035；XLN：520～885；面积156km²，全区地震波形结构特征异常值分布范围在200～680，主异常值分布范围400～680（图5-27）。图5-25为普光气田全区地震波形结构特征异常值等值线叠合分布图（黑白图），图5-26为普光气田全区地震波形结构特征异常值等值线叠合分布图（色彩图），图5-27为普光气田全区地震波形结构特征异常值叠合分布图，图5-28为普光气田全区预测有利气层分布范围边界图。通过上图地震波形结构特征异常值分布结果可以清楚看出，普光气田有利含气分布特征，主要分布在普光2井-普光4井-普光1井上，平面上呈带状北东南西方向展布。尤其普光2井区上地震波形结构特征最为明显。

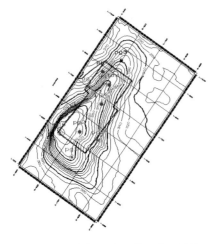

图5-25 普光气田全区地震波形结构
特征异常值叠合分布图（黑白图）

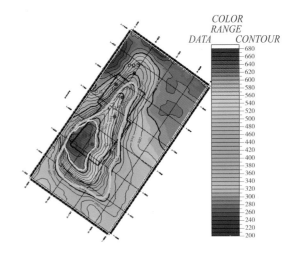

图5-26 普光气田全区地震波形结构
特征异常值叠合分布图（色彩图）

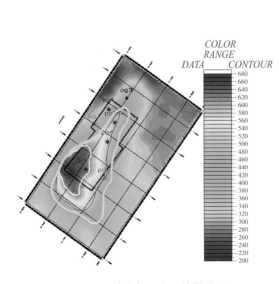

图5-27 普光气田全区地震波形
结构特征异常值叠合分布图

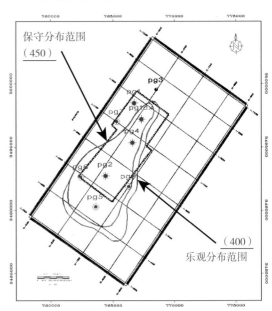

图5-28 普光气田全区预测有
利气层分布范围边界图

四、地震波形结构预测模型特征

从普光气田过井点剖面模型图和全区地震波形结构特征平面模型图可以看出，在含气层段中，地震道的特征变化大，斜率、夹角自上而下一致性差；在不含气的层段，自上而下地震道的变化不大，无论斜率或夹角均较为规律、一致。

总之，在本地区已知井段处，含油气层段对应的地震数据结构特征归纳起来有以下特点：

（1）地震道显示出明显灰色结构异常。

（2）地震道波形为不归零的多峰。

（3）地震反射波形从上至下斜率变化较大。

这些特征与本区已经实钻气藏的地震反射特征相符，说明这个地区的地震资料符合地震结构特征分析技术使用的前提条件，因此，可用此技术对本地区的三维资料进行分析，结合圈闭分析结果进行了气层的空间分布预测，圈定含气层的分布区域和层位。

通常，在含油气的井段地震道波形出现不归零的多峰现象（连续出现正波峰，波峰不圆滑），而不含油气的井段出现单峰现象（波峰圆滑）。在本区通过矢量关联分析，在含气的井段地震道波形出现不归零的多峰现象（连续出现正波峰，波峰不圆滑），从这些剖面图上，可以看出本区含气井段的地震道波形特征也具有其他地区的普遍特征。

通过地震灰色结构分析显示，在所定井位及其周围地震灰色异常明显，根据计算每道异常值的分布情况，通过剖面追踪，就可以圈定出其分布范围，剖面时间则按实际计算结果标定，读法均按表5-2进行，地震波数据体结构特征与已知井处油气藏反射波数据体结构特征相符。

普光气田预测三个有利气层分别为普光气田长兴组（T_1f_1–P_2c），飞仙关组一、二段（T_1f_1–T_1f_2）和飞仙关组三段（T_1f_3）；各层保守的预测含气面积分别为20.28km^2（长兴组）、33.32km^2（飞仙关组一、二段）、31.57km^2（飞仙关组三段）。三个含气面积中保守的单层最大面积为33.32km^2，三个含气面积中乐观的单层最大面积为40.27km^2（表5-6）。

表5-6 飞仙关组和长兴组气藏不同类型含气面积及异常值分布范围表

层位	取值名称	异常分类取值				
		Ⅰ类	Ⅱ类	Ⅲ类（乐观/保守）	乐观值	保守值
T_1f^3	面积/km^2	12.2725	9.4875	10.72/9.81	33.075	31.57
	异常值（无量纲）	330~500	310~490	250~495	250~525	250~525
T_1f^{1-2}	面积/km^2	13.27	10.1625	16.84/9.89	40.2725	33.3225
	异常值（无量纲）	430~580	400~530	290~510	290~600	330~600
f_1–P_2c	面积/km^2	10.495	6.7025	6.47/3.08	23.68	20.28
	异常值（无量纲）	360~480	320~430	260~400	260~500	260~500
T_1f+P_2c	面积/km^2	9.49	18.4	12.38/6.86	40.27	34.63
	异常值（无量纲）	540~670	460~660	350~650	400~680	450~680

第四节　普光气田含气性预测

一、有利含气范围类别划分的标准

应用地震波形结构特征法预测普光气田气层，主要任务是根据已有钻井资料（如普光1、普光2、普光3、普光4、普光5、普光6、普光7井等）的实际情况，预测普光气田可能的含气圈闭范围；其目的是提高钻井成功率，为气田地质储量估算和储量评价提供准确资料。

普光气田预测有利含气范围级别划分标准为：

（1）地震波形结构异常特征的平滑程度。

（2）地震波形结构异常值大小及与周围结构数值大小的关系。

（3）结构异常值与井关联程度的对比结果。

分类的层位为整个飞仙关组，沿层T_1f_4上30ms～T_1f_1下150ms，在普光2块包含部分长兴组。

二、有利含气类别的划分

根据上述对普光气田全区普光2、普光3、普光4、普光5、普光6、普光7等井的地震波形结构特征模型量化分析后，建立起了普光气田全含气层段长兴组–飞仙关组（$P_2c - T_1f_4$）预测有利含气层的地震波形结构特征量化识别标志。普光气田全区共分四类，各类有利含气异常值为：Ⅰ类区结构特征异常值（$VSDS$）大于580，结构特征相对误差（$VSDS\%$）大于85%；Ⅱ类区结构特征异常值（$VSDS$）在420～580之间，结构特征相对误差（$VSDS\%$）在65%～85%之间；Ⅲ类区结构特征异常值（$VSDS$）在360～420之间，结构特征相对误差（$VSDS\%$）在50%～65%之间；Ⅳ类区结构特征异常值（$VSDS$）小于360，结构特征相对误差（$VSDS\%$）小于50%（表5-7），其中，Ⅰ+Ⅱ类含气区是高效井井位部署的主要区域。

表5-7　全区地震波形结构特征异常分类表

序号	结构特征异常值（$VSDS$）	结构特征相对误差（$VSDS\%$）	类型
1	＞580	＞85	Ⅰ类
2	420～580	65～85	Ⅱ类
3	360～420	50～65	Ⅲ类
4	＜360	＜50	Ⅳ类

注明：$VSDS\%$=（结构特征值–原始地震道值）/结构特征值×100%

根据上述分类标准，把普光气田全区含气圈闭分为三类，Ⅰ类1个，Ⅱ类1个，Ⅲ类1个（图5-29），它们分别是：

Ⅰ类：主要分布于普光2井区，呈块状分布，位于普光构造顶部。

Ⅱ类：主要分布于普光2井区至普光1井和普光4井之间，呈环状分布，构造北翼缺失，呈半环状分布。

Ⅲ类：主要分布于普光2井，普光1井和普光4井至普光3井之间，呈环状分布，环内普光2井、普光1井和普光4井区主要为Ⅰ类储层和Ⅱ类储层。环外，即普光3井以外的广大区域。

通过对普光气田含气有利区进行对比评价，总体结构异常体符合目前的钻井情况。含气边界向西至普光7井断层，向南至相变线，向东至普光8井-普光9井-普光101井一线，向北在普光3井附近，整个含气区域位于构造高部位。普光2井区块气水过渡带在普

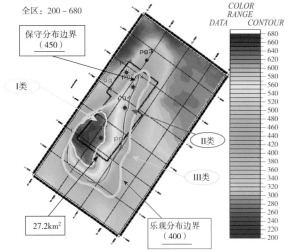

图5-29　长兴组-飞仙关组($T_1f^1T_1f^4$)全区
地震波形结构特征异常值分布分类综合边界图（色彩图）

光8井-普光304-1井-普光10井-普光101附近。普光3井区块气水过渡带在普光7侧1井-普光106-2H井-普光3井附近，与预测结果相吻合（图5-30）。

根据地震波形结构异常预测有利含气范围级别划分，完全按地震波形结构异常值特征分类，其与其他地质分类方法不同；整个飞仙关组沿层$T_1f_4^{\bot}30ms \sim T_1f_1^{\top}150ms$进行分类；当然，Ⅰ类中含有Ⅱ类，只是以Ⅰ类为主而已；同理，Ⅱ类中含有Ⅰ类，只是以Ⅱ类为主而已。

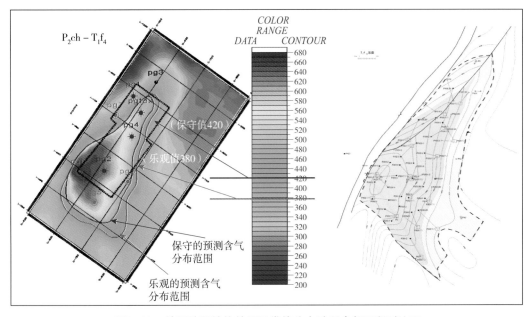

图5-30　地震波形结构特征异常值分布动用含气面积对比图

三、长兴组-飞仙关组不同类别含气范围的确定

（一）长兴组-飞仙关组含气圈闭类型总体波形结构异常特征

普光气田全区长兴组-飞仙关组地震数据体波形结构异常值分布范围在200~680。异常值小于350，按目前资料划分标准则归为Ⅳ类；异常值大于350以上，按不同大小，分为3类，它们分别为Ⅰ类，Ⅱ类和Ⅲ类（图5-29），它们各自的波形结构异常特征如下。

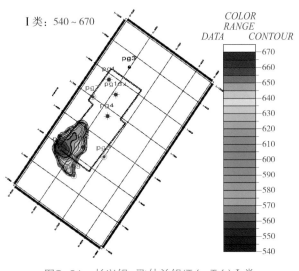

图5-31 长兴组-飞仙关组(T_1f_1~T_1f_4)Ⅰ类地震波形结构特征异常值分布分类图（色彩图）

（1）Ⅰ类的异常值分布范围在540~670，主要分布在构造顶部的普光2井周围，其地震数据体波形结构异常特征的平滑程度最好，没有突然变大变小特点，波形结构异常值大小与周围结构数值大小关系明确，与井关联程度也明显表现为气层（图5-31）；图5-21为普光气田过普光2井地震数据体波形结构特征属性剖面图（Iln596），图5-24为普光气田过连井气层地震数据体波形结构特征剖面图（折线），普光2井含气性最好，实钻结果证实如此，普光2井测试验证结果比普光1井和普光4井都好，所以划分为Ⅰ类地震数据体波形结构特征，当然内部仍然有小的变化，其含气面积9.49km²（表5-8）。

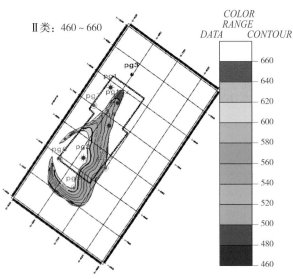

图5-32 长兴组-飞仙关组(T_1f_1~T_1f_4)Ⅱ类地震波形结构特征异常值分布分类图（色彩图）

（2）Ⅱ类的异常值分布范围在460~660，主要分布在的普光1井和普光4井周围（图5-32），其地震数据体波形结构异常特征的平滑程度中等，变化不大，结构异常值大小与周围结构数值大小关系明确，与井关联程度也表现为气层；图5-16和图5-18分别为普光气田过普光1井（Iln808）和普光4井（Iln732）地震波形结构特征属性剖面图，其含气性好，但测试验证结果整体要比普光2井Ⅰ类稍差点，所以，划分为Ⅱ类地震波形结构特征。其含气面积18.4km²（表5-8）。

（3）Ⅲ类的异常值较低，范围在350～650，主要分布在的普光1井和普光4井外围（图5-33），其地震数据体波形结构异常特征也表现为平滑，结构异常值大小与周围结构数值大小关系明显，但与井关联程度不是很明显表现为气层，主要为预测气层，所以，划分为Ⅲ类地震波形结构特征。其保守含气面积6.86km²（表5-8）。

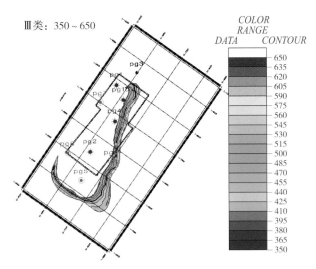

图5-33 长兴组-飞仙关组(T_1f^1～T_1f^4)Ⅲ类
地震波形结构特征异常值分布分类图（色彩图）

表5-8 飞仙关组和长兴组气藏不同层位不同类型含气面积及异常值分布范围表

层位	类型	Ⅰ类	Ⅱ类	Ⅲ类（乐观/保守）	乐观值	保守值
T_1f^3	面积/km²	12.2725	9.4875	10.72/9.81	33.075	31.57
	异常值（无量纲）	330～500	310～490	250～495	250～525	250～525
T_1f^{1-2}	面积/km²	13.27	10.1625	16.84/9.89	40.2725	33.3225
	异常值（无量纲）	430～580	400～530	290～510	290～600	330～600
f_1-P_2c	面积/km²	10.495	6.7025	6.47/3.08	23.68	20.28
	异常值（无量纲）	360～480	320～430	260～400	260～500	260～500
T_1f+P_2c	面积/km²	9.49	18.4	12.38/6.86	40.27	34.63
	异常值（无量纲）	540～670	460～660	350～650	400～680	450～680

（二）长兴组含气圈闭类型结构异常特征

长兴组全区地震数据体波形结构特征异常值分布范围在0～500。普光气田长兴组异常值小于260，按目前资料划分标准则归为Ⅳ类；异常值大于260以上，按不同大小，分为3类，它们分别为Ⅰ类，Ⅱ类和Ⅲ类（图5-34），它们各自的波形结构异常特征如下。

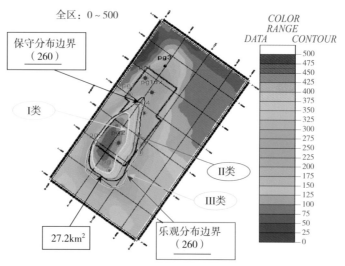

全区：0~500

保守分布边界
（260）

I类

II类

III类

27.2km²

乐观分布边界
（260）

COLOR
RANGE
DATA   CONTOUR

图5-34　长兴组（T₁f₁~P₂c）全区
地震波形结构特征异常值分布分类综合边界图（色彩图）

（1）I类的异常值分布范围在360~480，主要分布在构造顶部的普光2井周围，其地震波形结构异常特征的平滑程度最好（图5-35），

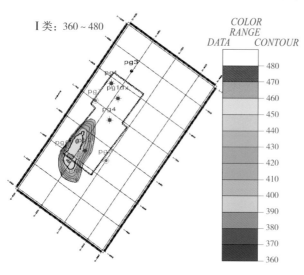

I类：360~480

COLOR
RANGE
DATA   CONTOUR

图5-35　长兴组(T₁f₁-P₂c) I类
地震波形结构特征异常值分布分类图（色彩图）

没有突然变大变小特点，结构异常值大小与周围结构数值大小关系明确，与井关联程度也明显表现为气层；图5-21为过普光2井地震波形结构特征属性剖面图（Iln596），图5-24为过连井气层地震波形结构特征剖面图（折线），普光2井含气性最好，实钻结果，普光2井测试验结果比普光1井和普光4井都好，所以，划分为I类地震波形结构特征。其含气面积10.495km²（表5-8）。

（2）II类的异常值分布范围在320~430，主要分布在的普光1井和普光4井周围，其地震数据结构异常特征的平滑程度中等程度，变化不大，结构异常值大小与周围结构数值大小关系明确（图5-36），与井关联程度也表现为气层；测试验结果整体要比普光2井长兴组I类稍差点，所以，划分为II类地震波形结构特征。其含气面积6.7025km²（表5-8）。

（3）III类的异常值较低，范围在260~400，主要分布在的普光1井和普光4井外围（图5-37），其地震数据结构异常特征也表现为平滑，结构异常值大小与周围结构数值大小关系明显，但与井关联程度不是很明显表现为气层，主要为预测气层，所以，划分为III

普光高含硫气田高效开发技术与实践

类地震波形结构特征。其保守含气面积3.08km²（表5-8）。

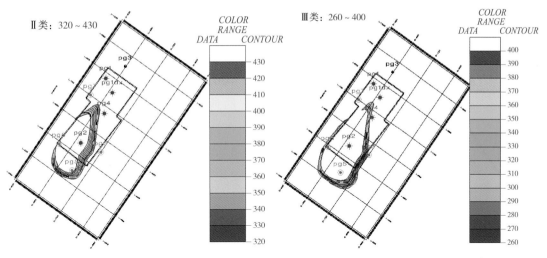

图5-36 长兴组(T₁f₁–P₂c)Ⅱ类
地震波形结构特征异常值分布分类图（色彩图）

图5-37 长兴组(T₁f₁–P₂c)Ⅲ类
地震波形结构特征异常值分布分类图（色彩图）

（三）飞仙关组一、二段含气圈闭类型结构异常特征

飞仙关组一、二段全区地震波形结构特征异常值分布范围在75～600（图5-38）。异常值小于290，按目前资料划分标准则归为Ⅳ类；异常值大于290以上，按不同大小，分为3类，它们分别为Ⅰ类，Ⅱ类和Ⅲ类，它们各自的特征如下。

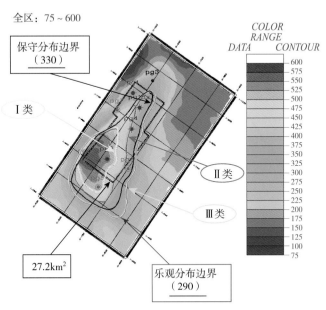

图5-38 飞仙关组一、二段（T₁f₁~T₁f₃）全区
地震波形结构特征异常值分布分类综合边界图（色彩图）

（1）Ⅰ类的异常值分布范围在430～580，飞仙关组一、二段地震数据体波形结构异常特征分布所在位置，以及波形结构异常特征和内部波形结构异常变化特征与长兴组Ⅰ类

基本相同（图5-39），所以飞仙关组一、二段也划分为Ⅰ类地震数据体波形结构特征。但其含气面积要比长兴组Ⅰ类大，飞仙关组一、二段根据波形结构特征异常，预测其含气面积13.27km²（表5-8）。

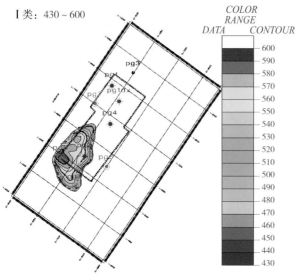

图5-39 飞仙关组一、二段(T_1f_1~T_1f_3) Ⅰ类地震波形结构特征异常值分布分类图（色彩图）

（2）Ⅱ类的异常值分布范围在400～530，飞仙关组一、二段Ⅱ类的地震数据体波形结构异常主要分布特征与长兴组Ⅱ类基本相同（图5-40），测试验证结果整体要比普光2井飞仙关组一、二段Ⅰ类稍差点，所以，划分为Ⅱ类地震波形结构特征。其含气面积10.1625km²（表5-8）。

（3）Ⅲ类的异常值较低，范围在290～510，飞仙关组一、二段Ⅲ类的地震数据体波形结构异常主要分布特征与长兴组Ⅲ类基本相同（图5-41），但与井关联程度不是很明显表现为气层，主要为预测气层，所以，划分为Ⅲ类地震数据体波形结构特征。其含气面积要比长兴组Ⅲ类大，预测飞仙关组一、二段保守含气面积9.89km²（表5-8）。

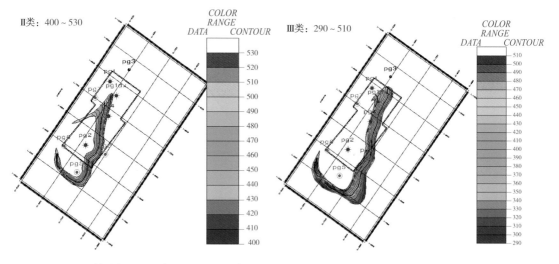

图5-40 飞仙关组一、二段(T_1f_1~T_1f_3)Ⅱ类地震波形结构特征异常值分布分类图（色彩图）

图5-41 飞仙关组一、二段(T_1f_1~T_1f_3)Ⅲ类地震波形结构特征异常值分布分类图（色彩图）

（四）飞仙关组三段含气圈闭类型结构异常特征

普光气田飞仙关组三段全区地震波形结构特征异常值分布范围在0～525。异常值小于250，按目前资料划分标准则归为Ⅳ类；异常值大于250以上，按不同大小，分为3类，它们分别为Ⅰ类，Ⅱ类和Ⅲ类（图5-42），它们各自的特征如下。

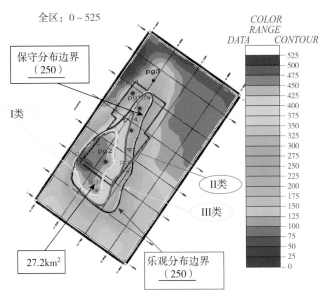

图5-42　飞仙关组三段（$T_1f_3\sim T_1f_4$）全区
地震波形结构特征异常值分布分类综合边界图（色彩图）

（1）Ⅰ类的异常值分布范围在330～500，飞仙关组三段Ⅰ类地震数据体波形结构异常特征与飞仙关组一、二段Ⅰ类地震数据体波形结构异常特征极为相似（图5-43）。其含气面积大小也基本相同，预测飞仙关组三段Ⅰ类含气面积12.2725km²（表5-8）。

（2）Ⅱ类的异常值分布范围在310～490，飞仙关组三段Ⅱ类地震数据体波形结构异常特征与飞仙关组一、二段Ⅱ类地震数据体波形结构异常特征基本相同（图5-44）。预测含气面积大小差别不大，预测飞仙关组三段Ⅱ类含气面积9.4875km²（表5-8）。

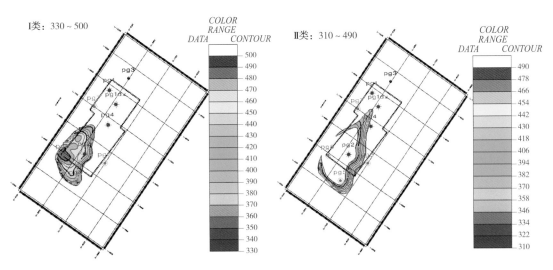

图5-43　普光气田飞仙关组三段($T_1f_3\sim T_1f_4$)Ⅰ类
地震波形结构特征异常值分布分类图（色彩图）

图5-44　普光气田飞仙关组三段($T_1f_3\sim T_1f_4$)Ⅱ类
地震波形结构特征异常值分布分类图（色彩图）

（3）Ⅲ类的异常值较低，范围在240～495，飞仙关组三段Ⅲ类地震数据体波形结构异常特征与飞仙关组一、二段Ⅲ类地震数据体波形结构异常特征基本相同（图5-45）。其含气面积大小也基本相同，预测保守含气面积9.81km^2（表5-8）。

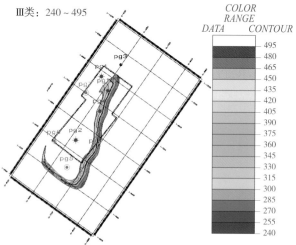

图5-45 普光气田飞仙关组三段(T_1f_3~T_1f_4)Ⅲ类地震波形结构特征异常值分布分类图（色彩图）

四、应用效果评价

1. 勘探上的应用——以普光7井等为例

从2005年4月～2006年6月，"应用地震波形结构特征法预测油气层"的油气预测技术，先后在普光气田150km^{2}左右的三维地震资料上，开展了"普光气田地震波形结构特征法油气储集层预测研究"和"普光气田地震波形结构特征法含气性预测及气田地质储量评价"两个项目的含气性研究工作。利用地震波形结构特征法预测油气层技术，进一步落实并扩大了普光气田目的层各主力气层平面分布格局及形态，搞清了普光气田主力储层纵向上、横向上的展布规律，较大幅度地扩大了普光气田范围，为普光气田的滚动勘探开发提供了科学依据。

普光7井，钻前预测直井位置的飞仙关组-长兴组没有明显地震波形结构特征异常，其在有利含气分布范围Ⅲ类的异常之外，钻后结果，在直井位置的飞仙关组-长兴组无明显气层显示（图5-46），后经侧钻，在飞仙关组二段灰质云岩、白云岩，射孔井段5484.7～5503.0m，取得了很好的效果（测得日产气量57.34×10^{4}m^3/d，飞仙关组三段测得日产气量9.63×10^{4}m^3/d）。

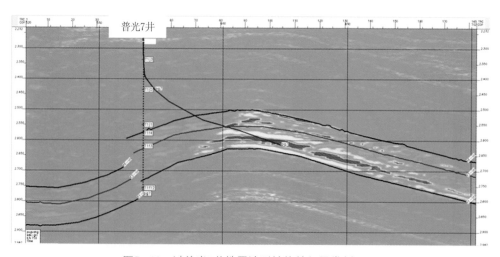

图5-46 过普光7井地震波形结构特征异常剖面图

另外，在普光气田研究区内，有明显地震波形结构特征异常主体区块，随后部署勘探井普光5、普光6、普光8和普光9井4口，在飞仙关组-长兴组均获得了较厚的气层（图5-47），其中，普光5飞仙关组-长兴组叠合气层厚度366.3m；普光6飞仙关组-长兴组叠合气层厚度411.2m；普光8飞仙关组-长兴组叠合气层厚度102.6m；普光9飞仙关组-长兴组叠合气层厚度204.2m。普光5和普光6经过测试，普光5在飞三段，测试深度4830～4868m，气产量15.52×10^{4}m^3/d；普光5的长兴组，测试深度5141～5243.8m，气产量67.42×10^{4}m^3/d。普光6的飞三段，飞一～二和飞一～二中，测试深度分别为4850.7～4892.8m、4992.5～5158m和5030～5180m，测试气产量分别为40.22×10^{4}m^3/d、128.15×10^{4}m^3/d和75.25×10^{4}m^3/d。

2. 开发上的应用——38口开发井位的优选

研究结果紧密结合生产，根据地震数据体波形结构特征，并结合其他研究成果，对普光气田38口开发井井位（图5-48）及时进行优选及井眼轨迹优化，如普光303-2井、普光304-3井、普光305-2和普光204-2H等井；又如图5-49为普光气田过普光301-1井、普光301-2井、普光301-3井、普光301-4井和普光301-5井结构特征异常剖面图，他们的井口位置在普光6井上，虽然他们都处于构造高部位，而且也在高含气区中，但由于普光气田非均质强，并不是在构造高部位或在高含气区中都有气，普光301-3井如果往左偏移，则效果就不会很好。最终使得普光气田38口开发井成功率达到100%，为气田开发提出"多打高产井、少打低产井、避免无效井"的优化布井技术、高效开发提供有力的科学保障。

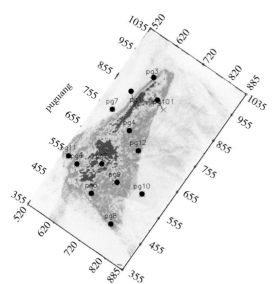

图5-47 普光气田探井井位平面分布图

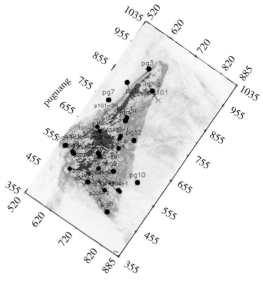

图5-48 普光气田开发井位平面分布图

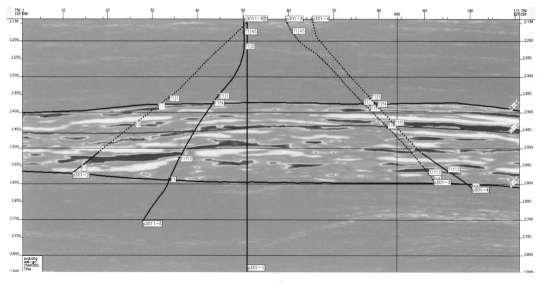

图5-49 过普光气田的普光301-1井+普光301-2井+普光301-3+普光301-4井

和普光301-5井等开发井地震数据体波形结构特征异常剖面图

第六章　构造特征及气水系统研究

气藏构造特征及气水关系是气田勘探与开发的重要研究内容。深入的构造研究和气水关系清晰认识可为气田气藏描述、储量评价、开发方案设计及动态分析提供重要的地质依据。

普光气田长兴组-飞仙关组气藏属于受构造、岩性双重控制的边底水气藏。在气田产能建设过程中，通过跟踪分析新钻井资料，应用新技术、新方法，不断深化气藏构造特征与气水关系研究，及时指导了井位部署及井轨迹优化。一方面，加强了构造解释新方法应用和跟踪构造解释，精细刻画了普光3、普光7断层空间展布，指导普光3块井位优化部署；另一方面，建立了普光气田的气水层识别方法，深化了飞仙关组和长兴组气藏气水关系特征认识，确定飞仙关组气藏气水界面比原认识提高100m左右，将气水过渡带开发井调减了8口，并将2口定向井优化为水平井；长兴组气水系统由原来认识的1套增加到6套，由此减少长兴组钻井进尺1550m，为气田高效开发奠定了基础。

第一节　气藏构造特征

普光气田地处中低山区，地表沟壑纵横，水系发育；地下构造复杂，气藏埋藏超深，平均埋深5500m。影响了地震资料信噪比，造成地震资料品质优劣区分布不一；主要含气层飞仙关组、长兴组地层上覆嘉陵江组厚层膏盐层，作为全区优质盖层同时，也由于低速的膏盐岩层厚度的变化造成层速度在平面上变化较大，给构造成图、准确落实构造形态带来难度。为此，对普光气田三维地震资料进行反复构造解释，在不断的钻探反馈中，应用相干体、地震属性分析、变速成图等技术，开展构造特征研究，使构造解释精度不断提高。

一、构造精细解释技术

充分应用地震、测井、钻井等资料，以三维地震人机联作新技术为手段，遵循"由大到小，由浅而深，由粗而精"的解释原则，在精细的地震地质层位标定的基础上，通过相干体及地震属性分析技术进行地震资料的精细解释，采用变速成图技术完成构造图的编制。

针对普光气田构造特点，研究形成了一套构造综合解释方法。即，首先在测井资料标准化基础上，制作合成记录，结合VSP资料开展多井联合层位标定；然后，通过相干体分析技术进行断层识别与平面组合；利用反射波的运动学和动力学特征识别和追踪地震层位和断层；重点分析层速度变化，建立合理速度场进行变速成图；最后实时跟踪分析新钻井资料，进一步完善修正构造解释成果。

1.地震地质层位标定

层位标定是地震资料精细解释的基础，即通过制作合成记录将测井资料与VSP资料、地震资料有机结合在一起，目的是为了确定主要地质界面与地震反射波间的对应关系，建立一套真实可信的地震地质层位模型。因此，在进行三维地震精细解释前，首先制作合成地震记录，通过层位标定，正确认识地质层位在地震剖面上的波组特征，也为后续相关研究提供基础资料。

（1）测井曲线标准化。

为了消除非地层因素造成的测井数据偏差，对原始测井资料应进行合理的校正，即测井资料标准化，校正后的岩性曲线特征应符合已知岩性或地区规律。测井曲线标准化的实质就是利用同一气田或地区的同一层段往往具有相似的地质–地球物理特征这一自身相似分布规律，对气田各井的测井数据进行整体分析，校正刻度的不精确性，从而达到全气田测井资料的标准化。

标准化工作的关键是选取地质标准层。选择标准层的原则是选取区域分布较稳定、岩性较纯、具有一定厚度的地层。通过研究分析，选取普光气田嘉一段、嘉三段岩性较纯的灰岩作为标准层（图6-1），作各井的测井数据统计直方图。数据点应处于灰岩骨架点附近很小的变化范围内，如果偏离较多，需要校正到骨架点处（图6-2）。据此，对完钻井的密度、声波曲线进行了标准化，为合成记录制作精细标定层位打下基础。

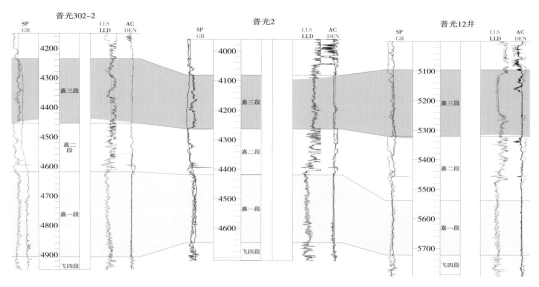

图6-1 普光302-2-普光2-普光12井标准层对比图

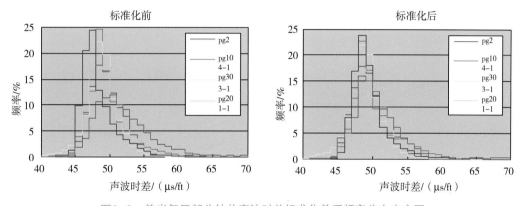

图6-2　普光气田部分钻井声波时差标准化前后频率分布直方图

（2）层位标定。

根据本区三维地震资料实际情况，主要利用声波测井、密度测井的数据对工区内的所有钻井进行了合成地震记录的制作（图6-3）。以合成记录为基础的地震资料综合层位标定方法，真正实现地质、测井、钻井等多种信息对地震剖面的综合标定，赋予地震剖面更加丰富的地质含义。由于本区逆断层发育，各种地质体反射特征错综复杂，为了保证解释成果的可靠性，提高层位标定的精度，标定过程中要综合考虑地质分层、地层结构和地震反射波组特征的关系，以地震剖面上的标志层和主要目的层为标志，对单井的地层进行井点、线、面的反复循环对比，力求所有井点的层位与其波组特征有统一的对应关系，再结合构造特征、地层组合、沉积环境等，实现合成地震记录为主的综合层位标定。

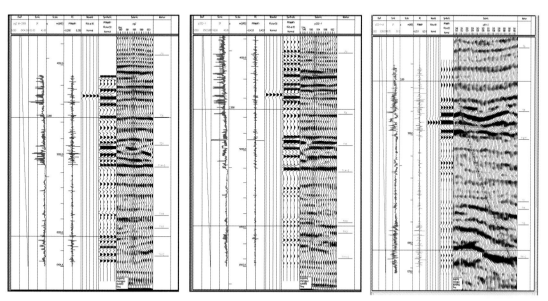

图6-3　普光2、普光202-1、普光301-2井合成地震记录

选择不同气田构造位置具有代表性的多口井进行标定，可帮助了解各构造位置的波组特征变化情况，单井层位标定的效果也可用空间层位闭合来验证，通过连井剖面追踪、对

比、检查不同井标定的目的层界面是否闭合，确定单井标定的合理性。如果界面能闭合，则标定合理，否则应该进行复查与调整（图6-4）。

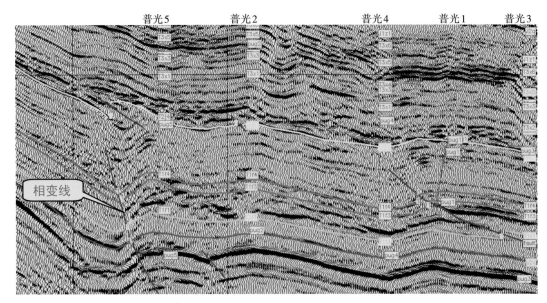

图6-4　普光5 – 普光2 – 普光4 – 普光1 – 普光3井连井标定剖面

通过对合成地震记录制作的效果分析，地震波组特征变化不大，合成地震记录与地震资料的吻合程度较好。

2. 相干体分析

在油气田勘探开发中，断层解释的准确性和合理性直接影响构造成果的精度和开发方案的设计。一般来说，较大的断层可以依据地震时间剖面特征进行识别和解释并通过盆地应力场分析、变形机理研究以及工区构造样式解释其合理性，但是由于地震资料的分辨率和信噪比影响，对于小断层的识别和解释就很困难，那么在叠后地震解释中采用先进技术手段就显得尤为重要。

相干体分析技术是目前解释断层的最有效方法之一。相干体的理论依据是利用三维地震数据体中相邻道之间地震信号的相似性来描述地层、岩性的横向非均质性，相干数据体可通过量化处理地震数据体的相干属性生成。

相干体突出和强调的是地震数据的不相关性，即不连续性，所以相干体技术能生成断层的无偏差图像。当沿倾向解释断层时，常规的时间切片是有效的，而要在时间切片上精确拾取平行走向的断层是非常困难的。相干体技术能区分任意方位上的断层，有助于更精确、更有效的解释，并能展示它在三维空间的分布规律。在应用该技术时，要综合考虑以下因素：

第一、参与相干计算的道数。道数越多，平均效应越大，对断层的分辨率越低，突出的主要是大断层。相反，道数少，平均效应小，就会提高分辨率，突出小断层的分辨率。

所以在计算地震相干性时要根据研究地质目的的不同来选择参与计算的相干道数。

第二、相干时窗的选择。一般由地震剖面上反射波视周期t决定，通常取$t/2$到$3t/2$。在计算时窗小于$t/2$时，看不到一个完整的波峰或波谷，由此计算出的相干数据值小的区带可能反映噪声，不是反映小断层存在位置。在计算时窗大于$3t/2$时，由于时窗大，多个反射同相轴同时出现，计算出的相干数据值小的区带可能反映同相轴的连续性，不是断层的反映。所以时窗过大或过小都会降低对断层的分辨率。

第三、数据体效果分析，相干体技术并非对所有的数据体都相当有效，只有充分结合工区地质情况下方能得出最为合理的解释结论。

在普光气田构造解释过程中，对时窗大小和邻近道等参数的选择进行对比试验，确定计算时窗大小20ms，按5×5道相干，可使跨断层计算时断层附近相干值较低，达到突出断层引起的相干不连续性、更好地辅助解释断层的目的。如在沿飞三底层抽取的的偏移量为16ms和48ms的地震相干体切片（图6-5）上可以看出，断层存在的部位相干性较低并呈线带状分布，可以清晰地识别出普光3断层、普光7断层、老君庙南断层。

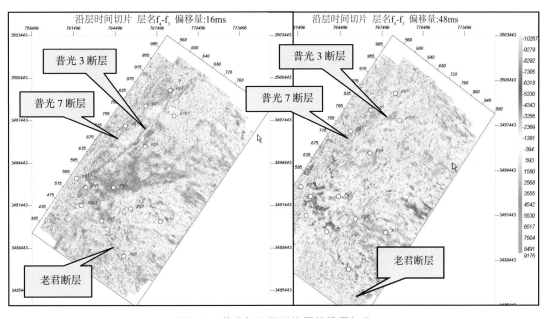

图6-5　普光气田相干体属性沿层切片

3. 地震资料精细解释

地震资料解释的关键是层位的追踪和断层解释。本区三维资料整体品质较好，层位易于追踪。但是由于存在挤压隆起带，在隆起带及其周边，断层非常发育，构造复杂，断层的解释与空间组合是解释的难点。

应用时间偏移剖面资料，利用反射波的运动学和动力学特征识别和追踪地震层位和断层。根据本区构造样式以及确定的构造解释模式，在层位标定基础上，首先进行过井剖面的解释，包括过井的主测线、联络测线及连井任意测线的解释。按照能够控制主要构造解释的原则，选择过构造主体部位测线按16×16测网密度建立骨干剖面网，通过骨干剖面的解释，了解区内各层段地震波组变化特征和区内构造整体特征、断层展布特征，确定全区大的解释方案，为精细解释打下良好基础。骨干剖面解释完成后，按照强相位追踪的原则引向全区进行对比解释。

层位精细解释中构造层采用以主测线方向剖面解释为主，联络剖面解释为辅，全区以8×8测网密度进行解释，在构造较复杂的地方进行加密解释，以达到提高地震资料精细解释的目的。断层解释以波组错断、中断、产状突变为标志，同时结合任意线、时间切片、相干切片的解释，以剖面确定断层性质，切片确定断层走向及组合，精确落实小断层，进行断层合理组合，增加解释的准确性，达到精细确定构造解释方案目的。

在构造精细解释中，通过三维地震数据体抽取任意线解释，来验证区内解释层位的统一性、是否串层追踪，落实各局部构造形态特征、面积大小、幅度高低等。为此，在构造解释过程中，我们针对不同的局部构造类型采用任意线网，进一步落实验证。

4. 变速成图技术

地震资料构造解释最终目的是提供准确构造图，而要得到精确的深度域构造图，不仅要提高地震解释本身的精度，合理的时深转换则是提高构造图精度的关键环节。由于普光气田受上覆膏盐岩与逆断层的影响，平均速度在纵向与平面上变化较大，如果用单一速度量板（以点代面）进行时深转换编制构造图，忽视了地层速度的空间变化，构造形态不落实、构造图精度低、圈闭准确定位难，严重的会导致钻井落空。采用变速成图方法，提高了构造的成图精度。

从单井的时深关系曲线看（图6-6），同一反射时间不同的井区转换出的深度相差可达200m。针对该区地层速度空间变化剧烈的特点，开展速度影响因素研究。由层速度和平均速度的概念可知，平均速度受到参与平均的各层速度及厚度的影响，所以平均速度的变化实际上是随着地层组合的变化而变化的。普光气田嘉陵江组与雷口坡组之间局部存在不整合（图6-7），造成嘉陵江组嘉四五段地层厚度平面上变化大，且嘉陵江组上部嘉四五段普遍

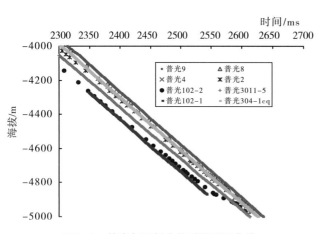

图6-6　普光气田部分井时深关系曲线

存在一套膏盐岩层，膏盐岩层为低速地质异常体，由于低速地质异常体横向上的变化（图6-8），必然导致反射波垂向旅行时在横向上产生变化，从而使水平界面的反射波同相轴不水平，厚度大的区域其下伏地层界面的反射波同相轴向下偏较多（旅行时间较长），导致速度差异较大。

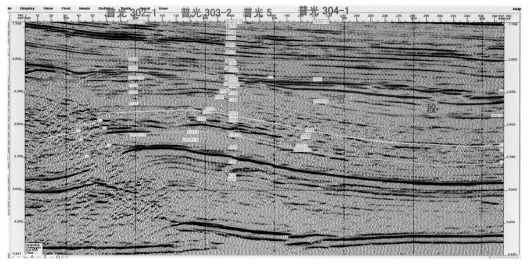

图6-7 普光气田地震剖面（Inline500）

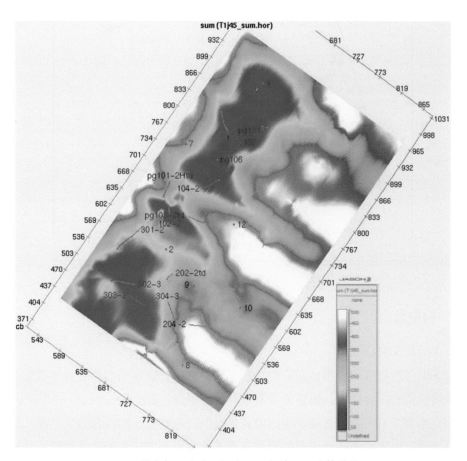

图6-8 普光气田嘉陵江组嘉四五段地层厚度等值线图

应用三维速度场变速成图的关键是三维速度的建立，通过对叠加速度进行高精度速度分析，利用声波测井制作合成记录提取大量的单井速度，对叠加速度进行粗校正；然后进一步利用嘉四五段膏盐层厚度精校正；利用叠加速度沿层反演平均速度，建立速度模型（图6-9）；选择最佳的网格参数，对T_0层位数据进行网格化，获得层位深度网格；利用钻井分层数据进行钻井深度校正，编绘高精度深度构造图。

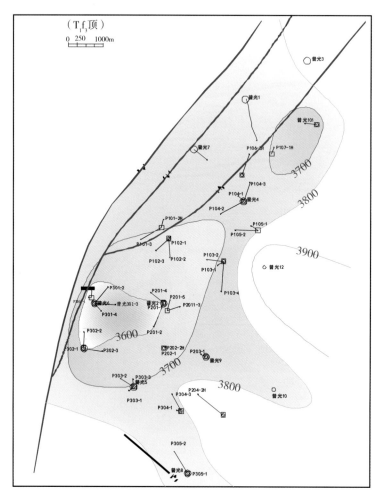

图6-9　普光气田飞仙关组飞三段顶面平均速度图

二、构造特征

（一）层位反射特征

依据2004年所处理的三维地震资料，利用完钻井测井资料的制作合成地震记录，进行了地震地质层位的综合标定，确定了主要地震反射层位（表6-1）。

TT_{1j}^4：相当于下三叠统嘉陵江组四段底界反射，为嘉五、四段膏盐岩与嘉三段灰岩、云岩的分界线。由于构造活动引起的塑性流动导致区内正向构造的主体部位膏盐层薄而两翼增厚，因此正向构造为1~2个相位的强反射而负向构造为厚度较大的杂乱反射。膏盐岩底部与围岩存在的较大的波阻抗差形成的反射包络面在工区内多数地区连续性好，是可全区追踪的区域标志层。

TT_1f^4：相当于下三叠统飞仙关组四段底界反射，岩性上以一套膏岩或泥灰岩的底部为特征划分飞四段与飞三段界线。反射特征为弱反射带中的较连续反射，由两个同相轴组成，局部地区连续性较差。

TT_1f^3：相当于下三叠统飞仙关组三段底界反射，岩性上飞三段灰岩相对较发育，而飞二段白云岩相对较发育，划分标志不明显。反射特征由一个弱相位组成。

TT_1f：相当于下三叠统飞仙关组底界反射，岩性上飞一段底部一般发育一套泥灰岩等特征划分飞一段与长兴组界线，与下伏长兴组灰岩或生物灰岩整合接触。反射特征连续性中等的低频弱反射，东岳寨、柳池等地区难以有效连续追踪。

TP_2ch：相当于上二叠统长兴组底界反射，为长兴组下部灰岩与龙潭组上部页岩、泥灰岩界面的反射。反射特征为低频较连续强反射，普光、老君庙、清溪场、东岳寨等地区连续性较好。

表6-1　主要地震反射层与地质界面对应关系

层位		地震反射特征	备注
地震	地质		
TT_3x	T_3x底	弱反射中的较强反射，连续性较好，全区可以连续追踪；为海相地层与陆相地层的分界线	区域标志层
TT_1j^4	T_1j^4底	为一套较强反射波组的底包络面，工区内多数地区连续性好	区域标志层
TT_1f^4	T_1f^4底	弱反射带中的较连续反射，由两个同相轴组成	普光地区可追踪解释
TT_1f^3	T_1f^3底	为连续性中等~较差的中弱振幅反射	全区追踪比较困难
TT_1f	T_1f底	连续性中等的中强振幅特征	普光地区可追踪解释
TP_2c	P_2c底	连续性较差的低频中弱振幅反射	普光地区可追踪解释
TP_2l	P_2l底	连续性好的低频强振幅反射	区域标志层

（二）断层性质与分布

普光气田整体构造表现为与逆冲断层有关、西南高北东低、NNE走向的大型长轴断背斜型构造。断裂系统以北东向断层为主，控制天然气分布。主要断层包括东岳寨-普光断层、普光7断层、老君庙南断层及普光3断层等4条断层。

1. 东岳寨-普光断层

位于普光气田构造的西边界，形成时期为燕山晚期。为走向NNE向，倾向SEE的逆冲断层，在T_1f反射层构造图上延伸长度为27.5km，向上断至雷口坡组内部消失，向下消失于寒武系内部，控制了双石庙-普光气田构造带的形成演化。不同构造位置断层落差不尽相同，其中，飞一段在普光气田构造为400~500m，向北断层逐渐倾没消失。

2. 普光7断层

该断层是普光–东岳寨断层的一个大型分支断层，倾向SE，倾角较东岳寨–普光断层稍陡，在目的层段呈并行排列，在寒武系地层内两条合并为一条断层，然后继续向下延伸，变为一条顺层滑脱断层。平面上，在研究区北部与普光–东岳寨断层基本呈并行排列，向南逐渐合并为一条断层。

3. 老君庙南断层

断层走向NW–SE，自东向西延伸进普光气田构造内，至普光5井附近消失，延伸长度5km左右；在剖面上呈近直立产状，向上断开飞仙关组四段，北段和中段向下消失于下二叠统内部，南段消失在上二叠统龙潭组内部。断层落差较小，为10～40m。

4. 普光3断层

走向为NE向，倾向NW，延伸长度为12km左右，向上断至嘉陵江组，向下消失于上二叠统长兴组内部，断距为40～150m。向西南与东岳寨–普光断层相交，断层落差逐渐变小，该断层将普光气田构造分为普光2块和普光3块。

（三）圈闭特征

普光气田构造为一典型的构造–岩性复合圈闭。气田西北侧受东岳寨–普光断裂及普光7断层遮挡，南部与东岳寨构造之间存在一条北西西向延伸的长兴组–飞仙关组沉积相变带为边界。由普光3断层将普光气田构造分为两个次级圈闭，即普光2圈闭、普光3圈闭。

圈闭主要发育嘉陵江组三段及其以下地层中，各层构造形态基本一致，剖面形态为同心褶皱断隆（图6-10）。在平面上普光气田构造整体表现为南宽北窄、西南高北东低、西翼陡东翼缓，与逆冲断层有关的NNE走向的大型长轴断背斜型构造，各层系构造继承性发育，构造高点在普光2～普光6井一带（图6-11）。

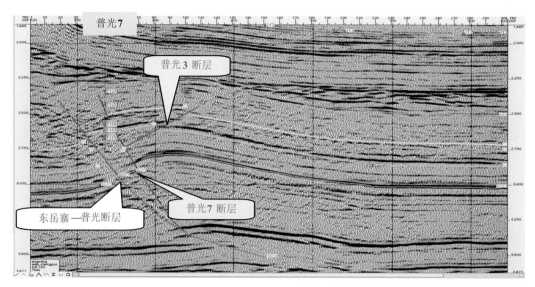

图6-10　过普光7井地震解释剖面图(主测线760)

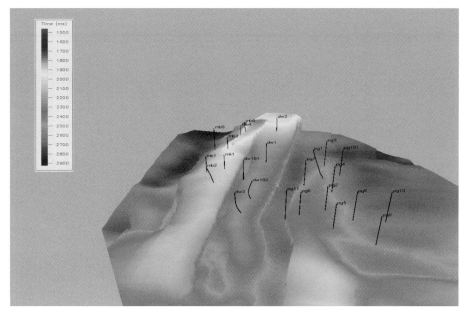

图6-11　普光气田飞四底构造三维立体图

普光2圈闭：西北分别与普光3井断层和普光7井断层（飞一段下部～长兴组）相邻，西南至相变带，东南与老君构造相邻。其西北侧由普光3井断层和普光7井断层封闭，西南侧由相变线遮挡，其东部受构造线控制，为一典型的构造-岩性圈闭，圈闭落实可靠。T_1f_1底、T_1f_3底和T_1f_4底圈闭面积分别为31.1km^2、29.5km^{2}和24.1km^2，幅度分别为590m、610m和525m。

普光3圈闭：西侧与普光7断层相邻，西南侧上部与东岳寨-普光断层相接（下部飞一段-长兴组普光3断层直接与普光7断层相交），东侧为普光3井断层，向东北逐渐倾伏。该圈闭东北受储层边界线控制，其他各方向则受断层遮挡，也是一个构造-岩性圈闭，圈闭落实可靠。由于普光3断层和普光7断层背向逆冲，导致普光3圈闭自下而上逐渐增大。T_1f^1底、T_1f^3底和T_1f^4底面积分别为4.7km^2、9.3km^{2}和11.4km^2，幅度分别为600m、650m和600m。

三、构造解释成果

普光气田于2003～2004年完成了高分辨率三维地震详查面积456.06km^2，以此资料为基础完成早期构造解释，此后，随着勘探、开发地不断深入，评价井及开发井的陆续完钻，利用构造精细解释方法开展多轮次的构造特征研究。精细的构造研究成果，不仅体现在构造解释精度上，能为井位设计确定精准深度提供依据；另一方面由于构造格局认识有所变化，及时优化调整了井位部署，节约了钻井投资。

（一）构造解释精度高

早期利用普光1、普光2、普光3、普光4、普光5、普光6、普光7、普光8、普光7侧-1井9口探井资料，采用构造精细解释技术完成深度构造井位图为大量开发井设计提供设计

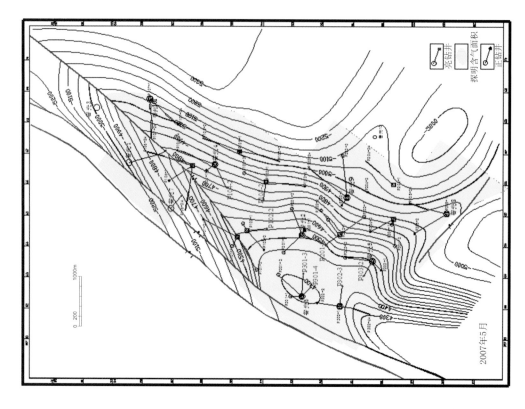

2007年5月

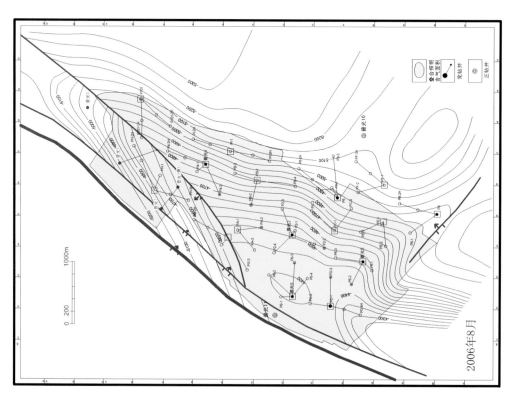

2006年8月

普光高含硫气田高效开发技术与实践

图6-12　普光气田井位构造图变化情况

依据。经过新完钻开发井证实，构造解释精度较高，已完钻的开发井实钻与设计对比，嘉陵江组、飞仙关组、长兴组等实钻地层与设计深度误差在20m以内。从图6-12井位设计前后2张构造对比图来看，设计井目的层位深度与实钻基本吻合，构造图等深线只有局部细微调整，精准的构造图保证了钻井定深准确性。

（二）增加普光3断层，落实了普光气田为两个构造圈闭

在取得普光1、普光2、普光4井钻井测试资料的基础上，2005年1月上报探明天然气地质储量$1143.63 \times 10^8 m^3$时，由于受钻井和地震资料限制，认为普光气田构造西边界仅由东岳寨–普光断层1条断层构成（图6-13）。

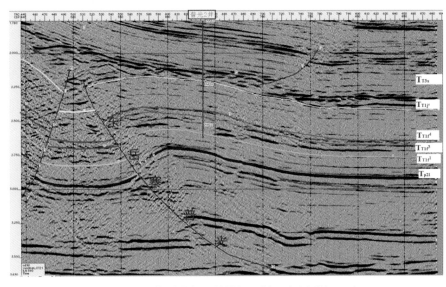

图6-13　早期普光气田地震解释剖面（主测线590）

在勘探构造研究成果基础上，进一步开展构造解释。利用相干体分析技术识别出一条北东相断层与东岳寨–普光断层相交，随后普光3井完钻，普光1、普光3井的测井资料证实该断层的存在，命名为普光3断层（图6-14）。以此为依据编制完成《普光气田滚动开发方案》（$30 \times 10^8 m^3/a$）。

（三）新识别了普光7断层，进一步落实普光3块圈闭范围

2006年2月，在增加普光3、普光5、普光6、普光7共4口评价井资料，普光气田上报天然气探明地质储量$2510.70 \times 10^8 m^3$，结合勘探构造解释成果，通过对普光7井测井资料认真地对比分析以及地震资料的精细解释，又识别出普光7断层。由此，普光气

图6-14　普光地区高阶统计量相干分析图

普光高含硫气田高效开发技术与实践

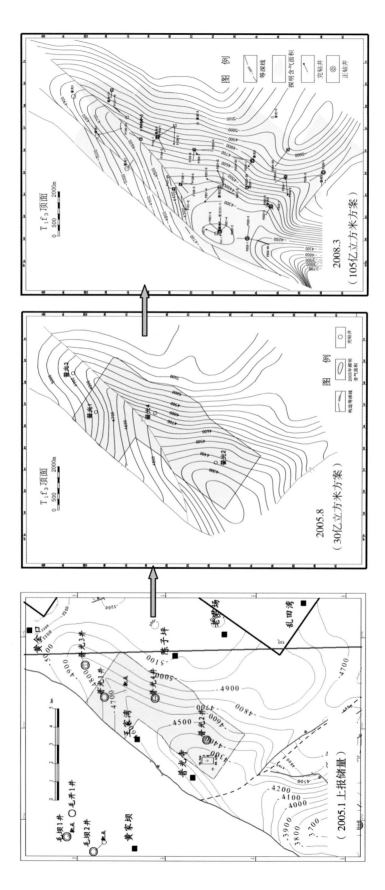

图6-15 普光气田飞三顶面构造平面图

田构造由一条普光–东岳寨断层控制，发展到识别普光3断层将普光气田分割为两个圈闭；再到落实普光7断层（图6-15），普光构造解释格局基本定型。

断层的落实过程是一个重复检验的过程。2005年10月完钻的普光7井在嘉陵江组一段5034m钻遇断层，普光7断层为东岳寨–普光断层的一条伴生断层，处于东岳寨–普光断层的破碎带，因此在地震资料上很难识别。通过振幅水平切片（图6-16）、高频相位水平切片（图6-17）等地震属性分析技术进一步识别出了普光7断层。普光7断层和东岳寨–普光断层从北向南均能连续追踪，两条断层倾向SE，普光7断层倾角较东岳寨–普光断层稍陡（图6-18）。2006年9月普光11井完钻，在T_1j钻遇多个断点，也进一步落实了普光–东岳寨和普光7断层；以东岳寨–普光断层与普光7井断层为西、东边界的普光7井下盘圈闭内部存在普光7、普光11井两口井，气层均不发育，而由普光7井向普光3块内侧钻的普光7-侧1主要目的层处于普光3块，测井解释储层较发育182.4m/24，其中Ⅰ类气层16.9m/5，Ⅱ类气层81.6m/11。以上说明普光7断层对普光气田天然气分布具有控制作用。

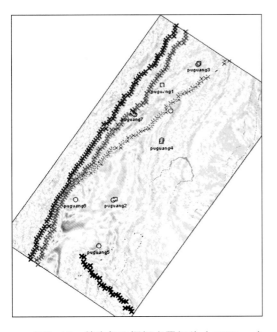

图6-16　普光气田振幅水平切片（2583ms）

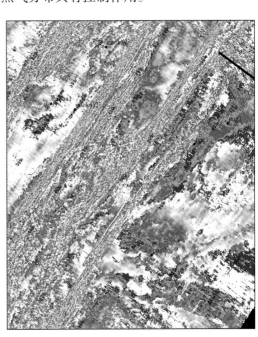

图6-17　普光气田30Hz相位切片（f_1–f_4）

根据新识别出的普光3、普光7断层，改变了气田构造认识同时，及时优化调整井位。一方面确定了普光7断层的封闭性，是普光气田控制天然气分布的控边断层；另一方面由于普光3井断层和普光7井断层背向逆冲，使得普光3块圈闭面积减小，根据储层预测新结果，认为该块主力气层展布稳定，2口开发井基本能控制该块地质储量，优化减少普光101-1、普光106-1、普光106-3H等3口井（图6-19），将普光3断块内原部署5口井优化到2口井。

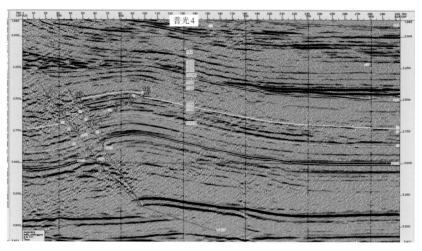

图6-18　普光气田地震解释剖面（inline734）

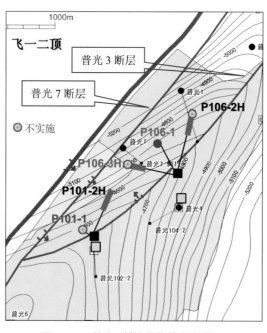

图6-19　普光3断块井位优化部署图

第二节　气水系统

识别气、水层，确定气水关系，是评价气田储量的重要依据，也是气田开发井位部署优化和井位设计的地质基础。通过储层物性、含流体性质对测井的不同响应特征，以测井理论为基础，结合实践经验，总结出适应于普光地区的气水层识方法，有效的解决了普光气田三类储层和气水过渡带气、水层识别难度大的问题，并根据气层水层识别结果重新确定了普光气田气水边界。

一、测井识别方法

普光气田Ⅰ、Ⅱ类储层和纯水层易于识别，测井特征明显。在大段的高电阻率气层和低电阻率水层段，电阻率数值相差大，其比值往往能达到几十到几百倍，同时深浅侧向在气层差异较大，而水层差异小，此时可以根据双侧向电阻率曲线、三孔隙度曲线对气水层作出直观识别。但是，在气水过渡带附近或钻井液深侵入等情况下，根据电阻率曲线难以对气水层作出直观判断，需通过采取一些具有分辨力较高的测井特征参数来识别气水层。结合实践经验和测井理论基础，总结出在普光气田常用且效果较好的储层流体性质判别方法，主要有双侧向电阻率分析法、三孔隙度重叠与差值法、孔隙度与电阻率交会图等方法。

（一）双侧向电阻率分析法

双侧向电阻率分析法是判别流体性质最基本的方法之一，主要考虑两个因素：一是深侧向电阻率绝对值的高低，二是深浅双侧向的差异。

浅侧向测井的径向探测深度为30～50cm，反映侵入带地层电阻率变化情况；深侧向的径向探测深度可达1.5～2m，基本反映了井壁周围深部原状地层的电阻率情况。在地层沉积、岩性变化稳定的地区，渗透层电阻率的高低主要取决于地层的岩性与含流体性质。对于碳酸盐岩储层，在岩性确定以后，深侧向电阻率值的高低则主要反映储层所含流体性质。

在川东北地区海相碳酸盐岩地层，尤其是飞仙关、长兴组地层中，在溶孔发育的气层段（孔隙度＞5%），侵入带孔隙空间中的可动天然气部分被泥浆滤液取代，导致侵入带地层电阻率降低，造成双侧向多为正差异，即深浅双侧向比值大于1。在水层，若泥浆滤液电阻率大于地层水电阻率，深浅双侧向呈负差异，若泥浆滤液电阻率小于地层水电阻率，深浅双侧向可能呈正差异或无差异，即深侧向电阻率值小且深浅双侧向比值小于1或约等于1。

一般通过一个地区多井资料的对比分析，就能够确定气层、水层的侧向电阻率值范围。通过分析，普光气田飞仙关组、长兴组岩性较纯（泥质含量轻）的孔隙型和裂缝-孔隙型储层，双侧向正差异、且深侧向电阻率大于100～200Ω·m以上为气层；深浅双侧向呈负差异，且电阻率低于100Ω·m为水层（图6-20）。但在钻井液深侵或裂缝发育、地层束缚水含量高的情况下，以及长兴组含泥灰岩地层，不能用此法判别储层流体性质。

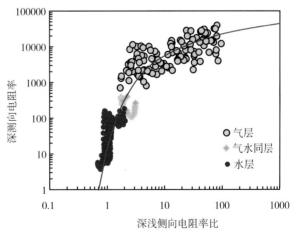

图6-20 双侧向电阻率分析法识别气层图版

（二）$P^{1/2}$正态分布法

大量资料证明，各种测量的误差基本都服从正态分布。根据这一理论，认为由电阻率资料计算出的视地层电阻率R_{wa}也有正态分布的性质。

根据纯水层的阿尔奇公式$F=R_0/R_W=a/\varphi^m$，得到视地层水电阻率$R_{wa}=R_{ta}\cdot\varphi^m$（设$a=1$）。对视地层水电阻率开方，并命名为$P^{1/2}$，即$P^{1/2}=(R_{ta}\cdot\varphi^m)^{1/2}$。从统计学的观点看，对地层某一深度点多次测量结果计算的$P^{1/2}$应满足正态分布的规律，对同一性质的一段地层进行测量计算的$P^{1/2}$值结果也应满足正态分布规律。

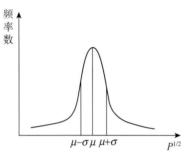

图6-21是一张正态分布的频率图，图中μ值为$P^{1/2}$中值，代表出现次数最多的值；σ为正态分布曲线的标准离差，表示测量点落在（$\mu-\sigma$）和（$\mu+\sigma$）范围内的概率是68.3%，它反映了正态曲线的胖瘦程度，即测量点越离散，σ越大。显然，当储层完全含水时，统计的正态曲线形状较尖、较瘦，而储层含气（油）时，孔隙空间中既可能含气（油）也可能水，其统计的正态曲线形状较缓、较胖。由此来判别储层的流体性质。

图6-21　正态分布曲线特征图

由于正态概率曲线的胖瘦程度是一个相对概念，不好把握，难以对流体性质作出准确判别，因此，将$P^{1/2}$的百分累计频率点在一张特殊的正态纸上，其纵坐标为$P^{1/2}$，横坐标为累计频率，并按函数$f(x)$进行刻度。

$$f(x)=\frac{1}{\sqrt{2\pi}\sigma}e^{-(x-\mu)^2/(2\sigma)^2} \qquad (6-1)$$

这样就将正态概率曲线变成了一条近似曲线，曲线越宽，σ越大，直线的斜率就越大；反之，曲线越尖，σ越小，直线的斜率就越小。因此可根据累计频率曲线斜率的变化对储层的含流体性质作出判断。即，水层斜率小，油气层斜率大，气（油）水同层，累计频率曲线为一折线。

普光2等井全井段含气，计算结果斜率大，说明未钻遇水层；普光7井5578~5590m井段累计频率曲线斜率小，证实为水层（图6-22）。

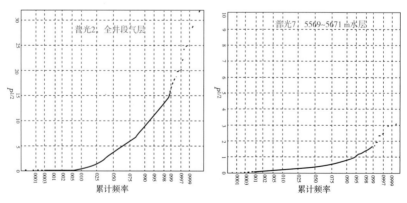

图6-22　普光2、普光7井飞仙关组储层视地层水电阻率频率图

（三）孔隙度与含水饱和度交会图法

测井解释中最经典的计算原始含水饱和度阿尔奇公式为：

$$F = \frac{R_o}{R_w} = \frac{a}{\Phi^m}, \quad I = \frac{R_t}{R_o} = \frac{b}{S_w^n} \tag{6-2}$$

由以上两式可导出：

$$\Phi^m S_w^n = \frac{abR_w}{R_t} \tag{6-3}$$

式中　　　　I——电阻增大率；

F——地层因素；

S_w——地层含水饱和度，%；

Φ——储层孔隙度，%；

R_t——目的层电阻率，$\Omega \cdot m$；

R_o——纯水层电阻率，$\Omega \cdot m$；

R_w——地层水电阻率，$\Omega \cdot m$，用地层水分析资料确定；

m、a、n、b——岩石胶结指数、比例系数、饱和度指数和系数，用岩电试验确定。

一般令$a=b=1$，尽管岩芯分析结果表明a和b都不等于1，但误差是允许的。而当$a=b=1$时，m与n基本接近，可取$m=n=c$，于是阿尔奇公式可写成：

$$(\Phi S_w)^c = \frac{R_w}{R_t} \tag{6-4}$$

当地层只含有束缚水时，含水饱和度S_w仅为束缚水饱和度S_{wi}，对应的地层电阻率为R_{ti}。此时，Φ与S_w的乘积会趋于一个常数，这个数值在一定程度上反映了岩石的孔隙类型和岩石特性。同时也说明，如果地层只含束缚水，在Φ-S_w直角坐标系交会图中，点子呈近双曲线分布特征，而水层和油气水同层却不具备此关系，交会点杂乱无章，没有双曲线分布特征。事实上，这一规律对任何储层都是存在的，只不过对含有可动水的储层，我们无法求得其束缚水饱和度而已。所以，可以从Φ-S_w交会图是否呈双曲线来判别储层的流体性质。

普光气田开发井普光301-4、普光2011-3等井孔隙度与含水饱和度交会点呈现单边双曲线，全井段均为气层，不含水；普光304-1、普光305-2等井孔隙度与含水饱和度交会点呈散点状态，存在水层（图6-23）。

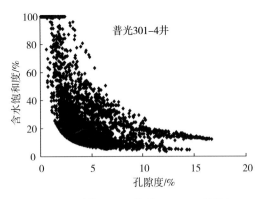
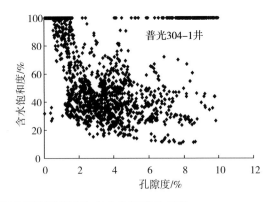

图6-23 普光301-4、普光304-1井测井解释孔隙度与含水饱和度关系图

（四）三孔隙度重叠法及三孔隙度差值法

在相同的渗储条件下，在矿物成分求准的情况下，利用测井计算的三条孔隙度曲线的数值差异可以区分水层与气层。

在含气地层中，各种孔隙度值与它们曲线的关系如下：

$$补偿声波 \Phi_s = \Phi[1 + S_{or}(\Phi_{shr} - 1)], \quad \Phi_{shr} = \frac{\Delta t_{hr} - \Delta t_{ma}}{\Delta t_f - \Delta t_{ma}}, \quad \Delta t_{ma} = \Sigma(\Delta t_{ma0} \cdot V_0) \tag{6-5}$$

$$补偿密度 \Phi_D = \Phi[1 + S_{or}(\Phi_{Dhr} - 1)], \quad \Phi_{Dhr} = \frac{\rho_{hr} - \rho_{ma}}{\rho_f - \rho_{ma}}, \quad \rho_{ma} = \Sigma(\rho_{ma0} \cdot V_0) \tag{6-6}$$

$$补偿中子 \Phi_N = \Phi[1 - S_{or}(1 - \Phi_{Nhr})], \quad \Phi_{Nhr} = \frac{\Phi_{hr} - \Phi_{ma}}{\Phi_f - \Phi_{ma}}, \quad \Phi_{ma} = \Sigma(\Phi_{ma0} \cdot V_0) \tag{6-7}$$

式中　　　　　Φ——总孔隙度，%；

S_{or}——残余油气饱和度，%；

Φ_s、Φ_D、Φ_N——岩层声波孔隙度，%、密度孔隙度，%、中子孔隙度，%；

Φ_{shr}、Φ_{Dhr}、Φ_{Nhr}——油气声波孔隙度，%、密度孔隙度，%、中子孔隙度，%；

Δt_{hr}、Δt_{ma}、Δt_f——油气声波时差，μs/ft、岩石骨架声波时差，μs/ft 和流体声波时差，μs/ft；

ρ_{he}、ρ_{ma}、ρ_f——油气密度，g/cm³、岩石骨架密度，g/cm³和流体密度，g/cm³；

Φ_{hr}、Φ_{ma}、Φ_f——油气中子孔隙度值，PU、岩石骨架中子孔隙度值，PU和流体中子孔隙度值，PU；

Δt_{ma0}、ρ_{ma0}、Φ_{ma0}——某种岩石骨架的声波时差值，μs/ft、密度值，g/cm³和中子孔隙度值，%；

V_0——某种岩石骨架的相对百分体积。

补偿中子测井孔隙度大小取决于地层含烃量的高低，从以上三式可以看出，由于气层的时差要比水层时差大，气层的密度和含氢指数都要比水层响应的密度和含氢指数低，因此，地层中若有天然气存在，将使声波孔隙度、密度孔隙度值偏大，而中子孔隙度值偏小。因而把这三种孔隙度曲线重叠在一起，就能判别储层流体性质。若储层为油气层，则补偿中子孔隙度值要小于补偿密度和补偿声波孔隙度值。反之，若是水层或干层，则补偿中子值一般会大于或等于补偿声波、补偿密度孔隙度值。

三孔隙度差值就是用视声波孔隙度减去视中子孔隙度得到一个孔隙度差，用视密度孔隙度减去视中子孔隙度得到另一个孔隙度差，利用这两个差值对称显示，从而更加直观地识别气层。这是因为，对于水层或油层，两个孔隙度差值均接近或等于零，而气层则大于零，并且含气饱和度越高，两个孔隙度差值越大（图6-24）。

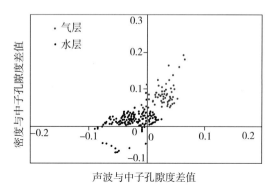

图6-24　普光气田三孔隙度差值法识别气层图

（五）孔隙度-电阻率交会法

前面介绍的电阻率判别法中，只考虑了双侧向差异和绝对值的大小，这种方法对储层物性条件接近、泥浆滤液侵入较浅的地层应有一定效果。但实际情况是，孔隙度的高低对电阻率也是有影响的，因此，在这种情况下，可以考虑使用孔隙度-电阻率交会法。

由阿尔奇公式$F=R_o/R_w=a/\Phi^m$和$I=R_t/R_o=b/S_w^n$得：

$$R_t=\frac{abR_w}{S_w^n\phi^m} \qquad (6-8)$$

两边取对数：

$$\lg R_t=-m\lg\Phi+\lg\frac{abR_w}{S_w^n} \qquad (6-9)$$

令$y=\lg R_t$，$x=\lg\Phi$，则有：

$$y=-mx+\lg\frac{abR_w}{S_w^n} \qquad (6-10)$$

可见，在双对数坐标中，R_t与Φ之间关系是一组斜率为$-m$，截距为$\lg\left(abR_w/S_w^n\right)$的直线。对于岩性稳定（$a$，$b$，$m$，$n$不变），地层水电阻率$R_w$稳定的解释井段，直线的截距仅随含水饱和度$S_w$而变。因此，可利用这组直线来定性判断油气、水层。

另外，阿尔奇方程可表示为以下形式：

$$\frac{1}{\sqrt[m]{R_t}}=\left(\frac{S_w^n}{abR_w}\right)^{1/m}\phi$$

以$1/\sqrt[n]{R_t}$为纵坐标轴，Φ为横坐标，其斜率则反映储层中流体饱和度，从而能有效的识别储层流体性质。

采用测试证实的气层、水层测井数据做孔隙度-电阻率交会图（图6-25）。普光3、普光12井测试出水的两段中，孔隙度较大、物性好的层段电阻率大都低于100Ω·m，含水饱和度大都大于50%。而普光1、普光2、普光4、普光5等井的测试段不论孔隙度大小，对应电阻率都大于100Ω·m，含水饱和度均低于30%。

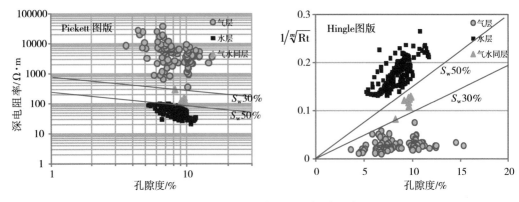

图6-25　普光气田试气井储层孔隙度-电阻率交绘图

在泥浆的侵入不太深（没有过分影响深侧向的测井响应）情况下，该方法区分水层和气层效果较好，但对区分低孔隙度的含气层（干层）与低孔裂缝性气层效果不明显。也就是说，该方法对孔隙度高的以孔隙型为主的储层（包括裂缝-孔隙型储层）识别准确率较高，而对低孔裂缝型储层不适应。

二、气水层解释结果

利用多种识别方法对完钻井进行气水层识别，通过试气、试水测试资料分析对气水层解释结果能得很好验证。

利用$P^{1/2}$正态分布法识别普光3井气水层，普光3井5245～5370m井段、累计频率曲线斜率小（图6-26），为水层特征；2006年对普光3井进行7个层段5244.5～5469.2m测试情况，除第四层5295.8～5349.3m解释为低产气层外，其他试气层段均有地层水产出，解释结论为含气水层、气水同层及水层，说明普光3井5244.5m（海拔-4872.1m）以下为气水过渡带，与正态分布法识别深度段起始值基本一致。

利用双侧向电阻率识别法对普光12井流体性质判别，电测曲线上看，飞仙关组从5949m（海拔-5113m）开始，物性好的储层电阻率下掉，而物性差的储层电阻率受岩性影响电阻率略有抬升高于100Ω·m，深浅双侧向呈正差异或无差异，综合分析认为飞仙关组5949～5992m（-5156～-5113m）为气水过渡带（图6-27）。

2008年3月普光12井在飞一-二段开展水层测试实验，进行了三开二关联作测试，测试井段：6197.2～6243.3m，厚度46.1m/3层；电测解释序号：58、60、61号层，为一、二类水层，平均孔隙度10.56%，渗透率50.1×10^{-3}μm^2。综合测井曲线、测试资料确定普光12井水顶为5592m（海拔为-5156m）。

通过对普光气田钻井气水层识别，分析认为共15口井在飞仙关组或长兴组钻遇水层，其中普光2块内12口井、普光3块3口井（表6-2）。

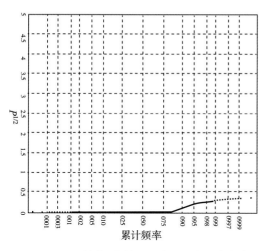

图6-26 普光3井储层视地层水电阻率频率图

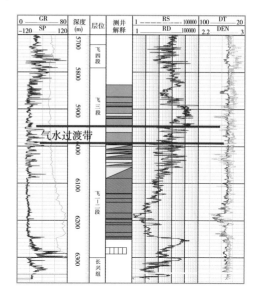

图6-27 普光12井气水界面分析图

表6-2 普光气田主体气水界面选值表

区块	层位	井号	气水界面海拔深度/m		气水界面综合选值/m
			气底	水顶	
普光3块	飞仙关组	普光106-2H	−4895.5	−4897.0	−4890
		普光7侧1	−4886.5	−4887.6	
		普光3	−4876.3	−4997.6	
普光2块	飞仙关组	普光10	−5099.1	−5123.3	−5125
		普光101	−5123.5	−5135.7	
		普光12	−5089	−5156.0	
		普光103-4	−5082.2	−5131.6	
	长兴组	普光102-1	−4984.1（测深5942）		−4985
		普光2011-3	−5057.0（测深5664.0）		−5065
		普光304-3	①−5065.2（测深5881）		
		普光305-2	①−5099.4（测深5879.0）		−5100
			②−5159.7（测深5961.4）		−5160
		普光304-3	②−5178.0（测深5711）		
		普光9	−5220.5（测深6141.5）		−5230
		普光203-1	−5215.5（测深6166.0）		
		普光8	−5234.3（测深5604.6）		

三、气水分布特征

在气、水层综合识别的基础上，利用每阶段最新录井、测井、储层研究、动态测试资料，通过单井气水层识别，结合井位分布情况和储层分布规律，研究了普光气田气水分布特征。

对普光气田气水分布认识过程是由点到面、从片面到全面的认知过程。2006年上报普光2块探明储量的基础上编制完成《普光气田主体开发方案》时确定普光2块飞仙关组、长兴组为一套气水系统，气水界面在-5230m，普光3块气水界面为-4990m；2008年开发井全部完钻，利用气水识别图版跟踪识别新完钻井气水层，结合新完钻评价井试气结果，重新确定气水界面，认为普光气田气水关系复杂，存在多套气水系统：普光2块与普光3块之间、飞仙关组与长兴组之间、长兴组内部均为不同的气水系统。

（一）普光2块飞仙关组气水关系

普光气田上报完成天然气探明地质储量$2782.92 \times 10^8 \text{m}^3$时，已完钻预探井、评价井和开发井共23口井中飞仙关组均未钻遇水层，但在长兴组构造低部位的普光8、普光9井钻遇水层，根据完钻的评价井、开发井的钻井、测井、试气结果分析认为普光2块飞仙关组气藏满块含气，与长兴组气水界面统一，为-5230m（图6-28）。

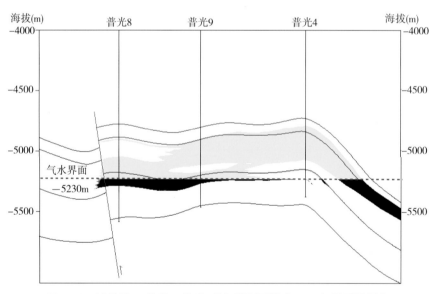

图6-28 过普光8~普光9~普光4井气藏剖面图（2006年探明储量）

2007年以来，随着大批评价井、开发井完钻，增加了丰富的气井动静态资料，通过多口井储层对比分析，飞仙关底部存在以一套泥晶白云岩、泥晶灰岩和泥质灰岩岩性为主的非储层段，可作为长兴组与飞仙关组的隔层，将飞仙关组和长兴组分为两套气水系统；依据普光2块钻遇水层的普光10、普光12、普光101、普光103-4井4口井电测与试气、试水资料分析，认为普光2块飞仙关组存在边水，具有统一的气水界面为-5125m，比原确定的气水界面高105m（图6-29）。

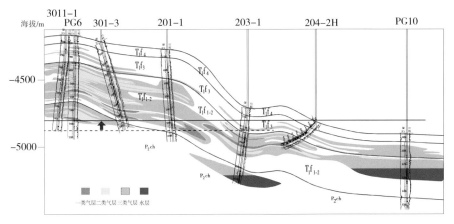

图6-29 过普光6~普光203-1~普光10井气藏剖面图

（二）普光2块长兴组气水关系

普光气田东南翼完钻的普光304-3、普光304-1（侧前）、普光305-2、普光203-1、普光102-1、普光2011-3井6口开发井在长兴组钻遇水层，气水界面各不相同（图6-30），与当时由普光8（5604.6m海拔-5234.3m）、普光9井（6141.5m海拔-5220.5m）测井和试气资料确定的长兴组气水界面-5230m都不一致。根据地质认识长兴组为点礁沉积，每一礁体储层为岩性封闭，在成藏过程中易形成具有不同气水关系的独立气藏。目前，生产动态资料显示普光304-1礁体和普光305-2井连通，通过礁体预测分布及8口井单井分析，认为长兴组有6套气水系统，分别为普光102-1单元（气水界面-4985m）、普光2011-3单元（气水界面-5065m）、普光9单元（气水界面-5230m）、普光304-3单元（气水界面-5065m）、普光304-1cq~305-2单元（气水界面-5100m）、普光8井单元（气水界面-5230m）。气水界面高低受构造控制，最低点位于构造低部位普光8、9井区。

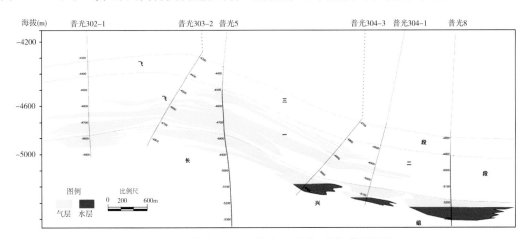

图6-30 普光302-1~普光5~普光8井气藏剖面图

（三）普光3块气水系统

普光3块在上报储量时，根据普光3井7个层段测试情况，确定气底5349.3m（海拔-4976.3m），测井解释水顶5369.5m（海拔-4997.6m），综合确定气水界面海拔-4990m（图6-31）。

2008年3月，普光3块新完钻的开发井普光106-2H于井深6537m（海拔-4897.0m）钻遇明显水层，其深侧向、浅侧向电阻率约在50Ω·m左右，平均孔隙度7.2%，平均渗透率2.03%，确定气水界面为-4897.0m。

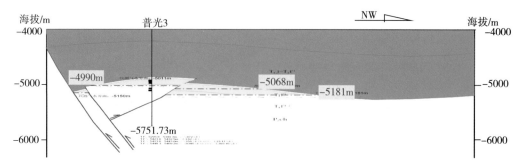

图6-31 普光2井区探明地质储量时普光3井气藏剖面

进一步分析普光3井测井、试气资料，在5288（-4915.1m）~5338m井段，好储层电阻率已明显下降，且试气有少量水，分析应为气水过渡带，该层段储层与普光106-2H连通性差，与本井下部主力储层段之间有明显隔夹层。而2006年4月完钻的普光107-侧1井，综合测井与试气资料分析认为气水界面应在5578.7m（海拔-4887.6m），与普光106-2H井一致。同样从普光3块储层预测看，普光3块T_1f_{1-2}普光101-2H—普光106-2H—普光3井主力储层连续稳定分布（图6-32），应具有统一气水界面。

因此，综合确定普光3块飞仙关组气水界面为-4890.0m（图6-33），比原认识提高100m。

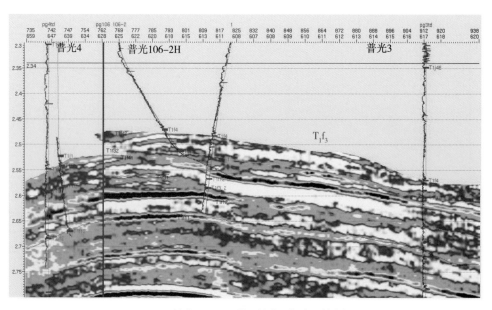

图6-32 普光106-2H井~普光3井波阻抗剖面图

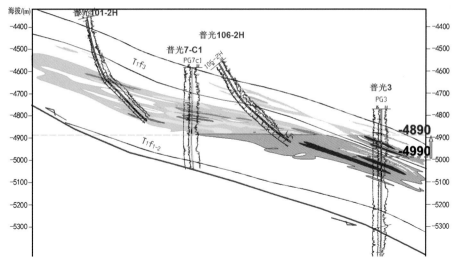

图6-33 普光101-2H井~普光7侧1~普光106-2H~普光3井气藏剖面图

普光气田气水分布不但与沉积相带鲕礁滩储层的存在相关，而且气水界面的高低受构造控制，表现为构造高位部位气水界面高，低部位较低的现象，符合气藏气水分布规律，同时也进一步说明对普光气田气水系统特征研究是正确。

根据气水关系研究新认识，对气水边界附近气井进行了优化调整，共优化了普光105-1、普光204-2井 2口井井型，提出普光107-3H、普光105-3H等8口新井不实施，普光101井不利用（图6-34）。

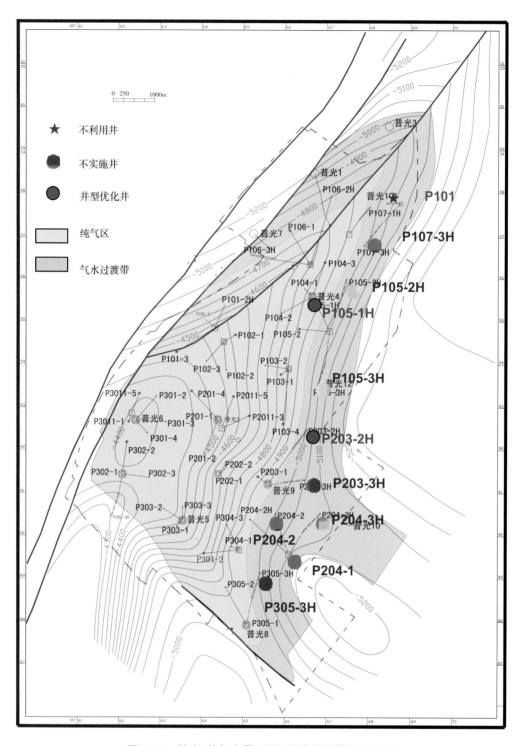

普光高含硫气田高效开发技术与实践

图6-34　普光2块气水界面附近井位部署优化示意图

第七章 高含硫气井产能评价

气井的产能试井和产能评价是预测气井产能、分析气井动态、了解气井生产能力的最重要的方法，在气田开发中具有十分重要的地位，准确评价气井产能，是优化设计气田开发方案的基础，对实现气田科学高效开发具有重要作用。

普光气田高含硫化氢，采用常规放喷燃烧方式试气测试时间短，再加上含气井段长、非均质性强，给准确评价气井产能带来很大困难。针对普光气田产能评价问题，开发初期，运用气井渗流理论，在系统分析影响气井产能评价主要因素的基础上，提出了针对探井短时测试资料的气井产能评价方法-模拟校正法，对测试井产能进行评价和预测，编制完成了气田初步开发方案；在产能建设阶段，为进一步落实产能，引进配套焚烧炉和EE级/HH级放喷试气组合流程，对高含硫气井开展长时间系统试气，建立了考虑酸压增产和层间干扰的长井段气井产能预测方法，并采用多种方法研究确定普光气田气井合理配产。开发井生产状况表明，气井达产率100%，为实现方案设计的产能指标起到了关键作用。

第一节 探井短时测试资料产能评价

普光气田高含硫化氢，在脱硫厂和生产管线建成之前采用多工作制度稳定试井方法确定气井产能成本高、风险大，气藏投产前基本没有进行过系统测试，主要采用单点测试。因此，在开发前期评价阶段，根据测试资料状况，如何比较准确的评价和预测气井的产能是圆满完成开发方案设计的基础。为此，针对普光气田探井测试资料的特点，在系统分析不同产能评价方法的适用条件以及影响气井产能的主要因素的基础上，研究适合于普光气田的短时测试气井产能评价方法，为准确评价气井产能和确定气井合理产量提供依据。

一、气井产能短时测试资料分析

普光气田飞仙关-长兴组气藏有9口探井24个层段的产能测试资料，通过分析探井的产能测试资料，普光气田气井产能测试具有以下特点：

（1）受流体组分高含硫化氢影响，气井测试方式简单。

普光气田天然气组分中硫化氢含量高，具有强烈的腐蚀性和剧毒性，给气井安全测试和现场HSE管理带来巨大的挑战。所有探井产能测试主要采用一开一关或二开一关的工作方式，每个开井测试段采用1~4个工作制度，开井时间最长27.4小时。

（2）单个工作制度的开井时间短，压力波动比较大，大部分测试井的井底流压未达到稳定。

普光气田探井多采用"短时测试"，单个工作制度开井测试时间多在2~10h，对于渗透性较好的飞一~二段储层，个别层段基本达到稳定流动阶段，大部分储层段因测试时间短，压力未稳定（图7-1、图7-2），如普光2井飞三段酸压后测试，从测试产量、压力曲线与时间的关系可以明显看出，测试过程中井口压力、井底流压急剧下降，没有达到稳定，无法用常规的产能评价方法求取气井无阻流量。而且普光气田储层纵向、横向非均质性都较强，由于测试生产时间短，泄气半径小，难以反映出储层非均质性对气井产能的影响，给产能评价工作带来困难。

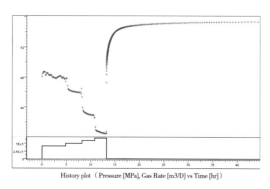

图7-1　普光5井长兴组压力及流量曲线

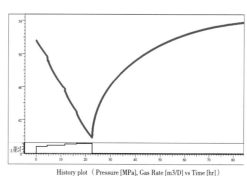

图7-2　普光2井飞三段压力和产量曲线

（3）部分探井测试层段压差大，流压下降快。

普光气田大部分获工业气流的未酸压气井测试层段生产压差很大（11.15~42.91MPa），表明气井未酸压改造情况下稳产条件较差。部分气井测试工作制度设计不合理，油嘴大，产量过高，流压快速下降，二项式曲线出现倒置现象，难以用常规产能评价方法进行产能评价。

上述问题的存在，给准确评价普光气田的气井产能带来了挑战。

二、气井产能评价方法研究

气井产能评价是以产能试井理论为基础，根据开井生产所取得的产气量、井底压力及井口油、套压等测试资料，确定气井产能方程式和绝对无阻流量，预测气井的生产能力。

气井产能测试方法主要有常规回压试井、等时试井、修正等时试井和"一点法"测试。"一点法"试井是评价气井产能的一种简便方法，由于只需测试一个工作制度的产量和井底压力，其优点是可大大缩短测试时间，减少气体放空造成的浪费，该方法在中途测试和完井试气中应用较多。

普光气田探井多工作制度系统测试资料少，主要采用单点测试。因此，根据普光气井测试方式和测试资料特点，研究适合普光气田的产能评价方法。

（一）"一点法"公式的分析

"一点法"公式是在二项式产能方程的基础上，通过统计分析气井的稳定试井、等时试井或修正等时试井资料并归纳总结得到的经验公式。其无阻流量计算公式为：

$$q_{AOF} = \frac{\dfrac{2(1-\alpha)}{\alpha} q_g}{\sqrt{1 + 4\left(\dfrac{1-\alpha}{\alpha^2}\right) P_D} - 1} \qquad (7-1)$$

式中　　$P_D = \dfrac{P_R^2 - P_{wf}^2}{P_R^2}$；$q_D = \dfrac{q_g}{q_{AOF}}$；

　　　　P_R——地层压力，MPa；

　　　　P_{wf}——井底流动压力，MPa；

　　　　q_{AOF}——无阻流量，$10^4 m^3/d$；

　　　　q_g——气井产量，$10^4 m^3/d$。

从式（7-1）可以看出，影响"一点法"经验产能公式的主要参数是α。α为经验统计参数，与二项式产能方程中的系数A、B有关，可以通过多工作制度系统测试确定的二项式产能方程求得。气藏的储层特征、储层物性、流体性质不同，得到的"一点法"经验公式有较大的不同，各气田根据系统试气资料推导的"一点法"公式很多，适用条件各不相同。

1. 陈元千"一点法"公式

陈元千"一点法"产能公式是由四川不同气田16口气井的矿场实测资料统计得出的，α系数的统计均值为0.25，该方法在四川气田得到广泛应用。其二项式表达式为：

$$q_{AOF} = \frac{6q_g}{\sqrt{1 + 48P_D} - 1} \qquad (7-2)$$

式中变量及单位同前。

现场应用实践表明，陈元千"一点法"公式对中、高渗储层气井产能预测具有较好的适应性。

2. 罗家寨改进"一点法"公式

罗家寨改进"一点法"公式是中石油西南分公司研究院同志提出的，是根据罗家寨气藏罗家6井、罗家7井和罗家11H井稳定试井或修正等时试井数据总结分析形成的经验公式。表达式为：

$$\frac{P_R^2 - P_{wf}^2}{P_R^2} = \frac{2}{1 + \sqrt{1 + C_1 k^2 P_R^2}}\left(\frac{q_g}{q_{AOF}}\right) + \left(1 + \frac{2}{1 + \sqrt{1 + C_1 k^2 P_R^2}}\right)\left(\frac{q_g}{q_{AOF}}\right)^2 \qquad (7-3)$$

式中

$$C_1 = \frac{4B}{A^2 k^2};$$

A、B——为二项式产能方程系数;

$\quad\quad k$——气层有效渗透率。

实际应用时,根据实际的系统产能测试资料,求出气井二项式产能方程,即可以确定出常数C_1。罗家寨改进"一点法"公式$C_1=0.000434$。研究表明,该公式适合于气井产量大、生产压差小的罗家寨这类裂缝-孔隙性气藏高产气井,此外,在用该公式计算气井产能时,需要压力恢复数据确定储层有效渗透率。

3. 川东"一点法"公式

川东"一点法"公式是利用川东地区不同类型气井稳定试井和完井测试资料分别计算无阻流量,并与陈元千"一点法"公式计算结果比较,对其进行误差统计分析,再根据无阻流量大小将气井分为三种类型,进行校正,归纳总结出的不同类型气井"一点法"公式。

公式一(α值为0.26): $\quad q_{AOF} = \dfrac{5.69 q_g}{\sqrt{1+43.78 P_D}-1}$ (7-4a)

公式二(α值为0.22): $\quad q_{AOF} = \dfrac{7.09 q_g}{\sqrt{1+64.46 P_D}-1}$ (7-4b)

公式三(α值为0.12): $\quad q_{AOF} = \dfrac{14.67 q_g}{\sqrt{1+244.4 P_D}-1}$ (7-4c)

川东"一点法"三种公式适用条件:公式一适用于无阻流量小于$100 \times 10^4 \mathrm{m^3/d}$的气井,公式二适用于无阻流量在($100 \sim 300$)$\times 10^4 \mathrm{m^3/d}$之间的气井,公式三适用于无阻流量大于$300 \times 10^4 \mathrm{m^3/d}$的高产气井。

4. 川东北"一点法"公式

胜利石油管理局井下作业公司地质研究所根据川东北地区5个气层系统试井资料确定α值为0.282 ~ 0.88,平均0.635,得出川东北"一点法"经验公式:

$$q_{AOF} = \frac{1.16 q_g}{\sqrt{1+3.664 P_D}-1}$$ (7-5)

分析上述"一点法"产能公式,可以看出,当井底压力趋于零时,计算的无阻流量趋近于实测产量。因此,只要生产压差足够大,用各种"一点法"公式计算的无阻流量基本一致。表7-1是用各种一点法公式计算的普光气田测试段无阻流量结果表。从普光实际试气资料分析看,当试气生产压差达到地层压力的25%以上时,陈元千"一点法"公式以及川东北各种"一点法"公式计算的无阻流量相近。也就是说,测试压差超过地层压力的

25%时，气井"一点法"计算的无阻流量几乎与α值的大小无关。

普光气田目前气井试气资料生产压差较大，一般大于地层压力的25%，而陈元千"一点法"产能公式是由四川多口碳酸盐岩气藏实测资料归纳出来的，具有一定的实用性。因此，普光气田气井无阻流量的计算可以采用陈元千教授的"一点法"公式。

表7-1　各种"一点法"公式计算无阻流量表

井名	层段	测试层段/m	$\triangle p$	陈元千"一点法"	指数式"一点法"	普光公式	罗家寨公式	川东公式
普1井	飞一~二下	5610.3~5666.24	20.4	56.3	56.0	61.3	60.9	56.0
普2井	飞一~二中	5027.5~5102	29.5	71.6	70.1	74.7	70.9	71.4
	飞一~二上	4933.8~4985.4	42.9	23.3	22.4	23.5	23.8	23.3
	飞三段	4776.8~4826	41.4	28.5	27.4	28.7	29.1	28.4
普4井	飞一~二中	5759.3~5791.6	15.4	90.2	91.3	103.5	92.8	89.4
普5井	飞三段	4830~4868	45.8	15.8	15.2	15.9	16.0	15.8
普6井	飞一~二中	5030~5160	33.8	36.0	34.9	36.9	36.0	35.9
	飞三段	4850.7~4892.8	25.8	48.4	47.6	51.1	49.3	48.2

（二）短时测试气井产能评价方法

由于普光气藏探井主要采用一开一关的"短时测试"，大部分气井井底压力未稳定，造成常规产能评价方法确定的气井无阻流量存在误差。因此，为消除测试时间短、压力未稳定对气井产能评价结果的影响，研究提出短时气井产能评价方法—模拟校正法，对气井的产能评价结果进行校正。

1. 影响气井产能评价结果的因素分析

对于一口气井，在储层物性已确定的情况下，影响气井产能评价结果的因素主要就是测试方法和测试条件，如测试时间和测试压力等。

气井生产未达到稳定时，气井二项式产能方程为：

$$p_i^2 - p_{wf}^2 = A_t q_g + B q_g^2 \tag{7-6}$$

$$A_t = \frac{42.42 T p_{sc} \bar{\mu}_g \bar{z}}{k h T_{sc}} \left(\lg \frac{8.085 kt}{\phi \bar{\mu}_g \bar{c}_t r_w^2} + 0.87S \right) \tag{7-7}$$

$$B = \frac{36.91 T p_{sc} \bar{\mu}_g \bar{z}}{k h T_{sc}} \cdot D \tag{7-8}$$

气井生产达到稳定时，二项式产能方程为：

$$\overline{p}_R^2 - p_{wf}^2 = Aq_g + Bq_g^2 \tag{7-9}$$

$$A = \frac{84.84 T p_{sc} \overline{\mu}_g \overline{z}}{k h T_{sc}} \left(\lg \frac{0.472 r_e}{r_w} + 0.434 S \right) \tag{7-10}$$

气井绝对无阻流量为：

$$q_{AOF} = \frac{-A + \sqrt{A^2 + 4B(p_R^2 - 0.101^2)}}{2B} \tag{7-11}$$

式中　p_t、$\overline{p}_R$——原始地层压力、平均地层压力，MPa；

$\quad\quad p_{wf}$——井底流动压力，MPa；

$\quad\quad q_g$——气井产量，$10^4 m^3 d$；

$\quad\quad T$——气层温度，K；

$\quad\quad k$——地层渗透率，μm^2；

$\quad\quad h$——地层厚度，m；

$\quad\quad p_{sc}$——标准状态压力，$p_{sc}=0.101325MPa$；

$\quad\quad T_{sc}$——标准状态温度，$T_{sc}=293.15K$；

$\quad\quad \overline{\mu}_g$——气体黏度，$mPa \cdot s$；

$\quad\quad \overline{z}$——气体偏差系数；

$\quad\quad S$——污染系数；

$\quad\quad D$——紊流系数；$(10^4 m^3/d)^{-1}$；

$\quad\quad r_w$、r_e——井眼半径、外边界距离，m。

由式（7-7）可知，气井产能方程系数A_t是时间的函数，时间不同，A_t的值不同，此时确定的气井产能也不相同，因此如果气井试气未达到稳定时，反映的是气井的瞬时产能，并非气井的稳定产能。

由陈元千"一点法"产能公式同样可以看到，气井测试时间对产能计算结果有很大影响，如果测试时间短，流压p_{wf}不稳定，则计算的气井无阻流量偏高。图7-3是采用不同延时生产时间的井底流压，采用陈元千公式计算的气井无阻流量随生产时间的变化关系。从图中可以看出，随测试时间的延长，气井的绝对无阻流量不断降低，但当测试时间达到拟稳定后，气井的无阻流量的变化将很小。从图中还可以看到，在开井初期，无阻流量的计算结果对井底压力极为敏感。

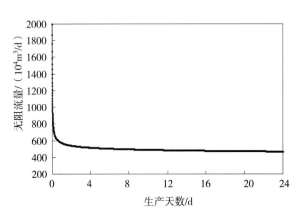

图7-3　测试时间与无阻流量的变化曲线

因此，要想获得可靠的气井产

能，必须达到一定的测试时间（大于或等于拟稳态时间），即探测半径达到气井所控制的范围，否则计算的无阻流量会产生较大误差，如果测试时间过短，气井远未达到稳定，此时计算的无阻流量偏大；如果测试时间过长，则会在储层中形成一定的压降，储层偏离原始状态，使评价结果偏小。

2. 短时测试气井产能评价方法

根据产能试井理论，一点法测试和系统试井产能评价方法都要求所有测试点达到稳定流动，而等时和修正等时试井也要求延时测试点必须达到稳定流动。因此，这类方法很难适应普光气田气井短时测试产能评价的需要。模拟校正法就是在多工作制度或一点法测试的基础上，利用现有测试资料，模拟气井达到稳定流动的井底压力，而对常规产能评价方法进行改进的分析方法。

模拟校正法确定气井产能的思路：

（1）利用一口气井试气关井压力恢复测试资料，进行不稳定试井解释，分析确定测试层和测试井的储层参数（图7-4），建立起反映测试井地层特性的单井地质模型。

（2）采用建立的测试井地质模型，模拟气井产能试井过程（图7-5），即试气过程中压力变化，确定达到拟稳定阶段的井底流动压力。

由气井稳定二项式产能方程和未稳定产能方程，可以推得气井达到拟稳定流动阶段所需的时间为：

$$t = \frac{0.02756\phi\overline{\mu}_g c_t r_e^2}{k} \tag{7-12}$$

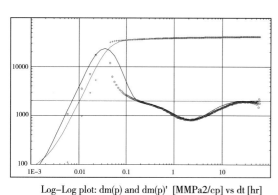

Log–Log plot: dm(p) and dm(p)' [MMPa2/cp] vs dt [hr]

图7-4 普6井长兴组上部实测压力及其导数曲线

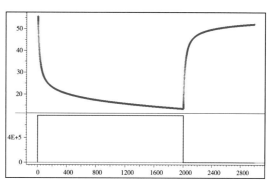

History plot (Pressure [MPa], Gas Rate [m3/D] vs Time [hr])

图7-5 模拟试气井底流压变化图

（3）用测试井试气的产量、地层压力以及确定的稳定井底流动压力，根据测试资料情况，选择适合这类气藏的"一点法"公式或多工作制度产能评价方法评价气井产能。

模拟校正法是针对高含硫气藏气井测试时间短、井底压力未稳定、确定的气井产能偏高而提出的校正方法，此方法的理论基础是用气井不稳定试井资料建立反映气藏动态特性的地质模型，进而评价气井产能。因此该方法还可用于其他因测试时间短而影响气井产能评价结果的气藏，如低渗、特低渗气藏。

3. 普光6井产能测试资料分析

普光6井在飞一～二段中部（4992.5～5158m）进行了酸压改造，酸压后进行了一开一关测试，测试时间6小时20分钟，井底压力52.35MPa，生产压差2.15MPa，产量128×10⁴m³/d，没有达到稳定，测试后关井恢复115小时。

为评价普光6井酸压效果，应采用普光6井酸压后关井压力恢复测试资料，进行不稳定试井解释（图7-6），确定储层物性参数及单井地质模型（表7-2），根据确定的普光6井飞一～二段中段地质模型模拟单点试气压力变化，让气井以128.15×10⁴m³/d定产量生产1个月，井底压力随时间变化关系见图7-7。

表7-2　普光6井飞一～二段中部酸压后压力恢复测试解释结果表

地层系数/ 10⁻³μm² · m	渗透率（内/外）/ 10⁻³μm²	表皮系数	井筒储集（初/终）/ （m³/MPa）	内外区边界/m	外推压力/MPa
326	2.41/4.02	-4.6	2.34/0.0023	109	54.53

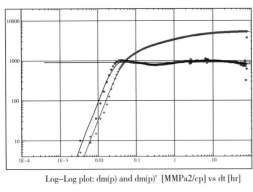

图7-6　普光6井飞一～二段中压力及其导数曲线

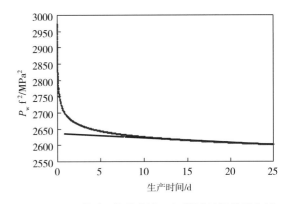

图7-7　普光6井井底流压与测试时间关系曲线

从图中可以看出，气井井底压力在开井初期急剧下降，当测试时间达到10天左右时基本稳定，此时稳定井底流压为51.34MPa，生产压差为3.93MPa。

应用一点法产能公式和修正后的井底流压，计算了普光6井酸压后无阻流量，结果为438.5×10⁴m³/d。而采用测试初期7小时不稳定的井底流压数据计算的无阻流量为663.3×10⁴m³/d，比用短时气井产能评价方法确定的稳定时的无阻流量偏大51%。

（三）压力恢复资料评价气井产能

根据气体渗流理论，对于具有边界限制的气区，当压力变化波及到边界以后，或者说地层压力变化进入拟稳态以后，气井产量与压差的关系式为：

$$\overline{p}_R^2 - p_{wf}^2 = \frac{84.84 T p_{sc} \overline{\mu}_g \overline{z}}{k h T_{sc}} \left(\lg \frac{0.472 r_e}{r_w} + 0.434 S + 0.434 D q_g \right) \tag{7-13}$$

从式（7-13）可以看出，只要知道气井储层物性参数和流体高压物性参数，以及井网条件和完井条件r_e、r_w值，非达西流系数D，即可求出气井二项式产能方程。

非达西流系数D对于气井生产是非常重要的特性参数，也是一个难以准确确定的参数。正确确定的方法是：改换不同的油嘴，测压降或压力恢复曲线，求得拟表皮系数与产气量的关系，经回归得到D值。但如果未能进行这种测试时，可以通过下式计算。

$$D = \frac{2.191 \times 10^{-14} \beta \gamma_g k}{\overline{\mu}_g h r_w} \qquad (7-14)$$

速度系数：$\beta = \frac{7.644 \times 10^{10}}{k^{1.5}}$

式中变量单位同前。

普光气田所有探井试气后，都进行了关井测试，取得了比较完整的压力恢复资料。因此，可以采用压力恢复试井资料确定的地层物性参数（kh）及流体高压物性参数，用式（7-8）和式（7-10）直接计算二项式产能方程系数A和B，由此确定气井产能方程和无阻流量。

压力恢复资料确定气井产能的方法适用于测试段流动不稳定，但压力恢复较为充分的测试井的产能评价。

三、普光气田探井试气产能评价

普光气田飞仙关-长兴组气藏完钻探井中，有8口井18个层段测试获得高产工业气流，其产能测试方法主要采用一开一关或二开二关的工作方式。利用前面提出的产能评价方法，针对各层段不同类型测试资料的特点，分别采用陈元千"一点法"、模拟校正法和关井压力恢复法对测试层段进行产能评价，计算出各测试段的无阻流量，并在此基础上，确定出飞仙关、长兴各层段单位地层系数（kh）的无阻流量，再应用叠加原理求取全井段产能。

（一）测试层段无阻流量

1. 长兴组测试层段无阻流量

普光气田探井长兴组气层试气生产压差小，测试时间短，而测试时间的长短对产能影响较大，因此，对长兴组进行产能评价时，首先采用前面提出的模拟校正法模拟产能试井曲线，确定出试气达到稳定的井底压力，然后用陈元千"一点法"公式计算产能。采用模拟校正法和压力恢复法计算的长兴组气藏各测试层段的无阻流量结果见表7-3。

表7-3　长兴组测试层段一点法无阻流量计算表

井名	层段	测试段/m	压力恢复法/（$10^4 m^3/d$）	无阻流量/（$10^4 m^3/d$）
普光2	长兴	5237～5281.6	110.2	84.8
普光5	长兴	5141～5243.8	132.9	92.5
普光6	长兴	5295～5385.2	134.2	98.7
普光8	长兴	5509～5592		18.6

从表7-3中可以看出，普光气田长兴组气层产能在平面上有较大差异，构造高部位普光2、普光5、普光6井长兴组气层产能高，无阻流量为（84.8～98.7）×10⁴m³/d，而构造低部位普光8井长兴组无阻流量很低，只有18.6×10⁴m³/d，这与构造高部位长兴组储层物性较好、低部位物性较差的特征一致。

2. 飞仙关组测试层段无阻流量

由于飞仙关各层段试气生产压差大，时间对产能计算结果影响不大，不需校正，因此，应用测试数据采用陈元千"一点法"以及压力恢复法计算飞仙关组气藏各测试层段无阻流量，结果见表7-4。

表7-4 飞仙关组各测试层段一点法无阻流量计算表

井名	层段	测试段/m	压力恢复法/（10⁴m³/d）	无阻流量/（10⁴m³/d）
普光1	飞一～二中	5610.3～5666.2	49.4	56.3
普光2	飞三	4776.80～4826	18.9	33.2
	飞一～二上	4933.9～4985.4	16.9	23.3
	飞一～二中	5027.50～5102	74.9	71.6
普光4	飞一～二下	5759.3～5791.6	92.7	90.2
普光5	飞三	4830～4868	16.2	15.8
普光6	飞三	4850.7～4892.8		48.4
	飞一～二中	5030～5160	55.0	35.4
普光7-侧1	飞一～二上	5484.7～5546.7	25.1	20.7
	飞一～二中	5571.7～5590.7	46.4	35.9
普光9	飞一～二中下	5915.8～6099.5	133.0	121.4
	飞一～二中下	5915.8～5993（酸压）	266.4	275.8

从表7-4中可以看出，普光飞仙关组各层段纵向上产能表现出明显差异，飞一～二段中、下部气层的产能高；飞一二上、飞三层段产能低，这说明飞一～二段中下部是普光飞仙关组气藏的主力产层。

（二）气井酸压效果分析

通过试井分析可知，普光和罗家寨气田飞仙关组气藏大部分气井在钻井、完井过程中，产层存在严重污染。为提高单井产量，普光、罗家寨气田飞仙关组气藏进行了部分气井的酸化或酸压改造。表7-5是酸化或酸压前后试气结果表，其中普光6、普光9井和罗家6井酸化层段以Ⅰ、Ⅱ类储层为主，普光2井酸压层飞三段以Ⅲ类气层为主。从表中可看出，飞仙关组不同类型储层酸化或酸压后都有一定的增产效果，普光气田测试段无阻流量酸化或酸压后增长倍数平均为1.42，罗家寨飞仙关组气藏罗6井酸化后产能增加2.56倍。由此可见，高含硫碳酸盐岩气藏通过酸化和酸压可以改善近井地带储层的渗流条件，提高单井产量。预计普光气田飞仙关组储层酸压后气井产能可提高1倍以上。

表7-5　普光和罗家寨气田措施改造前后试气结果表

气藏	井名	层段	射孔有效厚度/m	措施前有效渗透率/$10^{-3}\mu m^2$	措施前表皮系数	措施前无阻流量/（$10^4 m^3/d$）	措施后无阻流量/（$10^4 m^3/d$）	无阻流量提高倍数/倍
普光	普光6井（酸化）	飞一~二中	98.1	7.17	210	133	350.5	1.64
	普光9井（酸化）	飞一~二中下	60.4	8.34	5.85	121.4	275.8	1.27
	普光2井（酸压）	飞三	25.1	1.03	2.37	33.2	77.8	1.34
	平均							1.42
罗家寨	罗家6井（酸化）	飞仙关		11.77	36.1	75.1	267.3	2.56

（三）气井全井段产能预测

普光气田储层巨厚，生产层位多，各探井在测试过程中，采用分层测试的方式，而且每一层都没有全部射开，只是射开部分层段进行测试，因此，需准确分析预测全井段生产井产能，这对气田开发方案的制定具有重要意义。

普光气田长井段产能预测是以测试层段评价结果为基础，综合考虑投产工艺措施等对产能的影响，再应用叠加原理求取全井段产能。具体思路是：依据各测试层段产能评价结果，分析对应层段无阻流量和地层系数，确定不同测试层段（长兴、飞仙关）单位地层系数的无阻流量；预测新井全井段无阻流量时，采用不同测试层段（长兴、飞仙关）单位地层系数（kh）的无阻流量的平均值，分别计算各个层段的无阻流量，对飞仙关组气藏考虑酸压效果，在自然产能的基础上，提高一倍，求出各层段实施酸压后的无阻流量；由于长兴组酸压后产能尚不清楚，对长兴组不考虑酸压效果，最后将飞仙关组和长兴组各层段无阻流量相加确定全井段无阻流量。

各层段无阻流量的计算采用地层系数加权的方法，计算公式为：

$$(q_{AOF})_i = (q_{AOF})'_i \times (kh)_i / (kh)'_i \qquad (7-15)$$

式中　$(q_{AOF})_i$——分段无阻流量（i=1, 2, 3, 4），$10^4 m^3/d$；

　　　$(kh)_i$——分段地层系数（i=1, 2, 3, 4），$10^{-3}\mu m^2 \cdot m$；

　　　$(q_{AOF})'_i$——测试段的无阻流量（i=1, 2, 3, 4），$10^4 m^3/d$；

　　　$(kh)'_i$——测试段的地层系数（i=1, 2, 3, 4），$10^{-3}\mu m^2 \cdot m$。

依据上述计算方法，预测普光各气井全井段酸压后无阻流量，结果见表7-6。

表7-6 普光气田全井段预测酸压无阻流量计算结果表

层位	$q_{AOF}/(10^4 m^3/d)$							
	普光1	普光2	普光4	普光5	普光6	普光7-侧1	普光8	普光9
飞三	10.8	77.8	3.2	84.1	98.0			17
飞一、二上	1.8	71.0	24.7		26.0	57.4		
飞一、二中	129.4	144.8	90.0	12.5	438.5	95.2		275.8
飞一、二下		74.0	180.4	19.7				
长兴		85.2		97.1	108.8		18.6	
全井段	142.0	452.9	298.4	213.5	671.3	152.6	18.6	292.8

分析上述结果可以看出，普光气田平面上不同区域气井的产能差异较大，其中普光2块构造高部位普光2井和普光6井的产能最高；构造中部普光4井、普光9井、普光5井次之；普光3块普光1井和普光7-侧1井较差；构造低部普光8井最差。这与高部位储层厚度大、物性好，低部位储层薄、物性差的特征相一致。

第二节 气井长时间系统测试技术

国内常规高含硫气井主要采用火炬燃烧的方式试气。由于火炬燃烧的效率低、H_2S燃烧不完全，易造成环境污染，因此，通常开井测试时间较短、泄气半径小，试气资料主要反映井筒附近储层特征，常规方法评价气井产能会产生较大误差。普光气田开发前期评价阶段编制方案时，采用模拟校正法解决了因测试时间短、压力未稳定对产能评价的影响。在产能建设阶段，为进一步落实气井产能，借鉴国外高含硫气田测试经验，普光气田引进国外的焚烧炉，研究地面试气流程及装备，对试气过程中的高含H_2S天然气进行高温燃烧处理，成功解决了含硫化氢气井系统测试环保排放问题，实现了高含硫气井的长时间系统测试，为进一步准确评价气井产能奠定了基础。

一、高含硫气井试气工艺

（一）EE级+HH级+焚烧炉组合地面测试流程设计

为了满足放喷长时间试气的需要，综合考虑高含硫气田地层压力温度、流体性质、井下管柱和井口通径等情况，进行试气流程设计，地面测试流程由四进四出、70MPa–35MPa–35MPa三级降压EE级放喷流程和105MPa–35MPa二级降压HH级流程两部分组成（图7-8），具备单路、多路同时放喷功能，可实现压井、替喷等同一流程作业。主试气流程为HH级管汇+焚烧炉流程，EE级流程主要作为放喷、压井、替喷使用，当HH级流程在试气过程中出现冰堵、油嘴刺坏或其他意外情况时，可倒换至EE级流程做短时间试气，待HH级流程恢复正常后，再倒回HH级流程试气，尽可能保持设计时间试气连续、无间断。EE级放喷流程主通径为65mm，HH级试气流程主通径为78mm。

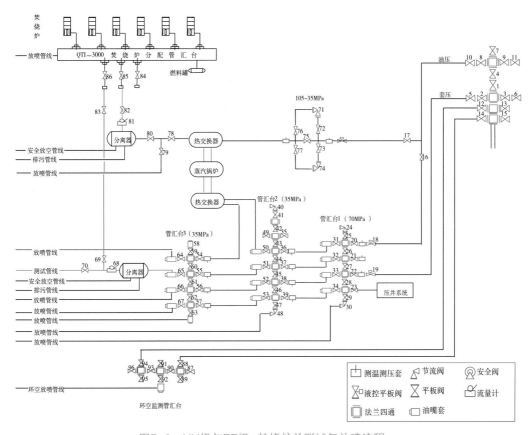

图7-8　HH级与EE级+焚烧炉并联试气放喷流程

（二）放喷及试气节流设计

根据水合物生成研究及不同油嘴下临界流量计算情况，以普光302-2井为例，对普光气田放喷及试气的节流进行了设计。二级、三级节流放喷及试气节流计算结果如表7-7、表7-8所示。

表7-7　二级节流计算结果表

序号	产量/ （$10^4 m^3/d$）	位置	温度/℃	压力/MPa	油嘴/mm	水合物生成 温度/℃	备注
1	55	井口	62	35			
		一级节流	46.18	22.96	13		加注0.5%的乙二醇
		二级节流	1.47	3.31	15	-36	二级前加热到65℃

序号	产量/ （10⁴m³/d）	位置	温度/℃	压力/MPa	油嘴/mm	水合物生成 温度/℃	备注
2	45	井口	58	36			
		一级节流	35.14	18.42	11		加注0.5%的乙二醇
		二级节流	0.27	2.74	14	−39	二级前加热到60℃
3	35	井口	52	37			
		一级节流	34.99	23.26	10		加注0.5%的乙二醇
		二级节流	0.51	2.17	12	−40	二级前加热到70℃
4	25	井口	46	38			
		一级节流	27.72	24.26	8		加注0.5%的乙二醇
		二级节流	1.8	1.58	10		二级前加热到75℃

表7-8 三级节流计算结果表

序号	产量/ （10⁴m³/d）	位置	温度/℃	压力/MPa	油嘴/mm	水合物生成 温度/℃	备注
1	55	井口	62	35			
		一级节流	47.02	23.88	13		加注0.5%的乙二醇
		二级节流	33.16	15.79	15		
		三级节流	5.11	3.49	18	−35	三级前加热到55℃
2	45	井口	58	36			
		一级节流	37.68	20.33	11		加注0.5%的乙二醇
		二级节流	20.16	12.69	14		
		三级节流	3.14	2.76	18	−39	三级前加热到50℃
3	35	井口	52	37			
		一级节流	36.57	24.98	10		加注0.5%的乙二醇
		二级节流	17.51	14.41	11		
		三级节流	5.14	2.18	15	−40	三级前加热到60℃
4	25	井口	46	38			
		一级节流	35.14	23.44	8		加注0.5%的乙二醇
		二级节流	22.01	15.72	10		
		三级节流	1.29	1.58	12	−47	三级前加热到60℃

（三）高含硫气井放喷及试气装备

1. 放喷试气流程装备

根据生产节流分析、放喷试气油嘴尺寸计算结果，以及预测的放喷试气节流温降、压降及水合物生成条件，选用三级降压油嘴管汇、热交换器、卧式三相分离器及连接管汇等装备见表7-9。

表7-9　试气流程主要设备表

设备名称	技术指标
三级降压油嘴管汇	压力级别105MPa，HH级，温度等级：P-U级（28.9~121℃）
热交换器	压力级别35MPa，热交换能力：4mmbtu/h
卧式三相分离器	设计压力10.8MPa，工作压力：7MPa；温度等级（盘管）：-28.9~204℃，天然气处理能力：最大操作压力下为56MMscf/d（标况158×10⁴m³/d）；水处理能力：在2min延迟时间下为6969桶/天（即1108m³/d）
化学注入泵	注入压力105MPa，化学液体：甲醇，注入能力：0.01~0.19m³/h
地面安全控制系统	压力级别：105MPa，HH级
数据采集系统	压力级别：105MPa，HH级
焚烧炉	系统处理能力：60×10⁴m³/d，燃烧效率：99.99%

2. 焚烧炉及其连接

（1）高H_2S高温焚烧炉。

焚烧炉由炉膛、底座及进气部分、点火及控制系统三部分组成。上部是炉膛，用耐火材料做衬里，下部是底座及进气部分（图7-9），共采用6台焚烧炉。

单台焚烧炉尺寸：16.0m×2.8m×3.0m

单台焚烧炉燃烧量：$10×10^4m^3/d$

燃烧效率：99.99%

出口速度：21.23m/s

焚烧炉入口气压力：0.035~0.56MPa

焚烧炉进气温度：-5~120℃

（2）焚烧炉配套管线连接。

焚烧炉与地面试气流程配套连接包括原料气连接与燃料气连接（图7-10）。

原料气连接包括：分离器到分配管汇的连接、分配管汇到6台焚烧炉的连接以及分配管汇至放喷池的连接。

燃料气连接包括：液化气罐到分配管汇的连接、分配管汇到焚烧炉燃料气进口的连接。

图7-9　高H_2S高温天然气试气焚烧炉

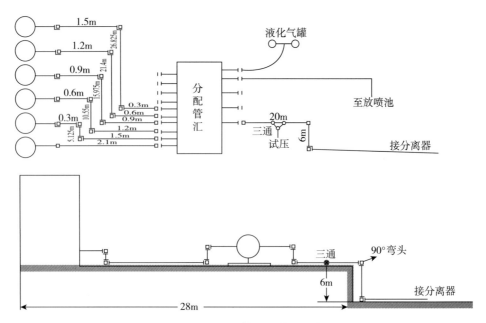

图 7-10　焚烧炉配套管线连接

3. 焚烧炉控制技术

为确保焚烧炉安全可靠运行，并符合环保要求，设置了多重安全控制系统，主要包括超压保护系统、H_2S监测系统、可燃气体最低爆炸极限检测系统、点火监测报警及控制系统、炉顶超高温监测系统、电源板及接线盒系统等。焚烧炉数据采集及控制流程见图7-11。

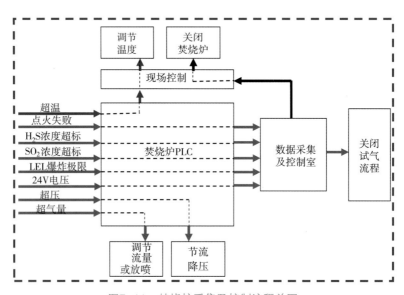

图7-11　焚烧炉采集及控制流程总图

4. SO_2扩散模拟

根据普光地形、地貌、气象等条件选择了具有代表性的2口井，分别位于不同海拔高度（一口井在山的高部，一口井在山的低部），计算原料气焚烧量为$70 \times 10^4 m^3/d$。根据扩散模拟计算结果，SO_2浓度较高点10个点位置见图7-12。

时间、风速、风向及其稳定性对SO_2扩散浓度影响的结果如图7-13～图7-16：

通过SO_2扩散模拟计算，虽然大部分时间SO_2一小时平均浓度低于$500\mu g/m^3$，但是确实有一小时SO_2平均浓度高于$500\mu g/m^3$的情况出现。因此，在现场试气要选择最佳试气井、试气时段、试气工作制度及试气时间，并应根据计算结果，在SO_2超标点设置SO_2监测系统，实现试气过程中定点、定时、定人员的SO_2浓度实时监测。

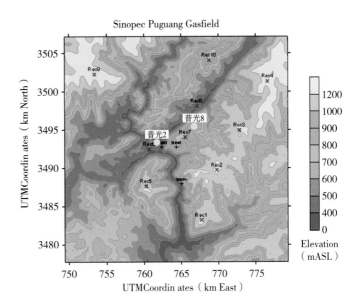

图7-12　2口井场和10个潜在的SO_2超标点位置地形图

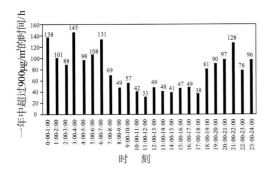

图7-13　时间影响SO_2超扩散超标图

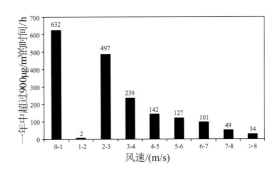

图7-14　风速影响SO_2超扩散超标图

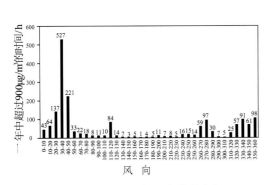

图7-15　风向影响SO_2超扩散超标图

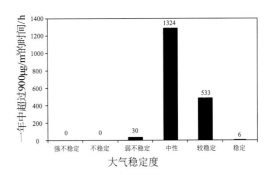

图7-16　稳定性影响SO_2超扩散超标图

二、高含硫气井产能测试

（一）试气方式优选

气井产能测试是以气体的稳定渗流理论为基础，目的是确定气井的产能方程和合理生产制度。气井产能试井的基本方法是首先关井取得静止地层压力，然后开井生产，在短期内多次改变气井的工作制度，待每个工作制度压力和产量稳定后，测量该制度下的产气量、井底压力及井口油、套压等资料，求出气井产能方程式和绝对无阻流量，分析气井生产能力。目前产能测试方式有常规回压试井测试、等时试井测试、修正等时试井测试、一点法测试，这些方法均是比较成熟的产能测试方法，但其适应条件各不相同。

1. 常规回压试井方法

这种试井方法是以3个以上不同的气嘴连续开井，同时记录气井生产时的井底流动压力。回压试井在测试时的要求是，每个气嘴开井生产时，不仅要求产气量达到稳定，而且要求井底流压也必须稳定，同时要求地层压力也是基本不变的。因此，回压试井通常又称为"稳定试井"。但是现场实施时，对低渗透气藏要达到井底流压稳定很困难，需要长时间开井，而长时间开井后，又造成地层压力同时下降，这也就限制了回压试井方法的应用。因此，回压试井方法只适合在高渗透率气藏中应用。

2. 等时试井方法

等时试井是采用若干个（至少3个以上）不同的产量生产相同时间；在以每一产量生产一定时间后均关井一段时间，使压力恢复到气层静压；最后再以某一定产量生产一段较长时间，直至井底流压达到稳定。等时试井是为缩短试井时间提出的，其理论基础是气流入井的有效泄流半径仅与测试流量的生产持续时间有关，而与测试流量数值大小无关。等时试井由于每次开井后都必须关井恢复到地层稳定压力，对于渗透率较高的储层，这种试井方法所需要的关井时间不长，但是对于致密低渗储层却需要很长时间，并不能有效地减少测试时间。因此，它常被修正等时试井方法所替代。

3. 修正等时试井方法

修正等时试井是对等时试井的进一步简化和改进。在等时试井中，各次生产之间的关井时间要求足够长，使压力恢复到气藏静压，因此，各次关井时间一般来说都是不相等的。修正等时试井中，每一测试流量下的试气时间和关井时间都相同，最后也以某一稳定产量生产较长时间，直至井底流压达到稳定。修正等时试井最大的特点是开关井时间相同，不要求压力恢复到静压，这大大缩短了不稳定测试时间。修正等时试井是目前致密低渗气藏产能测试的主要方法。

根据上述各种方法的适应性及优缺点分析，常规回压试井适用于渗透率较高、在短时间内气井流压能达到稳定的气藏，修正等时试井除稳定生产段需要达到稳定外，其余工作制度无需稳定，适用于低渗透、特低渗透气藏，可以大大缩短测试时间。普光气田储层非均质强，且渗透率普遍较低，试井解释的渗透率多在$5 \times 10^{-3}\mu m^2$以下，考虑高含硫气田特性，为获取长时间的测试资料准确评价气井产能，并避免造成环境污染，普光气田多数气井更适合采用修正等时试井，但对于物性好、产量高、测试稳定时间短的气井也可采用稳定试井的测试方法。

（二）高含硫气井合理测试工作制度

根据气井渗流方程式（7-6），在流动为不稳定状态时，气井产能是产量、压力和时间的函数。即测试时间较短，产量、压力未达到稳定时，计算的是气井近井地带或瞬时产能。随着测试时间延长和影响半径的扩大，二项式产能方程系数A逐渐增大，无阻流量相应的减小，直至影响半径扩大至气井所控制的范围，达到稳定或拟稳定流动才能得到固定的系数A和准确的无阻流量。因此，要满足缩短测试时间又要得到准确反映气井产能特征的参数，关键是采用合理的测试时间、产量、压力进行测试。

1. 合理测试时间研究

根据气井产能试井理论，要评价气井真实产能，测试时气井压力降应达到一定的范围，对于稳定试井气井合理测试时间就是达到稳定流或拟稳定流的最短时间，而对于等时和修正等时测试，气井合理测试时间研究包括确定等时间隔时间及延续生产时间，延续流动期的合理时间也是达到拟稳定流的最短时间。由于普光气田井型和措施复杂，对测试时间影响较大。因此，针对不同情况开展气井的合理测试时间研究。

（1）井筒储集对测试时间的影响。

气井开井测试时，首先反映的是井筒储集效应阶段，这期间所测得的压力数据不能反映地层的特性。因此，要取得能够反映地层特性的压力数据，开井时间必须大于井筒储集期的时间。

根据文献资料研究，气井井筒储集结束的时间为：

$$t_{ws} = \frac{(60 + 3.5S)C\mu_g}{22.608kh} \qquad (7-16)$$

式中　t_{ws}——井筒储集结束时间，h；

　　　C——井筒储集系数，m/MPa；

　　　μ_g——气体黏度，mPa·s；

　　　S——表皮系数；

　　　kh——地层系数，$\mu m^2 \cdot m$

由上式可知，气井气井筒储集结束时间t_{ws}与井筒储集系数C、表皮系数S、μ_g成正比，与地层系数kh成反比。根据普光气田流体特征、地层参数，分别模拟计算出压力计放在产层中部和井口时的井储结束时间，见图7-17。

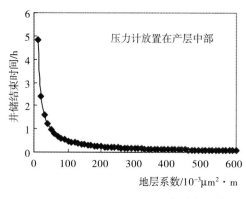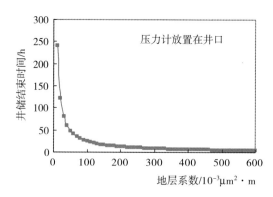

图7-17　压力计分别放在井底、井口时的井储结束时间对比

根据计算结果可以看出，压力计位置对井储效应的时间影响较大，当地层系数 $kh=10 \times 10^{-3} \mu m^2 \cdot m$ 时，压力计放置在产层中部井储时间为4.8h；压力计放置在井口时井储时间为240.6h。井筒储集系数、表皮系数越大，气井井筒储集结束的时间越长；地层系数越小，气井井筒储集结束的时间越长，这样测试时达到拟稳定状态的开井生产时间就越长。普光气田储层巨厚，气井地层系数都大于 $100 \times 10^{-3} \mu m^2 \cdot m$，因此，压力计放置井底测试时井储效应在0.5h内结束；压力计放置井口测试时井储时间不到20h。

（2）未压裂直井合理测试时间的确定。

根据气井渗流理论，在气井测试过程中，当井筒储集效应消失后，气井探测半径随测试时间增加而增加，直到达到了气藏的外边界或相邻生产井的不流动边界，此时探测半径为常数，流动可以认为已达到拟稳定状态，这个时间即为气井合理的测试时间。

气井探测半径的计算公式为：

$$r = 0.12 \sqrt{\frac{kt}{\varphi \mu C_t}} \qquad (7-17)$$

式中　t——压力传导时间，h；

　　　k——地层有效渗透率，$10^{-3} \mu m^2$；

　　　φ——有效孔隙度，%；

　　　C_t——综合压缩系数，MPa^{-1}；

　　　μ——地层流体黏度，$mPa \cdot s$；

　　　r——探测半径，m。

基于普光气田地质参数可计算出探测半径随测试时间的变化曲线（图7-18和图7-19），可以看出，在相同的渗透率和测试时间情况下，气井孔隙度越大探测半径越小；在相同的孔隙度和测试时间情况下，储层渗透率越大泄气半径越大。

普光气田主体平均井距800m，供给半径为400m左右。根据上面探测半径公式，利用普光气田的地质参数，模拟计算不同渗透率、不同孔隙度情况下泄气半径达到400时需开井生产的时间（表7-10）。当孔隙度为5%，渗透率为 $1 \times 10^{-3} \mu m^2$ 情况下、泄气半径达到

400m时需要的时间216小时；当孔隙度为8%，渗透率$3 \times 10^{-3}\mu m^2$时，泄气半径达到400m时需要115小时。

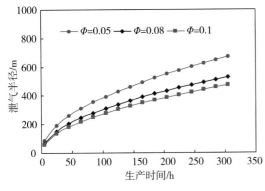
图7-18 不同孔隙度、测试时间下的探测半径

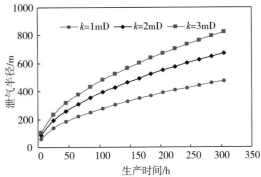
图7-19 不同渗透率、测试时间下的探测半径

表7-10 不同渗透率、不同孔隙度下的探测半径数据表

渗透率/$10^{-3}\mu m^2$	$k=0.5$	$k=1$	$k=3$	$k=5$	$k=7$	$k=10$	备注
	432.0	216.0	72.0	43.3	30.9	21.6	$\phi=0.05$
泄气半径/m	692.0	346.0	115.3	69.4	49.5	34.6	$\phi=0.08$
	865.5	432.7	144.3	86.6	61.8	43.3	$\phi=0.1$

进一步结合普光气田的储层特征，孔隙度为5%～8%，气层有效渗透率主要在（1～3.0）$\times 10^{-3}\mu m^2$之间，气井测试时间72～345h就可以达到400m的泄气半径。因此，普光气井产能测试延时生产的合理时间为井储效应结束后再测试至少72h以上。

对于修正等时试井，为充分反映储层物性对气井产能的影响，每个等时间隔的生产时间应大于井筒井储效应结束时间；同时还要考虑开井流动结束时探测半径必须大于30m的范围，已保证在流动期能反应地层的特性。探测半径大于30m所需的测试时间为：

$$t_{30} = \frac{62.49\phi\overline{\mu}_g c_t r_e^2}{k} \tag{7-18}$$

综合以上两个条件，修正等时试井的等时间隔设计应取t_{ws}和t_{30}的较大值。基于普光气田开发井地层系数，计算压力计放置井口测试时井储结束达到径向流时间，多数井在10～20h之间，因此，压力计放置井口时单个工作制度测试等时间隔时间应为20～30h。

（3）压裂直井合理测试时间的确定。

对于酸化或压裂改造的气井，测试时间短时，反映的气井产能主要为渗流早期裂缝流动阶段的产能，不能充分反映出远井地带非均质或低渗透带的产能，无阻流量计算结果将会偏大。因此，酸压措施后评价气井产能的合理测试时间应充分反映地层的拟径向流阶段。

对于压裂投产的气井，地层拟径向流开始时间与裂缝的导流能力有关，达到地层拟径向流的开始时间t_{bs}为：

$$t_{bs} = \left(t_{Dbs}\varphi\mu_g C_t x_f^2\right)/3.6k \qquad (7-19)$$

$$t_{Dbs} = 5\exp\left[-0.5\left(k_{fd}w_{fd}\right)^{-0.6}\right] \qquad (7-20)$$

$$k_{fd}w_{fd} = k_f w/kx_f \qquad (7-21)$$

式中　$k_{fd}w_{fd}$——裂缝的无因次导流能力；

　　　　t_{Dbs}——拟径向流开始的无因次时间；

　　　　x_f——压裂裂缝半长，m；

　　　　k——气层渗透率，$10^{-3}\mu m^2$；

　　　　k_f——裂缝渗透率，$10^{-3}\mu m^2$；

　　　　w——压裂裂缝缝宽，m。

根据公式可以看出，裂缝的无因次导流能力越强，气井达到拟径向流的时间越长；地层渗透性越强，气井达到拟径向流的时间越短。当裂缝为无限导流裂缝时，即$k_{fd}w_{fd} \geqslant 100$时，达到拟径向流的时间最长。

研究表明，压裂井达到地层拟径向流动期的2～3倍生产时间后，再延续生产对气井产能的影响不大。因此，压裂井修正等时试井延续流动期合理生产时间一般按拟径向流动开始时间的2～3倍考虑，而等时间隔的生产时间要求达到径向流，以充分反映地层的渗流特征。

根据普光气田的地质特征，取裂缝半长为50m，可以计算出不同渗透率，不同裂缝导流能力$k_{fd}w_{fd}$情况下，酸压气井达到拟径向流的开始时间，见图7-20。从图中可知，根据普光气田地质特征和酸压情况，气井压裂裂缝的无因次导流为2～15，则渗透率为$2\times10^{-3}\mu m^2$时达到径向流的时间为30～40h，按拟径向流开始的3倍时间计算，压裂井延续生产阶段合理测试时间为井储效应结束后再测试90～120h。

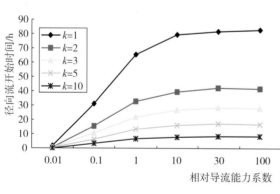

图7-20　普光气田压裂井不同渗透率、不同导流能力下的径向流开始时间

2. 气井合理测试产量

当气井以一定产量测试时，气井流压随生产时间增加而逐渐降低。为使测试产能能够真实体现气井实际情况，气井合理测试产量应为在合理测试时间情况下，测得的流压值与气井达到稳定状态的流压值较接近的情况下的产量值。因此，研究测试产量、地层系数、

渗透率等参数对气井测取的流压值与稳定状态的流压值误差，进一步确定气井合理测试产量界限。

根据产能试井理论，无限大地层定产量生产的气井井底流压与生产时间的对数呈线性关系［式（7-6）］，分析该式可以看出，气井流压受产量、地层系数、渗透率的影响。而气井流压的准确性也直接影响气井产能评价的结果。因此，结合普光气田地质参数，进一步研究各个参数对流压的影响及敏感性。

（1）渗透率对气井流压的影响。

根据井底流压与产量、渗透率、地层系数等参数的关系式，当气井地层压力、产量、地层系数一定时，计算渗透率对气井流压的影响。

从计算结果可以看出（图7-21），相同的测试时间内，渗透率愈大，流压误差越大，但差别不是很明显。随着测试时间的延长，流压误差大幅减小。如渗透率为$1 \times 10^{-3} \mu m^2$时引起的误差与渗透率为$10 \times 10^{-3} \mu m^2$时引起的误差仅相差6.7%，表明渗透率引起的流压误差敏感性较差。

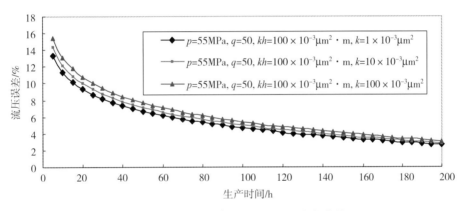

图7-21　不同渗透率下的流压误差变化曲线

（2）地层系数对气井流压的影响。

根据井底流压与产量、渗透率、地层系数等参数的关系式，计算当气井地层压力、产量、渗透率一定时，地层系数对气井流压的影响。

从计算结果可以看出（图7-22），当气井地层压力、产量、渗透率一定时，在相同时间内，地层系数愈大，引起的流压误差越小，但其影响趋势随地层系数增大而大幅减小，地层系数越大流压误差越小，表明随着地层系数增大，流压敏感性逐渐减弱。随着测试时间的延长，流压误差趋于稳定。如地层系数为$100 \times 10^{-3} \mu m^2 \cdot m$时引起的误差与地层系数为$200 \times 10^{-3} \mu m^2 \cdot m$时引起的误差相差59%，地层系数为$200 \times 10^{-3} \mu m^2 \cdot m$时引起的误差与地层系数为$300 \times 10^{-3} \mu m^2 \cdot m$时引起的误差相差37%，地层系数为$300 \times 10^{-3} \mu m^2 \cdot m$时引起的误差与地层系数为$400 \times 10^{-3} \mu m^2 \cdot m$时引起的误差减小到27%。

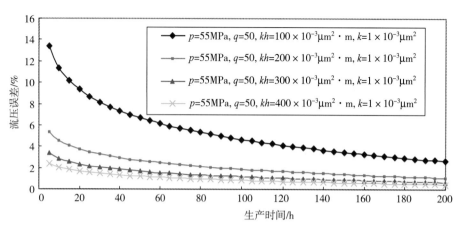

图7-22　不同地层系数下的流压误差变化曲线

（3）测试产量对气井流压的影响。

根据井底流压与产量、渗透率、地层系数等参数的关系式，当气井地层压力、地层系数、渗透率一定时，计算测试产量对气井流压的影响。

从计算结果可以看出（图7-23），当气井地层压力、地层系数、渗透率一定时，在相同时间内，测试产量愈大，引起的流压误差越大，且影响趋势基本一致。随着测试时间的延长，流压误差趋于稳定。如测试产量为$50 \times 10^4 m^3/d$时引起的误差与产量为$80 \times 10^4 m^3/d$时引起的误差相差45%，表明测试产量对流压影响敏感性较强。

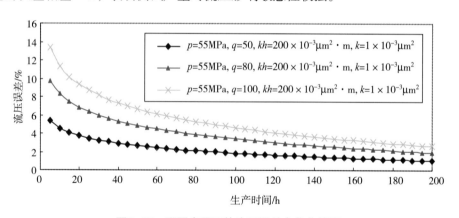

图7-23　不同产量下的流压误差变化曲线图

（4）普光气田开发井合理测试产量的确定。

根据前面分析，地层系数愈大，在相同时间内，气井测取的流压值与稳定状态的流压值误差越小，气井达到稳定的测试时间越短；而测试产量愈大，引起的流压误差越大，气井达到稳定的测试时间越长。

根据普光气田的储层特征，高部位气层厚度200～400m，低部位气井气层厚度也大于100m，气层有效渗透率主要在（1～3.0）$\times 10^{-3} \mu m^2$之间，因此，气田大多数开发井地层系数大于$200 \times 10^{-3} \mu m^2 \cdot m$。进一步分析普光气田开发井在合理测试时间情况下不同产量的流压误差（图7-22、图7-23），可以看出，气井测试产量为（80~100）×10⁴m³/d时，在合理测试时间120h左右时，气井流压误差在3.0%~4.1%之间；测试产量为（50~60）×10⁴m³/d时，流压误差在2.0%左右。考虑开发初期地层压力较高，即使5%的误差，也会引起流压相差2MPa左右，导致的无阻流量误差增大。

因此，为尽量减少测试时间，普光气田气井进行修正等时试井时，建议等时开井测试产量采用（50~100）×10⁴m³/d进行测试，测试产量由小到大递增，测试过程中生产压差控制在地层压力的20%以内，同时最大产气量应维持不产生井壁坍塌，应避免测试时底水锥进到井内；最后延时生产阶段测试产量采用（60~70）×10⁴m³/d。

三、应用实例

普光302-2井位于四川盆地川东断褶带黄金口构造带普光构造东南翼，原始地层压力55.6MPa，气层中深5199.8m，气层有效厚度518.4m。为了获取长时间的测试资料，避免造成环境污染，该井酸压施工完成后于2008年8月采用高温焚烧炉试气技术进行了系统试气。

（一）现场测试

根据普光高含硫气田特性，普光302-2井产能试井采用修正等时试井+压力恢复试井方式进行，试气工作制度的设计：井底积液排尽后，先关井48 h进行静压测试，然后进行修正等时试井，工作制度4个，等时距为36 h，由于焚烧炉最大试气量为60×10⁴m³，设计产量依次为25×10⁴m³/d、35×10⁴m³/d、45×10⁴m³/d、55×10⁴m³/d，稳定产量为40×10⁴m³/d，稳定生产时间7天；产能试井后进行压力恢复试井，关井压力恢复7天，气量采用气嘴调节，井底压力采用井口压力折算。气井实际试气过程中，根据现场测试情况，稳定产量测试时间变更为96 h，最后关井进行了108 h压力恢复测试。产能测试数据记录表见表7-11，实测产能测试数据见图7-24。

试气过程中四个工作制度均启用焚烧炉，6台焚烧炉点火一次成功，累计试气240h，燃放天然气约498.9×10⁴m³，测试气完全燃烧，燃烧效率大于99.99%，现场应用运行主要参数见表7-12。

表7-11　产能测试数据记录表

工作制度	测试时间/h	测试油嘴/mm	稳定产量/（10⁴m³/d）	产液量/m³	井口稳定压力/MPa	井口温度/℃
一开	36	6.35	25.43	1.8（前期无法计量）	38.80	40.46
一关	36		0		38.73	35.65
二开	36	7.937	37.99	6.6	38.59	49.19
二关	36		0		38.85	35.65

（续表）

工作制度	测试时间/h	测试油嘴/mm	稳定产量/（$10^4 m^3/d$）	产液量/m^3	井口稳定压力/MPa	井口温度/℃
三开	36	9.525	53.29	10.07	38.12	56.98
三关	36		0		38.92	35.65
四开	36	12.7	86.42	3.41	36.10	67.99
稳定生产	96	8.73	46.79	11.07	38.48	58.86
关井恢复	108		0		38.86	35.65

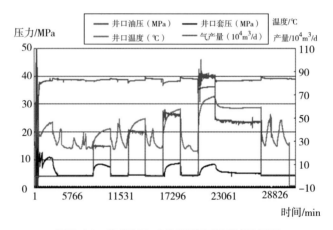

图7-24 普光302-2井实测产能测试数据图

表7-12 QTI焚烧炉性能参数

油嘴直径/mm	运行时间/h	日产量/（$10^4 m^3/d$）	管汇台进气量/（$10^4 m^3/d$）	分配管汇进气口压力/psi	平均炉温/℃
6.35	36	25	25	24	440
7.938	36	38	38	35	740
9.525	36	53	53	59	1150
12.70	36	83	43	40	870
8.7325	36	48	48	46	980

试气期间，对周围环境开展了大气、水质、土壤、生态等方面的环境监测及调查。共布设大气自动监测点位32个，大气人工监测点位6个；布设地表水监测断面3个。监测工作分为试气前背景调查、试气期间实时监测及试气后污染调查三个阶段。监测工作历时22天，共获得数据1521184个。环境监测分析表明：①试气过程中个别监测点二氧化硫最高浓度达到2.8ppm，远未达到国家标准规定的5.0ppm，试气过程对局部大气环境质量在短时

间内有一定影响，但不会造成大范围、高浓度的大气污染；②放喷试气阶段对河流水质无明显影响；③监测区域内没有发现大面积受伤害或枯萎的植被，表明本次试气工作没有发生生态破坏现象。

（二）测试资料分析

从普光302-2井产能测试数据可以看出，普光302-2井生产压差小、压力恢复快，具备较高的产气能力，但是测试资料存在许多复杂现象：①四个工作制度开井压降曲线先降后升；②关井压力恢复曲线，早期压力急剧回升，而后期压力出现逐级下降；③井口温度在关井过程井口出现先下降、中间上升、后期下降的反常现象。

测试资料中的复杂现象，反映了该气井井筒和地层的动态信息，分析认为造成这种复杂现象的原因主要有如下几点：

1. 井底积液影响

普光302-2井在酸压过程中用液总量1108m³，现场放喷过程中，从地层中返排酸液量少，造成返排不彻底。开井时，压力初期出现下降，随着开井时间的延长和测试产量变化，进入地层的酸液会随着气体不断排出井筒，造成后期井口压力上升。关井初期时，井口压力先上升，随后井筒中的流体产生重力分离，重质的液体向井筒下部运动滑落，产生井底积液，甚至部分积液可能会进入高渗层，造成关井后期井口压力下降。

2. 井储变化影响

气体具有压缩性和惯性，高产气井井筒中的气体流速较快，当气井井口关井时，气体在惯性力的作用下，继续向井口流动，从而产生一个"憋压"过程，使井口压力急剧增加；此后由于部分高渗层出气多，压力下降幅度大，井筒中的压力比地层的平均压力高，井筒中的部分气体又开始向地层反向渗流，井筒中的压力持续降低。井筒中的气体能量有限，当反向渗流速度达到一定值后，流速逐渐降低，直到最终达到静止平衡状态，井筒中的压力趋于恒定（图7-25）。

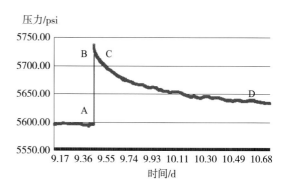

图7-25　普光302-2井关井过程中的压力变化曲线（二关）

反之，由于气藏埋藏深，开井时，气量无法及时流到井口，造成井口压力瞬间降低，此后，受压差的影响，气体不断流向井口，造成井口压力逐渐升高。

这种压力变化的现象符合高产量、低压差气井的测试压力变化规律，是导致该类气藏测试压力异常现象的主要原因。

3. 温度变化影响

温度实测资料证明，关井过程中井筒温度是不断变化。开井时地层高温流体产出并加热井筒，使井筒流体平均密度降低，井口压力开始下降；关井时井底压力快速回升，井筒热损失使流体温度下降，井口压力则开始上升。由于井筒和地层的连通，所以温度下降引起的压力降会被续流效应补充。因此，尽管井筒温度的变化对井筒压力分布有一定影响，但该影响不是导致高产气井开、关井压力资料复杂的主要原因。

（三）产能评价

综合考虑压力折算的影响因素，采用节点分析软件内置的No slip assumption方法，对该井测试井口压力进行井底压力折算。井底压力折算采用以下依据：①气体组分采用试气求产期间现场采样测试分析数据；②气水比采用不同试气工作制度累积产液量折算；③井筒建模考虑了地温梯度、井筒管柱及井斜数据。每个工作制度的选点遵循以下原则：一是遵循选取每个工作制度末井口压力数据，二是选择流量、温度同时稳定的井口压力数据。计算结果见表7-13。

从计算结果表可以看出，最终关井恢复井口压力折算的井底压力与普光2、普光6井同等深度地层测试压力基本吻合，井口压力与折算井底压力趋势及相邻工作制度稳定压力差基本一致，认为计算结果可信。

表7-13　修正等时试井井底压力折算表

工作制度	测试时间/h	稳定产量/（10^4m^3/d）	产液量/m^3	井口压力/MPa	井底压力/MPa	井口温度/℃
一开	36	25.43	1.8	38.80	54.48	40.46
一关	36	0		38.73	55.90	35.65
二开	36	37.99	6.6	38.59	54.09	49.19
二关	36	0		38.85	56.08	35.65
三开	36	53.29	10.07	38.12	53.53	56.98
三关	36	0		38.92	56.15	35.65
四开	36	86.42	3.41	36.10	51.56	67.99
稳定生产	96	46.79	11.07	38.48	53.88	58.86
关井恢复	108	0		38.86	56.08	35.65

根据普光302-2井的井口压力数据及井底压力折算数据，受酸液返排及井底积液的影响，三次关井后的稳定压力呈上升趋势，三关稳定压力超过了终关井恢复压力，与正常修正等时试井曲线不符。针对上述情况，该井产能评价采用终关井恢复压力作为每次关井恢复压力，采用等时试井方法，对普光302-2井产能资料进行分析与解释。

根据井底折算压力和试气产量，利用二项式方法对普光302-2井产能进行了计算，对测试数据根据相应的影响参数进行了修正，结果见图7-26。

普光高含硫气田高效开发技术与实践

计算得出普光302-2井无阻流量为768.17×10⁴m³/d，产能方程为：

$$\overline{p}_R^2 - p_{wf}^2 = 1.133386q_g + 0.00383q_g^2$$

普光302-2井焚烧炉试气作业为国内首次现场应用，应用结果表明，焚烧炉燃烧工艺成熟、燃烧效率高，测试期间未造成环境污染，达到了气井长时间试气测试目的，获取了可靠的地层测试资料，建立了气井产能方程，确定了气井无阻流量，进一步落实了普光气田气井产能，为准确评价高含硫产能提供了依据。

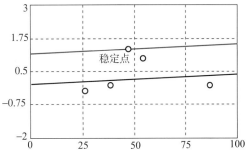

图7-26 修正后普光302-2井等时试井二项式分析结果图

第三节 多层合采气井产能预测

普光气田储层厚度大、非均质性强，国内没有类似气藏的开发经验，准确评价预测巨厚碳酸盐岩气藏气井产能面临挑战。针对此问题，利用气井渗流理论及数值模拟技术，系统研究长井段合采气井产能的主要影响因素，利用开发井实测产能资料，建立了考虑酸压增产和层间干扰的长井段气井产能预测公式，气井无阻流量预测的平均符合率达到87.3%，形成了巨厚碳酸盐岩气藏长井段合采井产能预测方法。

一、气井产能影响因素

影响气井产能的因素很多，大体可归为地质因素和工程因素。地质因素主要包括储层物性、非均质性和地层压力等客观存在的因素；而工程因素主要是指酸化、压裂改造等人为因素。从气井二项式产能方程[式（7-6）～式（7-10）]可以看出，在地层压力一定的条件下，气井的产能主要受产能方程系数A和B的影响，A、B值越小，则相应的产能越大，即气井产能与产能方程系数A、B成反比。产能方程系数B主要表征气井的非达西流程度，而产能方程系数A是储层渗透率、气层有效厚度、气井边界、表皮系数等多种因素的综合体现。这里采用普光气田实际地质参数，研究长井段合采气井产能的主要影响因素和气井产能对各因素的敏感程度。

（一）储层渗透率的影响

图7-27是以普光2井T_1f_{1-2}测试段（4933.8～4985.4m）参数

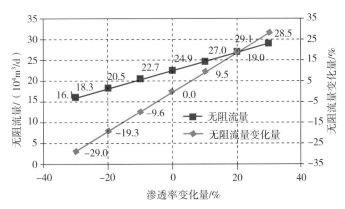

图7-27 渗透率对气井产能的影响
（普光2井第4测试层，T_1f_{1-2}，4933.8～4985.4m）

计算的无阻流量与渗透率的关系曲线，可以看出，无阻流量与渗透率之间呈线性关系。随着渗透率增加，气井产能增加；渗透率变化±30%，无阻流量变化-29.0%～28.5%，气井产能对渗透率的变化很敏感。研究结果表明，在钻井和完井过程中地层污染将造成产能下降。另外，提高渗透率的增产措施可以提高气井产能。

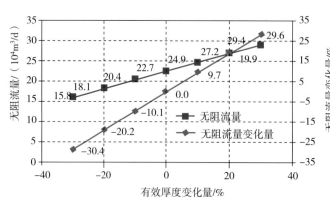

图7-28　有效厚度对气井产能的影响

（二）有效厚度的影响

图7-28是以普光2井T_1f_{1-2}测试段（4933.8～4985.4m）参数计算的无阻流量与有效厚度的关系曲线，可以看出，无阻流量与有效厚度之间呈线性关系。随着有效厚度增加，气井产能增加；有效厚度变化±30%，无阻流量变化-30.4%～29.6%，气井产能对有效厚度的变化很敏感，因此，气井的打开程度越大，产能越高。

（三）储层非均质性的影响

储层渗透率对气井产能影响很大，对于非均质气藏，气井渗流范围内外围渗透性的变化，将会对气井产能有较大的影响。当储层外围渗透率发生变化时，由产能试井理论，可推导出气井产能方程系数与储层非均质性的关系：

$$A_i = A_1\left[1 + \frac{k_1}{k_i} \cdot \frac{\lg(r_i/r_1)}{\lg(r_1/r_w) + 0.434S}\right] \qquad (7-22)$$

$$B_i = B_1\left[1 + \frac{k_1}{k_i} \cdot \frac{1/r_1 - 1/r_i}{1/r_w - 1/r_1}\right] \qquad (7-23)$$

气井无阻流量为：

$$q_{AOF} = \frac{1}{2B_1}\left[\sqrt{A_i^2 + 4B_1(p_R^2 - 0.101^2)} - A_i\right] \qquad (7-24)$$

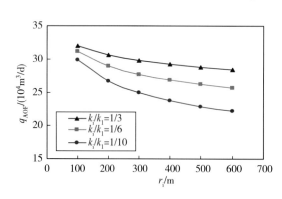

图7-29　渗透率变差程度与无阻流量关系曲线

图7-29是普光2井飞三测试层段渗透率差异程度与无阻流量关系曲线。由图7-30可看出，在变差程度相同的条件下，井外圈（渗透率变差）半径越大，A_i越大，无阻流量越小；当井外圈半径一定时，变差程度越大，无阻流量越低，对产能影响越严重，比如变差距离为600m、变差程度为3倍时，无阻流量比原来下降13.4%；当变差程度为10倍时，无阻流量比原来下降32.3%。

普光高含硫气田高效开发技术与实践

（四）表皮系数的影响

普光开发井全部进行了酸压改造，储层物性得到了一定的改善。表皮系数反映了气井污染程度或酸压改造效果，其值与气井产能成反比，即表皮系数越大，气井的绝对无阻流量越小；表皮系数越小，气井产能提高的幅度越大。图7-30是以$S=0$为对比标准，在其他参数不变的情况下，求得的普光气田不

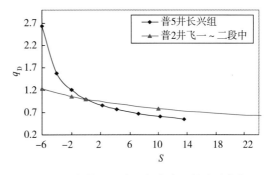

图7-30　气井无阻流量与表皮系数关系曲线

同物性的两口井（普光2井飞一～二段中和普光5井长兴组）无阻流量与表皮系数的变化关系，其中普光2井飞一～二段中部储层物性较好。

从图中可看出，表皮系数对绝对无阻流量的影响是很大的。不同类型储层的气井，表皮系数对气井产能的影响程度有较大的差异。普光2井飞一～二段中部气层储层物性好，储层有效渗透率为$13.3 \times 10^{-3} \mu m^2$，表皮系数对气井产能的影响相对较小；而普光5井长兴段储层物性较差，储层有效渗透率为$1.18 \times 10^{-3} \mu m^2$，表皮系数对气井产能的影响很大。因此，在钻井和完井过程中一定要尽可能地减小对地层的污染，通过酸化和压裂等储层改造措施，降低表皮系数，可大幅度提高气井产能。

（五）非达西流系数的影响

非达西流系数D是表征非达西效应的物理量，D值越大，表明气体渗流的非达西流效应越严重。图7-31是普光1井气井产能与非达西流系数D的对应关系。从图中可以看出，在其他参数不变的情况下，非达西流系数D越大，气井无阻流量越低，非达西流系数D变化50%，无阻流量变化约8%。因此，非达西流对气井产能影响程度相对较小。尽管如此，气井生产时，还是应尽可能减小非达西流效应对气井产能的影响。

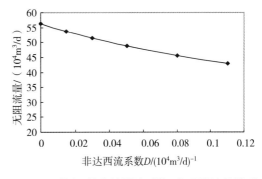

图7-31　普光1井非达西流系数D与无阻流量关系

（六）长井段多层合采对气井产能的影响

1. 井筒压力梯度对不同物性储层产量的影响

普光气田有两套产层，其中飞仙关组气层厚度100～350m，长兴组气层厚度20～130m，试气测试表明两套产层的地层压力系数差距很小，开发初期采用多层合采方式，将不会产生显著的层间倒灌现象。因此，以普光气田地质参数为基础，建立储层模型进行理论计算和分析，进一步研究多层合采后不同深度气层的相互抑制效应。

假设气井地层压力55.5MPa，气井配产$100 \times 10^4 m^3$，根据探井资料井筒压力梯度为0.0035MPa/m，低渗层渗透率为$0.5 \times 10^{-3} \mu m^2$，分别计算高渗层生产压差为0.5MPa、1MPa、

5MPa、10MPa、15MPa，在低渗层下面和上面20~300m生产时，对低渗储层产能的影响。

根据计算结果可以看出，当高渗透储层处于低渗透储层上部时，高渗储层对低渗储层有一定的抑制作用，且随着低渗层位置的加深，抑制作用逐渐加大。但当生产压差加大到10MPa时高渗储层对低渗储层的抑制作用不明显（图7-32）；当高渗透储层处于低渗透储层下部时，高渗储层对低渗储层没有抑制作用，且当生产压差较小时，低渗储层位于上部还有利于低渗储层的生产（图7-33）。

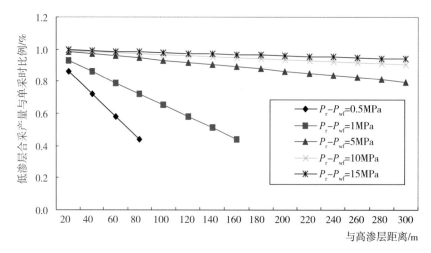

图7-32　高渗层位于低渗层上部时对于低渗层产量的抑制程度曲线

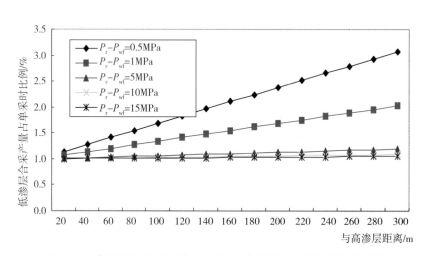

图7-33　高渗层位于低渗层下部时对于低渗层产量的抑制程度曲线

分析普光气田主体已完钻38口气井气层钻遇情况，飞三段位于最上部，只在个别气井钻遇储层，渗透率最低，飞一二段为气井主产层段，位于储层中部，大部分井渗透率较高，长兴组位于储层最下部，渗透率较飞一二段低。因此，气井多层合采初期，当气井生产压差较小时，飞一二段高渗层必定对下部的低渗层有一定得抑制作用。但随着高渗储层压力下降，气井生产压差加大，抑制作用将逐渐减小。

统计普光气田先期完钻的6口开发井测井解释资料，渗透率小于$0.5 \times 10^{-3} \mu m^2$的储层占射孔厚度的5%~60%，平均厚度达到24%，表明气井钻遇储层的非均质性较强。

2. 层间干扰现象对产量的影响

为了进一步研究储层物性差异较大的气井多层合采的生产动态特征，以普光2井岩芯分析、测井资料为基础建立多层合采模型，应用数值试井技术研究层间干扰现象对产量的影响。根据普光2井参数建立纵向上渗透率变化的多层合采试井模型，如图7-34。模型特征参数如下表7-14。

表7-14　普光2井主力气层段分三层建立模型参数表

模型层号	层号	井段/m	厚度/m	孔隙度/%	渗透率/$10^{-3}\mu m^2$	k	ω
第一层	126~139	4916.4~4985.4	67.6	9.5	8.43	0.63	0.36
第二层	140~145	4985.4~5076.0	73.6	7.9	3.48	0.28	0.33
第三层	147~157	5076.0~5162.0	86	9.1	0.89	0.08	0.31

图7-35是模拟多层合采气井定产量生产后关井压力恢复双对数曲线，从图中可以看出，气藏开发的中后期低渗层（第三层）才能达到与高渗层同步的平衡流动，也就是说，长井段多层合采气井生产早期低渗透层动用受到抑制，随着开采时间的延续，高渗透层压力下降到一定幅度后，低渗透层才逐渐启动投入生产。

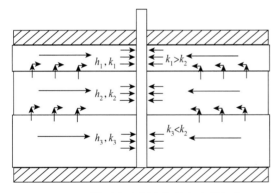

图7-34　渗透率逐渐降低并存在层间窜流的多层气藏的试井分析模型示意图

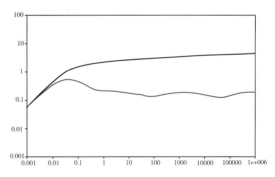

图7-35　多层气藏试井曲线典型特征

根据气井渗流方程也可看出，气井产能与气藏渗透率成正比，渗透率较大的气层，储层流体导压系数较大，流体在储层中的传播能力较强，相同生产压差下，流入井底的气量比渗透率较小的储层多。

因此，当储层非均质性较强，渗透率级差较大气井多层合采时，部分高渗层产能较高，使气井达到一定产量时的生产压差较小，造成低渗层产能发挥不充分，当生产压差小于部分低渗层的启动压力时，低渗层流体无法流动，不产出。

综合上述研究结果可以看出，渗透率、出气厚度、表皮系数、多层合采层间干扰对气井产能影响程度较大，非达西流对气井产能影响程度较小。因此，在建立长井段多层气井产能预测方法时应充分考虑气井出气厚度、渗透率、酸压改造、纵向非均质性等对产能的影响。

二、长井段合采井产能预测方法

由气井二项式产能方程可知，气井无阻流量q_{AOF}主要和试井地层系数kh有关，呈幂函数关系，而试井解释地层系数kh与测井解释地层系数kh之间也应有一定的函数关系。因此，根据气井试气测试资料，利用统计方法建立气井无阻流量q_{AOF}与测井地层系数kh之间的关系，就可以建立气井产能预测公式并预测气井产能。

2008年7月30日~12月5日，对普光301、普光302、普光303井台9口开发井开展了产能测试工作，并投入试采。由于这9口开发井是长井段酸压后进行的产能测试，反映了长井段射孔、层间干扰、酸压效果等因素对气井产能的影响。因此，基于这9口投产试气井长时间试气资料，可建立长井段合采井产能预测方法。

普光气田为巨厚碳酸盐岩气藏，储层纵向上物性变化快，非均质性强，从测井解释的储层渗透率统计结果看，渗透率从（0.03~7200）×10^{-3}μm^{2}均有分布。因此，在统计测试段的测井渗透率时，可以采用误差较小的几何平均算法〔式（7-25）〕，即计算出各测试层段的几何平均测井解释渗透率，有效厚度采用算术平均的计算方法，二者相乘得到各测试层段总的测井解释地层系数。

$$\log(k) = \sum_{i=1}^{n} h_i \log(k_i) / \sum_{i=1}^{n} h_i \qquad （7-25）$$

对普光302-2井等9口投产试气井获取的长时间试气资料进行分析，计算气井的无阻流量，并建立地层系数与无阻流量的统计关系式。结果显示，酸压后气井单位地层系数无阻流量与地层系数之间呈对数关系（图7-36），且相关性较好。其关系式为式（7-26）：

$$q_{AOF} = [-0.6403 \ln(kh) + 5.0506] \times kh \qquad （7-26）$$

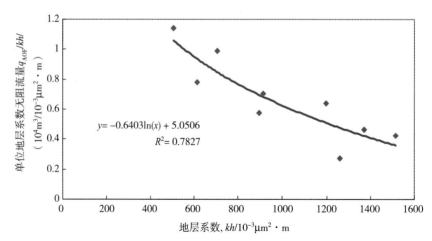

图7-36　普光气田9口投产试气井单位地层系数产能与地层系数关系图

该关系式考虑了长井段射孔、层间干扰、酸压效果等因素，可以直接用于预测普光气田其他投产试气井酸压后产能。

三、应用实例

利用普光气田长井段射孔气井产能预测公式，对其他23口完钻开发井（斜直井）产能进行预测。根据实测产能结果与预测产能进行对比分析，结果，产能预测平均符合程度达到了87.3%，其中，有66.7%的气井预测产能与现场测试结果符合程度在85%以上（表7-15）。

表7-15 投产试气井实测产能与预测产能对比表

井号	井段/m	井口压力/MPa	油嘴/mm	日产量/（$10^4m^3/d$）	无阻流量预测值/（$10^4m^3/d$）	现场测试结果/（$10^4m^3/d$）	符合率/%
102-2	5644.9~6169	32.55	12	64.88	695.7	629	89.40
102-2	5597.0~6044.8	35.79	8	38.98	483	491	98.37
201-1	4755.4~5246.6	34.02	12	66.83	384	392	97.96
202-1	5124.6~5260.5	37.21	8	40.25	312	475	65.68
2011-3	5071.2~3547.9	36.12	8	39.93	581	485	80.21
3011-1	4954.3~5390	37.41	8	35.67	533	570	93.51
304-1	5579.4~5818.8	32.47	12	65.53	310	345	89.86
104-3	5767.7~5513.5	36.6	8	35.7	577	500	84.60
102-1	5508.7~5806.7	35.2	8	38.7	506	471	92.57
201-4	5032.3~5406.3	35.74	12	70	556	553	99.46
101-3	5537.1~6026.5	36.1	8	37.68	586	534	90.26
2011-5	5015.7~5513.5	37.92	12	65.3	581	485	80.21
305-2	5788.0~5850.0	31.6	8	36.54	117	94	75.53
103-1	5599.8~5847.4	34.06	12	62.54	592	529	88.09
104-2	5731.3~6038.0	36.7	8	35.5	493	424	83.73
平均							87.3

第四节 气井合理配产

研究气井的合理产能，对于气田的合理开发有重要意义，合理配产是保证气田高效开发的基础。合理的气井产量应能够使气井有较长的稳产期，而且使气藏获得较高的采收率和较好的经济效益。普光气田地质条件复杂，储层厚度大、非均质强、高含硫化氢，并且存在边底水，开发投资高，为保证气田科学高效的开发，从提高多层合采井井控储量动用程度、延缓边水推进、确保气井稳产期、提高经济效益等因素考虑，运用多种方法研究确定了普光气田各井区气井的合理产量。

一、气井合理产量确定原则

影响气井合理产量确定的因素很多，主要包括气井产能、流体性质、生产系统、稳产时间、气藏开发方式和社会经济效益等。普光气田投产井段长，产量高，储层纵横向非均质性强，高含硫化氢，开发投资大，并存在边底水，合理配产就是在气井产能允许的范围内，提高气井的采出程度和经济效益。因此，普光气田气井合理产量确定遵循以下原则：①要能够充分利用地层能量，提高储量动用程度；②满足气田合理采气速度的要求；③控制气藏的边、底水推进；④确保气井稳产期和市场需求；⑤大于单井经济界限产量；⑥不造成油管的冲蚀损害；⑦满足一定的携液能力；⑧获得好的经济效益。

二、气井合理产量的确定

根据上述原则，普光气田确定气井合理产量的方法是：首先确定单井初期产量界限；再根据评价的气井产能，采用经验法、采气指数曲线法、节点分析法、类比等方法综合分析研究单井合理配产；最后在建立气藏地质模型的基础上，用数值模拟方法优化确定全气藏各井区气井的合理产量。

（一）单井初期日产量界限

新钻井初期产量界限指在一定的开发技术和财税体制下，新钻开发井所获得的收益能弥补全部投资、采气操作费并获得最低收益率时初期所应达到的最低产量，当新钻井初期产量大于这一值时，则认为经济上是可行的。

根据普光高含硫气藏开发特征和经济运行规律，以气田有效开发必须满足基本投资回收期和收益率的要求等经济条件为约束，建立单井初期产量界限模型。根据普光气田主体开发钻井、采气和地面单项工程设计，直井、斜井和水平井单井总投资分别为17667万元、18603万元、19772万元。借鉴目前中石化气田开发采气成本情况，依据采气和地面建设方案设计的相关指标，考虑与单井相关的操作成本。按照天然气井口基准价格980元/10^3m^3、税后硫黄价格400元/吨计算，单井经济界限结果如图7-37。

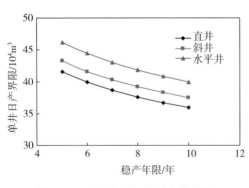

图7-37 不同井型初期日产量界限

从测算结果可以看出，不同井型的单井界限不同，斜井和水平井要求的单井初始产量界限比直井高；气井稳产期不同，单井初始产量界限也不相同，稳产期越长，新钻井要求的初期产量界限越低。在气井稳产10年的条件下，直井要求的单井初始产量界限为 $36 \times 10^4 m^3/d$；斜井要求的单井初始产量界限为 $37.5 \times 10^4 m^3/d$；水平井要求的单井初始产量界限为 $40 \times 10^4 m^3/d$。因此，气井的合理配产时应大于单井初期产量界限。

（二）单井合理配产研究

在普光气田开发前期评价阶段，气井合理产量的确定主要是根据试气和试采资料评价的气井产能方程和无阻流量，采用采气曲线法、节点分析法、单井数值模拟和类比法等多种方法确定初步配产。

1. 采气曲线法

采气曲线法确定气井合理产量着重考虑的是减少气井渗流的非线性效应所引起的附加压降。气井的采气方程用二项式可表示为：

$$P_e^2 - P_{wf}^2 = AQ + BQ^2 \qquad (7-27)$$

将式（7-27）经过整理可得：

$$P_e - P_{wf} = \frac{AQ + BQ^2}{P_e + \sqrt{P_e^2 - AQ - BQ^2}} \qquad (7-28)$$

由式（7-28）可见，气井的生产压差 $P_e - P_{wf}$ 是地层压力 P_e 和气井产量 Q 的函数。根据大量的计算表明，在产量比较小时，气井生产压差与产量成直线关系，随着产量的增加，生产压差的增加不再沿直线增加而是高于直线，这时气井表现了明显的非达西流效应。即随产量增加，气井生产压差与产量呈曲线关系且凹向压差轴，即惯性造成的附加阻力增加。一般情况下，气井的合理配产应该保证气体不出现湍流。

根据普光气田气井测试确定的二项式产能方程，可以绘二项式产能曲线，在二项式产能曲线上沿早期达西渗流直线段向外延伸，直线与二项式产能曲线切点所对应的产量即为气井的合理产量（图7-38、图7-39）。

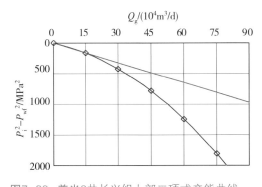

图7-38 普光6井长兴组上部二项式产能曲线

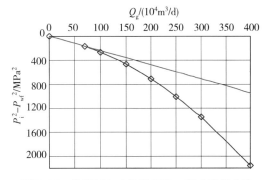

图7-39 普光303-2井酸压后二项式产能曲线

根据采气曲线切点法，普光1井飞一~二段中部的合理产量应该为 $10 \times 10^4 m^3/d$（约 $1/6 q_{AOF}$）；普光6井长兴组的合理产量为 $15 \times 10^4 m^3/d$（约 $1/7 q_{AOF}$）；普光303-2井酸压后合理产量应该为$60 \times 10^4 \mathrm{m}^3/\mathrm{d}$（约$1/6 q_{\mathrm{AOF}}$）；普光301-3井酸压后的合理产量应该为$75 \times 10^4 \mathrm{m}^3/\mathrm{d}$（约$1/6 \sim 1/7 q_{\mathrm{AOF}}$）。

因此，普光气井在不出现紊流的情况下的合理配产约为无阻流量的$1/6 \sim 1/7$。如果全井段全部打开生产，且不存在层间干扰的情况下，按照无阻流量的$1/6 \sim 1/7$配产，则普光1井合理产量应为（$20 \sim 25$）$\times 10^4 \mathrm{m}^3/\mathrm{d}$；普光2井合理产量为（$65 \sim 75$）$\times 10^4 \mathrm{m}^3/\mathrm{d}$；普光4井合理产量约为（$40 \sim 50$）$\times 10^4 \mathrm{m}^3/\mathrm{d}$；普光5井合理产量约为（$30 \sim 35$）$\times 10^4 \mathrm{m}^3/\mathrm{d}$；普光6井合理产量约为（$95 \sim 110$）$\times 10^4 \mathrm{m}^3/\mathrm{d}$；普光303-2井酸压后合理产量应该为（$50 \sim 60$）$\times 10^4 \mathrm{m}^3/\mathrm{d}$；普光301-3井酸压后合理产量应该为（$75 \sim 85$）$\times 10^4 \mathrm{m}^3/\mathrm{d}$。

2. 节点分析法

节点分析法确定合理产量的思路是：将气井生产从地层经井筒流到井口考虑为一个系统，选取井底为节点，从地层流到井底称为流入，从井底经井筒流到井口称为流出；用二项式产气方程描述并绘制流入动态曲线；对不同油管可以采用垂直管流计算方法计算井筒损失，计算得到井底压力随产量的关系曲线，即流出动态曲线，将流入曲线与各规格油管条件下的流出曲线绘在一张图上，其交点所对应的产量就是各种油管尺寸下的协调产量，即是在一定油管下气井的合理产量。

根据气井实际参数绘制流入流出曲线，如图7-40和图7-41所示。可以确定：普光301-3井的合理产量为$80 \times 10^4 \mathrm{m}^3/\mathrm{d}$，约为无阻流量的$1/6$；普光303-2井的合理产量$70 \times 10^4 \mathrm{m}^3/\mathrm{d}$，约为无阻流量$1/5$。因此，根据节点分析法，气井的合理配产约为无阻流量的$1/5 \sim 1/6$。

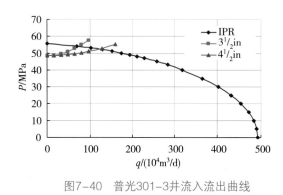

图7-40　普光301-3井流入流出曲线

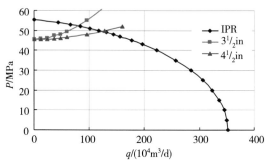

图7-41　普光303-2井流入流出曲线

3. 单井数值模拟方法

普光气田构造低部位有边底水，依据气藏的地质综合地质特征及完钻井资料，建立普光气藏的三维地质模型，应用数值模拟方法研究不同配产与气井稳产时间、采出程度以及见水时间的关系，优化确定气井的合理产量。

为研究边底水对气井开采的影响，以普光305-1井和普光9井的构造深度、储层物性参数为基础，建立局部区域三维地质模型，截取普光305-1井区域进行有底水气井数值模拟研究（图7-42）。

设计在气层顶部向下打开33%模型的基础上，考虑产量分别为$15 \times 10^4 m^3/d$、$20 \times 10^4 m^3/d$和$35 \times 10^4 m^3/d$时，模拟计算并分析气井的稳产期、见水时间等开发指标。

分析计算结果（表7-16）可以看出，气井配产对气井无水采气期和无水采出程度影响很大，随着气井产量的增加，稳产期和无水采气期明显缩短，无水期采出程度大幅度减小，其原因在于气井配产高、生产压差大，在井底形成低压带，气水层压差增大，使底水在井底附近迅速推进，从而使气井过早出水，气藏水侵量大大增加，严重影响气井的开发效果。

表7-16　底水气井不同配产情况下开发指标对比表

产量/（$10^4 m^3/d$）	生产压差/MPa	见水时间/年	无水期采出程度/%	稳产时间/年
15	7	11.6	22.5	15.5
20	10.5	4.3	12.9	6.1
35	17.2	1.8	9.3	1.8

因此，对有底水的气井来说，为控制和减缓底水推进，应控制压差生产，本区气井的生产压差应控制在7MPa以内。

利用普光203-1井和普光202-1井建立边水地质模型，对受边水影响的气井普光203-1进行气藏数值模拟（图7-43）。设定不同配产，计算气井稳产期、见水时间等开发指标（表7-17）。

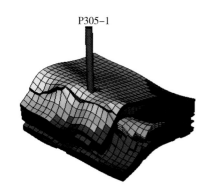

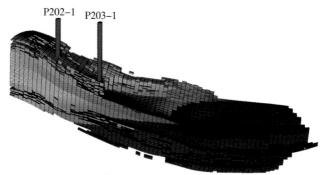

图7-42　底水气藏数值模拟网格模型　　　　图7-43　边水气藏数值模拟网格模型

表7-17　边水气井不同配产下开发指标对比表

产量/（$10^4 m^3/d$）	生产压差/MPa	见水时间/年	无水期采出程度/%	稳产时间/年
60	2.3	8.8	26.4	14
80	3	6.5	26.0	7.8
120	4.5	4.1	22.3	2.2

研究结果表明，随着气井配产的增加，边水气井稳产期缩短，见水时间提前，无水期采出程度减小。因此，靠近边水的气井，若配产高、生产压差过大，将会加快边水的推进速度，导致无水采气期和无水期采出程度明显减小，严重影响气井的开发效果，靠近边水的气井生产压差应尽量控制在3MPa以内生产。

4. 类比法

与相似气田类比是研究气井合理产量的常用方法。拉克气田为高含硫碳酸盐岩气藏，对比拉克气田，普光气田地质特征、流体性质与拉克气田比较相似。拉克气田储层有效厚度350～500m，略高于普光气田，压力系数1.57～1.67高于普光气田的1.09～1.18，储层类型为孔隙-裂缝型，单井配产为（33～100）×10^4m³/d，因此，普光气田单井合理产量可参考拉克气田。

5. 气井合理产量应考虑的因素

普光气井产量较高，且有边底水，因此，配产时还应考虑携液极限产量和油管冲蚀流量。气井合理产量应大于产水时最小携液极限产量，并且低于冲蚀流量。

（1）气井产水时极限携液产量。

普光气田有边底水，在生产中后期，井底会产出地层水，井底积液会限制气井的生产能力，因此，气井出水后需要把液体及时排出井筒。由此可见，气井合理产量应大于产水时最小极限携液产量。

根据普光气田的基础数据，利用Turner极限携液产量公式，可以计算满足不同油管内径条件下气井生产时连续排液的最低产量，即极限携液流量，由图7-44中可看出，随着油管管径的变大，气井极限携液流量也增大。其中，$3\frac{1}{2}$in油管的极限携液流量是10×10^4m³/d，$4\frac{1}{2}$in油管的极限携液流量是15×10^4m³/d。根据前面确定的气井合理产量可知，当气井产量远高于极限携液流量时，气井将不会产生积液现象。

（2）冲蚀流速。

气体沿井筒流动过程中，不断对管壁产生动力学作用，当流速达到某一限度时，管壁受到冲蚀，发生损害。因此，一定管径的油管，有一个特定的允许流速极限，即最大允许产量极限。

根据普光气田天然气性质和地层条件等因素，按Beggs公式计算了不同管径不同井口压力下不造成冲蚀的临界产量（图7-45）。计算表明，随着产量增大，要求不造成冲蚀的油管管径也增大。普光气田生产井大多是外径88.9mm油管，在不造成油管冲蚀损害的情况下，要求气井产量低于90×10^4m³/d；外径101.6mm油管则要求产量低于150×10^4m³/d。

普光气田是中石化"川气东送"工程的主供气田，该气田的平稳供气对天然气外输工程有着举足轻重的作用。如果气井配产过高，地层压力下降快，气井产量难以稳定，或者某一口气井出现问题关井，都会影响外输供气。因此，从合理利用地层能量、保证气井较长稳产时间等方面考虑，气井初期产量不宜过高。综合分析认为，普光气田可选用各井初期产能评价无阻流量的1/5～1/7配产。

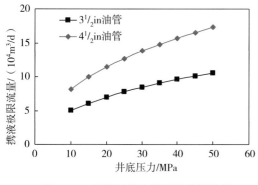

图7-44　不同油管直径极限携液流量

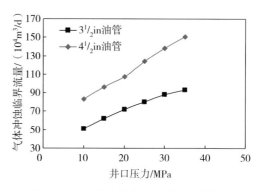

图7-45　不同油管直径气体冲蚀临界流量

（三）优化确定全气藏各气井合理产量

根据普光地质建模研究成果和流体高压物性等资料，建立气藏数值模型，在气井产能评价结果的基础上，先对各生产井按无阻流量1/5～1/7进行初步配产，在初步配产基础上进行数值模拟计算，预测开发指标，以给定的气井最小井口外输压力（9MPa）为限制条件，在采气速度4.4%、在年产规模$80 \times 10^8 m^3$、各生产井稳产时间接近的条件下，同时考虑控制边水推进，对于靠近边水的气井生产压差控制在3MPa以内，确定气井合理产量为（$30 \sim 100$）$\times 10^4 m^3/d$，平均产量$60 \times 10^4 m^3/d$；其中气藏构造高部位普光2-6井区合理产量为（$70 \sim 100$）$\times 10^4 m^3/d$，低部位靠近底水区域合理产量为（$30 \sim 50$）$\times 10^4 m^3/d$。

第八章 开发方案优化与实施

自2003年7月预探井普光1井完井测试获高产气流发现普光气田后，随着勘探及开发评价的不断深入，2005年2月至2006年8月，根据最新勘探成果、探明储量规模和气藏地质认识，引进、吸收国外类似气田开发技术和经验，结合自主科技攻关，先后编制完成了天然气年产能力$20 \times 10^8 m^3/a$、$30 \times 10^8 m^3/a$、$60 \times 10^8 m^3/a$和$120 \times 10^8 m^3/a$等多套开发方案。由于普光气田是具有边底水的高含硫碳酸盐岩气田，地质条件复杂，对气藏的认识不可能一次完成，在储层分布、气水关系以及动用储量规模等方面的认识还存在诸多的不确定性，故前期编制的各套方案均应视为初步开发方案。因此，通过加强跟踪研究，不断深化气藏地质认识，及时优化调整开发方案，是实现普光气田科学高效开发的重要保证。

为此，在开发方案的实施过程中，科技人员认真贯彻和践行科学发展观，特别是注重随钻井跟踪研究，实时研究新钻井资料，动态开展储层预测、含气性预测、精细地质建模、产能评价等相关研究工作，不断深化气藏构造、沉积微相、气层纵横向展布、气水关系、开发动用储量规模以及气井产能等方面的认识，及时根据新资料和新认识，对普光气田的开发技术政策、井位部署方案、开发指标以及开发井井轨迹、投产层段、酸压增产技术等进行优化，同时在管理上建立了严格的三级审查机制，为确保优化设计的超前性、科学性和指导性提供了保障。通过优化研究和调整，普光气田开发方案实施后达到很好的效果，钻井成功率100%，钻遇储层符合率86.5%，气井产能达标率100%，实现了普光气田的科学、高效开发。

第一节 开发技术政策及开发指标优化

开发方案实施跟踪研究表明，普光气田在构造、沉积、气层厚度、流体分布、动用储量规模等方面与早期认识相比都发生一定的变化：一是气田构造和气水关系有所变化，飞仙关组气藏发育边水，长兴组气藏发育底水。二是局部区域沉积微相变化大、储层非均质性增强，造成气层有效厚度高值区的分布范围较原认识有所缩小，且构造低部位气层减薄；三是根据地质新认识评价的气田动用储量规模减少。

为确保实现提高钻井成功率、提高气层钻遇率、提高气井产能达标率等目标，根据地质研究认识和动用储量评价结果，通过系统开展开发技术政策、井位部署、开发指标等优化研究，及时优化开发方案，为科学、高效开发普光气田奠定了坚实基础。

一、开发技术政策优化

遵照"多打高效井，少打低效井，避免无效井"的原则，根据地质跟踪研究新认识，特别是储层预测及含气性预测描述的主力气层的产状、厚度和平面上的稳定性等方面的研究成果，以及气水关系、动用储量等新认识，对开发井型、井距及采气速度等开发技术政策进行优化研究，以指导气田井位部署的优化与调整，确保钻井成功率100%。

（一）井型优化

普光气田原开发方案认为气藏主体部位（普光2井区、普光6井区）储层厚度大，采用直井+斜井布井方式，气藏边部储层逐渐变薄，采用斜直井+水平井布井方式。方案实施过程中的跟踪研究表明，普光气田储层非均质性较强，平面厚度变化大。为确保气田高效开发，根据地质新认识，进一步从技术经济界限、产能等方面论证了钻水平井的可行性，最终在构造高部位气层厚度相对较薄的区域和构造低部位气水边界附近优化部署了一批水平井，并通过优化设计，取得了较好开发效果。

（1）应用边际贡献法，确定不同类型气井技术经济界限，指导井型优选。

评价气田钻新井开发是否有效益，目前常用的方法是边际贡献法，即通过研究现有开发技术和财税体制下，满足基准投资回收期（6年）内钻新井收回全部投资、采气操作费并获得最低收益率（12%）时所应达到的最低产量或储量值，来评价钻新井的可行性。首先，通过经济评价，确定单井初期产量界限；然后，根据产量递减规律，确定单井经济可采储量、单井控制地质储量；最后，根据开发井网、井距，计算单井钻遇气层厚度的界限值。

单井初期产量界限：当新钻井初期产量大于该界限值时，经济上才是可行的。应同时满足以下两式：

$$Q_c \cdot \left\{ \sum_{t=1}^{t} [P_t \cdot n \cdot (1-r_c) - T_r 4 - C_{ovt}] \cdot \eta_t \cdot (1+i_c)^{-t} \right\} - \sum_{t=1}^{t} (I_t + S_{oft}) \cdot (1+i_c)^{-t} \geq 0 \qquad （8-1）$$

$$Q_c \cdot \sum_{t=1}^{P_T} [P_t \cdot n \cdot (1-r_c) - T_r 4 - C_{ovt}] \cdot \eta_t - P_T \cdot \sum_{t=1}^{P_T} (I_t + S_{oft}) \geq 0 \qquad （8-2）$$

式中　Q_c——新井初期产量界限，$10^4 m^3$；

　　　P_t——油气价格，元/$10^3 m^3$；

　　　n——商品率，小数；

　　　r_c——税金及附加比率；

　　　$T_r 4$——资源税，元/$10^3 m^3$；

　　　P_T——投资回收期，年；

　　　I_t——单井新增投资，万元；

　　　C_{ovt}——单位变动成本，元/$10^3 m^3$；

　　　S_{oft}——固定费用，万元/年；

t——经济评价期，年；

η_t——无因次产量变化系数；

i_c——基准收益率，%。

单井经济可采储量界限：当气井的边际效益等于零时，应该采取措施或关井。气井从开始生产到达到关井产量界限时的累计产量为经济可采储量。公式为：

$$G_{RC} = \sum Q_t \tag{8-3}$$

式中　G_{RC}——单井经济可采储量界限，$10^4 m^3$；

Q_t——年产气量，$10^4 m^3$。

单井控制地质储量界限：根据单井经济可采储量界限及预测采收率，可计算直井、水平井单井控制地质储量边际值。公式为：

$$N_c = \sum Q_t / E_r \tag{8-4}$$

式中　N_c——单井控制地质储量界限，$10^4 m^3$；

E_r——经济采收率，小数。

单井钻遇有效厚度界限：根据单井控制地质储量边际值，计算在合理井距下单井钻遇的气层有效厚度界限值。公式为：

$$h = N_c / (A \times \delta) \tag{8-5}$$

式中　h——单井钻遇有效厚度界限，m；

A——单井控制面积，km^2；

δ——单储系数，$10^4 m^3 / km^2 \cdot m$。

在气藏地质研究和经济评价参数确定基础上，选择具有代表的气井开展单井产量变化模式数值模拟研究，测算在稳产 6～10 年的条件下，普光气田直井要求单井初期产量 $40 \times 10^4 m^3/d$，单井控制储量 $32 \times 10^8 m^3$，钻遇有效厚度 134m；水平井要求单井初期产量 $44.5 \times 10^4 m^3/d$，单井控制储量 $34 \times 10^8 m^3$，钻遇有效厚度 89m。即在气层厚度小于 134m 的区域可部署水平井，但如果气层厚度太薄，小于 89m，则钻水平井（井距一定）也无效益。

总体上，普光气田构造低部位的气层厚度比较薄，构造高部位的气层厚度整体较厚。但随着产能建设进度的不断推进，逐步认识到受沉积相变影响，在气田构造高部位仍然存在厚度相对较薄的区域。因此，为多打高效井，普光气田适合采用斜直井+水平井的部署方式，各区域部署何种开发井型应根据气层展布规律的认识确定。

（2）采用数值模拟，研究不同井型产能影响因素，进一步优选开发井型。

科学选择气田开发井型，要从气田地质特点和各种井型开发效果对比分析综合确定。为此，采用普光气田物性参数，建立单井地质模型，研究不同井型的产能比以及主要影响因素，分析不同井型的适用条件，进一步优选开发井型。

直井的天然气产量计算公式为：

$$q_{gv} = \frac{0.02714 k_h h (P_e^2 - P_{wf}^2)(T_s + 273)}{\mu_g Z(T + 273)\left(\ln\dfrac{r_{ev}}{r_{wv}} + S_v\right) P_s}$$

（8-6）

斜直井的天然气产量计算公式为：

$$q_{gd} = \frac{0.02714 k_h h (P_e^2 - P_{wf}^2)(T_s + 273)}{\mu_g Z(T + 273)\left(\ln\dfrac{r_{ed}}{r'_{wd}} + S_d\right) P_s}$$

（8-7）

其中：斜井等效钻井半径 $r'_{wd} = r_{wd} \exp(-S)$

水平气井产量计算公式为：

$$q_{gh} = \frac{0.02714 k_h h (P_e^2 - P_{wf}^2)(T_s + 273)}{\mu_g Z(T + 273)\left[\ln\dfrac{\alpha + \sqrt{\alpha^2 - (L/2)^2}}{L/2} + \dfrac{\beta h}{L}\left(\ln\dfrac{\beta h}{2\pi r_{wh}} + S_h\right) P_s\right]}$$

（8-8）

其中：井斜角 $\alpha = \dfrac{L}{2}\left[0.5 + \sqrt{0.25 + (2r_{eh}/L)^4}\right]^{0.5}$，$\beta = \sqrt{k_h / k_v}$

式中
q_g——产气量，$10^4 \mathrm{m}^3/\mathrm{d}$；

μ_g——天然气地下黏度，$\mathrm{mPa \cdot s}$

r_e——泄气半径，m；

r_w——钻井半径，m；

P_e——地层压力，MPa；

P_{wf}——井底流压，MPa；

h——气层有效厚度，m；

k——气层渗透率，$\mu\mathrm{m}^2$；

T——气层温度，℃；

Z——气体平均压缩因子，无因次；

S——表皮系数，无因次；

L——水平井水平段长度，m；

下角标s——标准状况；

下角标v、d、h——直井、斜直井、水平井。

研究认为，较高的垂向渗透率是水平井开发成功的必要条件。通过实验结果，普光气田 k_v/k_h 在0.5左右，根据上述产能公式，采用普光气田平均参数，建立单井地质模型，研究了水平井与直井的产能关系。

从图8-1可以看出，由于斜井泄油长度$L=h/\cos\theta$，井的斜角越大，则斜井与气层的接触长度越大，其产能越大；气层厚度越大，在同样井斜角情况下，斜井和垂直井产能比越大，尤其对于大斜度井，这个趋势更明显。因此，气层厚度越大，采用斜井开发增产的效果越好。

从图8-2可以看出，在不考虑水平井筒摩阻的情况下，随着气层厚度的增加，水平井与直井产能比减小。即气层厚度越小，越能够体现水平井的优势。当100m、200m、300m，水平井长度为600m时，水平井与直井产能比分别为3.0、1.9、1.3。因此，气藏厚度越小越能够体现水平井的优势，水平井更适合于气层厚度相对较小气藏的开发。

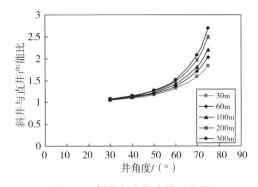

图8-1　斜井与直井产能对比图

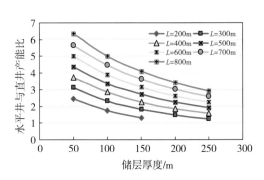

图8-2　不同气层厚度水平井与直井产能对比图

（3）井型优化结果。

根据气藏地质深化研究结果，普光气田主体部位（普光2、普光6井区）储层有效厚度大，纵向非均质性较强，Ⅰ、Ⅱ、Ⅲ类储层和致密储层交互分布，水平井不能很好地兼顾纵向上储量的动用，而斜直井在控制气藏储量、充分发挥纵向上气层产能、实施酸压等增产措施方面有其优势，能够满足开发的要求；气藏边部储层较薄，且距边水较近，部署水平井能较好的提高单井产能，控制边水推进速度；但新完钻井资料和储层预测结果表明，在构造高部位仍然存在厚度较薄的局部区域，这些区域应调整部署水平井以增加井控储量。比如距普光2井南部约1.3km的普光202-1井是优先实施的一口直井，实钻厚度159.8m，较原来预测气层厚度（300m）减少近140m，即从普光2井向普光202-1井区储层厚度逐渐减薄，因此，将位于气藏主体部位的普光202-2H井由直井优化为水平井。同理，依据上述地质新认识，将位于气藏边部的普光105-1H井由直井优化为水平井，普光204-2H井由斜直井优化为水平井，普光104-3井由水平井优化为斜直井。最终在普光气田共部署了7口水平井，其中，5口水平井部署在构造低部位气水内边界线附近；2口井部署在气层厚度发育较薄的区域（图8-3）。

（二）井距优化

气藏开发实践表明，不同的井网部署将产生不同的开发效果和经济效益，合理的开发井距是高效开发气田的重要条件之一。普光气田具有储量丰度大、储层厚度展布变化大、非均质性强以及有边底水的特点，在开发部署时，要综合考虑气藏的地质特征、流体性质、特殊气藏开发管理要求等因素，从尽可能提高气藏最终采收率和经济效益的目的出发，优化气藏合理的开发井距。

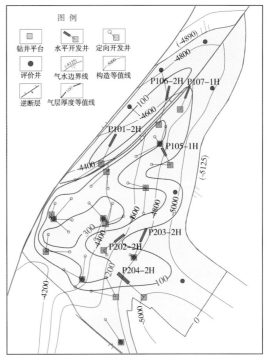

图8-3　普光气田开发井井型优化部署图

1. 经济极限井距

经济极限井距是对应于单井极限控制储量时的井距。单井极限控制储量是指在一定的开发技术和财税体制下，新钻开发井经济开采期内能获得基准收益率为12%时所要求的最低储量值，当新钻井控制储量大于这一值时，则认为经济上是可行的。因此，气田开发的合理井距应大于经济极限井距。

经济极限井网密度：

$$F_{\min} = \frac{N \sum\limits_{t=1}^{T} \left[P_t n (1-r_c) - T_r - C_{\text{ovt}} \right] (1+i_c)^{-t} V_t}{A \sum\limits_{t=1}^{T} \left(I_t + S_{\text{oft}} \right) (1+i_c)^{-t}} \tag{8-9}$$

经济极限井距：

$$D_{\min} = \sqrt{\frac{1000000}{F_{\min}}} \tag{8-10}$$

式中　N——地质储量，10^7m^3；

　　　A——含气面积，km^2；

　　　P_t——油气价格，元/10^3m^3；

　　　n——商品率，小数；

　　　r_c——税金及附加比率，小数；

　　　T_r——资源税，元/10^3m^3；

　　　T——经济开采期，a；

　　　I_t——新增投资，万元；

　　　C_{ovt}——单位变动操作成本，元/10^3m^3；

　　　S_{oft}——固定操作费用，万元/a。

从计算公式分析看，储量丰度越大，经济极限井距越小。经济极限井距的大小主要是由气价、投资、成本等经济指标决定。

采用普光气田开发方案经济参数，根据不同井区的储量丰度，计算普光气田不同井区经济极限井网密度和井距。计算结果，普光2、普光6井区经济极限井网密度为2.3口/km²，经济极限井距为650m；普光5井区经济极限井网密度1.85口/km²，经济极限井距为735m；普光4井区经济极限井网密度为1.25口/km²，经济极限井距为895m；普光8-普光9井区经济极限井网密度为1.11口/km²，经济极限井距为950m；普光3块经济极限井网密度为0.64口/km²，经济极限井距为1250m。在开发井位部署时，普光气田各井区的合理井距应大于各井区的经济极限井距。

2. 合理井距的确定

为提高普光气田最终采收率，实现经济效益最大化，以经济极限井距为下限，考虑单井控制储量、采气速度、稳产期、经济效益等与井距的关系，应用经济评价方法、采气速度法、单井控制储量法和类比法等多种方法研究普光气田的合理井距。

（1）经济评价方法。

经济评价方法是综合考虑地质、开发和经济因素，通过评价气藏开发的经济效益确定气田开发合理的井网密度和合理井距。合理井网密度是指气田开发赢利最大时的井网密度，即气藏净现值NPV达到最大，对应的井距即为合理井距。合理井网密度计算模型如下：

$$S_e = \max\left\{NPV(S)\right\}$$
$$NPV(S) = N\sum_{t=1}^{T}\left[P_t n(1-r_c) - T_r - C_{ovt}\right](1+i_c)^{-t} V_t - \sum_{t=1}^{T} A \cdot S \cdot \left(I_t + C_{oft}\right)(1+i_c)^{-t} \quad (8-11)$$

式中　S_e——经济合理井网密度，口/km²；

　　　　N——地质储量，$10^7 m^3$；

　　　　A——含气面积，km²；

　　　　S——井网密度，口/km²；

　　　　V_t——采气速度，%；

　　　　P_t——油气价格，元/$10^3 m^3$；

　　　　n——商品率，小数；

　　　　r_c——税金及附加比率，小数；

　　　　T_r——资源税，元/$10^3 m^3$；

　　　　T——经济开采期，a；

　　　　I_t——新增投资，万元/井；

　　　　C_{ovt}——单位变动操作成本，元/$10^3 m^3$；

　　　　C_{oft}——固定操作费用，万元/（井·a）；

　　　　i_c——折现率，%。

用此方法确定合理井距，需要和气田开发数值模拟结果结合。首先要建立气藏数值模型，设计不同井网密度的开发方案，进行开发指标预测，然后用经济评价方法计算各方案开发指标的净现值，得出净现值与井网密度的关系曲线，优选出气藏净现值NPV达到最大时的井网密度。

为了确定普光气田的合理井距，基于建立的气藏地质模型，在普光2井周围选择一块9km²的区域进行数值模拟，设计了6套方案（分别为7口井、8口井、9口井、10口井、11口井、12口井）进行开发指标预测（表8-1），并对各方案进行了经济评价，得出净现值与井网密度的关系曲线（图8-4）。

表8-1 不同方案开发指标对比表

井网密度/（口/km²）	井距/m	稳产期/a	20年末采出程度/%	财务净现值/万元
0.78	1134	14	40.5	34406
0.89	1061	12	44.4	38373
1.00	1000	11	47.7	44183
1.11	949	10	50.7	43425
1.22	905	9	53.2	38899
1.33	866	8	55.5	35726

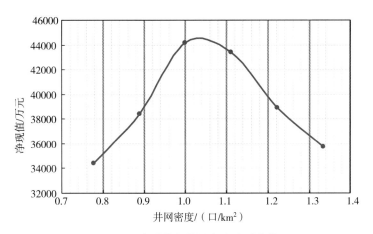

图8-4 净现值与井网密度关系曲线

从图中可以看出，当井网密度为1.04口/km²时，净现值最大，因此，确定普光气田经济合理井距约为1000m左右。

（2）合理采气速度法。

在气藏地质储量和含气面积已知的前提下，根据气田合理开发速度和合理单井产量，可以求得井网密度与地质储量、采气速度之间的内在关系，利用这种内在关系可以建立计算开发井距的单井产能法计算公式。

井网密度：
$$S = \frac{10000\ GV}{t\eta q_{\mathrm{g}} A}$$
（8-12）

井距：
$$D = \sqrt{\frac{1000000}{S}}$$
（8-13）

式中　G——地质储量，$10^8 \mathrm{m}^3$；

　　　A——含气面积，km^2；

　　　q_{g}——规定的单井产气量，$10^4 \mathrm{m}^3/\mathrm{d}$；

　　　V——采气速度，%；

　　　η——单井利用率，%；

　　　t——年有效生产时间，d；

　　　D——井距，m。

普光气田平均储量丰度为$39.9 \times 10^8 \mathrm{m}^3/\mathrm{km}^2$，根据气井合理产能和合理采气速度论证结果，计算普光气田开发平均合理井距为1060m。

（3）单井控制储量法。

开发井距的确定应考虑合理的单井控制储量。单井控制储量法确定合理井距的思路是：根据单井配产，按稳产期末采出的可采储量计算出所要求的单井控制储量，然后依据储量丰度计算不同井区合理井距。

$$N_{\mathrm{d}} = \frac{330 q_{\mathrm{g}} t_{\mathrm{s}}}{n E_{\mathrm{R}}}$$
（8-14）

$$D = \sqrt{\frac{1000000 N_{\mathrm{d}}}{R}}$$
（8-15）

式中　N_{d}——单井控制地质储量，$10^8 \mathrm{m}^3$；

　　　q_{g}——规定的单井产气量，$10^4 \mathrm{m}^3/\mathrm{d}$；

　　　E_{R}——气藏采收率，%；

　　　n——稳产期末可采储量采出程度，%；

　　　t_{s}——稳产期，a；

　　　R——储量丰度，$10^8 \mathrm{m}^3/\mathrm{km}^2$。

从式中可以看出，单井配产越高所要求的井控储量越大；在气井产量相同的情况下，对应储层不同丰度区，井网密度和井距都不相同，储量丰度越高，井距越小。

根据单井控制储量法，绘制普光气田不同单井配产和不同储量丰度下合理井距图版（图8-5），不同井区的合理井距可根据图版确定。由此图版确定出普光2、普光6井区的合理井距为800~900m；普光5井区的合理井距为900~1000m；普光4井区和普光8-9井区为1050~1150m，普光3块的合理井距为1300~1350m。

（4）类比法。

与普光气田相似的法国Lacq气田平均储量丰度$27 \times 10^8 m^3/km^2$，生产井36口，平均单井日产$（50 \sim 65）\times 10^4 m^3$，气田平均井距大约1500m，构造高部位井距较小，低部位井距较大。普光气田平均储量丰度$39.9 \times 10^8 m^3/km^2$，明显高于Lacq气田，单井配产与Lacq气田相近，因此，普光气田的合理井距应小于Lacq气田实际井距。

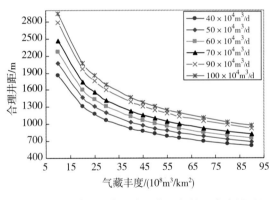

图8-5　不同单井配产下合理井距与储量丰度关系图

综合各种方法分析，在目前经济条件下，确定普光飞仙关—长兴组气藏不同井区合理井距为800～1300m，平均井距1000m左右。对于储层物性好、丰度高的普光2-6井区合理井距为800～1000m；普光4、普光5井区和普光8-9井区为1000～1150m，普光3块合理井距为1300～1350m（表8-2）。

表8-2　普光气田合理井距计算表

方法	普光2-6井区	普光5井区	普光4、普光8-9井区	普光3块
经济极限井距	650m	760m	950m	1250m
经济合理井距	1000m			
合理采气速度法	采气速度4%～4.5%，1050～1100m			
单井控制储量法	800～900m	900～1000m	1050～1150m	1300～350m
合理井距	800～900m	1000～1150m		1300～1350m

（三）采气速度优化

根据最新地质认识和井位部署优化成果，气田在气水关系、开发动用储量规模、开发井型和开发总井数均有调整。为此，依据气井合理配产结果，编制普光气田不同的采气速度方案开展数值模拟研究，通过开发指标预测结果对比，分析不同采气速度对开采效果的影响，优化气田合理采气速度。此外，由于普光气田边部存在边水，部分区域的下部存在底水，因此在上述研究的基础上，开展高低部位不同采气速度情况下的开发效果数值模拟优化研究，以减缓气藏见水时间。

1. 气田合理采气速度优化

运用数值模拟研究方法开展全区采气速度优化。在模拟过程中，根据地面建设的要求，将气井井口压力设定为9MPa，同时，将气藏开发过程划分为两个阶段：一是稳产阶段，即当气井井口压力高于9MPa时，气井以稳定产量生产；二是定压阶段，即气井定井口压力生产，当气井进入产量递减期后，井口压力始终保持在9MPa，当气井产量最终达

到废弃产量 $4 \times 10^4 m^3/d$ 时关井；此外，当产水气井产量降至临界携液量 $5.3 \times 10^4 m^3/d$ 之下时也进行设定关井。

通过调整普光气田的气井配产，设计初期年产能力分别为 $60 \times 10^8 m^3$、$70 \times 10^8 m^3$、$80 \times 10^8 m^3$、$90 \times 10^8 m^3$ 和 $100 \times 10^8 m^3$ 共五个开发方案，对应的气藏采气速度分别为3.3%、3.9%、4.4%、5.0% 和5.5%，同时，在各方案中设定构造高、低部位的采气速度也相同，采用数值模拟方法预测气藏不同方案的稳产年限、采出程度，分析采气速度对气藏稳产年限、采出程度以及见水时间的影响。预测结果对比表明，开发采气速度越高，稳产期越短、地层压力下降越快、气藏见水时间越快，且稳产期末可采储量采出程度越低（表8–3、图8–6、图8–7）。

表8-3 气藏不同采气速度下开发指标预测对比表

	方案编号	1	2	3	4	5
	总井数/口	40	40	40	40	40
稳产期末开发指标	年产气/$10^8 m^3$	60	70	80	90	100
	采气速度/%	3.3	3.9	4.4	5	5.5
	稳产年限/a	12	9.2	7.5	6	4.5
	累产气/$10^8 m^3$	717.2	644.7	597.6	539.7	438.3
	采出程度/%	39.6	35.6	33.0	29.8	24.2
	见水时间/a	6.2	5	4	2.6	1.9
	地层压力/MPa	27.4	30	31.3	33.5	36.5
预测期末开发指标（30年）	累产气/$10^8 m^3$	1137.8	1143.1	1147.3	1147.7	1148.1
	采出程度/%	62.8	63.1	63.3	63.4	63.4
	地层压力/MPa	15.8	15.7	15.7	15.7	15.7

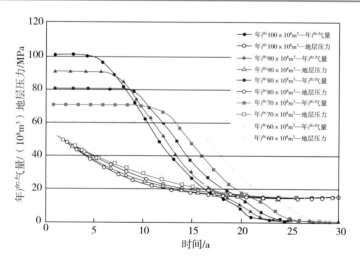

图8-6 不同采气速度气藏年产量及地层压力变化预测对比图

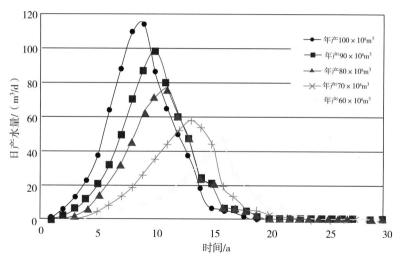

图8-7 不同采气速度下气藏年产水量预测对比图

此外，根据数值模拟结果，还编制了普光气田不同采气速度与气田稳产期及稳产期采出程度的关系曲线（图8-8）。从图中可以看出，采气速度2%～5%之间是气藏稳产期和采出程度变化最大的区间。

利用经济评价研究方法，对不同采气速度下气田的经济效益进行评价分析，并根据评价结果最终确定普光气田的合理采气速度。

图8-9是普光气田以不同采气速度开采时净现值大小。从经济效益分析看，不同采气速度下气藏经济效益有明显差异。若采气速度太低，则开发时间长，投资回收期长，经济效益差；若采气速度过高，则气藏稳产期短，采出程度低，效益差。气田开发是以获得最大经济效益为目的的，所以，一个气田的开发从经济评价分析，净现值出现峰值时对应的采气速度即为合理的采气速度。因此，从经济效益考虑，确定普光气田的合理采气速度为4.4%。

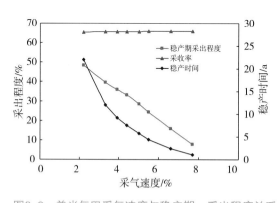

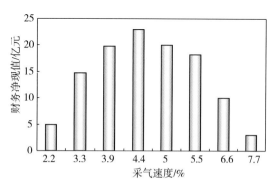

图8-8 普光气田采气速度与稳产期、采出程度关系　　图8-9 不同采气速度下普光气田开发净值对比

（四）分区采气速度优化

在气田整体采气速度不变的情况下，通过调整构造高部位和低部位的采气速度，对不

同区域采取不同采气速度的开发效果进行指标分析与对比。为此，设计4套方案，气田总体采速为4.4%，构造低部位的采速分别为6.1%、4%、2.7%和1%，对应的构造高部位采速分别为4%、4.5%、4.8%和5.2%。

模拟结果表明，在整体采气速度相等的情况下，构造高部位气井距离边水较远，完井段位置较高，在不同采气速度下整个开发过程中均不出水。当构造低部位的采气速度从6.1%减小到1%时，气藏的见水时间从2.8年延长到7年，无水期采出程度从12.3%提高到30.8%（表8-4、图8-10）。

表8-4 不同区域不同采气速度下开发指标对比表

设计	低部位采速/%	高部位采速/%	全区采速/%	见水时间/a	无水期采出程度/%	稳产时间/a	稳产期采出程度/%	30年采出程度/%
方案Ⅰ	6.1	4	4.4	1.8	7.9	6	26.5	63.3
方案Ⅱ	4	4.5	4.4	3	13.2	7.3	32.2	63.4
方案Ⅲ	2.7	4.8	4.4	5	22	7.8	34.4	63.4
方案Ⅳ	1	5.2	4.4	6	26.4	6.2	27.3	63.4

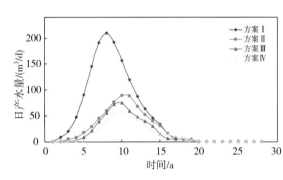

图8-10 不同方案见水时间对比图

研究结果表明，在采气速度相等的情况下，适当提高构造高部位区域采气速度，降低构造低部位的采气速度可以延缓边水的推进速度，增加无水期采出程度。但若构造低部位的采气速度过低，如方案Ⅳ的低部位单井的平均配产仅为$13 \times 10^4 m^3/d$，将无法满足气井的最低经济界限要求，影响气藏的最终开发效益。因此，为了延缓边水的推进，延长无水采气期，普光气藏的整体采气速度不宜太高。此外，对于普光这种裂缝相对不发育的孔隙型边底水气藏，不同区域可采用不同采气速度开发，构造高部位边底水影响小的区域采气速度可较高，而边底水影响大的区域则采用较低速度开采。

根据数值模拟研究结果，建议普光气田在以4.4%的采气速度开发的同时，构造高部位应采用4.8%、构造低部位采用2.7%左右的采气速度较为适宜。

二、井位部署优化

针对普光气田碳酸盐岩储层控制因素多、储层非均质性强、气水关系复杂等特点，提出"整体部署，分批实施"原则。即在整体开发方案指导下，从构造高部位分批向构造低部位推进开发井实施工作，构造高部位重点井、关键井优先实施，上批次开发井为下一批次开发井井位设计提供有效的基础资料。在开发方案实施过程中，实时跟踪研究新钻井资

普光高含硫气田高效开发技术与实践

料，动态开展储层预测、含气性预测和精细地质建模等地质研究工作，不断深化影响井位设计的构造、气层纵横向展布特点、气水关系、相变线等方面的研究工作，及时优化调整了位部署，确保了"少井高产"目标实现。

普光气田产能建设始于2005年12月28日普光302-1井的开钻，此后一年多的时间，边实施边跟踪，至2008年6月，已完成了6批次30口井的地质设计，每完钻一批开发井就开展一轮地质深化研究。2008年3月，在完钻开发井25口、边部普光7-侧1、普光11、普光10、普光101、普光12等评价井的动静态资料日益增多情况下，对气田构造、沉积微相、储层展布、气水关系等地质特征进行了更深入的研究，并进一步评价了气田动用储量，据此对气田开发井位部署进行了优化调整。

井位部署优化调整思路：一是考虑气田开发经济效益，单井钻遇气层厚度或控制地质储量达不到技术经济界限的井不实施；二是考虑边底水对气田开发影响，构造低部位气水边界附近开发井位应适当减少，或改为水平井；三是考虑气田整体开发规模，在气层厚度大、储量丰度高的区块可适当加密井位。

（1）由于井控储量原因，普光3块优化减少开发井3口。

普光3块圈闭面积较小，新钻开发井实钻与设计对比，钻遇目的层深度误差仅20m，证实气田构造整体比较落实，构造形态上基本上没有大的变化，仅局部井区构造幅度有较小变化。

2006年2月上报探明地质储量时，普光3块确定飞仙关组气水界面-4990m。新完钻的普光106-2H井在飞仙关组钻遇水层，结合普光7-侧1、普光3井试气情况，综合确定气水界面-4890m，比上报储量时提高100m。根据以上变化，普光3块评价含气面积约8.57km²，天然气地质储量仅$64.36 \times 10^8 m^3$。原方案在该块设计有5口开发井，已优先实施2口开发井——普光101-2H、普光106-2H，分析认为这两口开发井已基本能控制该块的地质储量，因此，提出普光106-1、普光106-3H 2口井不实施。

此外，原方案部署的普光101-1井处于普光7断层、普光3断层的位置夹缝位置，该井区储层厚度较薄，在100m左右，评价井控储量仅$6.46 \times 10^8 m^3$，达不到技术经济界限。因此，提出普光101-1井不实施的建议（图8-11）。

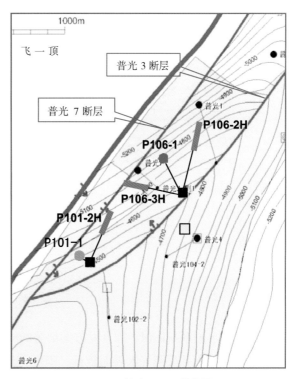

图8-11　普光101-1井位置图

（2）普光2块由于气水界面变化，优化减少新井8口，减少利用井1口。

2007年2月上报普光8、9井探明地质储量时，认为普光2块飞仙关组和长兴组具有统一的气水界面-5230m。普光304-3、普光305-2、普光106-2H等一批开发井的完钻，及普光10、普光12、普光101等评价井试气成果，进一步明确了普光气田不同断块、不同层系、同一层系内部气水系统不统一。

根据新完钻井的资料分析，普光2块飞仙关组最终确定的气水界面为-5125m，比上报储量时高105m（图8-12）。此外，普光2块长兴组内部也存在不同气水系统，新完钻的普光304-3、普光305-2等井在长兴组钻遇水层，且气水界面各不相同，构造高部位气水界面高，构造低部位气水界面低，但均比普光8、普光9井的气水界面（-5230m）高。分析认为主要是由于长兴组呈点礁特征，每一礁体储层在成藏过程中易形成具有不同气水关系的独立气藏，彼此不连通。

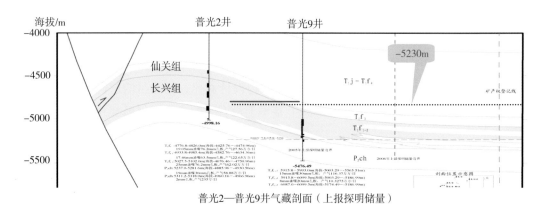

普光2—普光9井气藏剖面（上报探明储量）

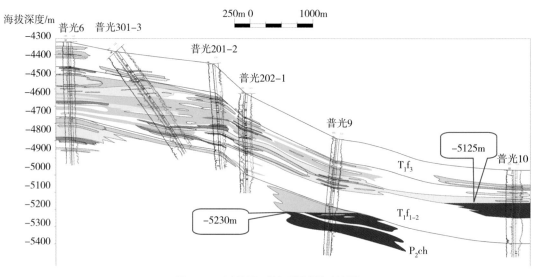

图8-12　过普光9井气藏剖面对比图

根据气水关系新认识，原开发方案部署的8口开发井处于气水过渡带上（图8-13）。其中，普光203-2H井虽距气水界面较近，但主力储层段处于气水界面之上，通过进一步优化井轨迹可以实施；普光107-3H、普光105-2H、普光105-3H、普光203-3H、普光204-1、普光204-2、普光204-3H、普光305-3H井8口井的主力储层段处于气水界面附近或之下，虽然能钻遇部分气层，但考虑投产避射井段后，余下可投入生产的气层厚度很小，计算井控储量在（5.5~25.8）×10⁸m³，达不到34×10⁸m³的经济界限，且这部分储量可通过高部位生产井逐渐动用。因此，建议普光107-3H等8口开发井不实施，此外，原方案中计划利用的评价井普光101井钻遇气水界面，建议也不利用。

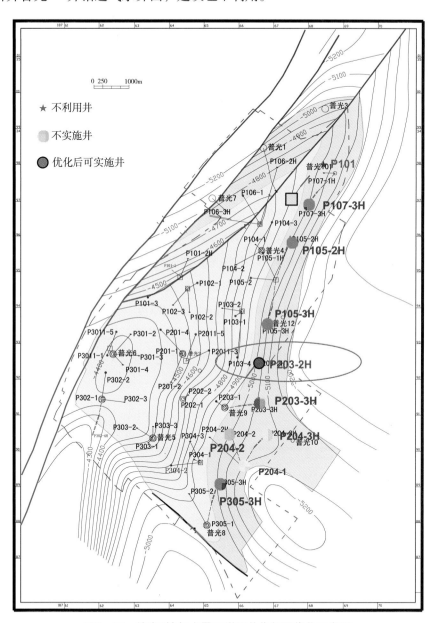

图8-13　普光2块气水界面附近井位部署优化示意图

如普光204-3H井，设计位置处于气田东南部构造低部位，飞仙关组主力储层段处于气水界面-5125m以下，预测气水界面之上气层厚度小于30m，故不实施（图8-14）。

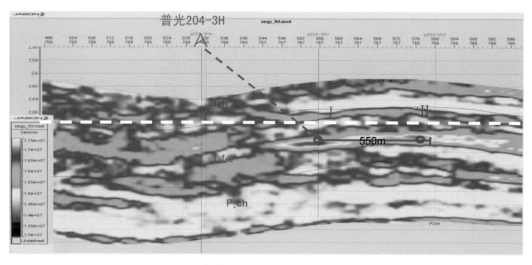

图8-14　过普光204-3H井连井波阻抗剖面图

（3）由于储层相变，普光2块西南边界减少开发井2口。

沉积相跟踪研究结果，飞仙关组台地边缘浅滩发育中心在普光2、普光5、普光6井区，向西南、向东北逐渐变薄，鲕粒滩、颗粒滩交错分布，之间还不稳定发育滩间云岩；长兴组台地边缘礁滩仅发育在普光4井以南普光6-普光5井-普光8井一带，表现出点状分布特征。储层预测结果显示，储层发育与沉积相展布关系密切，其中，飞仙关组储层厚度大的区域主要分布在普光6-普光2井区和普光4井区，厚度一般在200~350m，构造边部及普光3块厚度稍薄，一般在100~150m，井间连通性较好；长兴组礁体储层主要分布在普光6-普光5井-普光8井一带，呈西北方向展布，厚度一般20~150m，井间储层连通性差（图8-15）。

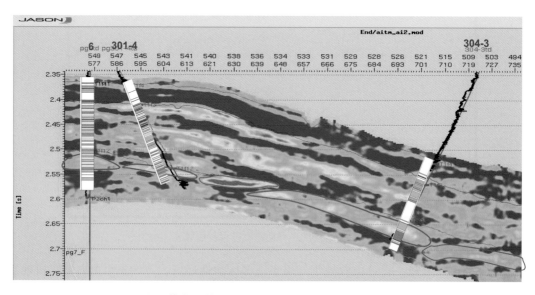

图8-15　普光6-普光301-4-普光304-3井储层预测剖面图

研究过程中，还对普光2块西南相变边界进行了进一步的落实。随钻跟踪研究结果表明，西南部相变带向内收敛，且气层厚度较前期认识有所减薄（图8-16）。

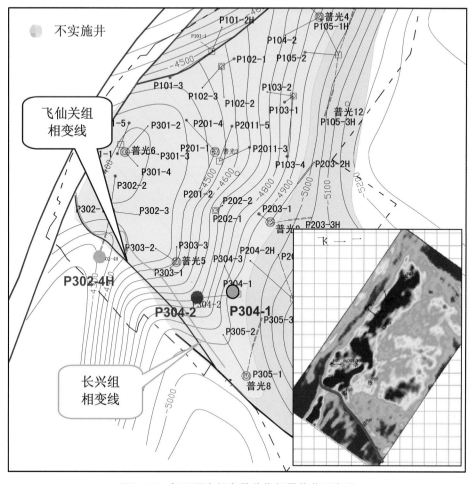

图8-16　气田西南相变带井位部署优化示意图

2008年3月，靠近相变带布署实施的普光304-1井中间电测，飞仙关组解释气层厚度仅为39.5m，且长兴组钻遇了水层。综合研究分析认为，该区域还没有实施的2口井中，普光302-4H井处于相变线之外，无储层发育；普光304-2井处于普光304-1井以南，更靠近储层相变线，预计钻遇气层厚度仅在60m左右，达不到单井经济界限气层厚度。因此，提出普光302-4H、普光304-2井不实施的建议，同时，建议普光304-2井与普光304-1井合并为1口井，向构造高部位普光5井方向进行侧钻。

（4）构造高部位储量丰度大，建议在储层发育区增加2口开发井。

普光2块中完钻的普光2、普光6井区均位于构造的高部位，两口井的气层厚度均大于300m，储量丰度大于$70 \times 10^8 m^3/km^2$，目前，在两个区域部署的开发井的井距在1.2～1.8km，且远离边底水。分析认为，这两个井区可以适当增加开发井数，提高构造高部位储量富集区的采气速度，以适当降低边部位采气速度，进而控制边水的推进。

为此，建议在普光2、普光6井的拆分平台上增加2口井—普光2011-5、普光3011-5（图8-17），距邻井井距在800m左右，预计这两口井的单井钻遇气层厚度在300~380m。同时，建议将这两口井作为大井眼试验井，以便能使单井产能得到进一步提高，根据储层发育情况和完钻井测试情况，建议这两口井的单井配产应大于$100 \times 10^4 m^3/d$。

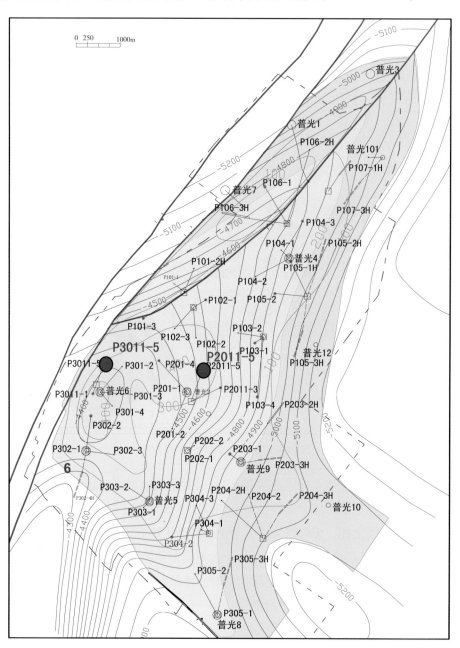

图8-17　普光气田储层井位部署优化示意图

根据以上井位部署优化最终结果，普光气田的开发井数由原方案部署的52口优化为40口。其中，部署直井3口（包括普光8井），定向井30口，水平井7口（图8-18）。

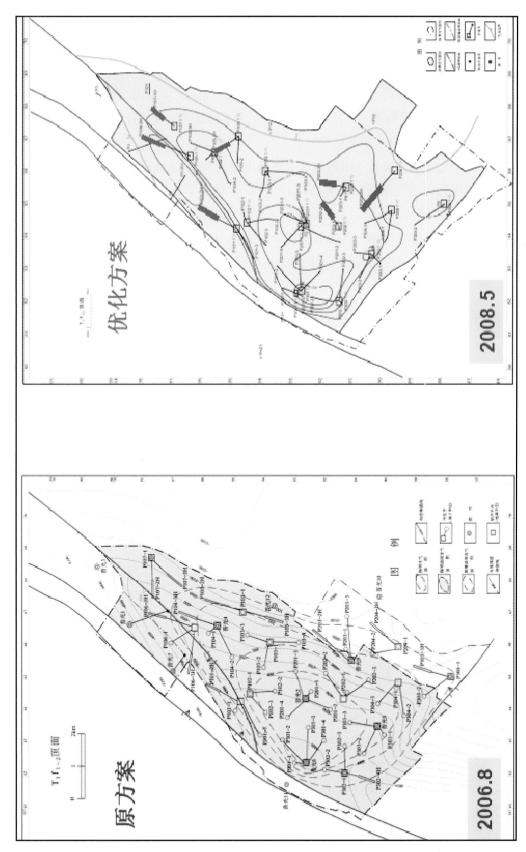

图8-18 普光气田井位部署方案优化

三、开发指标优化

根据开发井实钻资料，结合地质研究新成果重新评价普光气田动用天然气地质储量为 $1811.06 \times 10^8 m^3$，同时根据地质新认识，开发井数调整为40口。由于气田动用储量和开发井数减少，若按早期设计的产能规模建设，必然导致气田稳产时间短，气井见水时间提前，严重影响气田最终采收率和开发效果。因此，为了确保普光气田科学高效开发，需要开展普光气田的开发指标优化研究。

根据前面优化结果，普光气田的合理采气速度应保持在4.4%左右，按照4.4%采气速度，在开发动用的天然气地质储量为 $1811.06 \times 10^8 m^3$ 情况下，普光气田的年产天然气能力应为 $80 \times 10^8 m^3$。但是，根据"川气东送"工程稳定供气的需要，普光气田及周边的整体外输供气能力应保持在（105~110）$\times 10^8 m^3$ 左右。为此，首先将普光气田投产初期的年产天然气能力按 $105 \times 10^8 m^3$ 进行设计，其中，普光2块38口开发井的单井平均配产为 $81 \times 10^4 m^3/d$，普光3块2口开发井的单井平均配产为 $50 \times 10^4 m^3/d$。但数值模拟预测结果表明，由于该方案采气速度达到5.8%，因此，普光气田的稳产期仅有3.8年（图8-19）。

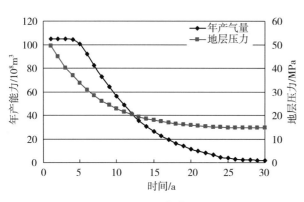

图8-19　普光气田 $105 \times 10^8 m^3$ 方案产能预测曲线

为了满足长期稳定供气的需要，依据净化厂的处理能力和大湾-毛坝区块的产能建设计划，需将普光气田与周边气田作为整体考虑，待周边大湾-毛坝气田投产后，根据其产能接替规模，再对普光气田的整体开发指标进行优化和调整，在实现整体产能规模继续保持在 $110 \times 10^8 m^3$ 左右的同时，确保普光气田开发的长期稳产。

依据大湾-毛坝区块运行计划，在普光气田投产一年后大湾-毛坝区块将实现整体投产，并预期可实现年产能力 $30 \times 10^8 m^3$ 以上。因此，根据这一计划，普光气田投产第一年可采用较高采气速度（采速5.8%）生产，当大湾-毛坝区块投产后，通过降低部分配产较高、稳产期较短、预期见水较早气井的单井产量，而采用合理的采气速度和产能规模进行长期生产。

以上述优化设计思路为基础，首先对单井配产进行优化研究。优化研究结果表明（图8-20），在普光气田按 $105 \times 10^8 m^3$ 投产一年后，通过降低部分配产较高、稳产期较短以及预期见水较早气井的单井产量，可使边部气井的见水时间较原方案有明显延长（表8-5），表明优化气井配产后，对于普光高含硫气田的生产更为有利。

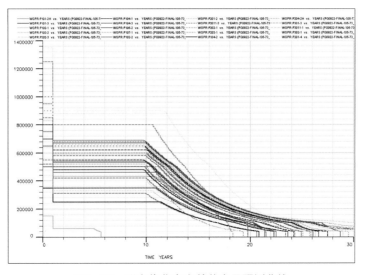

图8-20 配产优化方案单井产量预测曲线

表8-5 不同方案边部气井预测见水时间对比表

井号	见水时间/a	
	优化前	优化后
普光105-1H	5	9.5
普光105-2	11.4	14.2
普光106-2H	3.7	6.2
普光204-2H	7.3	10.6
普光304-3	7	10.5
平 均	6.88	10.2

根据单井配产优化结果，对普光气田的开发指标进行优化。在普光气田投产一年后，依据大湾气田的投产进度及产能接替规模，通过降低气井的单井产量，使天然气年产能力调整到 $73 \times 10^8 m^3$ 左右，平均单井产量调整到 $55 \times 10^4 m^3/d$，气田采气速度调整到4%，普光气田的稳产期可再保持8年左右（图8-21），稳产期内预计动用储量采出程度42%；

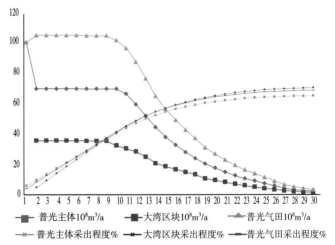

图8-21 普光气田优化方案天然气产量预测曲线

预测普光气田优化调整方案投产30年后，天然气年产能力将下降到$2 \times 10^8 m^3$，采气速度0.3%，累计天然气产量为$1233 \times 10^8 m^3$，动用储量采出程度为68.1%。

第二节　井轨迹优化

高效井设计是实现气田科学高效开发的关键。围绕"多钻优质储层、培育高产气井"的目标，提出"整体部署，分批实施，跟踪分析，优化调整"井位优化设计思路和"一精二优三跟踪"的井位优化设计方法，优选开发井位置，优化设计井身轨迹参数，并建立严格的开发井设计"三级审查"机制，在严把井位设计审查关同时，充分发挥国内石油天然气上游系统知名专家作用，以确保井位部署和井位设计的科学合理。根据地质研究成果及产能建设进度安排，普光气田开发井位设计共分7批次实施，井位实施过程中实时跟踪分析，及时优化调整井眼轨迹设计，确保气井尽可能钻遇厚气层和优质储层。普光气田新钻开发井均钻遇较厚优质气层，钻遇气层符合率86.5%，为气井高产、稳产打下基础。

一、优化设计思路

井位设计既要考虑井距合理性、钻井难度、经济效益等因素，更要确保钻遇优质储层，钻遇更多气层。通过技术调研，根据普光气田地质特点，提出"整体部署，分批实施，跟踪分析，优化调整"的井位优化设计思路：

（1）以气田开发方案为依据，整体部署，分批实施，优先实施储量储层厚度大、储量丰度高的重点井、关键井。

（2）每一批次每个井台优先设计1口井，根据实施情况，再优化设计下批次的井。如果一个井台上既有水平井，又有斜（直）井，优先设计斜（直）井。

（3）综合构造、储层展布、井控储量等研究结果，优化井型和井轨迹，特别是靶点、井斜角、水平段长度等。

（4）井位发放采取"设计单位—普光分公司—中石化油田部"三级审查制度。设计单位负责开发方案的第一级审查，修改完善后报中原油田普光分公司审查，最后报油田事业部审定。

（5）钻井过程中加强随钻跟踪分析，动态开展影响井位设计的构造解释、储层预测、含气性预测等地质研究工作，及时优化调整井身轨迹。

（6）每完钻一批井，及时开展跟踪评价，把新井资料应用到新一轮的储层预测、含气性预测等研究中去，进一步落实优质储层的空间展布和气水关系，为下批井位设计提供更加精准地质依据。

二、井眼轨迹优化设计

为确保开发井钻遇较厚优质储层，实时跟踪分析现场动态，不断深化气藏地质认识，及时优化调整井眼轨迹，逐步研究形成了"一精二优三跟踪"的开发井位优化设计方法。

即：精细气藏地质研究，优选开发井井位，尽可能降低开发井实施风险；优化开发井设计参数（水平段长、井斜角、靶点位置等），确保钻遇优质储层；实时跟踪分析及时优化调整，确保实施成功率。

（一）开发井位（方位）优选

井位设计优先选择储层预测结果较佳位置，普光气田受山地地形条件限制，钻井平台在开发初期已经确定，因而开发井位的选址既要考虑主力产层位置，又要兼顾地面现有井场位置。

普光气田沉积相变快，不同井区气层厚度变化大。为确保气井多钻遇有利储层，以井台为圆心多角度观察、分析储层预测和含气性预测成果，优先选择预测结果较佳位置，即Ⅰ、Ⅱ类储层厚度大、分布稳定的位置（图8–22）。

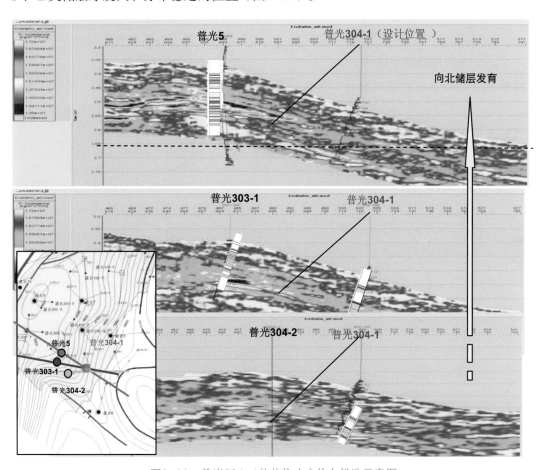

图8–22　普光304–1井井位（方位）优选示意图

在考虑储层展布的同时，考虑构造走向、井网井距、气水关系等因素，综合确定开发井位置。为延缓边水推进时间，边部水平井设计应由构造低部位向高部位钻进（图8–23）。

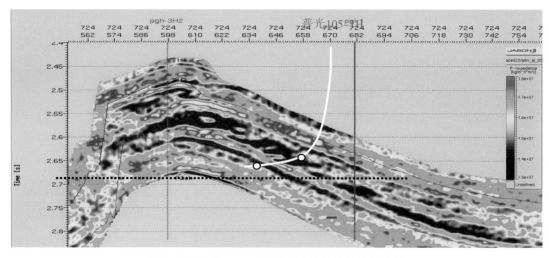

图8-23　普光105-1H井型及井身轨迹优化示意图

（二）井眼轨迹参数优化

普光气田开发井型包括直井、斜井、水平井。相对而言，在开发井位（方位）确定后，斜井、水平井的设计相对简单，而水平井的设计却较为复杂，主要体现在水平段长度设计和水平井段垂向位置的确定。

1. 水平井水平段长度优化

由产能影响因素分析可知，在不考虑水平井井筒摩阻的情况下，随着气层厚度的增加，水平井与直井产能比减小，即气层厚度越小，越能够体现水平井的优势；气层厚度一定时，随着水平井段长度的增加，水平井与直井产能比提高（图8-24），但并不是水平井段越长，其产能提高效果越佳。在气层厚度较薄时，随着水平井段的增加，水平井与直井产能比提高倍数增长较快；在气层厚度较大时，随着水平井段的增加，水平井与直井产能比提高倍数增长相对较慢。同时，水平井水平段的加长，还意味着钻井难度的加大和钻井费用的增加。因此，应把水平段长度控制在一个合理的范围内。

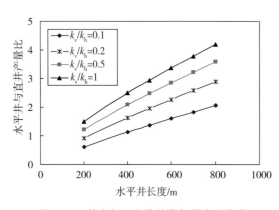

图8-24　普光气田主体井位部署方案优化

普光气田技术经济界限研究结果，水平井设计区域气层厚度为89～134m，根据单井数值模拟结果，水平段长度应设计在400～600m。在不同区域进行具体设计时，应综合储层发育、产能要求等分析结果确定。

2. 水平井段垂向位置确定

单井数值模拟结果认为，靶点深度最大偏离气层中部深度位置应小于储层厚度的1/4（图8-25）。但普光气田主力气层段飞仙关组为具有层状特征的块状气藏，气层厚度较大，气层内部Ⅰ、Ⅱ、Ⅲ类层交错分布，非均质性极强，因而水平井的具体位

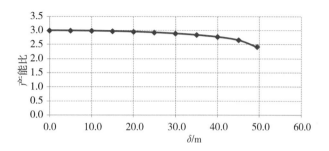

图8-25 水平井与直井产能比和水平井段偏离气层中部深度关系图（L=600m、h=100m）

置还应根据储层垂向上分布、隔夹层分布、地层倾角等情况综合确定。为保证气井的最大泄气范围，设计水平井水平段一般从层顶钻至层底，靶点一般设计在距离预测主力储层段顶、底约10m左右。

如普光202-2H井，依据地质研究成果，设计最大位移950m，井斜角72°，水平段长470m（图8-26）。普光202-2H完钻测井解释气层厚度602.2m，比钻大斜度井多钻遇气层厚度近400m，增加井控储量$10 \times 10^4 m^3$左右。

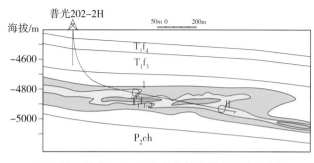

图8-26 普光202-2H井井身轨迹优化设计示意图

三、井眼轨迹跟踪优化调整

构造深度的不确定性、储集层的非均质性及钻井过程中的各种工程因素，都使钻井成功率受到影响。开发井实施跟踪分析认为，储层预测结果可信度高，但同时存在两个不利因素：①上覆嘉陵江组膏盐岩地层厚度变化大，目的层飞仙关、长兴组地层速度变化快，储层埋深确定不精准，影响钻井成功率；②普光气田气水关系复杂，对构造低部位气井实施带来一定风险。因此，地质设计人员必须通过钻井现场的随钻测井、岩屑录井以及邻近目的层上方的一些标志层等，跟踪钻井进度。为此，利用飞四段红色膏盐岩全区分布、录井易于识别的特点，在钻遇飞四段膏盐岩时，加强随钻跟踪分析，及时调整靶点设计，进一步优化井身轨迹，达到钻探目的，确保钻井成功率100%。

例如，普光101-2H井是部署在普光3块的一口开发水平井，设计时，时深转换速度参考了该区块内普光7、普光1等井，但由于井距较远，因而误差较大。该井在钻至飞三段井深5890.7m（垂深5500.0m）时，根据实钻结果进行中间对比电测，与邻井地层对比后，结合最新储层预测成果，认为设计时采用转换速度偏小，造成飞一～二主力储层段埋深比原认识低30～50m。经研究决定原设计一靶加深50m，二靶加深30m，并及时进行了地质补充设计（图8-27），避免了井身轨迹仅在气层顶部穿行甚至穿出储层。普光101-2H井完

钻后共解释气层465.2m，其中Ⅰ＋Ⅱ类气层165.2m层，达到了预期目标。

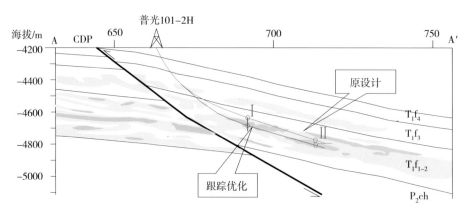

图8-27　普光101-2H井井身轨迹跟踪优化调整示意图

普光气田共钻新井38口，均钻遇较厚优质储层。其中，32口直井和定向井钻遇气层厚度118.0～531.8m，单井平均309.7m；6口水平井钻遇气层厚度410.2～623.5m之间，单井平均501.8m，全部达到了方案设计指标，钻遇储层的符合率达86.5%，钻井成功率达100%，实现了"多打高效井、少打低效井、避免无效井"的目标。

第三节　气井投产方案优化

普光气田高含硫化氢、二氧化碳，投产层段长，投产作业面临着诸多前所未有的安全、环保和技术难题。投产方案和单井投产设计的跟踪优化是解决这些难题的关键基础。为了确保实现安全高效开发普光气田的目标，根据普光气田开发建设整体进度安排和《普光气田主体开发优化方案》，结合国内外调研资料，依据开发井实钻情况和气藏地质新认识优化投产方案设计。在此基础上，以培育高效井为目标，构建开发地质和开发工程一体化研究平台，集成应用气井投产层段优化技术、射孔参数优化技术和酸压（化）增产技术，完成单井投产设计，充分挖掘气井产能，控制边底水推进速度。实现开发井投产作业成功率100%，有效控制边底水，为普光气田的高效开发奠定了坚实的基础。

一、开发井投产层段优化

普光气田三叠系飞仙关组是主力气藏，发育边水，具有统一压力系统，储层呈似块状。二叠系长兴组为非主力气藏，发育底水，存在多套气水系统，储层呈点状。复杂的气水关系决定气井投产层段优化结果，并将直接关系到气田的开发效益和最终采收率。因此，开发井投产层段的优化思路是：

在分类评价开发井受边、底水影响情况的基础上，结合类似气田开发经验，集成应用地质建模和数值模拟技术，评价气井最优射开程度，最终结合单井地质和工程特点实现投产层段优化。

（一）数值模拟评价打开程度

利用新钻井的测井资料，重新建立三维精细地质模型，经过网格粗化和相关属性参数的输入，建立属性数值模型。按照开发方案气井配产要求模拟评价整个气藏的开发动态特征，预测气藏无水采气期、产能、采收率等开发指标，研究边、底水推进的影响因素和规律。

模拟研究认为，位于构造高、中部位，距离边水和底水比较远（距气水内边界水平距离大于500m）的气井，边、底水对气井生产没有影响，气层打开程度越高，气井稳产期等开发指标越好；位于构造中、低部位，距离边、底水比较近的气井，投产1~3年就可能见水，这类气井占总井数的33%左右，投产层段的优化情况将直接关系到整个气田的开发效果，是投产层段优化的重点井。根据以上认识，将气井分为两类进行单井数值模拟评价，优化打开程度：

1. 构造中高部位不受边水影响气井

长兴组气藏和飞仙关组气藏之间发育致密灰岩层。根据受长兴组底水影响情况，又将构造中高部位不受边水影响气井分两类进行优化：

（1）钻遇长兴组底水，飞仙关组为主力气层气井。

普光有6口井在长兴组钻遇水层，包括构造中部位的普光305-2、普光305-1、普光2011-3、普光304-3、普光102-1井和构造低部位的普光203-1井。其中，普光2011-3、普光304-3、普光102-1井和203-1井主力气层是飞仙关组，长兴组储层是否打开对气井是否见水及见水时间等开发指标起着决定性的影响。

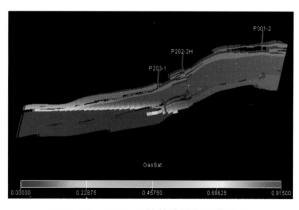

图8-28　P203-1井数值模拟网格模型

为研究这类气井底水对气井生产的影响，设计长兴组气层打开和避射两种方案，气井初期产量按开发方案配产，进行数值模拟计算，分析气井的稳产期、见水时间等开发指标。以普光203-1井为例，根据该井的构造深度、储层物性参数等，建立局部三维地质模型，进行数值模拟研究（图8-28）。

数值模拟研究结果表明，普光203-1井如果射开长兴组气层，由于长兴组储层多为Ⅱ类储层，物性较好，且局部发育裂缝，开发过程中底水锥进很快，见水时间只有1.6年，相应的无水期采出程度只有12.48%，稳产时间为6.6年；如果避射长兴组气层，由于整个区内在飞仙关组气层与长兴组之间存在30~190m的致密灰岩层段，这样长兴组底水对这类气井的生产不能造成影响。但普光203-1井离飞仙关组边水的距离在500m左右，生产后期将对气井生产产生影响，见水时间11.4年，相应无水期采出程度40.67%，稳产时间12.5

年（图8-29、表8-6）。

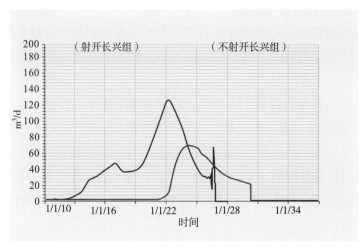

图8-29　P203-1井长兴组两种方案产水量对比图

表8-6　普光203-1井长兴组两种方案开发指标对比表

井号	打开状况	见水时间	无水期采出程度	稳产时间
		a	%	a
P203-1	不打开长兴组	11.4	40.67	12.5
	打开长兴组	1.6	12.48	6.6

综合分析，对于普光2011-3、普光304-3、普光102-1井和普光203-1井等气井，最终建议应避射长兴组气层。

（2）钻遇长兴组底水，长兴组为主力气层气井。

在长兴组钻遇水层的6口井中，普光305-2、普光305-1井飞仙关组没有钻遇气层。长兴组气层的打开程度对气井生产的影响非常关键。为了研究不同打开程度对底水锥进的影响，设计从气层顶部向下30%、50%、70%、90%等不同打开程度的方案，气井初期产量按开发方案配产，进行数值模拟计算，分析气井的稳产期、见水时间等开发指标。这里以普光305-2井为例，建立局部区域三维地质模型，进行底水气藏数值模拟研究（图8-30）。

数值模拟研究表明：随着打开程

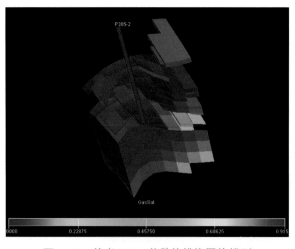

图8-30　普光305-2井数值模拟网格模型

度的增加，气井见水时间缩短，无水期采出程度减小，而产水量逐步增加（图8-31）。由

于在模型中上部位置有Ⅲ类气层与非储层相间发育，打开30%时阻挡了底水的锥进，使气井生产基本不出水，但因生产压差很大，稳产期很短，仅2.1年；由于储层的中、下部多为Ⅱ类储层，物性较好，随打开程度的增加，底水锥进很快，稳产期因产水情况复杂而发生由低到高然后降低的变化（表8-7）。

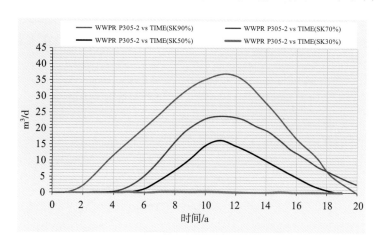

图8-31 普光305-2井不同打开程度产水量对比图

表8-7 P305-2井不同打开程度开发指标对比表

打开程度	见水时间/a	无水期采出程度/%	稳产时间/a
打开90%	0.9	4.9	1.6
打开70%	3.8	6.8	4.2
打开50%	4.6	11.8	6.4
打开30%			2.1

综合分析，对于这类气井，应适当控制打开程度。综合对比各项数值模拟预测指标，普光302-1、普光305-2井，打开程度以50%左右比较合适。

2. 构造低部位受边水影响气井

由于构造低部位受边水影响开发井所占比例较高，所以这类井投产层段的优化情况直接关系到整个气田的开发效果。以普光106-2H为例，首先建立普光106-2H井局部区域三维地质模型（图8-32），根据气水层间储层物性特点，设计从气层顶部向下10%、30%、50%、70%等不同打开程度的方案，气井初期产量按开发方案配产，进行边水气藏数值模拟研究，综合优

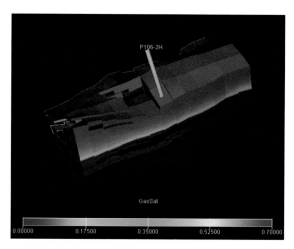

图8-32 普光106-2H井数值模拟网格模型

选气层最优打开程度。

数值模拟研究结果表明，普光106-2H井气层打开程度不断增加时，气井见水时间将逐渐缩短，相应的无水期采出程度逐步降低，产水量在不断增加（图8-33）。打开10%时，由于模型上部位置主要以Ⅲ类气层为主，且间互发育非储层，可阻挡边水的推进，气井生产基本不出水；当打开30%、50%、70%时，见水时间分别为5.2年、3.2年和1.4年，无水期采出程度分别为15.1%、8.8%和6.2%。由于模型中、下部的储层物性较好，多为Ⅰ、Ⅱ类储层，当打开程度大于70%时，开发过程中边水会推进很快（表8-8）。

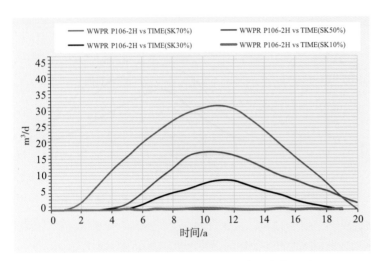

图8-33　普光106-2H井不同打开程度日产水量对比

表8-8　P106-2H井不同打开程度开发指标对比

打开程度	见水时间/a	无水期采出程度/%	稳产时间/a
打开70%	1.4	6.2	5.4
打开50%	3.2	8.8	8.2
打开30%	5.2	15.1	5.5
打开10%			2.9

综合对比数值模拟预测开发指标，普光102-1、普光106-2H、普光304-3、普光107-1H井，打开程度分别以80%、50%、55%、80%左右最优。

（二）投产层段优化

为提高单井产能，最大限度的发挥气藏潜力，满足《普光气田主体开发优化方案》设计要求，根据开发井最优打开程度数值模拟评价结论，结合开发井气层纵横向分布及物性变化、固井质量等情况，具体优化单井投产层段。

（1）位于构造高部位，气层分布集中、固井质量好的气井气层全部射开。

为最大程度控制储量，发挥单井最高产能，对位于构造高部位、不受边水和底水影响、固井质量好的普光302-2、普光302-1、普光102-2、普光104-3等井，原则上气层全部射开。

如普光104-3井，含气层位飞三段、飞一二段，跨度344.6m，气层分布相对集中。飞三段解释测井48～54号气层，相对其他井区较发育，应尽量动用；飞一、二段测井解释55～91号层储层物性较好，与周边普光104-2、普光104-1等井连通性较好，是投产的主力投产层段。最终选取飞仙关组5767.4～6112.0m井段，解释序号48～91号投产，累计射孔段厚度274.3m/44层。

（2）对气层顶部固井质量差的气井，预留一定厚度的避射井段。

对于高酸性气田，从长期安全生产出发，对气层顶部固井质量差的气井，应预留一定厚度的避射井段。如普光201-2井，该井气顶之上3569.5~5196.0m井段固井质量差，为保证安全，防止气窜，5196.0~5266.3m井段气层不射孔。

（3）不受边底水影响气井，目的层段顶、底气层相对分散品质差的薄气层不打开。

普光101-3、普光102-3、普光103-1、普光103-2、普光104-1、普光104-2、普光105-2、普光201-1、普光201-4、普光202-1、普光302-3、普光303-1、普光301-2、普光301-3、普光301-4、普光303-2、普光204-2H、普光3011-1等井含气井段顶或底部气层相对分散品质差的薄层对开发效果基本没有影响，不射孔。普光101-2H、普光303-3等井含气井段中部相对分散、层薄、品质差气层不射孔，并按二段射开。

（4）构造中、低部位受边水和底水影响气井，避射一定厚度的气层。

这类气井直接关系到气田的见水时间、稳产期、最终采收率等开发指标，对气田整体开发效益影响很大。这类井是投产层段优化的重点井，也是优化过程中需要考虑因素最多的井。在这类井投产层段优化过程中，充分应用程度数值模拟评价结论和工程模拟评价结果，结合单井实际情况进行优化，最终实现单井投产层段优化。

如普光304-3井，应用程度数值模拟评价最优打开比例应在55%左右。该井飞仙关组未钻遇水层，距边水较远，但长兴组在下部钻遇水层。分析认为该井钻遇长兴组为一独立点礁气藏。另外该井气顶（5420.0m）以上200m固井质量综合评不合格，但5257.4~5332.8m井段（厚度75.4m），固井质量相对较好。因此，目的层段投产不会引起天然气上窜。但飞一二段底部、长兴组气层之上5787.5~5819.2m井段固井质量较差，长兴组气层、水层之间无隔层，为防止底水锥进，长兴组气层（厚度59.9m）全部避射。根据该井储层发育及与周边邻井连通状况等，综合确定投产飞三～飞一、二段5422.0~5664.8m井段，井段跨度242.8m，累计射孔段厚度205.6m，射开程度53.0%。

（三）结论与评价

普光气田开发井的投产层段优化后，气井实际打开气层厚度38～558m，气层打开程度50.6%～100%，合计避射气层1592m；投产井段跨度839～38m，合计避射井段跨度6579m。已完成投产作业气井，实测单井平均无阻流量479×10⁴m³/d，气井实测产能均达到或超过方案设计要求。气田投入生产以后，各项生产动态指标与设计指标基本一致。

二、射孔参数优化

由于普光气田需要进行酸压投产，因此射孔优化设计必须考虑酸压施工协同效应，在有利于酸压施工顺利进行的前提下，实现地层与井底有效沟通。对酸压井而言，射孔参数选择是否合理直接关系到酸压效果的好坏。射孔参数对酸压效果影响主要表现在破裂压力和地面施工压力、裂缝起裂、长井段酸压改造时酸液分布、酸压改造程度及裂缝中流体的渗流情况。

（一）射孔参数对酸压的影响

射孔参数与酸压改造工艺相关程度较高的因素主要有：

（1）孔密是影响产能发挥的第一因素，完善程度太低限制气井潜能的发挥。

（2）孔密小、孔径小，孔眼摩阻增大，施工压力高，施工难度大。

（3）酸液易剪切变稀，酸液性能变差；射孔完善程度低，有效渗流面积小，施工排量受到限制。

（4）射孔方位与酸蚀裂缝起裂方位不匹配，会导致较高的弯曲摩阻。

（5）对于非均质储层，如果孔密相同，高渗层吸酸多，低渗层得不到改造，达不到改善吸酸剖面的目的。

（6）裂缝与孔眼的沟通情况则直接影响到酸压效果。当孔眼与裂缝之间是V型或S型连通时，不但使酸压施工难度加大，而且还增加了流体渗流阻力，节流效应增加，降低了压后气井产量。

对长井段非均质严重、高温高压的气井，为了使各个储层达到均匀吸酸的要求。进行与酸压匹配的射孔参数优化是解决这一问题的有效途径之一。

（二）射孔参数优化设计

射孔参数选择是否合理直接关系到酸压效果的好坏，射孔参数优化必须考虑与酸压（化）施工的协同效应。射孔参数与酸压改造工艺相关程度较高的因素主要有孔密、孔径和射孔方位等。但在射孔枪、弹选定的情况下，能够改变的射孔参数主要是孔密和相位角。

1. 孔眼深度

一般来讲，射孔弹深度校正后只要能穿透污染带就足够了，但由于射孔弹性能的限制，部分层段很可能校正后也不能穿透污染带，射孔弹可选择与射孔枪配套的1米型射孔弹。

2. 孔眼直径

保证足够大的孔眼尺寸对于防止酸压液体剪切降解、防止孔眼摩阻过大、防止孔眼和孔眼附近区域支撑剂桥堵（水力压裂）十分重要。压裂液性能在受射孔孔眼的剪切力影响下，其黏弹性变差，而且这种影响随孔眼直径的减小呈几何倍数降低，从提高压裂液性能的角度出发，有必要采取大孔径射孔，减小孔眼摩阻。

孔径对压裂的影响主要是起裂位置和产能。大孔径有利于裂缝在孔眼处起裂，同时气井产能对孔径较为敏感，气井酸压应选择大孔径。

3. 孔眼密度

酸压的地面施工压力限制了所能提供的最大施工流量，与裂缝相连的孔眼数目决定了通过每一孔眼的平均流量。最小的射孔密度依赖于每个孔眼所需的注入量、井口压力限制、流体性质、完井套管尺寸、允许的射孔孔眼摩阻压力和孔眼进口直径。射孔密度不但影响射孔完井后气井的产能，而且对酸压施工压力有一定影响。

普光气田储层非均质强，应尽可能提高射孔密度，一方面可以满足高施工排量低摩阻的要求，提高孔眼与裂缝的沟通程度，增加裂缝在孔眼处起裂的机会，降低地层破裂压力；另一方面可以为酸压井的前期和中期的产量贡献提供保障。考虑长井段酸压时均匀吸酸的要求，应在吸酸剖面预测的基础上，优化孔密分布。

根据酸液分流模型，适当增加低渗层的孔密，降低高渗层的孔密，调整各段射孔密度，采用从改造层段上部到下部逐渐增加孔密的做法，实现酸液的均匀分布，提高酸压改造效果。同时考虑到今后生产的需要，以利于充分发挥厚储层段产能。

4. 射孔相位

射孔相位对气井产能影响相对较小，但是对于酸压施工却有着重要影响。合理的相位可以控制裂缝的起裂位置，防止多裂缝的产生，避免较高的附加裂缝弯曲摩阻。在未受到井眼干扰的区域，裂缝一般沿着储集层垂直于最小主应力方向上传播。理想的酸压施工条件是，孔眼和储集层的最大主应力方向一致，因此从孔眼处起裂的裂缝将沿着最小阻力的PFP平面扩展，见图8-34。此时，酸压破裂压力、施工压力最小，不易形成多条小裂缝和曲折裂缝，气井产能最

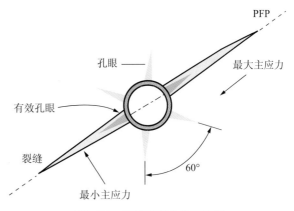

图8-34　裂缝起裂方位示意图

高。但由于储层描述的复杂性以及定向射孔技术的限制，通常是很难重合的，降低二者的夹角，将减少微裂缝和曲裂缝的产生。要减小二者的夹角，就需要降低相位角。采用45°和60°相位射孔，螺旋布孔，使射孔方向与酸蚀裂缝方向的最大夹角只有22.5°或30°。依据目前普光气田的实际情况，采用60°相位即可达到要求。

（三）优化结果

综合考虑气井完善井底沟通条件、与酸压匹配的射孔参数设计原则以及射孔对套管的影响等因素，优化普光气田射孔参数为：直井、定向井选择Φ114mm射孔枪，小1m射孔弹，Ⅰ类储层孔密8孔/m，Ⅱ类储层孔密10孔/m，Ⅲ类储层孔密16孔/m，相位角60°；水平

井选择Φ102mm射孔枪，小1m射孔弹，Ⅰ类储层孔密6孔/m，Ⅱ类储层孔密10孔/m，Ⅲ类储层孔密16孔/m，相位角120°。对于固井质量差的井段，考虑到储层改造过程中减小对套管的损害，应采取可行的避射措施或适当减小孔密。

三、增产改造措施优选

（一）储层改造难点分析

普光气田属于深层、高温、高压、构造-岩性控制的高含硫气藏，储层主要以孔隙型碳酸盐岩为主，局部发育天然微裂缝。为满足开发指标、释放气层产能，必须对储层实施增产改造措施，一方面解除前期钻井和作业所造成的污染，另一方面疏通近井带气体渗流通道，沟通井筒周围裂缝和天然气储集空间，并尽可能沟通远井筒的天然裂缝。在室内实验模拟和理论研究的基础上，采用射孔完井，酸压-生产一体化完井管柱，优选酸压工艺技术及改造液体体系，初步形成适合于普光气田高含硫气井的酸压工艺技术。但还存在以下难题：

（1）酸岩反应速率快、酸液穿透距离短。高含硫气藏储层埋藏深度大，地层温度高，导致酸化压裂不能实现深穿透和有效的长期导流能力，增产效果差。

（2）解除地层深部污染困难，波及范围小。高含硫气藏储层裂缝较为发育，常规的酸化技术不能有效解除钻井液对储层裂缝的深度污染。

（3）严重的硫化亚铁沉积问题。在低pH值且H_2S存在的条件下，会析出硫化亚铁沉淀，引起严重的地层伤害。

（4）单质硫沉积问题。硫化氢极易与Fe^{3+}发生氧化-还原反应，析出单质硫，反应几乎不受体系酸度控制。单质硫既不溶于酸又不溶于水、油，会对储层造成永久性伤害。

（5）管柱防腐与缓蚀问题。硫化氢会增加酸液对管柱的腐蚀强度，导致缓蚀剂用量成倍增加，缓蚀效率降低。

（6）适应高含硫气藏的酸液体系。高含硫气藏的特性要求工作液体带入地层的总铁量越少越好，减少二次沉淀伤害。酸液体系必须具有高的缓速特性，能延缓酸岩反应速度和增大酸液作用距离。

（二）储层改造技术对策

国内外对高含硫气藏储层的改造经验显示，酸处理往往比水力压裂成功率要高，效果更显著。通过国内外近30年研究实践，形成了以胶凝酸和乳化酸为代表的酸液体系，发展了前置液酸压、多级注入，黏性指进酸压、闭合酸压等工艺技术，但酸压改造中的硫沉积和铁沉积难点问题，仍没有得到有效的解决。要提高对高含硫气藏储层改造的成功率和改造效果，主要从以下几个方面进行研究：

（1）在酸液中加入缓速稳定剂以降低酸岩反应速度。

（2）采用多级注入的技术模式增加酸液的波及范围，达到深度改造的目的。

（3）在酸液中添加铁离子稳定剂，防止其浓度达到形成FeS沉淀所需的饱和度。

（4）对于单质硫沉积问题，采用干扰氧化–还原反应，形成可溶性化合态硫而不是形成单质硫沉淀，避免走"硫析出，再补救"的老路。

（5）在酸液中加入缓蚀剂以减小酸液对管柱和设备的腐蚀。

（6）应采用低残渣、低伤害的酸液体系，防止对地层的伤害；并具有高的黏土稳定性能，保持较长的有效期。

（三）酸压工艺技术优选

对于深井碳酸盐岩储层的酸压改造，国内外已经形成和发展了一系列基本能满足不同储层条件和不同施工要求的酸压技术。以酸蚀裂缝规模为划分标准，酸压技术可分为普通酸压和深度酸压两大类。另外，为提高深层酸蚀裂缝的导流能力又发展了闭合酸化裂缝技术和平衡酸压技术。

1. 现代酸压工艺技术分类

酸压工艺主要与所采用的酸液体系有关，采用什么样的酸液体系就需要有与之相适应的酸压工艺来配套。由于不同的酸液体系和酸压工艺所形成的酸蚀裂缝有较大差别，普通酸压、胶凝酸酸压工艺所形成的酸蚀缝长一般在15～30m之间，采用压裂液＋胶凝酸、压裂液＋高浓度酸酸压工艺酸蚀裂缝缝长达到60～80m。这就极大地提高了酸压改造的力度，增大了酸压改造工艺技术对碳酸盐岩储层的适应性。

（1）普通酸压工艺。

普通酸压工艺包括用常规酸、胶凝酸等酸液直接压开储层的酸压工艺。一般对储层伤害比较严重、堵塞范围较大。整体施工工艺简单。但是酸液的有效距离较短。

（2）前置液酸压工艺。

该项工艺技术是施工初期先用高黏非反应性前置压裂液压开地层形成裂缝，接着高压注入酸液的技术。由于前置液的降温、降滤和造宽缝等作用，大大降低了酸岩反应速度，能有效增加酸穿透距离，同时由于两种液体的黏度差产生黏性"指进"效应，使酸蚀裂缝具有足够的导流能力。该工艺特别适合于改造低渗透碳酸岩盐储层或用于沟通天然裂缝。

（3）多级交替注入酸压工艺。

该工艺是利用前置液与酸液交替注入，形成较长且导流能力较高的酸蚀裂缝，从而提高酸压效果，其降滤失性及对储层的不均匀刻蚀优于前置液酸压。该工艺的主要优势在于作用范围大，穿透深，酸液滤失低，酸蚀裂缝的导流能力高。目前已成为实现深度酸压的主流技术。

（4）闭合酸压工艺。

该工艺是在高于破裂压力下先注酸形成裂缝，然后在低于闭合压力的情况下，继续注酸改善裂缝特别是近井地带裂缝导流能力。对于一些软储层、均质程度较高的储层以及经常酸化后裂缝导流能力不高的储层尤其适合。有助于提高由于大面积刻蚀后，因闭合应力而损失的导流能力。

（5）多级注入闭合酸压工艺。

该工艺综合应用了多级交替注入和闭合酸压的优点，交替注入实现较深部的酸压，同时采用闭合酸提高裂缝的导流能力，改善气体的渗流条件。适合于含气面积大、储层物性差的碳酸盐岩储层酸压改造，目前已成为国内外碳酸盐岩储层增产改造的主流技术之一。

2. 酸压工艺的选择

在深度酸压优化设计研究中未考虑闭合裂缝酸化技术对设计参数的影响，这是模型和软件能力所限制。结合闭合裂缝酸化导流能力试验成果，在考虑闭合裂缝酸化技术时，排量优化及有效酸蚀缝长与有效裂缝导流能力的匹配关系将不再是重点考虑的问题，酸压设计将以获得长缝为目的，提高裂缝的导流能力则通过闭合裂缝酸化技术来实现。

根据大量酸压模拟计算结果，结合闭合酸化导流能力试验，总结出不同类型储层酸压工艺方法及施工参数优选要求（表8-9）。在具体的单井优化设计中，需要针对不同的井层进行酸压优化设计模拟研究，进行多方案对比，选择最优方案。通过酸压优化设计模拟来辅助施工规模优化，比较不同施工规模对表皮系数的改善程度，并且对各规模进行经济评价，最终确定出最佳增产技术模式和施工规模。

表8-9 不同类型储层酸压工艺方法

类型	渗透率/$10^{-3}\mu m^2$	酸蚀缝长/m	增产倍数	酸浓度/%	推荐工艺
I	≥10	5~10	1.5	20	胶凝酸酸压+闭合酸化
II	1~10	30~50	1.8~2.6	20	前置液+胶凝酸酸压或多级注入+闭合酸化
III	0.1~1	40~70	2.0~4.0	20	多级注入酸压+闭合酸化

（四）酸压技术方案

1. 酸压设计思路

（1）通常情况下，采用尽量多的注入级数获得较长的裂缝长度；根据射孔厚度及裂缝高度的控制程度，确定每级液量的大小，并根据软件模拟计算结果进行优化，但总体上趋向于采用每级液量小、多级的设计原则。

（2）注入前置液与酸液的密度要求相近，即实现等密度酸压。目的是将裂缝中受液体密度控制的液体流动效应减小到最低限度。

（3）根据多级注入酸压机理，不宜选用滤失控制较差的酸液作为工作液。

（4）优化设计入井液体。酸化液体系必须具有满足控制沉淀产生，有效防止H_2S、酸液、残酸等对施工设备和井下管柱造成腐蚀的能力；酸化液体系必须具有较高的表面活性，防止因水锁而造成地层伤害，降低产能。

（5）针对普光气田储层具有井深、压力系数相对较低的特点，选择在酸液、前置液中加入具有表面活性的液体助排剂，降低地层内残液的表面张力和界面张力，提高液体的返排能力；其次，在条件许可的情况下，最好在施工液体中加入适量的液氮，利用液氮的增能作用，帮助返排。

2. 酸压施工规模

针对不同的储层特点，优化酸压施工规模。

（1）Ⅰ类储层渗透率大于$10 \times 10^{-3} \mu m^2$，裂缝较发育，测试有一定的自然产能，且普遍存在污染。对于此类储层，酸压主要目标是解除污染、形成高导流能力的酸蚀裂缝。

通过模拟计算，形成缝长为5~10m时用酸强度为$1.0 \sim 3.0 m^3/m$。对于酸压层段小的地层采用上限，酸压层段大的地层采用下限，重复酸压地层应适当加大用酸强度。

（2）Ⅱ类储层酸压主要目标是形成一条较长的高导流能力的酸蚀裂缝。由于其裂缝溶洞较为发育，降低滤失的措施十分重要，因此除酸液体系本身的降滤性能外，应重点考虑具有降滤措施的工艺方法。

为提高用酸强度有利于提高酸压效果，酸液用量推荐为$3.0 \sim 5.0 m^3/m$。同样，对于酸压层段小的地层采用下限，对于酸压层段大的地层采用上限。

（3）测井解释为Ⅲ类的储层渗透率为$（0.1 \sim 1）\times 10^{-3} \mu m^2$。主要特点为：有微细裂缝，渗透率低，测试一般无产能。其酸压主要目标是形成一条长的酸蚀裂缝，因此酸蚀缝长的大小直接影响着酸压效果的好坏。

尽管提高用酸强度有利于提高酸压效果，但却不利于返排，因此酸液用量推荐在地层厚度＞50m时，用酸强度为$6.0 \sim 9.0 m^3/m$。地层厚度＜50m时，适当降低用酸强度。考虑返排问题，对于酸压层段小的地层应采用下限，对于酸压层段大的地层应采用上限。

（五）酸压效果评价

通过酸压井效果对比来看，针对普光气田储层非均质性较强，储层物性差异较大，纵横向上，Ⅰ、Ⅱ、Ⅲ类储层间互发育的特点，采用胶凝酸多级注入+闭合裂缝酸化的技术模式，疏通近井带气体渗流通道，解除地层污染，沟通井筒周围裂缝和天然气储集空间，增强地层渗流能力，提高单井产能。

普光气田改造目的层最大跨度838.8m，最大射孔厚度557.9m，平均跨度395.0m，平均射孔厚度313.4m，其中Ⅰ类层厚度平均29.8m，占9.5%，Ⅱ类层厚度平均105.1m，占33.5%，Ⅲ类层厚度平均176.7m，占56.4%，干层厚度平均1.8m，占0.6%。酸压施工平均地面破裂泵压65.7MPa，一般排量$7.7 m^3/min$；分别采用胶凝酸多级注入工艺、闭合裂缝酸化工艺、暂堵工艺技术、冻胶造缝技术，胶凝酸笼统酸化等工艺技术改造储层，平均单井用酸量$561.9 m^3$，每米层加酸强度$1.79 m^3/m$，单井求产实测无阻流量$487.8 \times 10^4 m^3/d$，接近单井平均地质预测无阻流量$489 \times 10^4 m^3/d$，和地质预测结果对比符合率达99.8%。

从前期酸压效果评价中得出以下结论：

（1）酸压是长井段非均质碳酸盐储层最佳的增产方式。

（2）多级注入酸压的措施效果好于单级。

（3）采用裂缝闭合酸化等技术的措施效果要好于未采用措施。

（4）3~4级注入模式是气井酸压较合理的酸压模式。

普光气田气井均已完成投产作业，实测气井无阻流量（94.08~768.17）×10^4m^3/d，平均无阻流量486×10^4m^3/d，超过了开发方案预测产能指标，为实现普光气田高效开发奠定了坚实的产能基础。

第四节　开发实施效果评价

在普光气田开发建设过程中，充分发挥中国石化上游科研优势，构建地质工程一体化研究平台，创新集成相关技术，跟踪开展配套研究，不断深化气藏认识。应用跟踪研究成果及时优化设计开发方案、井位及井身轨迹和投产方案，并实时指导现场工作。为实现普光气田高效开发提供了强有力的技术支撑。普光气田完钻38口，钻井成功率100%；开发井预测气层与实钻气层厚度符合率达86.5%；完成投产作业井37口，测试均获高产，投产作业成功率100%；实测产能超过开发方案配产要求，达产率100%。2008年10月普光气田投入试生产，2009年10月建成投产，截至目前，开发生产安全正常，已累计生产天然气超过400×10^8m^3。普光气田实现了安全高效开发。

一、开发方案优化效果

2006年8月19日，依据勘探成果，结合调研和技术交流成果，编制完成的《普光气田主体开发方案》设计部署开发井52口，其中新钻井50口，利用老井2口，钻井平台16座。在开发方案实施过程中，开发方案项目组实时跟踪研究新完钻井资料，不断深化气藏构造、沉积微相、储层预测、含气性预测、气水关系和气井产能等方面的研究，及时根据新的地质认识，以科学的实事求是的态度对普光气田开发方案进行优化调整。

根据新的地质认识评价，普光2块靠近气水边界和西南相变带的11口井，动态储层预测厚度薄，达不到单井厚度、单井产能、井控储量等技术经济界限，数值模拟评价开发生产过程，边底水推进快，控水难度大，提出不实施的意见。构造高部位气层厚度大，储量丰度高，不受边底水的影响，优选在普光2、普光6井区各加密1口井，并优化采用更大尺寸生产管柱。普光3块原方案部署5口开发井，优先实施了部署在有利部位的普光101-2H和普光106-2H井，跟踪研究实钻资料，评价这两口井控制储量为64.36×10^8m^3，可控制该块储量，其余3口（普光101-1、普光106-1、普光106-3H）不实施。整体上，通过井位部署优化，开发井数由52口优化为40口，减少12口，较国家核准方案减少投资9.43亿元，降低气田生产成本1.5亿元/年。优化后也相应节约了地面集输工程和净化厂工程投资，大幅降低了普光气田整体投资风险，为高效开发奠定了坚实基础。

二、井眼轨迹优化效果

根据开发方案设计要求，围绕"多打高效井，少打低效井，避免无效井"这一目标，实时分析实钻资料，在细化沉积微相研究的同时，应用多属性联合反演方法精细预测储层技术，动态开展储层分类预测，精细描述Ⅰ、Ⅱ、Ⅲ类储层纵横向展布特点，及时优化井身轨迹设计，力争多钻储层，特别是优质储层，多打高产井。同时，应用地震数据体结构特征法预测主力气层厚度、产状，并结合实钻资料确定气水界面，及时优化调整气水边界附近气井井位及井身轨迹，确保不打"无效井"。最终开发方案设计的38口新井钻井成功率100%，超过设计指标15%；其中32口直井和定向井钻遇气层厚度118.0～531.8m，单井平均厚度313.7m；6口水平井钻遇气层厚度410～620m之间，整体预测气层厚度与实钻气层厚度符合率达86.5%，超过设计指标11.5%。相关开发指标全部达到或超过方案设计要求，为培育高产井创造了非常有利的条件。

三、气井投产方案优化效果

根据气田地质研究成果，结合气井实钻气层情况，分析平面上气层厚度变化情况和连通情况；纵向上Ⅰ、Ⅱ、Ⅲ型储层和致密灰岩层隔层的分布与厚度变化情况，纵横向上不同部位裂缝发育程度，水层与气井之间高渗透层发育情况等，应用数值模拟技术优化气井投产射孔层段、射孔参数和酸化、酸压改造工艺等。应用研究成果优化设计了37口井的投产层段、射孔参数和射孔酸压改造方案。

2008年10月12日开始投产作业施工，共有开发井39口，截至目前，已完成投产作业37井次。投产的37口气井射孔厚度10243.4m，Ⅰ+Ⅱ层厚度4622.9m，占总厚度的45.1%。其中：投产层段中有长兴组储层的15口井、飞三段储层的14口井。应用长井段多级起爆一次性射孔技术进行了37口井的射孔施工，其中5口井是水平井；水平井单井射孔层最大跨度838.8m，非水平井单井射孔层最大跨度524.1m；累计射孔跨度13807.8m，累计射孔厚度10816.9m，共下井射孔弹132108发。这38口井射孔施工成功率100%，射孔弹发射率均达100%，射孔孔眼规则，射孔枪膨胀在5mm范围内。应用多级注入酸压技术，实现长井段气井Ⅱ、Ⅲ类储层有效改造。采用酸压（化）改造措施投产的36口井，最大跨度838.8m，最大射孔厚度557.9m，平均跨度395.0m，平均射孔厚度313.4m。施工平均地面破裂泵压65.7MPa，一般排量7.7m³/min，停泵压力8.2MPa；平均单井用酸量561.9m³，每米气层加酸强度1.79m³/m。采用多级注入酸压26井次，胶凝酸单级注入酸压2井次，胶凝酸笼统酸化8井次；酸洗诱喷1井次；活性水诱喷1井次。针对不同类型井、结合储层分布情况采取了不同的技术模式。

投产作业测试结果表明，开发井Ⅰ、Ⅱ、Ⅲ类气层实现了均匀布酸，长井段暂堵分流多级注入酸压改造措施成功率100%，超过设计指标10%。整体上看，完成投产试气井测试产能高，实测无阻流量（94.08～768.17）×10⁴m³/d，平均无阻流量479×10⁴m³/d，超过开发方案配产要求，达产率100%。

四、开发生产情况

普光气田建成天然气产能 $80 \times 10^8 m^3/a$。气田投入生产以来,根据净化厂处理能力和下游需求安排气田产量,整体生产运行安全平稳。截至目前,已累计生产混合气超过 $400 \times 10^8 m^3$。普光气田实现了安全高效开发。

普光气田的安全、高效开发对缓解"川气东送"工程沿线的能源紧张、促进国家经济社会快速发展发挥了重要作用。一方面,促进了国家天然气骨干管网建设和沿线地区经济发展。管道沿线省市天然气供应量增加29.1%,70多个城市、数千家企业、近2亿人口从中受益。预测拉动城市输气基础管网和天然气利用项目投资约460亿元,拉动社会投资2000多亿元。另一方面,促进了节能减排,改善了环境。所产天然气相当于每年提供超过约 $1275 \times 10^4 t$ 标煤的清洁能源,可减少二氧化碳排放量约 $1680 \times 10^4 t$,减少二氧化硫、氮氧化物及粉尘等有害物约 $69.8 \times 10^4 t$。

在四川盆地探明高含硫碳酸盐岩气藏天然气地质储量已超过 $7000 \times 10^8 m^3$,预计探明地质储量可达 $10000 \times 10^8 m^3$ 以上。在普光气田开发设计与优化过程中形成的一套超深层、高含硫、碳酸盐岩气藏高效开发技术,将为今后安全高效动用此类资源提供借鉴。

第九章 大湾气田推广应用

大湾气田是继普光气田之后投入开发的又一大型高含硫化氢气田，其地质特征与普光气田相似。为开发建设好该气田，广泛应用了普光气田开发建设过程中形成的高效开发优化设计技术、思路、方法、审查机制，开展技术攻关和地质研究，编制开发方案，实时跟踪优化开发部署，审查完善井位及投产设计，取得了很好的应用效果。目前，新钻8口水平井钻遇气层厚度222.4～1010.5m，单井平均597.2m；已完成13口井投产试气作业，单井实测无阻流量（379.64～676.89）×10^4m^3/d，平均达534.37×10^4m^3/d，实际开发指标均达到或超过方案设计指标。

第一节 开发方案设计

在大湾气田开发方案设计过程中，借鉴普光气田开发方案优化设计技术思路和关键技术，组织气田开发设计团队，构建地质工程一体化研究平台，采用分散开展专题研究与集中开展整体研究相结合的方式，设计开发方案，指导方案实施与现场建设。在开发方案实施过程中，加强新钻评价井和开发井随钻分析，强化气田构造特征、储层特征、气藏特征等跟踪研究工作，不断深化气藏地质认识，及时优化调整井位部署方案与实施井轨迹，为大湾气田实现高效开发奠定了坚实基础。

一、主要地质特征

大湾气田包括毛坝和大湾两个断块，位于四川省宣汉县境内，构造上属于川东断褶带东北段黄金口构造带上的NE向背斜构造，紧邻普光气田。基本地质特征与普光气田相似，但大湾气田构造更复杂，储层明显变薄、储层非均质性更强，储层展布更不稳定。

1. 构造特征

大湾气田包括大湾构造和毛坝构造，位于普光气田西北部，处于分水岭构造与普光西构造之间。

（1）大湾构造：大湾构造为受多条次级断层控制的大型长轴断背斜构造，两翼不完全对称，西缓东陡，西南低东北高。大湾构造以毛坝东断层和大湾西断层作为西边界，以大湾东断层作为东边界，南部以相变线为界，形成构造-岩性圈闭。圈闭在飞仙关组一二段发育两个次级构造高点，分别位于大湾1井和大湾102井附近，高点海拔为-3800m、-4300m（图9-1）。

大湾3井及大湾102井处于背斜的翼部。南部飞仙关组气藏局限台地与陆棚相沉积相变带位于大湾3井与大湾102井之间。

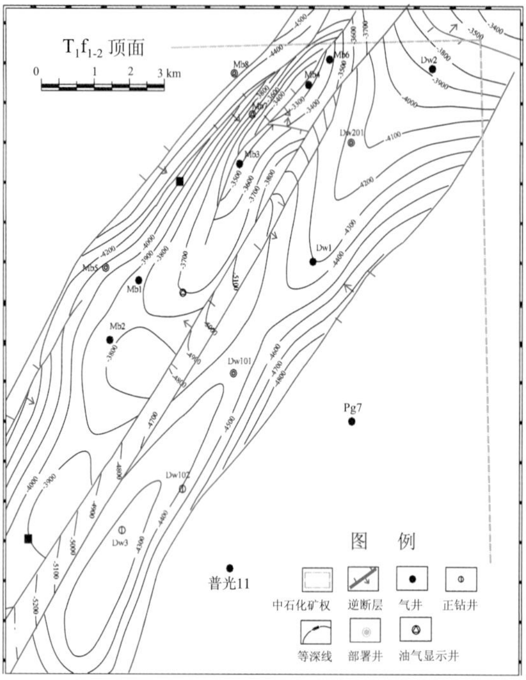

（2）毛坝构造：毛坝构造位于毛坝场－双庙场构造带北端，是受毛坝东断层、毛坝西断层控制的NE向长轴背斜构造。构造西翼陡，东翼相对较缓，南翼与北翼分别与付家山构造和铁山坡构造相连接。构造主体的高部位于毛坝3—毛坝4—毛坝6井区一线，由于毛坝3井北断层的分隔作用，毛坝构造可以分为毛坝3和毛坝4两个次级圈闭。圈闭飞仙关组一二段构造高点海拔-3500m、-3300m。（图9-1）。

2.储层特征

储层品质整体较好，纵横向上非均质严重，各类储层交错分布。长兴组储层仅在大湾1井及毛坝3井附近发育，以Ⅱ、Ⅲ类储层为主；飞仙关组在南、北发育有差异：北部的大湾1、2井区和毛坝4井区鲕滩储层发育，分布在飞一～二的中上部；南部的大湾102井区鲕滩储层较发育，分布在飞一～二的中下部；中部的大湾101井和南部的大湾3井储层不发育。

大湾气藏飞仙关组储层主要发育在相变线以北的区域，由大湾1井往北部大湾2井飞仙关组储层呈变厚趋势，且Ⅰ、Ⅱ类储层明显增厚。毛坝气藏飞仙关组储层主要主要发育在北部毛坝4、6井区，厚度中心在毛坝4井附近，厚247m。其中，Ⅰ、Ⅱ类储层厚度达174.6m，往四周减薄，至毛坝3井相变为非储层。长兴组储层不发育，主要分布在毛坝3井区和大湾1井区附近，毛坝3井和大湾1井长兴组储层厚度分别为50.9m、36.7m。飞仙关组飞一二段是大湾气田的主力含气层系，储层展布方向为南西－北东向，与构造走向一致（图9-2）。

图9-1 毛坝-大湾构造T_1f_{1-2}顶面构造图

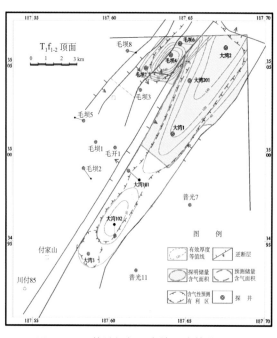

图9-2 飞仙关组气层有效厚度等值线图

3. 气田探明地质储量

大湾气田已累计探明含气面积42.12km²，天然气地质储量1267.84×10⁸m³。其中，2007年2月，大湾1井区上报飞一、二上、中及长兴组探明含气面积27.17km²，天然气地质储量777.77×10⁸m³；2008年12月，在增加了大湾1井飞三段及飞一、二下试气资料的基础上，又上报大湾1井区飞三段及飞一、二下探明含气面积10.65km²，天然气地质储量64.56×10⁸m³。两次共上报飞仙关、长兴组探明含气面积28.48km²，天然气地质储量842.33×10⁸m³。2007年12月，毛坝4井区在毛坝4、6井试气获工业气流基础上，上报毛坝4井区飞仙关组探明含气面积7.49km²，天然气地质储量251.85×10⁸m³。2008年12月，在大湾102试气获工业气流情况下，大湾102井区上报飞仙关组探明含气面积7.30km²，天然气地质储量173.66×10⁸m³。

二、开发方案设计

为确保大湾气田实现高效开发，在开发方案设计与优化过程中，方案设计团队借鉴了普光气田成熟的思路、方法和成果，经过多次论证、调整和跟踪优化，完成了大湾气田最终开发方案—《大湾气田开发优化方案》，以指导现场开发建设工作，并为气田高效开发奠定了坚实的基础。

（一）《大湾气田（区块）初步开发方案》

按照 "加大加快川东北地区勘探力度和产能建设步伐、进一步扩大产能建设规模"的战略部署要求，2007年5月，基于大湾气田探明储量、控制储量申报情况和最新勘探研究成果，编制完成了《大湾气田（区块）初步开发方案》。

初步方案设计：动用储量1050.03×10⁸m³，部署开发井25口。其中，利用探井8口，新钻井17口（直井3口、斜井12口、水平井2口）设计井场13座。其中，新建井场3座；平均单井配产40×10⁴m³/d，设计年产能力33×10⁸m³，采气速度3.1%。整体预测稳产期10年。其中：大湾气藏动用储量784.92×10⁸m³，部署开发井18口，其中利用探井4口，新钻井14口（直井3口、斜井10口、水平井1口），设计井场9座，其

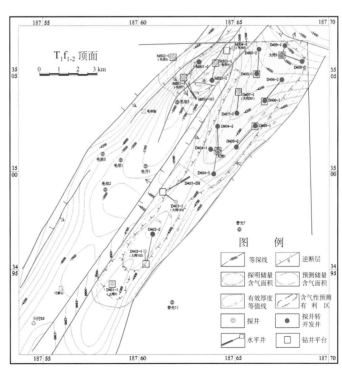

图9-3 大湾气田初步开发井位部署图

中新建井场3座；平均单井配产$42 \times 10^4 \text{m}^3/\text{d}$，设计年产能力$25 \times 10^8 \text{m}^3$，采气速度3.2%，预测稳产期10年。毛坝气藏动用储量$265.11 \times 10^8 \text{m}^3$，部署开发井7口，其中利用探井4口，新钻斜井2口，水平井1口，设计井场4座，全部为老井场利用；平均单井配产$35 \times 10^4 \text{m}^3/\text{d}$，设计年产能力$8 \times 10^8 \text{m}^3$，采气速度3.0%，预测稳产期10年（图9-3）。

（二）《大湾气田（区块）开发方案》

普光气田大湾气田开发效果直接关系到"川气东送工程"战略目标的实现。为了进一步优化完善开发设计，搞好大湾气田开发工作，确保"川气东送工程"拥有稳定的气源，根据大湾气田开发建设实施情况，2008年初中国石化组织专家组赴美国康菲公司考察调研，多方位集成高含硫气田先进的开发设计理念和开发技术应用情况。并于2008年3月7日召开了"关于赴康菲公司考察团汇报会议"。根据调研成果，结合大湾气田最新地质认识，按照"少井高产、效益优先"的原则，又组织编制完成了《大湾气田（区块）开发方案》。

方案设计：动用储量$1160 \times 10^8 \text{m}^3$，部署开发井15口。其中，利用探井5口（其中两口为备用井），新钻水平井10口；设计井场8座，新建井场1座；平均单井配产$86 \times 10^4 \text{m}^3/\text{d}$，设计年产能力$37 \times 10^8 \text{m}^3$，采气速度3.2%，预测稳产期9年（图9-4）。

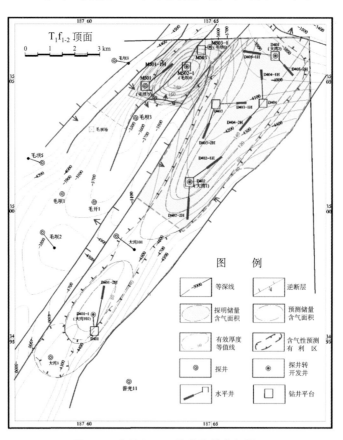

图9-4 大湾气田开发井位优化部署图

（三）《大湾气田（区块）开发优化方案》

2008年12月在大湾102和大湾1飞三段试气获工业气流的情况下，上报大湾南飞仙关组探明含气面积17.95km²，天然气探明地质储量238.22×10⁸m³。至此大湾−毛坝区块整体探明，累计上报探明含气面积55.18km²，天然气地质储量1267.84×10⁸m³。基于普光气田的经验，开发方案项目组非常重视大湾气田实钻跟踪研究工作，实时跟踪分析研究实钻资料，不断深化构造、沉积相、储层、气水关系等方面的认识，及时优化钻井平台及井位设计，适时评价动用区储量。根据开发井实钻情况，结合跟踪地质研究新认识，为确保实现大湾气田高效开发，对大湾气田开发方案进行优化调整，2009年12月23日编制完成了《大湾气田（区块）开发优化方案》。方案设计动用储量768×10⁸m³，部署开发井14口。其中，利用探井5口，新钻水平井8口；设计井场7座（新建井场1座）（图9−5）；平均单井配产70×10⁴m³/d，设计年产能力30×10⁸m³，采气速度3.9%，预测稳产期9年。

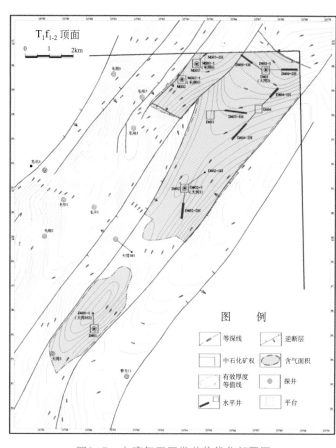

图9−5　大湾气田开发井位优化部署图

第二节　跟踪地质研究

2008年8月27日，大湾气田第一口开发井大湾402−2H井开钻，标志着大湾气田开发全面进入现场实施阶段。开发方案实施过程中，开发设计项目组实时跟踪分析新完钻井资料，应用礁滩相储层沉积微相研究、储层预测、储层含气性预测技术，开展气田构造、沉积微相、储层展布和气水关系研究，不断深化地质特征，为开发方案和井位设计优化提供了科学依据。

一、构造跟踪精细解释

大湾气田构造相对普光气田更加复杂，认清构造特征是开展储层预测等研究工作的基础。新完钻井资料的不断增加，为深化构造认识提供了条件。研究团队实时分析每一口新井资料，开展地震地质层位标定、地震波反射特征研究，及时完善该区块构造解释，进一步落实大湾、毛坝气藏构造特征。

（一）地震地质层位标定

层位标定是构造解释的基础，它是建立地质层位与地震反射同相轴之间关系的桥梁。根据钻井资料情况，采用声波测井合成地震记录联合标定。应用声波时差曲线和密度曲线求得反射系数序列，然后应用与地震反射频率一致的雷克子波制作合成记录，将这些合成记录与各井的井旁地震记录进行对比反复校正，使合成记录与井旁地震道达到最佳相关，最后在合成记录上根据目的层的深度读取时间值，标在地震记录上即实现对各井点处地震资料的地质层位标定。

针对大湾区块速度变化快影响目的层定深不准确的问题，对国内同类气藏开展调研分析，借鉴普光气田构造研究思路，从构造、埋深、物性、膏盐岩厚度等方面综合分析，特别对膏盐岩厚度研究展开大量工作，对全区21口井嘉陵江地层进行分层对比，预测膏盐岩厚度，寻找膏盐厚度与速度变化之间的关系（图9-6），研究层速度在平面上的变化特征（图9-7）。

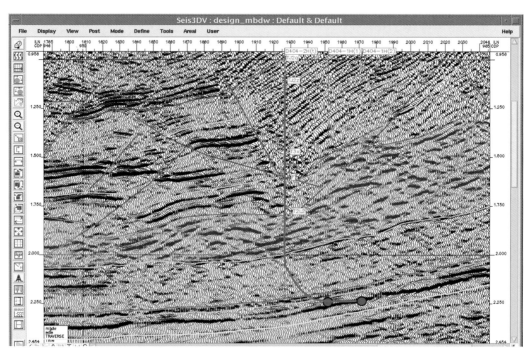

图9-6　大湾气田嘉陵江组T$_1$j$_{4-5}$膏岩变化剖面图

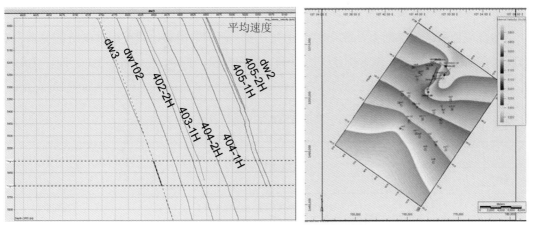

图9-7 大湾区块单井地层速度随深度变化趋势及平面变化特征

　　总结普光气田探井、直井合成记录制作经验，认准嘉四五段底部强反射界面，然后根据实钻井资料对目的层段的合成记录进行微调。大湾气田开发井大部为水平井，要选择沿井轨迹剖面制作合成记录，再对地震地质层位进行了标定。从制作的效果分析，各井直井段合成地震记录与地震资料的吻合程度较好，各反射层一一对应关系，虽水平段合成记录剖面反射较弱，也能较好对应（图9-8）。

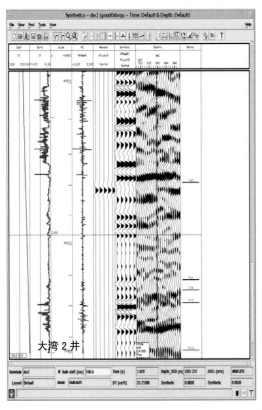

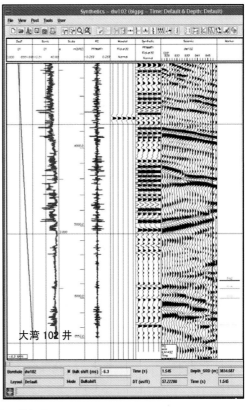

图9-8 合成地震记录标定图

（二）地震波反射特征

在合成地震记录基础上，综合考虑地质分层、地层结构和地震反射波组特征关系，对本区地震地质层位进行了综合标定，重点确定海相地层了T_2l、T_1j_{4+5}、T_1j_1、T_1f_4、T_1f_3、T_1f_{1-2}、P_2ch等主要反射层（表9-1）。

表9-1　主要地震反射层与地质界面对应关系

层位		地震反射特征	备注
地震	地质		
TT_2l	T_2l底	2个时强时弱反射同相轴，连续性较差	研究区可追踪解释
TT_1j_{4-5}	T_1j_{4-5}底	为一套较强反射波组的底包络面，工区内多数地区连续性好	区域标志层
TT_1f_4	T_1f_4底	较强反射带上部的较弱反射同相轴	研究区可追踪解释
TT_1f_3	T_1f_3底	为连续性中等–较差的中弱振幅反射	研究区可追踪解释
TT_1f_1	T_1f_1底	连续性较差的弱振幅特征	研究区难追踪解释
TP_2ch	P_2ch底	连续性较差的低频中弱振幅反射	研究区可追踪解释

TT_2l：相当于中三叠统雷口坡组底界反射，岩性为深灰色泥质云岩、含泥云岩、云岩、泥质灰岩、灰岩，局部含云含灰泥岩与灰白色硬石膏岩不等厚互层。地震反射上表现为2个时强时弱反射同相轴，连续性较差，全区不易连续追踪。

TT_1j_4：相当于下三叠统嘉陵江组四段底界反射，为嘉五、四段膏盐岩与嘉三段灰岩、云岩的分界线。由于构造活动引起的塑性流动导致区内正向构造的主体部位膏盐层薄而两翼增厚，正向构造表现为1~2个相位的强反射，而负向构造为厚度较大的杂乱反射。膏盐岩底部与围岩存在的较大的波阻抗差形成的反射包络面在工区内多数地区连续性好，是区域对比标志层。

TT_1f_4：相当于下三叠统飞仙关组四段底界反射，岩性上以一套膏岩或泥灰岩的底部为特征划分飞四段与飞三段界线。反射特征为弱反射带中的较连续反射，由两个同相轴组成，局部地区连续性较差。

TT_1f_3：相当于下三叠统飞仙关组三段底界反射，岩性上飞三段灰岩相对较发育，而飞二段白云岩相对较发育，划分标志不明显。反射特征由一个弱相位组成。

TT_1f_1：相当于下三叠统飞仙关组底界反射，岩性上飞一段底部一般发育一套泥灰岩等特征划分飞一段与长兴组界线，与下伏长兴组灰岩或生物灰岩整合接触。反射特征连续性中等的低频弱反射，东岳寨、柳池等地区难以有效连续追踪。

TP_2ch：相当于上二叠统长兴组底界反射，为长兴组下部灰岩与龙潭组上部页岩、泥灰岩界面的反射。反射特征为低频较连续强反射，普光、老君庙、清溪场、东岳寨等地区连续性较好。

（三）构造精细解释

1. 相干体分析

相干体突出、强调的是地震数据的不相关性，即不连续性，所以相干体技术能生成断层的无偏差图像。当沿断层倾向解释时，常规的时间切片是有效的，而要在时间切片上精确拾取平行走向方向的断层时非常困难。相干体技术能区分任意方位上的断层，有助于更精确、更有效的解释，并能展示它在三维空间的分布规律。在综合考虑参与相干计算的道数、相干时窗的选择，以及数据体效果分析诸因素的前提下，通过相干体切片观察，清晰地识别出大湾东断层、大湾西断层、毛坝东断层（图9-9）。

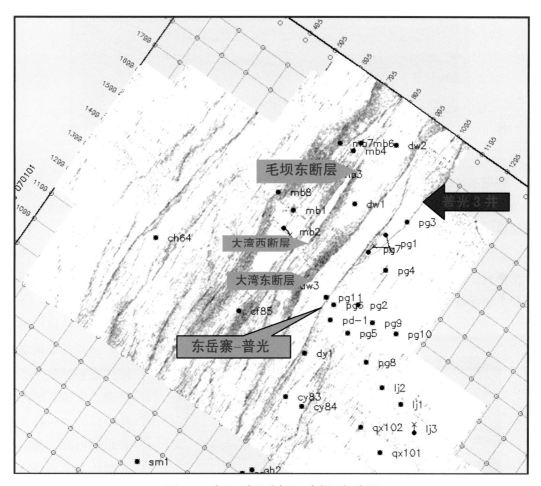

图9-9　宣汉-达县北部T₁f₃底相干切片图

2. 地震地质层位追踪与断层解释

根据本区构造样式以及确定的构造解释模式，在层位标定基础上，首先进行过井剖面的解释，包括过井的主测线、联络测线及连井任意测线的解释。在过井测线控制解释基础上，根据本区地震资料和构造特征、断层发育情况，按照能够控制主要构造解释的原则，选择过构造主体部位测线按16×16测网密度建立骨干剖面网，通过骨干剖面的解释，了解区内各层段地震波组变化特征，了解区内构造整体特征和断层展布特征，确定全区大的解释方案，为后续在骨干剖面解释控制下的精细解释打下良好基础。骨干剖面解释完成后，按照强相位追踪的原则引向全区进行对比解释（图9-10）。

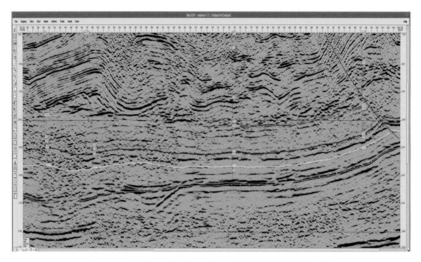

图9-10　大湾3-大湾1-大湾2井连井地震解释剖面

根据本区地震资料情况及研究需要，层位精细解释中构造层采用以主测线方向剖面解释为主，联络剖面解释为辅，全区以8×8测网密度进行解释，在构造较复杂的地方进行加密解释，以达到提高地震资料精细解释的目的。

断层解释以波组错断、中断、产状突变为标志，同时结合任意线、时间切片、相干切片的解释，以剖面确定断层性质，切片确定断层走向及组合，精细落实小断层，合理组合断层，增加解释的准确性，达到精细确定构造解释方案目的。

在构造精细解释中，通过三维地震数据体能够抽取任意线解释，来验证区内解释层位的统一性、是否串层追踪，落实各局部构造形态特征、面积大小、幅度高低等。为此，在构造解释过程中，我们针对不同的局部构造类型采用不同的任意线

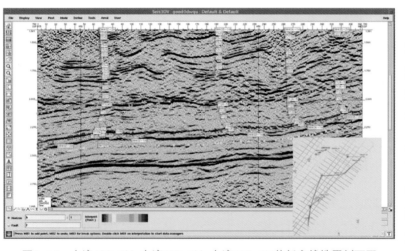

图9-11　大湾402-2H-大湾403-1H-大湾405-2H井任意线地震剖面图

网，进一步进行落实验证（图9-11）。

3. 速度场建立与构造图编制

通过速度分析认为本区速度横向变化大，仅利用声波测井拟合的平均速度或单井的VSP速度进行时深转换已不能够满足地震解释精度要求。在构造时深转换的过程中，对每一口井制作合成记录，得到较准确的众多点的时深关系曲线（checkshot），地震速度控制趋势，在SUN工作站上利用INDEPTH软件，建立三维速度场，然后再对地震解释层位进行时深转换。利用速度场所数据抽取相应层位的平均速度和等t0图后，选择最佳的网格参数和滤波参数，对t0层位数据和沿层平均速度进行网格化，t0网格与平均速度网格相乘，获得深度网格，再加上断层多边形，编制构造图。

分析开发井钻遇地层情况，大湾、毛坝气藏构造比较落实。与原构造认识相比，构造格局、断层位置没有变化，局部微构造等有细微变化。通过对毛坝503-2H重新标定，认为毛坝503平台附近构造变陡，飞四底界比原认识低41m，飞三底界比原认识低56m，断层位置没有变化（图9-12）。

在新井实施过程中，实时跟踪分析实钻地质资料，及时优化调整井轨迹，减小气井钻遇地层与设计误差。大湾402-1H、大湾402-2H、大湾403-1H、大湾404-2H、大湾404-1H、毛坝503-2H共6口井实钻飞三、飞四地层误差在-29.2～+56.9m之间（表9-2）。

表9-2　大湾气田开发井目的层段实钻与设计地层深度对比表

井号	飞四			飞三		
	实钻垂深/m	设计垂深/m	实钻与设计对比/m	实钻垂深/m	设计垂深/m	实钻与设计对比/m
大湾402-1H	4919.1	4932	-12.9	4997.8	5027	-29.2
大湾402-2H	4933.2	4942	-8.8	5027.3	5032	-4.7
大湾403-1H	4897.4	4919	-21.6	4974.8	4989	-14.2
大湾404-1H	4808.6	4780	28.6	4866.1	4855	11.1
大湾404-2H	4868.2	4875	-6.8	4953.2	4980	-26.8
大湾405-1H	4655.8	4662	-6.2	4736.7	4762	-25.3
大湾405-2H	4558.7	4579	-20.3	4615.1	4629	-13.9
毛坝503-2H	3749.4	3703	46.4	3844.9	3788	56.9

普光高含硫气田高效开发技术与实践

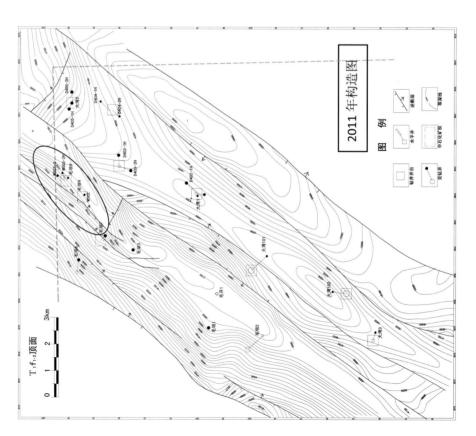

图9-12　普光气田毛坝大湾区块飞仙关组一二段顶面新老构造对比图

二、储层跟踪预测

为确保开发井钻遇较厚优质储层，优选稀疏脉冲反演方法预测储层展布情况，特别是Ⅰ、Ⅱ类优质储层展布。借鉴普光气田经验，采用动态跟踪预测方式。每完钻一批井，就开展新一轮储层预测，循序渐进，不断修正预测模型，提高预测精度。

预测流程：首先，采用高信噪比、保幅、高分辨率的纯波地震资料和开展基于储层预测的测井评价技术；其次加强解决子波的提取、逆断层的建模和储层空间的非均质性问题；第三，通过岩石物理分析，确定储层的界限，定量预测储层空间展布；第四，及时跟踪分析新完钻井资料，强化地质认识，开展多批次的跟踪预测，使反演结果更加接近真实地质情况。

（一）岩石物理分析

岩石物理分析是通过对岩石中各种类型的组成结构进行假设后，建立岩石物理模型并应用该模型对岩石组成的矿物和流体的岩石弹性特征进行计算。通过对正演曲线和已有的弹性曲线进行对比，从而对模型参数进行优选和优化，拟合用于储层预测所需的测井曲线，最终确定能够反映储层的弹性参数。

1. 弹性参数拟合

首先设定地层岩性与弹性参数，包括弹性模量、体积模量等，在这种情况下正演V_p，再与实际的V_p比较，如果有差别，说明弹性参数有误，修改地层弹性参数后，再正演V_p，直至二者匹配，说明地层岩性与弹性参数合理，最后用这种地层岩性与弹性参数正演横波V_s，计算波松比。如果有实测横波资料，再修正地层与弹性参数，使纵、横波都匹配，达到一个更合理的结果。同时，可进行流体置换，正演出储层中充填气、水时的测井响应特征，来寻找当储层含气时比较敏感的弹性参数。

从纵波波阻抗分类直方图上可以看到（图9–13），Ⅰ类储层阻抗分布在$1.20 \times 10^7 \sim 1.56 \times 10^7 kg/sm^2$，出现频率峰值在$1.48 \times 10^7 kg/sm^2$，Ⅱ类储层阻抗分布在$1.48 \times 10^7 \sim 1.7 \times 10^7 kg/sm^2$，出现频率峰值在$1.6 \times 10^7 kg/sm^2$，Ⅲ类储层阻抗分布在$1.6 \times 10^7 \sim 1.83 \times 10^7 kg/sm^2$，出现频率峰值在$1.72 \times 10^7 kg/sm^2$，而非储层段灰岩阻抗分布在$1.62 \times 10^7 \sim 1.86 \times 10^7 kg/sm^2$，出现频率峰值在$1.72 \times 10^7 kg/sm^2$。储层与非储层阻抗差异较大，各类储层之间也存在阻抗差，尤其是Ⅰ类储层速度和阻抗与Ⅱ、Ⅲ类储层及非储层有

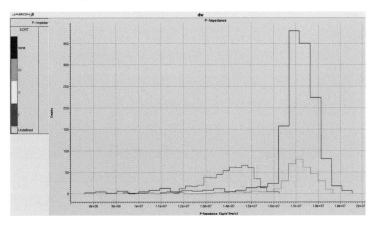

图9–13　各类储层波阻抗频率直方图

较大的差别，能形成强反射。纵波波阻抗能有效区分Ⅰ类和Ⅱ类储层，而Ⅲ类储层和非储层发生叠置现象，难以区分。

2. 交会图分析

通过建立岩石物理模型，计算岩石的弹性参数进行交汇图分析，来寻找不同岩石之间波阻抗的差异，确定储层与非储层的界限。

从纵横波比与纵波波阻抗的交会图上看（图9-14），Ⅲ类储层和围岩之间虽然有部分重叠，但还是可以区分的，相对Ⅰ、Ⅱ类储层的有效区分，其预测精度略低。因此，确定采用叠后波阻抗反演来区分Ⅰ+Ⅱ类储层兼顾Ⅲ类储层，其预测思路完全能够满足"打高产井、钻遇优质储层"的要求。

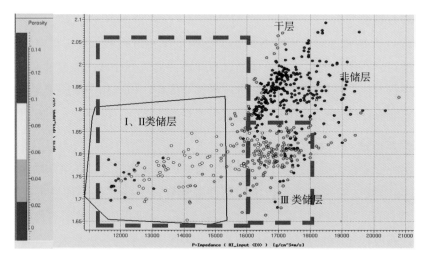

图9-14　波阻抗-纵横波比交汇图

（二）储层预测层位标定

在合成地震标定中采用井控制下基于模型的子波相位-幅度谱估算方法，其优势是能够依据实际的构造模型，通过多种质量控制手段，沿井轨迹方向进行时深标定，大大提高了井的标定精度（图9-15）。合成地震记录标定分三步：首先，利用地震分层、测井分层关系进行初步标定，得到测井曲线的时深关系，利用时深关系对目的层段提取零相位子波；其次，加入地质模型，利用零相位子波重新标定时深关系，并沿井旁道提取子波，制作合成地震记录，对地震剖面进行精确标定；最后，充分利用所有标定好的井，按目的层位统一提取综合子波参与反演（图9-16）。

在宣汉-达县地区，嘉4-5段底作为判断标准层，岩性变化明显，上部为石膏，下部为灰岩，在测井曲线上，有一组较强的波阻抗界面。对应剖面的T_1f_4地震反射标准层为一明显的强波峰反射，在全区可连续追踪。从标定的结果上来看（图9-17），合成地震记录与井旁道对应关系较好，说明地震资料层位解释合理、提取的子波较好、用井曲线建立的时深关系是正确的。

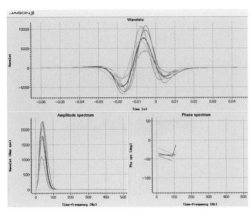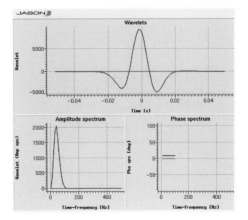

图9-15　子波提取与平均子波计算

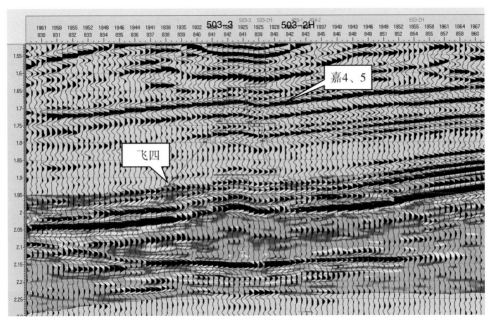

图9-16　大湾区块地震标志层

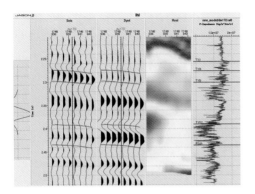

图9-17（1）　大湾1井合成记录标定

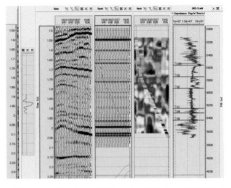

图9-17（2）　毛坝503-3井合成记录标定

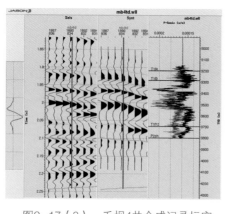
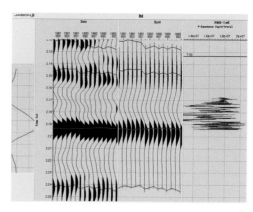

图9-17（3）　毛坝4井合成记录标定　　　　　　图9-17（4）　大湾405-1H井合成记录标定

（三）构建储层地质模型

普光气田海相地层主要为逆掩断层，逆断层的处理不当往往造成断层附近扭曲变形，不能很好的表现逆断层的上下盘形态，导致插值错误，影响模型的准确性，这一直以来是一项技术难点，没有能够很好的解决。本区采用三维建模技术，精细构造模型上下盘，层位选用不同的层名，彼此之间互不干扰，保证了层位的延伸趋势和接触关系，形成了准确的构造层面。

精确的地质模型构建并非简单的构造解释，它是一个反复构建的过程，断层的走向、井的多少、准确的子波、合理的标定结果都会对模型产生很大的影响。首先，建立一个比较粗的框架模型，然后依据模型提取子波和标定合成记录来修正模型，不断叠代直到建立精确的地质模型。为提高预测精度，本次储层预测充分考虑了断层的影响因素，在建模中加入大湾东断层和大湾西断层以及毛坝区块内4条小断层，解决了断层附近预测精度低的问题（图9-18）。

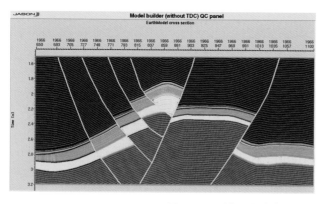
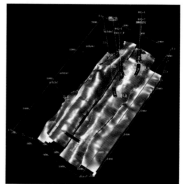

图9-18　毛坝-大湾气田地质模型

（四）建立低频模型

在碳酸盐岩鲕滩储层环境下，由于地质条件的复杂造成了储层纵横向非均质性严重，消除储层非均质性的影响的有效方法是建立一个精确的地质模型。通常情况下，在建立低频模型时采用井间插值的方法，然后依据地质认识确定插值算法的合理性或通过平面上的相控，得到一个地质模型。当井达到一定数量时，可得到一个准确的地质模型，但井相对较少，甚至没有井的情况下，往往造成井间未知区域缺乏空间预测性，给储层预测带来很多不确定性因素。在实际预测过程中，依据岩石物理模型的认识，利用岩相的不同造成波阻抗之间的明显差异这一特点，在建立低频模型时，目的层段一律插值为纯灰岩，得到一个初始低频模型与稀疏脉冲反演结果合并，滤掉高频部分，得到一个有岩相趋势的低频模型，在与稀疏脉冲反演结果合并，经过多次叠代滤波，得到一个接近真实地质情况的低频模型，其优势在于不考虑井的多少，充分利用了地震资料的横向展布的可预测性，建立一个更加符合真实地质情况的地质模型。

（五）波阻抗反演预测储层分布

预测结果分析，大湾气藏储层主要发育在构造两翼。西翼，大湾1~大湾403~大湾405-1H井一线，储层物性差、厚度较薄且连通性差，在大湾403平台附近存在岩性边界，大湾403-1H井区形成相对独立滩体；东翼，大湾1~大湾404平台~大湾405-2H一线，储层物性明显好于西翼，储层厚度大且连通性较好，展布范围较大。其中，飞一二段中上部储层连续分布（图9-19）。

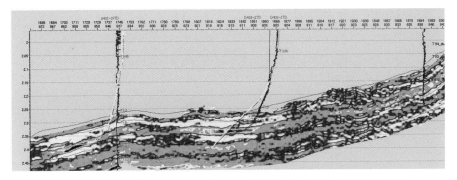

图9-19（1）　大湾402-2H-大湾1-大湾2井连井波阻抗剖面图（西翼）

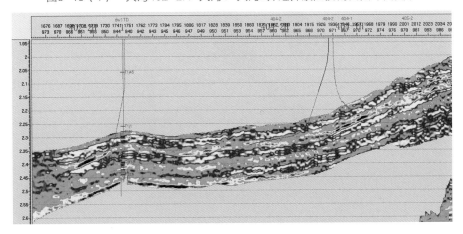

图9-19（2）　大湾102-大湾101-大湾1井连井波阻抗剖面图（东翼）

毛坝气藏，储层主要分布在构造高部位毛坝6、毛坝4井附近，储层物性好、展布范围大，向南逐渐变薄，到毛坝7、毛坝3井附近逐渐消失（图9-20），在毛坝1井区发育较薄生物礁储层。

平面上储层厚度变化大、分布不均一，储层主要集中在相变线以北毛坝4、毛坝6井区和大湾1、大湾2井区。其中，毛坝4、毛坝6井区储层发育最厚可达250m以上；其次，为大湾1、大湾2井区在150~200m；大湾102井区在100m左右，大湾101井附近储层不发育（图9-21）。

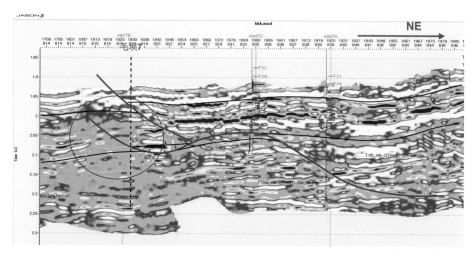

图9-20　毛坝7-毛坝4-毛坝6井波阻抗剖面图

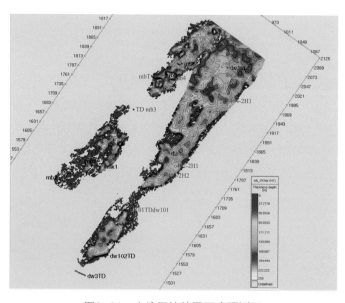

图9-21　大湾区块储层厚度预测图

（六）跟踪预测对比分析

大湾气田早期测井资料较少，采用的也是常规预测方法，预测储层分辨率较低。随

普光高含硫气田高效开发技术与实践

着新井资料增加，储层特征研究逐渐深入。为此，每完钻一批新井，都要充分利用新井资料，展开新一轮的储层预测和分析，同时加强了子波提取、地质建模等方面的攻关研究，使预测结果与气田地质实际更加符合，新井钻遇气层符合率大大提高。图9-22为过大湾405-1H到大湾1井的前后两次的波阻抗剖面。从剖面上明显的可以看到大湾405平台附近飞一二段主力气层由原来的一整套变为2套层，中间夹着一套非储层或三类层。其中，下面一套储层物性相对较好。

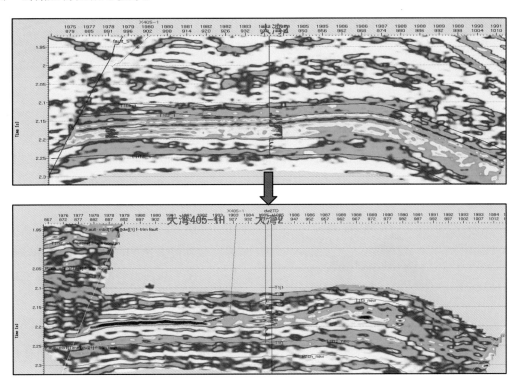

图9-22 过大湾2井前后两次储层预测剖面对比图

三、储层含气性预测

应用地震数据体结构特征法预测储层含气性，在普光气田取得了很好的应用效果。借鉴普光气田经验，应用地震数据体结构特征法预测储层含气性技术对大湾气田126km²范围内二叠系上统长兴组，三叠系下统飞仙关组地层进行地震数据体结构特征处理和解释，主要任务是根据已完钻井资料预测大湾气田气层分布情况，其目的是评价天然气富集程度和最大含气范围、精细描述气层展布特点，与储层预测成果相互印证，指导高效开发设计。

（一）地震数据体结构预测模型特征

1.地震数据体结构预测模型剖面特征

建立过有气层气井（如毛坝6）和无气层气井（如毛开1）地震数据体结构特征剖面模型图。从地震数据体结构特征剖面模型图可以看到，在含油气层段内，其斜率及夹角变化都比较大，没有规律或规律性差，它们纵向上都分布在长兴组和飞仙关组；在不含油气或含气性差的层段内，其斜率及夹角变化都比较有规律（图9-23）。

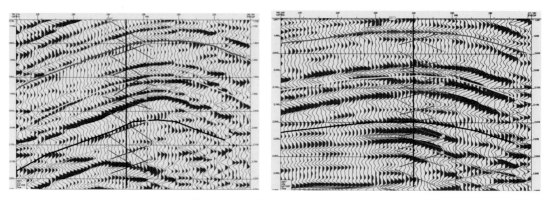

图9-23 过毛坝6井和过毛开1井结构特征剖面模型图

2. 地震数据体结构预测模型平面特征

大湾气田三维有效覆盖工区面积126km²。研究长兴组和飞仙关组处理后的二层叠合地震数据体结构特征异常图，认为地震数据体结构特征异常值主要分布在大湾1井、大湾2井、毛坝1井、毛坝3井、毛坝4井和毛坝6井井区（区块），平面上呈带状北东南西方向展布。尤其以大湾2井、毛坝4井和毛坝6井井区（区块）的地震数据结构特征最为明显（图9-24）。

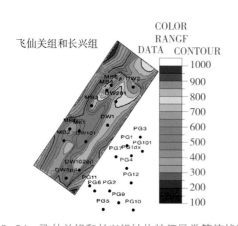

图9-24 飞仙关组和长兴组结构特征异常等值线图

3. 地震数据体结构预测模型特征

分析模型图可以看出，在含油气层段中，地震道的特征变化大，斜率、夹角自上而下一致性差。在不含气的层段，自上而下地震道的变化不大，无论斜率或夹角均较为规律、一致。这就说明了地层含气影响了地震数据体结构特征的变化，不含气层段的地震数据体结构特征变化小。而从波形上和振幅值的大小都变化无常，这也就说明数据体结构变化与波形变化是有区别的。

总之，在本地区已知井段处，含气层段对应的地震数据体结构特征归纳起来有以下几个特点：

①震道显示出明显灰色结构异常。

②震道波形为不归零的多峰。

③震反射波形从上至下斜率变化较大。

这些特征与其他地区油气藏的地震反射特征相符，说明这个地区的地震资料符合地震结构特征分析技术使用的前提条件，因此，用此技术对本地区的三维资料进行分析，结合圈闭分析结果进行了油层的空间分布预测，圈定了含油层的分布区域和层位。

通常，在含油的井段地震道波形出现不归零的多峰现象（连续出现正波峰，波峰不圆滑），而不含油的井段出现单峰现象（波峰波谷交互出现，波峰圆滑）。在本区通过矢量关联分析，在含油的井段地震道波形出现不归零的多峰现象（连续出现正波峰，波峰不圆滑）。

通过地震灰色结构分析显示，在所定井位及其周围地震灰色异常明显，根据计算每道异常值的分布情况，通过剖面追踪，就可以由此而圈闭其分布范围，剖面时间则按实际计算结果而标定。地震波数据结构特征与已知井处油气藏反射波数据结构特征相符。

（二）含气性预测及级别划分

应用地震数据体结构特征预测油气层，主要任务是确定预测圈闭是否含油气，研究含油气级别，其目的是为油气田勘探开发提供有利井位。

1. 含气性级别划分

应用地震数据体结构特征预测大湾气田气层分类标准：

①地震数据体结构异常特征的平滑程度。

②地震数据体结构异常值大小及与周围结构数值大小的关系。

③结构异常值与井关联程度的对比结果。

根据普光气田现已完钻井资料，应用地震数据体结构特征法—结构特征异常值，预测大湾气田长兴组−飞仙关组储集层含气性。研究结果，结构特征异常值越高，储层的含气性越好。进一步根据结构特征异常值的大小和分布特征，按以下标准划分三个含气区：

Ⅰ类含气区：结构特征异常值最大，其地震数据体结构异常特征的平滑程度最好，结构异常值大小与周围结构数值大小关系明确。

Ⅱ类含气区：结构特征异常值中等，其地震数据结构异常特征的平滑程度中等，变化不大，结构异常值大小与周围结构数值大小关系明确，与井关联程度表现为明显气层。

Ⅲ类含气区：结构特征异常值较低，其地震数据结构异常特征也表现为平滑，结构异常值大小与周围结构数值大小关系明显，与井关联程度也表现为气层，但含气丰度低。

2. 含气性预测及含气区划分

（1）飞仙关组地震数据体结构特征。

飞仙关组地震数据体结构异常特征主体分布在中部的大湾1井、大湾2井、毛坝4井和毛坝6井井区，全区局部异常值分布范围为75~850，共有5个比较明显的地震数据体结构特征异常区。如果全区局部异常值下限值取330（异常值分布范围为75~850），则研究区内共有5个有利含气区块，最大区块异常值（无量纲）分布范围为575~850，预测有利含气面积有33.6km²；最小区块异常值（无量纲）分布范围为450~575，预测有利含气面积有2.2km²。全区飞仙关组预测有利含气总面积有49.0km²（图9−25）。

（2）长兴组地震数据体结构特征。

长兴组全区地震数据体结构异常特征主体分布在中部的大湾1井和毛坝3井井区，全区局部异常值分布范围为0～850，共有2个比较明显的地震数据体结构特征异常。如果全区局部异常值下限值取525（异常值分布范围0～850），则研究区内共有2个有利含气区块。异常值（无量纲）分布范围为530～850，最大区块预测有利含气面积有11.8km²；最小区块预测有利含气面积有1.5km²。全区长兴组预测有利含气总面积有13.3km²（图9-26）。

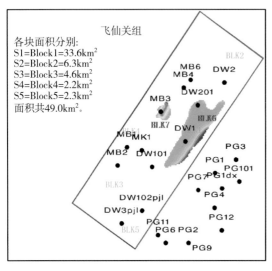

图9-25　飞仙关组预测有利结构特征异常图　　　图9-26　长兴组预测有利结构特征异常图

（3）长兴组和飞仙关组地震数据体结构特征。

全区长兴组和飞仙关组地震数据体结构异常特征主体分布在中部的大湾1井、大湾2井、毛坝3井、毛坝4井和毛坝6井井区，全区局部异常值分布范围为100～1000，共有7个比较明显的地震数据体结构特征异常，其中，长兴组的S6和S7与飞仙关组叠合在一起。如果全区局部异常值下限值取460（异常值分布范围100～1000），则研究区内共有7个有利含气区块，其中Ⅰ类2个，Ⅱ类4个，Ⅲ类1个（表9-3）。最大区块预测有利含气面积有33.6km²，主要目的层飞仙关组；最小区块预测有利含气面积有1.5km²。主要目的层长兴组，全区长兴组和飞仙关组预测有利含气总面积共62.34km²（图9-27）。

表9-3　大湾气田七个有利含气圈闭分类表

层位	区块	总异常值分布	有效异常值分布	类型
飞仙关组	S1=Block1	75～850	575～850	Ⅰ类
	S2=Block2			Ⅰ类
	S3=Block3		450～575	Ⅱ类
	S4=Block4			Ⅱ类
	S5=Block5		330～450	Ⅲ类
长兴组	S1=Block1	0～850	530～850	Ⅱ类
	S2=Block2			Ⅱ类

（二）含气性预测结果

大湾气田长兴组和飞仙关组地震数据体结构响应特征研究结果表明：

（1）大湾气田存在着上下两套地震数据体结构特征异常，形成上下两套的含气组合特征，上含气层飞仙关组，下含气层长兴组，主要呈北东-南西向分布。总体上讲，飞仙关组地震数据体结构特征比较集中，主要集中在大湾1井、大湾2井、毛坝1井、毛坝3井、毛坝4井和毛坝6井井区；长兴组地震数据体结构特征比较分散，主要集中在大湾1井和毛坝3井井区，形成相对独立的2个有利含气小区块。

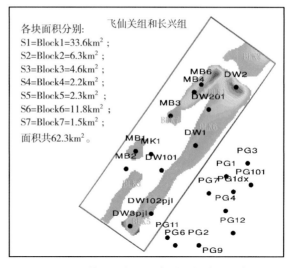

各块面积分别：
S1=Block1=33.6km²；
S2=Block2=6.3km²；
S3=Block3=4.6km²；
S4=Block4=2.2km²；
S5=Block5=2.3km²；
S6=Block6=11.8km²；
S7=Block7=1.5km²；
面积共62.3km²。

图9-27 飞仙关和长兴组有利结构特征异常图

（2）完钻井大湾1井、大湾2井、毛坝1井、毛坝3井、毛坝4井和毛坝6井，它们都处于有地震数据体结构特征异常分布区范围内。在大湾1井、大湾2井、毛坝1井、毛坝3井、毛坝4井和毛坝6井上过气层的地震数据体结构特征表现为高异常结构特征值，大湾气田气层与地震数据结构具有明显响应特征。

（3）大湾气田长兴组和飞仙关组预测平面共有7个有利含气区，气层在剖面上主要分布在飞仙关组和长兴组（图9-28）。飞仙关组最大局部有利预测含气面积33.0km²；最小局部有利预测含气面积2.2km²；长兴组2个局部有利预测含气面积分别是11.8km²和1.5km²。全区预测7个局部有利含气面积62.3km²。

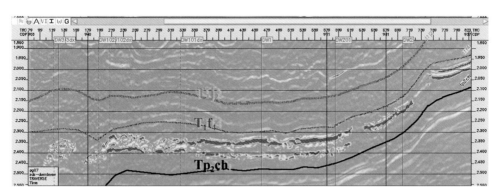

图9-28 过大湾1和大湾2井结构特征剖面图

四、气田气水层识别

普光气田Ⅰ类、Ⅱ类储层和水层易于识别，测井特征明显。但在气水过渡带附近或钻井液深侵入等情况下，根据电阻率曲线难以对气水层作出直观判断，需通过采取一些具有分辨力较高的测井特征参数来识别气水层。目前气、水层识别效果较好的方法主要有交会图法、正态分布法、双孔隙度重叠显示法、地震AVO间接判别法等，在大湾气田，借鉴普光气田经验，主要采用电阻率与孔隙度交会图版方法识别气、水层。其研究思路是，以毛坝4、毛坝6、毛坝3、大湾1、大湾2、大湾102等井试气层的测井参数为基础，根据阿尔奇公式的变形函数，建立深电阻率与孔隙度的两个交会图版（图9-29、图9-30）。交会结果认为，含气饱和度大于70%、电阻率大于$100\Omega\cdot m$为气层，含气饱和度小于40%、电阻率小于$100\Omega\cdot m$为水层。

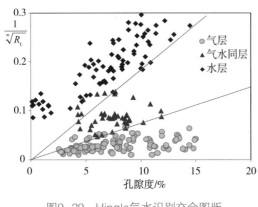

图9-29　Hingle气水识别交会图版　　　　　图9-30　Pickett气水识别交会图版

普光高含硫气田高效开发技术与实践

利用上述标准对完钻井进行了气、水层识别，认为大湾气田气水关系比较复杂。长兴组受礁体发育程度影响，水体呈孤立状分布，与普光气田长兴组气水分布特征相似，目前仅在大湾3井区发育；飞仙关组大湾断块与毛坝断块各自具有独立的气水系统，其中，大湾断块飞仙关组在大湾403-2H井（大湾403-1H井原井眼）区局部发育水体，气水界面-4435m，该水体发育与滩体相变及成岩演化有关，

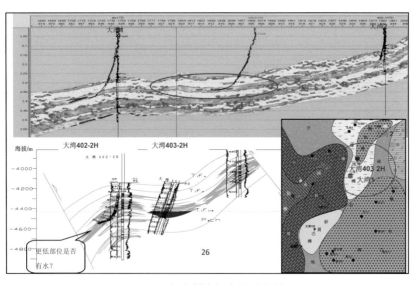

图9-31　大湾断块气水关系分析图

展布范围有限（图9-31），但该块更低部位是否存在边水，有待进一步落实。毛坝气藏在毛坝503-3井（毛坝503-2H井原井眼）区发育水体，气水界面-3610m，该水体为主要受构造控制的局部边水，展布范围也有限（图9-32），但根据该断块储层发育情况分析，毛坝4、毛坝6井区东南部构造低部位也可能存在边水。

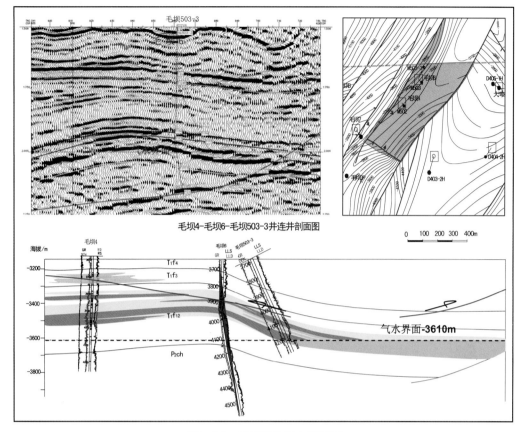

图9-32　毛坝断块气水关系图

五、跟踪地质研究新认识

（一）地层展布变化更大

普光地区已探明含气层系为二叠系上统的长兴组及三叠系下统飞仙关组。增加大湾101、大湾102、大湾3井资料，根据一些在岩性、电性上具有明显特征、分布比较稳定的标志层及辅助标志层，对该区目的层段进行了反复对比，改变了原认为大湾断块飞仙关组沉积稳定，地层厚度相当的认识。其中，飞仙关组在大湾断块整体表现为北薄南厚的特点，且飞四段石膏层由北向南趋于发育，地层厚度在444～755m。而在毛坝断块表现为北厚南薄，南、北相差达80m左右，其中毛坝4、毛坝6井区地层厚度稳定（510m左右），毛坝3井以南地层厚度较薄（396～445m）；长兴组与飞仙关组界线位于自然伽马及电阻率突然增高的转折端，地层厚度相差大，在176～331m之间。其中，在礁体发育的毛坝3井区地层厚度大，其余区域厚度小。

（二）构造更复杂

与原构造认识相比，构造格局没变，但断层、微构造等略有变化。

1.新增两条断层

此次解释在毛坝3井西断层东侧增加一条Ⅲ级断层——毛坝4井西断层，毛坝7井在嘉陵江组3853m钻遇该断层，断距117m。该断层走向NNE向，倾向SEE向，与毛坝3井西断层平行排列，矿区内T_1f_1地震反射层构造图上延伸长度8.35km，向上冲断至雷口坡组膏盐滑脱层内部消失，向下归并于毛坝西断裂，落差在50～100m之间。

另外，在毛坝3井西断层尾部新解释一条Ⅳ级小断，走向NNW，倾向SEE，在构造内延伸范围小，在T_1f_1反射层延伸1.3km，断距30m左右。

2. 大湾西断层、毛坝东断层向东偏移

大湾西断层走向NNE向，倾向SEE向，没有发生变化，通过全区加密解释，断裂带模糊时利用彩色突出研究主要对象，研究认为大湾西断层比原位置向东漂移200～500m，使得毛坝东断层与大湾西断层夹持的地堑带变宽。工区南部断层整体向东漂500m左右，北部与毛坝东断层相交偏移量小，在毛坝4井东南方向消失。

此次解释与原解释相比，毛坝东断层在毛开1井以北向东偏移，越往北东方向偏移距离越大，至大湾2井沿主测线方向偏移距达700m。

3. 大湾构造南部构造高点在大湾102井附近

大湾构造由西南向东北方向逐渐抬升，存在南北两个构造高点。北部高点在大湾2井附近，南部高点原在大湾3井附近。增加大湾101、大湾102、大湾3井资料之后，解释认为南部高点在大湾102井西附近。而大湾1井区为一平缓鞍部，局部发育微构造。

（三）储层非均质性强，厚度变化大

跟踪储层预测研究认为，储层分布不均一，毛坝4井井区储层发育最厚可达250m以上，其次为大湾气藏大湾2井北部，大湾101井附近储层不发育。毛坝气藏在构造高部位毛坝4、毛坝6井区是有利储层发育区，储层向南毛坝3井逐渐减薄消失；大湾气藏储层以大湾101井为界，以北储层展布方向为北东-南西向，与构造方向一致，大湾2井区北东方向储层最厚180m左右，向大湾1井方向厚度减薄。在大湾2~大湾1井一线西侧，由于靠近储层相变线，储层厚度较薄且连通性差。在大湾2~大湾1井一线东侧，储层厚度较大且连通性较好。大湾101井以南，储层发育在大湾102井区，厚度最大在170m左右，向四周逐渐变薄。

（四）局部存在边底水

大湾气田储量动用区内有2口井钻遇水层，其中大湾气藏飞仙关组1口（大湾403-2H），毛坝气藏4井区飞仙关组1口（毛坝503-3井）。跟踪分析新井资料，综合构造、储层特征等方面的研究成果，并类比分析普光气田、罗家寨、渡口河等气藏气水关系，认为大湾气藏和毛坝气藏4井区气水界面不统一。

（1）大湾气藏：大湾403-2H井（大湾403-1H井原井眼）在飞一二段中上部钻遇水层，气水界面-4450m。而同一断块的大湾402-2H井对应储层段为气层，气底在-4498m，比大湾403-2H井气水界面低48m。分析认为是由于相变线附近环境的差异造成大湾403-2H井区滩体相对独立，加上后期成岩作用的影响，以致与主力滩体储层之间连通性差，

造成局部存在底水，但水体展布范围有限。

（2）毛坝气藏4井区：毛坝503-3井（毛坝503-2H井原井眼）钻遇水层，解释气水界面-3610m。研究认为该水体为受构造控制的局部边水，展布范围也有限。

（五）方案动用储量有所减少

开发方案投入实施以来，大湾气田又相继完钻大湾101、大湾102、毛坝7、毛坝8井4口评价井和大湾405-1H、大湾402-2H、大湾404-2H井3口开发井。根据跟踪地质研究成果及开发井实施情况，对大湾气田动用储量进行了进一步评价。初步评价动用储量为（728.91～807.55）×10⁸m³（图9-33），其中大湾气藏北部大湾1、大湾2井区动用储量（508.84～560.93）×10⁸m³，大湾气藏南部大湾102井区动用储量（65.63～75.33）×10⁸m³；毛坝气藏毛坝4井区动用储量（154.44～171.29）×10⁸m³。

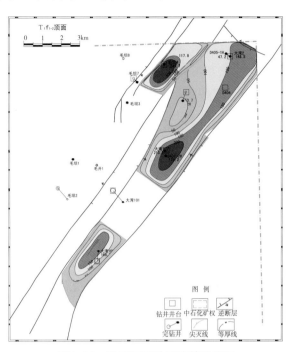

图9-33 动用区有效厚度等值线图

第三节　开发方案实施与优化

在大湾气田开发方案实施过程中，借鉴了普光气田跟踪优化技术思路，实时跟踪分析新钻井资料，应用沉积微相、储层预测、含气性预测最新成果认识和高效井设计与优化技术与方法，不断深化气藏地质特征研究，认为大湾气田储层相对较薄、非均质性更强，平面上厚度变化快，气水关系更复杂，使动用储量规模有所减少。基于跟踪地质研究新成果，适时优化开发井位部署和实施井井身轨迹，以及完井方式，最大钻遇气层厚度与优质储层，最大限度提高单井产能，控制地质储量，为培育高产井，实现大湾气田高效开发奠定了基础。

一、开发技术政策优化

根据地质研究新认识，跟踪开展了试井分析、产能评价和技术经济界限研究。研究认为大湾气藏直井要求的单井初始产量界限为27.8×10⁴m³/d，单井控制储量26.7×10⁸m³，单井要求钻遇的有效厚度64.1m；大湾气藏水平井（含井斜角大于70°的大斜度井）界限相对直井要高，要求的单井初始产量界限为31.0×10⁴m³/d，单井控制储量29.9×10⁸m³，单井要求钻遇的有效厚度40.0m；毛坝气藏水平井（含井斜角大于70°的大斜度井）要求的单井初始产量界限为$28.8 \times 10^4 \mathrm{m}^3/\mathrm{d}$，单井控制储量$27.6 \times 10^8 \mathrm{m}^3$，单井要求钻遇的有效厚度$36.9\mathrm{m}$。基于以上认识，主要从气藏开发方式、井型、井网井距等方面优化气藏开发技术政策。

（一）开发方式

大湾气田是受断块构造与相变线共同控制的孔隙型构造−岩性弹性气驱气藏，宜采用衰竭式开发方式，依据如下：

（1）气藏压力高，都在50MPa左右，为气藏开发提供了充足的天然能量。

（2）大湾气藏属于过成熟干气藏，衰竭开采时不会有较重组分凝析出来残留在地下而影响天然气采收率。

（3）干气的相对密度和黏度低，从地层流入井底所需生产压差小，从井底升至地面时井筒内压降损失也较小，适合利用天然能量开发。

（4）衰竭开采比其他任何开发方式都经济和简便易行。

（二）开发层系划分

依据气藏储层物性特征、储层分类空间展布特征和气水关系等方面的最新研究成果，研究认为大湾气田宜采用一套层系开发。主要依据：

（1）从储层预测和储层对比结果可以看出，大湾气藏飞仙关组纵向上没有明显的隔层，无法分开，长兴组纵向上与飞仙关组叠合性较好；毛坝气藏4井区飞一～二段和飞三段之间有较明显的隔层，飞一～二段储层在该井区分布广泛，储层厚度大，上部飞三段主要为Ⅲ类储层，储层厚度较小，产能低，难以单独开发，一套井网即可较好地控制动用储量。

（2）最新测试资料表明，大湾气藏、毛坝气藏4井区地层压力系数接近，分别介于1.09～1.24和1.28～1.30之间。

（3）合层开采井控储量大，有利于单井长期稳产；同时可以进一步优化减少开发井数和投资，提高经济效益。

（4）根据四川碳酸盐岩气藏开发经验，全井段合采对气藏采收率影响不大。

（三）井网井距

气藏开发实践表明，不同的井网部署将产生不同的开发效果和经济效益，不断优化开发井网是实现高效开发的重要措施之一。井网部署优化重点研究井网、井型、布井方式和井距等内容。

1. 开发井网

开发井网的部署要综合考虑储层展布形态、发育特点、物性变化等诸多因素，力求最大程度地控制地质储量。

大湾气田是一个受断块构造与相变线共同控制的构造−岩性气藏，储层非均质性强、厚度变化大。大湾气藏受大湾东西两条逆断层控制，含气面积上宽下窄；毛坝4井区整体位于毛坝东断层和毛坝西断层之间，中间受毛坝3西断层和北断层等断层切割，含气面积西南宽、北东窄，因此开发井主要沿气藏中轴线部署，尽可能提高气井钻遇气层厚度。大湾气藏北部和南部大湾102井区气层厚度大，均在100m以上；气藏边部气层厚度小，中部大湾101井区不发育储层。开发井依据储层的展布状况采用不规则井网，有利于增加钻遇气层厚度和提高单井产量。

综合考虑大湾气田储层发育形态、物性变化和有效厚度分布等地质特点，并借鉴四川相似类型碳酸盐岩气藏的开发经验，研究认为大湾气田采用不规则井网，在大湾气藏北部气层厚度大、物性好的大湾1井区和毛坝4井区，井网密度可大一些；大湾气藏南部气层厚度较小、物性差的区域，井网密度可小一些。

2. 井型选择

基于井深的考虑，我们把井斜角大于70°的井视为水平井。这里通过研究不同井型的产能比以及主要影响因素，分析各种井型的适用条件，优选开发井型。

（1）直井和斜井对比分析。

直井沟通能力在较小区域内易受储层物性影响，容易造成气井低产，导致距离井底较远区域的油气资源无法采出等不利后果。因此，对储层物性好、厚度大、非均质性弱的气藏宜采用直井开发。

斜井在控制气藏储量、提高单井产能等方面有其明显的优势，也易实施酸压等增产工艺措施。相同生产压差下，当地层垂向渗透率为水平渗透率的0.5左右、斜井井斜角度为70°时，斜井产能是直井的1.7倍左右。斜井更适合于气层厚度较大的气藏开发。

（2）水平井。

水平井具有增加泄气面积、大幅度提高单井控制储量和气井产能、减小生产压差等特点。在不考虑水平井井筒摩阻的情况下，随着水平井长度的增加，水平井与直井产量之比近似直线增加；随气层厚度增加，水平井比直井产量增加倍数减小，即气层厚度越小，水平井增产效果越明显。水平井更适合于气层厚度相对较小气藏的开发。计算表明，当地层垂向渗透率为水平渗透率的0.5，水平井长度为500m时，水平井产能是直井的2.2倍左右。

大湾气田储层厚度相对较薄，为了尽可能地增加钻遇气层厚度，提高单井产能，新钻开发井全部优化选用水平井，厚度大的主体区域主要采用井斜角接近70°的水平井。

3. 布井方式

大湾气田地表属山地地形，总体地势偏陡，井场选址及道路建设困难，可采用丛式井组布井。

一是可以减少钻前工程量和地面建设工程量，大幅度节约开发投资；

二是采用丛式井组钻水平井，钻遇储层厚度大，有利于提高单井产能；

三是生产过程中便于集中管理。

4. 开发井距

合理井距根据气藏特点和技术经济界限优化确定，主要可以采用经济评价方法、单井控制储量法计算。

（1）经济极限井距。

经济极限井距是对应于单井极限控制储量时的井距。单井极限控制储量是指在一定的开发技术和财税体制下，新钻开发井经济开采期内能获得基准收益率为12%时所要求的最低储量值，当新钻井控制储量大于这一值时，则经济上认为是可行的。

根据经济评价结果，依据不同井区单井极限控制储量、储量丰度和单井经济极限井距关系，计算得到大湾气藏北部、南部和毛坝4井区的经济极限井距（表9-4）。由表中数据可以看出，大湾南部因储量丰度低，要求的极限井距最大，约1600m。

表9-4 大湾气田经济极限井距表

区块名称	井型	单井极限控制储量/$10^8 m^3$	动用区储量丰度/（$10^8 m^3/km^2$）	经济极限井网密度/（口/km^2）	经济极限井距/m
大湾北部	水平井	29.9	24	0.80	1116
大湾南部	水平井	29.9	12.2	0.41	1566
毛坝4井区	水平井	27.6	36.6	1.33	868

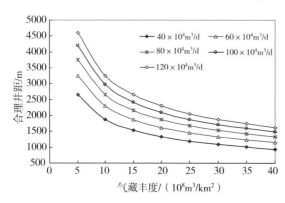

图9-34 不同单井配产下合理井距与储量丰度关系图

（2）合理井距。

开发井距的确定应考虑合理的单井控制储量。采用单井控制储量法，根据单井配产，按稳产期末采出可采储量50%计算出所要求的单井控制储量，然后依据储量丰度计算不同井区合理井距。不同单井配产、不同储量丰度下合理井距计算结果见图9-34。从图中可以看出，单井配产越高，要求的储量丰度越大；在气井产量相同的情况下，储量丰度越高，井距越小。

大湾气藏北部平均丰度24×$10^8 m^3/km^2$，在单井配产（70~100）×$10^4 m^3/d$、稳产期9年的情况下，测算的井距范围分别为1700~2000m；

大湾气藏南部平均丰度12.2×$10^8 m^3/km^2$，在单井配产（30~50）×$10^4 m^3/d$、稳产期9年的情况下，测算的井距范围分别为1600~2000m；

毛坝4井区平均丰度36.2×$10^8 m^3/km^2$，在考虑单井平均配产（60~100）×$10^4 m^3/d$、稳产期9年的情况下，测算的井距约为1400~1700m。

二、开发方案优化

（一）井位部署方案调整

根据开发技术政策优化结果，结合新完钻评价井大湾101、大湾102、毛坝7、毛坝8井和开发井D402-2H、D404-2H和D405-1H井实钻资料，在新井实施取得地质新认识及动用储量重新评价基础上，对大湾气田井位部署方案进行了进一步优化调整。

（1）将毛坝501-1H井调整到储量丰度较大的毛坝6井区。

毛坝501-1H井是开发（优化）方案部署在毛坝501井台上的一口开发井。该井台上的评价井毛坝7井于2008年10月2日完钻，在飞仙关、长兴组共解释气层38.1m/8层。2008年12月、2009年1月分别对长兴组4942.00～4968.00m井段和飞仙关组4798.00～4808.00m井段进行酸压测试和常规测试，日产气分别为4450m³、5650m³，日产水分别为6.18m³、13.3m³。

毛坝7井实钻情况表明，毛坝7井与毛坝4、毛坝6井分属不同的断块。储层及含气性预测显示，毛坝7井区储层不发育，含气性差（图9-35）。为保证钻井成功率，将毛坝501-1H井调整到储量丰度较大的毛坝6井区毛坝503井台，更名为毛坝503-2H。

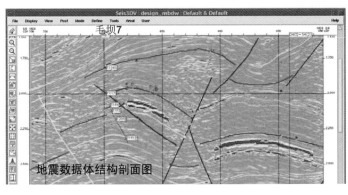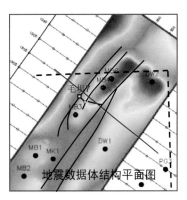

图9-35　毛坝7井区储层及含气性预测成果图

（2）大湾401-2H井和大湾402-2H井不实施。

大湾401-2H井是部署在大湾401井台上的一口开发井。储层跟踪预测研究表明，大湾102井储层展布范围比较局限，且与大湾1井区主力储层连通性差。含气性预测结果与储层预测结果一致。分析原因主要是由于该井处于储层相变线附近，受沉积相控制，储层变化快，物性差（图9-36）。根据地质认识重新评价动用储量在（65.63～75.33）×10⁸m³。

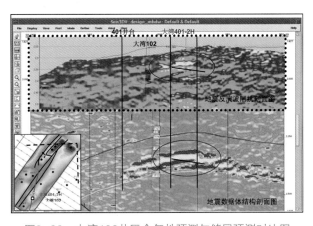

图9-36　大湾102井区含气性预测与储层预测对比图

考虑大湾102井区储层展布局限，一口开发井即可较好地控制该块储量。因此，大湾401-2H井不实施。

大湾402-2H井是部署在大湾402井台上的一口开发井。储层跟踪预测和含气性预测研究表明，大湾402-2H井原设计井位处于相变线附近，储层不发育，含气性差，且附近发育底水，同时考虑到大湾402-1H井可有效控制该井区储量，基于"少井高产，效益优先"的原则，大湾402-2H井不实施。

（二）开发方案优化

2009年12月，根据最新地质研究成果，气藏构造、沉积微相、储层展布、含气性及气水分布方面有新的认识，大湾气田动用储量规模有较大的变化，井位部署方案做了相应调整。基于以上结论认识，结合开发技术政策优化成果，对大湾气田开发指标进行了优化调整，完成了《大湾气田（区块）开发优化方案》。

方案设计：动用储量$768 \times 10^8 m^3$，部署开发井14口，其中利用探井5口，新钻水平井9口；设计井场7座（新建井场1座）；平均单井配产$70 \times 10^4 m^3/d$，设计年产能力$30 \times 10^8 m^3$，采气速度3.9%，预测稳产期9年（图9-37）。

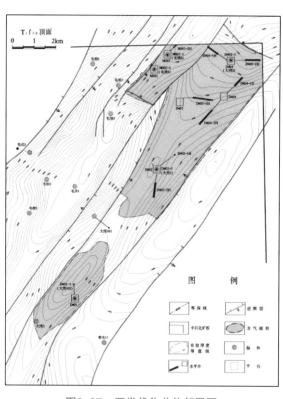

图9-37　开发优化井位部署图

在大湾气田产能建设过程中，借鉴普光气田开发设计优化思路与方法，实时跟踪研究实钻资料，不断深化气藏地质认识，实时调整井位部署方案、井身轨迹设计等，及时优化开发指标。通过优化调整大湾气田开发方案，大湾气田部署开发井由25口减少为14口，其中新钻井由17口直井或斜井优化为9口水平井，单井平均配产由$40 \times 10^4 m^3/d$提高到$70 \times 10^4 m^3/d$，实现了"少井高产，效益优先"的目标。开发方案优化后，开发投资由初次批复开发方案的47.73亿元降至37.31亿元，减少投资10.42亿元，为实现大湾气田高效开发奠定坚实基础。

三、井位及井轨迹优化设计

大湾气田储层主要分布在飞一～二。借用普光气田井位及井身轨迹优化设计思路和方法，根据开发方案设计要求，围绕"钻优质储层、培育高产气井"，跟踪新钻井资料，开展储层分类预测和含气性预测研究，精细描述气层，实时优化调整井身轨迹，尽量多钻遇优质气层。

（1）大湾402-2H井：该井为部署在402平台上的第一口水平井，该井设计水平段长643m，井斜角78°，预测该井钻遇气层厚度320～380m（图9-38）。2009年7月3日钻至Ⅰ靶，跟踪分析结果认为实钻层位飞四、飞三比设计高14～18m，地层速度比大湾1井略低。及时对该井原设计进行调整，在不改变Ⅰ靶设计的情况下，对该井原设计Ⅱ靶进行调整，纵向向上提高80m（图9-39），平面向构造高部位移动55m。2009年8月19日完钻，在目的层测井解释气层750.48m/98层。其中，一类气层356.4m/22层，二类气层267.6m/46层，三类气层126.4m/30层。

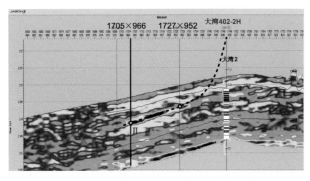

图9-38 大湾402-2H井波阻抗剖面图

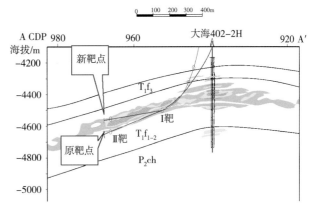

图9-39 大湾402-2H井补充设计气藏剖面图

由于层速度变化快，造成该井原方案设计靶点位置偏低。但通过跟踪分析，及时优化调整，使气井钻遇较厚优质储层，超过设计指标。

（2）大湾404-2H井：该井为部署在404平台上的第一口水平井。设计Ⅰ靶垂深5135m、Ⅱ靶垂深5155m，水平位移1785m，水平段长度877m，井斜角89°，预测钻遇气层厚度350～420m（图9-40）。

根据大湾气田第一批开发井大湾405-1H、大湾403-2H、大湾402-2H等井实钻资料，分析认为该区地层层速度平面变化较大，且层速度的差异主要是由于上覆嘉陵江组膏盐地层厚度的变化造成的。考虑到大湾404-2H与大湾403-2H井距最近，上覆膏盐层厚度基本一致，2009年7月31日，当该井钻至飞仙关组5175m时，利用大湾403-2H井时深关系对大湾404-2H井靶点深度进行重新标定。标定结果表明，大湾404-2H井原设计靶点位置偏低。因此，根据邻井实钻资料及地质新认识对大湾404-2H井原设计进行调整，将Ⅰ靶上调70m，Ⅱ靶上调25m

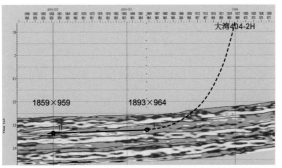

图9-40 大湾404-2H井波阻抗剖面图

（图9-41），分别调整至垂深5064m（海拔-4375m）、垂深5129m（海拔-4440m），靶点位置不变。

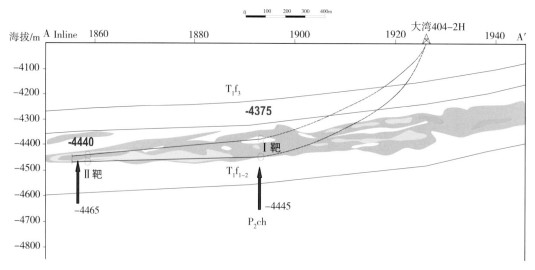

图9-41　大湾404-2H井补充设计气藏剖面图

完钻测井解释飞仙关组气层1010.5m/82层，其中Ⅰ类气层11.9m/4层、Ⅱ类气层284.6m/23层、Ⅲ类气层714.0m/55层，是普光气田钻遇气层厚度最大的气井。分析认为，钻遇储层与预测结果一致，主力储层厚度在70m左右，平面上具有一定的展布范围，连通性好，整体评价达到设计指标。

目前，大湾气田8口新井已全部完钻，钻井成功率100%；钻遇气层厚度218.8~1010.2m，平均钻遇气层厚度596.7m，Ⅰ+Ⅱ类储层占气层厚度的61.2%，预测气层厚度与实钻气层厚度符合率超过普光气田水平。

四、完井方式与完井管柱优化

与普光气田相比大湾气田构造更为复杂，储层非均质性更强。为提高气田整体开发效益，针对大湾气田的地质特征，借鉴了普光气田经验，论证结果大湾气田水平井分别采用裸眼完井和套管完井。同时，为实现合理布酸，尽可能提高气井完善程度，实现气井高产稳产，采用了分段完井管柱，利用分段封隔器卡封封隔投产井段后，逐层进行酸化改造投产。

1. 完井方式的优选

（1）根据储层特性选择完井方式。

大湾气田为碳酸盐岩气藏，储层厚度较大，气藏有效厚度35.4~251.1m，纵向非均质性强。由于生产层段跨度大，为了满足长井段生产的需要，选择完井方式时要考虑井壁的稳定性是否满足要求，因此能有效防止井壁坍塌的射孔完井成为普光气田大湾气田完井方式的首选，但由于大湾气田储层为井壁稳定不坍塌的碳酸盐岩储层，因此每个平台第二口井可考虑采用裸眼井完井。

（2）根据气田开发及采气工程选择完井方式。

①酸压（化）措施：普光气田气井实施酸压（化）后都取得很好的增产效果。大湾气田相对普光气田而言，渗透率相差较大，物性变差，实施酸压（化）改造可以有效改善储层的渗流条件，提高气井产量；同时由于气藏采用全井段酸压（化）改造，大湾气田储层厚度35.4～251.1m比普光气田（118.0～623.5m）薄，更易形成较长高导流能力的酸蚀裂缝，达到较好的酸压（化）效果。因此大湾气田大部分井将采用酸压（化）作为主要的增产措施。因此采用射孔完井可确保井壁稳定，有利于酸压（化）施工，而采用裸眼井完井，通过完井工具分段酸化，可最大程度实现均匀布酸，提高酸化施工效果，因此射孔完井和裸眼完井均适用于大湾气田。

②防腐蚀：普光气田大湾气田高含H_2S、CO_2，对于含酸气高压气井，选择完井方式时要通过使用封隔器来保护生产套管，避免上部生产套管受酸气腐蚀。

③套管的安全生产：套管要长期在高压下工作，必须考虑生产套管自身的强度及套管螺纹的密封性，尤其是从需要进行酸压（化）改造的角度出发，套管要具有足够的抗外挤和抗内压能力。

（3）完井方式的确定。

通过对各种完井方式的对比分析，从完井、储层酸压（化）改造、防腐及气井寿命和安全生产方面考虑，综合考虑普光气田大湾气田的储层特点、完井工艺、投入成本，确定每个平台的第一口井采用套管射孔完井方式，第二口井采用裸眼完井。

2. 完井管柱的优化

（1）裸眼水平井分段完井管柱。

相对于普光气田套管水平井，大湾气田裸眼水平井在完井工艺上有三个显著特点。第一个特点是采用后期裸眼完井，井眼不规则；第二个特点是产层厚、投产井段跨度长；第三个特点是采用分段改造生产管柱。

裸眼水平井完井工艺的难点是完井管柱结构及分段管柱坐封工艺设计。完井管柱设计涉及到硫化氢腐蚀防护、分段酸化改造、封隔器坐封工艺、施工承压能力、分层滑套打开与关闭程序、放喷求产工艺等诸多技术。

为防止H_2S气体上窜，在储层顶部设计一个永久式封隔器封隔下部产层，永久式封隔器坐封在合金套管内，与上部完井管柱形成密封空间，用于加注环空保护液；同时在完井管柱管鞋设计一个浮鞋和一个隔绝球座，该浮鞋相当于一个单流阀，具备洗井通道和防止管内气窜的功能，以方便压井等措施的实施，而且还具有引鞋的作用，有助于完井管柱顺利下入到位。

由于在管鞋位置设计了浮鞋，不能使用常用的剪切球座实现封隔器的打压坐封，所以在浮鞋之前设计了隔断球座，隔断球座前后都可连接管柱，通过投球打压，实现打压、试压等作业。另外，在水平分段管柱下完实现丢手后，浮鞋与悬挂封隔器及其之间的完井管柱形成密闭空间，形成一个单循环通道，可有效的隔绝气体上窜，大大减少了后续施工的风险。

完井管柱综合考虑完井工艺的操作性、安全性等多种因素。完井工具使用带VAM TOP等金属气密封扣的合金油管连接，基本结构从上到下依次为：井下安全阀+循环滑套+永久式封隔器+坐落短节+悬挂封隔器+裸眼封隔器1+投球滑套1+裸眼封隔器2+投球滑套2+裸眼封隔器3+压差滑套+隔断球座阀+浮鞋。水平段"分段封隔器+投球滑套"组合可根据气井储层改造需要进行增减。整个完井管柱具有耐高温、耐高压的性能和良好的气密封性。

4口裸眼水平井的完井井身结构大同小异，主要区别在于分段的数量和悬挂封隔器后是否设计分段封隔器分隔非投产裸眼段。分段的数量主要取决于井段的长度、储层的物性和是否存在较好的隔层。而对于套管鞋到投产层段顶部之间的非投产裸眼段较长的情况，考虑到酸化的效果和生产安全，则另需设计一个封隔器分隔投产裸眼井段与非投产裸眼井段。基本的裸眼水平井完井管柱结构如图9-42所示。

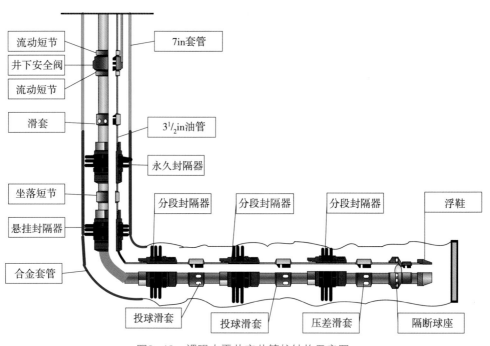

图9-42 裸眼水平井完井管柱结构示意图

（2）套管水平井分段完井管柱。

对于套管水平井（非监测井），设计采用一趟下入完井管柱，分段情况视单井的储层分布及储层物性情况分为2~3段，生产油管采用3$\frac{1}{2}$in合金油管，完井工具从上到下依次为：井下安全阀+循环滑套+适用于7in套管的永久式封隔器（带磨铣延伸筒）+坐落短节+投球滑套+分段封隔器+投球滑套+分段封隔器+剪切球座（图9-43）。

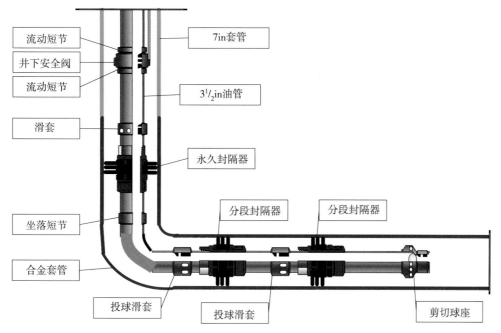

流动短节		7in套管
井下安全阀		
流动短节		$3\frac{1}{2}$in油管
滑套		
		永久封隔器
	分段封隔器	分段封隔器
坐落短节		
合金套管		
投球滑套	投球滑套	剪切球座

图9-43　套管水平井分段完井管柱结构

大湾气田完井管柱优化是在普光气田开发井完井投产采用套管完井基础上，经过反复论证和不断创新形成的。解决了裸眼钻塞、酸化、放喷求产等工序的作业风险问题，使投产作业施工达到了预期效果。井下安全阀的连接及液控管线全部按设计试压合格，开启压力达到设计要求；所有封隔器坐封压力基本按设计压力坐封，验封全部合格；剪切球座均按设计参数打压剪切成功；水平井球座按设计准确到位，操作成功。

五、投产设计优化

生产情况表明普光气田未经酸压（化）气井稳产条件较差，采用酸压（化）措施，可以解除井底污染提高单井产能。酸压（化）是普光气田气井行之有效的增产工艺措施，因此大湾气田开发井设计采取酸压（化）投产。针对大湾气田单井钻遇储层特点，以提高储量动用程度为目标，进一步优化射孔和酸压工艺，达到均匀布酸、深度酸化，提高井筒完善程度；通过气井投产井段、射孔参数和酸压工艺的不断优化，最大限度释放气藏潜能，提高单井产量。

（1）优化气井投产井段，确保最大程度动用储量。针对大湾气田储层薄、钻遇气层水平井段长的特点，建立单井地质模型，采用数值模拟技术，模拟评价不同打开程度情况下的稳产期、累积产量，确定单井纵向上最优射开层段。综合考虑储层发育、连通状况、气水关系及固井质量等情况，对水平井投产井段进行优化。对气层顶部固井质量差的气井，预留一定厚度的避射井段；裸眼井完井的水平井保留全部气层；含气井段顶、底气层相对分散、物性差的零散薄气层不射孔。通过井段优化，13口开发井投产井段跨度119.4～1215.5m，射孔厚度107.6～944.8m。

（2）优化射孔参数，有效动用各类储层。充分考虑水平井打开层段和打开程度对产能、产剖的影响以及酸压的协同效应，进行射孔参数敏感性分析，优化射孔参数。通过优化决定采用102型射孔枪和1m弹、变孔密（Ⅰ类层6～8孔/m、Ⅱ类层10孔/m、Ⅲ类层16孔/m）、相位角以120°为主的射孔参数。实现了大湾气田长井段水平井均匀布酸，产气剖面得到有效改善，各类储层的动用程度得到有效提高。

（3）优化酸压工艺，提高储层动用程度。针对大湾气田水平井井段长、跨度大、储层非均质性强的特点，综合考虑完井方式、构造部位、储层物性、气水关系等因素，优化了酸液配方和分段酸压工艺。通过试验研究决定采用胶凝酸多级注入+屏蔽暂堵、闭合酸化技术对气井进行有针对性的储层改造。通过采用分段技术进行酸压、酸化，解决了长井段水平井难以均匀布酸，以及积液返排困难的技术难题。单井平均酸压液体总量为600m^3，比普光气田降低约200m^3，节约投资累计达1400多万元。

六、大湾气田开发效果

大湾气田实际新完钻开发井8口，钻井成功率100%。其中，新钻开发井全部论证设计为水平井，同时以裸眼完井为主，并采用分段酸压的方式改造储层；13口井的投产作业施工，投产成功率100%，实测产量（32.18～82）×10^{4}m^3/d，测算无阻流量（425.3～676.0）×10^{4}m^3/d，平均单井无阻流量达565.63×10^{4}m^3/d，产能达到或超过方案设计，达产率100%；2012年5月14日，大湾气田全面投产生产。目前开井13口，平均日产气超过900×10^{4}m^3，单井日均产气70×10^{4}m^{3}以上，采气速度4.1%。对比结果大湾气田取得了比普光气田更好的开发效果，实现了高效开发。

附录1. 国内外类似气田技术调研

一、开发技术调研

调研组成员：

石兴春，中石化油田事业部副主任；

曾大乾，中原油田副总地质师普光气田开发项目管理部经理；

张数球，中石化油田事业部天然气处副处长；

张世民，普光气田开发项目管理部副经理；

姜贻伟，中原油田勘探开发研究院副院长；

彭鑫岭，普光气田开发项目管理部副科长；

毕建霞，中原油田勘探开发研究院副总地质师；

靳秀菊，中原油田勘探开发研究院普光项目室项目长；

郭海霞，中原油田勘探开发研究院普光项目室主研；

王卫红，中石化勘探开发研究院天然气所副项目长；

王秀芝，中石化勘探开发研究院天然气所副项目长；

宋传真，中石化勘探开发研究院天然气所主研。

Lacq气田由两个独立的碳酸盐岩油气藏Superieur和Inferieur组成。Lacq气田Inferieur气藏发现于1951年，是一个典型的深层高压、无边底水的高含硫化氢气藏。平均井深3800m，最深井5000m。原始气层压力达66.15MPa，气层温度140℃；开发初期井口压力41.2MPa，井口温度90℃。产层为下白垩统尼欧克姆阶灰岩和上侏罗统的马诺白云岩。储层孔隙度很低，渗透率只有0.1毫达西到几个毫达西，但天然裂缝较发育，在纵横向上呈网状分布；天然气组分中甲烷含量69%，乙烷含量3%，硫化氢含量15.6%，二氧化碳含量9.3%，其他组分含量1.9%。1991年估算Inférieur气藏天然气原始地质储量$2640 \times 10^8 m^3$；开发方案设计年产气（70~80）$\times 10^8 m^3$，轻质油$20 \times 10^4 t$，硫黄$180 \times 10^4 t$；1957年投入气驱开采，1974年开始实施边缘注水。截至2002年已采出$2492 \times 10^8 m^3$，由此看出实际地质储量要大于原估算地质储量。

1. 开发技术政策

开发方式：衰竭式开发。Lacq气田为定容封闭气藏，且气藏没有水。1974年以后，考虑到脱硫净化厂污水的处理问题，在气田边部打了两口污水回注井。但随后发现水沿着裂缝发生水窜，形成一定的水封气。通过降低注水速度等方式，解决了这一问题。

开发层系：一套层系开发。Lacq气田含气储层具有类似千层饼的结构，但储层裂缝发育。因此，气田采用了一套开发层系进行开发。

开发井网：不规则井网。鉴于Lacq气田构造高部位裂缝比低部位裂缝更为发育，采用了不规则井网进行开发。在构造高部位，加密后井距为250m左右，而在边部，井距为1500m左右。

采气速度：Lacq气田开发方案确定的采气速度为3%，按压降储量$2620 \times 10^8 m^3$计算，即年产气$80 \times 10^8 m^3$左右。主要基于两个方面的考虑：

（1）由于气井的产量高，开发速度低，可少打井；气层连通好，生产井都可以打在井深相对浅一些的构造顶部位置；压力高可以维持气井长时间的稳产，因而在长时间内不必打补充井；而且地面建设（包括集输系统、净化处理厂等）规模也相应的小一些。3%的采气速度是通过多种方案的比较，优选确定的最佳方案。

（2）该气田是法国在20世纪50年代发现的第一个大气田。当时没有更多的后备天然气储量，国内能源又很缺乏。因此，从政治经济角度考虑，一是要确保用户较长时间的稳定用气；二是要实行国内的能源保护政策。所以Lacq气田采气速度相对较低。

单井配产：（33~100）$\times 10^4 m^3/d$。在Lacq气田开发早期，处于安全的考虑，采用了双层油管，限制了气井的产能。后期，单井产能得到大幅提高，一方面，通过定期注缓蚀剂，气田采用单层油管进行开采，使得井筒摩阻减低，单井产能得到提高；另一方面，Lacq气田生产过程中，由于地层压力下降造成地应力改变，从而诱导产生微裂缝，使得气田开发过程中储层渗透率始终处于上升的状态。

废弃压力：气藏压力开发初期在60MPa以上，2002年降至7MPa以下，而当年气田产气量约为$17 \times 10^8 m^3$，占整个法国天然气产量的70%。因此，Lacq气田的废弃压力应在7MPa以下。

气田调峰：法国冬夏用气量相差悬殊很大，冬夏用气量之比大约为7∶1。为了调节用气量的不平衡和保证天然气处理厂稳定生产，在距Lacq气田55km处的鲁沙纳建立了地下储气库。

2. 增产措施

Lacq气田主要采用了酸洗和深度酸化等增产措施。气井先经酸洗，采用15%的盐酸5~20m^3，加1%~1.5%防腐剂（Murodine），有时也加10%~20%CaCl$_2$。酸液和燃料油一起注入地层，泵量400~800L/min，注酸初始压力34.3MPa，注酸终压20.6MPa。酸液在井底作用时间为1~2h，然后开井。111号井经酸洗后由原始无阻流量10×10^{4}m^3/d，上升到150×10^{4}m^3/d，定产100×10^{4}m^3/d。

气井的深度酸化是在酸洗无效、井与裂缝系统不连通的井中进行的。采用10%的醋酸和盐酸混合液加入添加剂进行深度酸化。124井就是在两次酸洗无效后进行深度酸化，使产量由原始的11×10^{4}m^3/d上升到58×10^{4}m^3/d。

3. 气藏开发经验与教训

（1）天然气中硫化氢为仅次于氰化钾的剧毒气体，对人有非常大的危害性和危险性，对设备有严重的腐蚀作用。在开发方案和单井优化设计过程中，均要高度重视安全和环保，对抗硫管材和设备的选择提出具体要求，以确保本质安全，同时要求在地面施工过程中制定系统的预防措施和应急预案。

（2）为了确保安全，Lacq气田采用小口径双层油管完井，限制了气井产能，增加了气井的摩阻损耗，未能合理利用气藏本身的能量，不利于气藏合理开发。在开发方案论证阶段要根据气藏特征充分论证优选油管尺寸，为提高气田开发效益创造有利条件。

（3）当地面集输系统中工作压力为9.6MPa时，若温度低于23.89℃，就可能形成水合物。这时必须对每口井加热，并采用二甘醇抑制水合物的形成。开发中后期，采用大直径油管，提高气井产量，集输系统流速加大，使温度保持在水合物形成的临界温度以上，从而不需加热和注入抑制剂来防止水合物的形成。

（4）Lacq气田油管的腐蚀情况表明，压力降低，腐蚀加速。经分析可能与层间水进入油管有关。因此，定期向地层注防腐剂及在环形空间连续循环加防腐剂的燃料油，可以保持油管的抗硫防腐性能。

（5）高含硫化氢气田采气速度的论证应考虑两个方面的问题：一是硫化氢对管材的腐蚀作用缩短管材寿命，从经济效益上讲，应高速开发；二是气藏采气速度必须适应净化厂的处理能力。

（二）前苏联奥伦堡碳酸盐岩气田

奥伦堡气田位于前苏联欧洲部分，奥伦堡市南约30km。处于伏尔加-乌拉尔盆地乌拉尔山前坳陷带南端的西侧。该气藏有两个含气层：①下二叠统亚丁斯克阶和中石炭统块状碳酸盐岩气层，为主气藏。含气面积107×22km^2，气藏中部气层厚度525m，西部275m，孔隙度11.3%，渗透率（0.098~30.6）×10^{-3}μm^2。气藏原始地层压力20.33MPa，天然气储量16000×10^{8}m^3。②二叠系孔谷阶白云岩气层，称菲利普气藏，含气范围70×（9~17）km^2，气层厚度9.9~15.5m，天然气储量为1600×10^{8}m^3。该气藏西部有一带状含油带，油层厚70m，宽约0.7~5.5km。奥伦堡气田天然气中含有大量的硫化氢，气藏发育底水。

1. 气田开发主要特点

奥伦堡气田于1966年发现，1974年部分地区投入开发。根据气田不同部位的地质特征、天然气和地层水化学组分、地层水活跃程度的差异等，气田分成15个开采区（或15个天然气集输站）（图附1-1）。

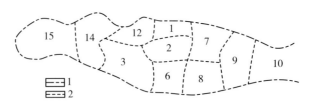

1—含气边界；2—集输站分区线

A. 水压驱动方式

气藏发育边底水，1974年正式投入开发后8～10个月第一口井见水，水量虽不大，但水压驱动方式已表现出来。当气井产气量超过（20～30）×10⁴m³/d时，出水加快，有些气井产水量每日达几十立方米。底水沿断层和裂缝发育带垂直向上移运，然后沿高渗透层和层理方向侵入气藏。因此，在开发过程中，该气田表现为底水、边水综合驱动方式。

B. 选择性水侵

选择性水侵是主气藏的重要特征，其机理为：底水沿次生的垂直裂缝运移，然后沿高渗透气层平面径向向外扩展。研究发现气田有4条横向断层和3条纵向断层，这些断层及其附近裂缝发育带是底水侵入气层的"水窗"。6年间已形成19个这样的"水窗"。各井相对于水窗的位置不同，见水特征也不同。位于水窗中心的井产水量达10～50m³/d，位于水窗边缘的井产水量一般不超过1～5m³/d。

但不同分区水淹程度不同，6区、8区出水活跃的气井数量最多，分别采出可采储量的20.3%和31.3%；2区、7区开采时间较长，均在6年以上，且水淹程度相当小，分别采出可采储量的16%和20.9%；9区开采5年零11个月，采气量大，占可采储量的25.1%，水淹程度也相当轻。

2. 提高采收率主要措施

A. 增产措施

通过分析地球物理测井资料，发现气田气层中只有35%投入生产，低渗透层段必须进行酸化处理。

酸洗：用1%浓度的表面活性剂溶液替换井筒中泥浆液，洗净后将50～70m³表面活性剂溶液注入地层，降低毛管压力，有利于清除井底泥浆污染，使7口井顺利投产。

醇酸泡沫处理：实验表明在酸液中添加50%甲醇可使表面张力降低一半。甲醇用量限在30%～40%，酸处理取得良好效果。

乳状酸液：该酸液比纯酸液和泡沫酸液反应速度低十多倍，中和程度远低于泡沫酸液。奥伦堡气田的三口井用乳状酸液处理，气井日产量分别增长1.5倍、5.1倍和5倍。

定向酸化：定向酸化工艺可使单井日产气量提高到原来的1.4倍。

B. 控制气藏水淹新工艺

实验证明，碳酸盐岩裂缝性气藏采用堵水工艺成功率很低。变水驱为气驱的气藏整体治水工艺效果较好。在地层水入侵活跃的高渗透或裂缝发育带，与水侵"通道"方向垂直部位，布置三口井为一组的井排，打开水动力相连的水侵层位，井组两边的井作排水井，中间的井注黏稠液。黏稠液是由聚丙烯酰胺与排出的地层水按比例配成，加入过硫酸胺作聚合反应的引发剂。在注入井和排水井之间建立的特定压差下，使黏稠液只进入有地层水侵入部位，形成阻水屏障。

这种工艺在气藏开发的早期、中期和后期均可采用。但要找准原始的或动气水边界和水侵"通道"。该工艺于1982年在奥伦堡气田的第6和第2区交界处进行了现场试验，并用数值模拟进行了计算。建立阻水屏障可稳定开采22年，采收率高达93%；不建阻水屏障，稳产期只有6年，采收率仅为40%。由此，阻水屏障工艺，为裂缝性气藏治水提供了新的途径。

3. 硫化氢含量与高产区的关系

奥伦堡气田天然气中含有大量的硫化氢。二氧化碳对硫酸盐的分解起着重要的作用，因此，二氧化碳浓度越大，硫化氢含量也越高。该气田硫化氢浓度与气层储气能力之间有着明显的关系，硫化氢浓度越高，单位地层储气能力越低；相反，硫化氢浓度低，单位地层储气能力越高。从该气田的H_2S等浓度（图附1-2）图中看出，东部地区H_2S浓度为4%~5%，属低产区，气井平均产量为$20 \times 10^4 m^3/d$；中部地区H_2S浓度1.3%~1.5%，是特高产区，气井平均产量为$100 \times 10^4 m^3/d$；西部H_2S浓度1.5%~1.7%，为高产区，气井平均产量为$75 \times 10^4 m^3/d$。

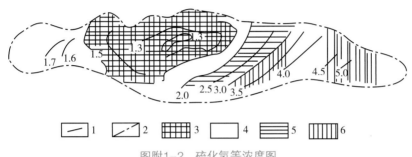

图附1-2　硫化氢等浓度图

1—亚丁斯克阶上部和接触带外部H_2S等浓度%线；2—含气边界；3—特高产区；

4—高产区；5—中产区；6—低产区

4. 气田开发经验及教训

奥伦堡气田属裂缝-孔隙型碳酸盐岩气藏，岩性和储层物性参数在纵、横向上变化很大，在开采过程中发生了严重的选择性水侵。因此，气田开发特征表现极为复杂。

A. 开发成功的经验

奥伦堡气田综合利用地震、地球化学、钻井、测录井、岩芯分析和开采过程中积累的矿场资料等，为建立地质模型和制定开发方案打下了很好的基础。

影响气田开发的因素很多，但最主要的因素是储层很强的非均质性，高、低渗透层（0.098~30.6mD）交互出现，加上开采不均衡，导致地层水选择性水侵，使部分气井过早水淹，这是奥伦堡气田开发中遇到的最主要问题。经过分析研究，他们将极其复杂的因素分为两类：一类是客观存在的因素，即地层的非均质性；另一类是人为可控制的因素，其中最重要的是采气速度。可见，搞清储层非均质性及其变化特点，是制定合理开发方案的重要前提。

1) 开发试验研究

碳酸盐岩具有独特的孔、缝结构及特殊的化学性质，许多可以用于砂岩的理论和实践经验，对碳酸盐岩并不确切或毫不适用。为搞清气、水在不同岩石类型，不同孔、缝结构储层中的渗流规律，莫斯科石油学院研制了一套实验方法，在奥伦堡气田岩芯水驱气过程中进行了大量的毛细管渗吸和采收率试验，为合理开发该气田提供了宝贵经验。

（1）对发育裂缝、溶洞的碳酸盐岩储层，最好是在大岩芯上测定储层的物性参数，进行毛细管水驱和压差驱气试验，以便评价边、底水驱气指数，这是计算天然气可采储量和确定采收率的重要参数。

（2）为研究不同条件下水驱气特征，奥伦堡气田做了下列实验室试验。

① 顺向和三维毛细管渗吸试验；

② 高压水驱气采收率试验；

③ 径向渗流条件下水驱气过程的试验；

④ 在径向渗流条件下，模拟从层状非均质气藏中水驱气过程的试验。

通过上述试验，给这类气田的合理开发提供了方法和经验：

Ⅰ.对较为均质、具有活跃地层水的储层，宜采用顺向毛细管渗吸试验，这种试验可估价水沿渗透率高的层段侵入气藏时的驱替指数。试验表明，毛细管作用的强烈程度与储集物性有关，而水驱气的完善程度则取决于岩石中束缚水的状况。试验结果，在顺向毛细管渗吸条件下，含束缚水的岩芯比干岩芯水驱气指数低5%~6%。

Ⅱ.对非均质储碳酸盐岩层作三维毛细管渗吸试验，可模拟水淹层中驱出封闭气的过程。试验表明，在孔隙大小和孔隙空间结构都不均一的碳酸盐岩中，水淹区内封闭的气量较大。当岩石中含有束缚水（4.3%）时，封闭气量可达原始含气饱和度的49.1%，而在有束缚水存在时，三维毛细管渗吸，只能采出被水封闭而残留在岩芯中天然气量的一半。

Ⅲ.在非均质碳酸盐岩储层中，只有当气体发生膨胀，并占据50%以上的孔隙空间时，封闭气才可变为流动气。可见提高水淹气藏最终采收率最现实的方法是排水降低水封压力，释放封闭气。开发层状非均质气藏过程中，当出现水压驱动时，由于高渗透层提前水淹，采收率比单层气藏低21%。在高度非均质条件下，水驱气指数可从0.65~0.70降到0.50，试验结果说明，奥伦堡气田最终采收率不超过65%。因此，如果不采取控制气藏水侵的有效措施，那么，到开发末期，将有30%以上的天然气储量采不出来。

奥伦堡气田的开发试验研究，对制定排水采气的开发原则起了极其重要的作用，1979年实施以来，取得很高的经济效益，同时也验证了试验成果的可靠性。

2）水侵特征及其规律研究

奥伦堡气田由于储层物性在纵、横向上存在严重的非均质性，加之开采的不均衡性，因而从开发初期就出现高矿化度地层水侵，在开采过程中表现出十分复杂的气水关系。

为搞清水侵特征及其机理，经验告诉我们，掌握非均质储层的岩性、孔、缝分布规律，高、低渗透层之间的接触关系，及断层对气、水运移所起的控制作用，是搞清选择性水侵机理的地质基础。为此，开采过程中综合利用了地震、测井及生产井气水动态等资料，研究水侵机理，不断优化开采方式。

（1）根据地震、钻井和测井等资料，发现在气田上有四条横向断层、三条纵向断层。这些断层及其附近的裂缝发育带是底水纵向侵入含气层的"水窗"。至1980年，已发现19个这样的"水窗"。位于水窗中心的气井产水量达10~50m³/d，位于水窗附近的气井，产水量不超过1~5m³/d。

（2）绘制产层分布图，在图上标出地层尖灭线、井位、产水量超过5m³/d井的见水时间等数据，研究气井水淹先后顺序及气井至含水边界距离之间的关系。得出三种水侵机理：

① 产水量较小（小于3~5m³/d）的气井，见水先后顺序与距气水边界的距离没有明显关系。这些井往往成组出现在某个或大或小的区块内，气井差不多在同一时间见水，在较长的开采时间内，产水量并不增加。分析这种水侵机理，是随地层压力下降，储层收缩变形释放出地层中的共生水。

② 产水量较大（大于5m³/d）的气井，有水动力作用。见水时间顺序与井至含水边界距离有明

显的关系，距离较近的井首先见水，然后是较远的气井，产水量均匀增长。分析这种水侵机理是底水沿断层或破碎带上升，形成"水窗"，然后又沿高渗透层平面径向扩展，形成边水推进。

③ 产水量大于5m³/d的气井，产层不连续或呈透镜状，水往往是通过裂缝从上、下水淹层窜入。

通过以上分析和研究，基本搞清了奥伦堡气田选择性水侵机理：采气不均衡导致压力降不均衡，开采初期出现"气藏内部水驱"，使气井过早出水，底水上升后沿高渗透层横向推进，形成气藏内部和边、底水混合驱动的复杂状态。

搞清如此复杂的水侵机理，主要的经验是，在气田开发的不同阶段，随着资料的积累，不断深化对气藏静、动态资料的研究，厘清储层纵、横向上的非均质性，尤其是气水面，对了解地层水侵机理有特殊的意义。断层或纵向裂缝的存在，使底水上升形成"水窗"。

3）系统有效的监测方法

搞清选择性水侵机理，就能有针对性地制定监测方案，采取有针对性的方法调整、控制地层水的活动。奥伦堡气田采用了下列有效监测方法：

（1）井剖面分段测试，查明气、水层位。这些气田采用了地层试验器、测井仪、岩芯和气、水样分析及在推测的气水界面部位射孔测试。

（2）矿场地球物理测井，对于碳酸盐岩储层，采用了脉冲中子法测含气饱和度，恒定中子法划分含水层（或水淹层），提高了中子法的准确性和灵敏度，成功地划分了奥伦堡、谢别林等气田的气水层位。定期测井，绘制各小层气水界面变化图，是预报水活动状况的有效手段。

（3）地球化学监测法。奥伦堡气田利用水中氯根、锂、钾含量，气井水淹前凝析液含量增高等资料，预报气井水淹时间取得良好的效果。根据气体化学组分，如非烃类硫化氢、二氧化碳、氮气及稀有元素浓度随时间变化图，可指出气水运移方向，为调整气藏压力、产量，制定合理的采气速度提供依据。这种方法的关键是取全取准资料，定期作图，就能准确预报气井水淹时间和气水界面活动状况。

（4）水动力学和模拟试验。应用静水动力学定律确定原始气水界面位置已广为采用。水动力学计算方法计算动气水界面位置受夹层和地层选择性水侵限制，效果较差。奥伦堡气田主要采用三层层状模型，研究非均质、高低渗透层相间多产层气藏的选择性水侵特征，预报不同区块、层段周期进入高渗透层的水量。

4）提高非均质有水气藏采收率措施

科研人员对奥伦堡气田的布井方式、采气工艺等对采收率的影响作了大量仔细的研究工作，制定开发不同阶段气田管理方法，不断优化防水、阻水及排水采气工艺系列。

（1）根据气田不同地区的地质特点，采用不同的布井方式。

① 在高渗透区，宜采用不规则井网布井，生产井布在厚度大、裂缝发育的构造顶部，这有利于延长顶部无水开采期限。

② 低渗透带（或低产区），宜采用均匀布井方式，均衡降压开采，有利于采出其中的残留气或水封气。

（2）采气速度与井的分布对气藏最终采收率影响很大。

除了固有的地质因素外，水的选择性推进是形成封闭气的最重要的因素。根据不同的地质条件，部署控制一定排流面积的生产井，通过合理的气井配产，使某个区块或气藏均衡降压采气，是控制气水界面均匀推进，防止水窜的重要措施。

奥伦堡气田根据地质条件和生产特征，将气田分为11个区块（编号1～15），各自采用不同的采气速度（1.89%～6.1%，平均4%），以求达到均衡降压采气。

（3）防水、阻水和排水采气是提高有水气藏采收率的主要措施。

根据奥伦堡气田的经验，有水气藏应立足于早期整体防水和阻水。合理的布井和控制一定的采气速度是防水的重要措施。在气水界面外侧打排水井，可延迟边、底水推进；在地层水活跃的断裂带、裂缝发育带，用高分子聚合物黏稠液建立阻水屏障，可阻止边、底水进入气藏。这两种方法可减少气水接触，变水驱为气驱开采方式，采收率可高达80%～90%。

从理论上说，排水采气应当是气田开发中、后期，即二次采气的重要措施。但开发早期受资料限制，对储层的非均质性和气水关系认识不足，不能做到均衡降压，导致地层水选择性推进，分割气藏形成封闭气。国外有水气藏统计资料表明，水封压力比含气带压力高2～3倍。因此，排水的目的是降低水封压力，可释放封闭气。

气井排水采气时机的选择，对提高采收率极为重要。在带水采气的井出现"脉冲"或"压井"之前，就应该开始采用泡沫剂助排，尽量延长带水采气期限，这不仅能充分利用地层能量，还能大大提高采收率。因为，在气井水淹严重时，气相渗透率急剧下降，极大地影响排水采气效果。

根据国外有水气藏开发经验，提出下列指标：

① 利用各种防水、阻水措施，要求无水采气期采出储量的60%；

② 在目前排水工艺水平条件下，要求采出残留气或水封气10%～20%；

③ 通过不断完善排水采气工艺系列，使气藏最终采收率达80%～90%。

（4）合理选择采气工艺是提高经济技术效益的重要因素。

在气田开采过程中，选用工艺措施时，常遇到各种不确定因素。除使用概率统计方法外，还应对各种类型井的状况、生产特征进行分析和研究，结合生产实践经验，选择合理的工艺系列。

奥伦堡气田通过井数分布随采气量、产水量变化柱式图解法分析，得出60%的采气量是由30%的井采出，80%的水是由33%的井采出。在此基础上，划分出影响气井生产的主要因素，就能正确地组织和实施相应的工艺措施。例如：

①定正确的酸化措施。奥伦堡气田生产井从打开程度和性质来看都是完善井，但地球物理测井和气井生产动态分析表明，只有35%的有效厚度投入生产。酸化作业时，往往是高渗透层得益，酸液很少进入低渗透层。因此，对于高、低渗透层相间的气藏，在首次酸化作业后，应根据产出剖面，采取定向酸化工艺。该气田的6口井经此作业后，增产效果明显。

②采用泡沫体系强化采气。在气井生产过程中，用泡沫酸洗井和泡沫排水体系，平均每次增产天然气$440 \times 10^4 m^3$，凝析油200t。

B. 失败的教训及原因

奥伦堡气田是前苏联最大的气田之一，十分重视整个开发过程中的研究工作，获得很多有益的经验，但也有一些值得我们注意的问题。

1）选择性水侵形成封闭气

气田纵、横向上的储层非均质性强，但在气田开发初期很少注意研究储层的非均质性对选择性水侵的影响，加之高、低渗透层采用相同的采气速度，使厚度不大的高渗透层压降过快，沿断层和裂缝上升的底水向高渗透层径向侵入，造成水侵活跃的6区、7区、8区、10区、12区近50%的气井过早水淹。从此教训中得到有益启发：

（1）对于发育边底水气藏，重视储层物性特点研究，是控制选择性水侵的关键。

（2）根据地质特征划分开发区块，制定不同的采气速度，定期调整气藏纵、横向上的压力和产量的再分配，力求使气藏均衡降压，防止水窜。

（3）已出水井采取泡沫体系或化-机联排工艺强化排水，防止水向含气带侵入。

2）裂缝性气藏堵水会使水侵更加恶化

奥伦堡气田早期先后采用了9种堵水方法，其中有6种方法取得暂时的效果。但生产实践证明，这些堵水方法往往会限制或堵死一些气层而形成新的封闭气区，更严重的是，已形成的水道被堵，这些高压区供给的水将寻找新的出路，向低压的含气带窜进，使气藏水侵状况更加恶化。分析其原因是：

（1）固井质量差。水泥与地层胶结良好，但水泥与套管胶结合格率只有58%，加之天然气穿刺力强，井身易受破坏而引起水窜。

（2）产层与含水层或水淹层之间接触面大，无法避免裂缝层间水窜。

由此，得出堵水方法不当会使气藏水侵更加恶化的结论。对发育边底水气藏应立足于早期整体治水；对已出水的气井，泡沫体系强化排水采气工艺效果比较好。发现明显裂缝水窜，宜采用聚合物制成的黏稠液进行选择性阻水，这种黏稠液"阻"而"不死"，起到拖住水推进速度的作用，停止注黏稠液时，"阻"就自然消失。

（三）四川卧龙河碳酸盐岩气田

1. 概况

卧龙河构造位于四川省长寿、垫江两县境内，区域构造属川东褶皱带。1959年发现 T_{c1}^5 气藏。20世纪60年代主要开展以 T_{c1}^5 气藏为主的勘探，70年代以 $T_{c1}^5 \sim T_{c3}^4$ 气藏勘探为主。卧龙河主力气藏为 $T_{c1}^5 \sim T_{c3}^3$、P_1^3 和C气藏。卧龙河气田上报 $T_{c1}^5 \sim T_{c3}^4$ 探明储量 $142.58 \times 10^8 m^3$，1990年用容积法复核气藏储量为 $185.01 \times 10^8 m^3$。截至1992年底，平均日产能力 $117 \times 10^4 m^3/d$，累计采气 $112.07 \times 10^8 m^3$，采气速度2.72%，采出程度78.6%。

2. 气藏地质特征

1）气藏构造特征

（1）卧龙河 $T_{c1}^5 \sim T_{c3}^4$ 构造为长形箱状——高梳状背斜。

其长轴线稍向西弯，北-北东向为主，北端偏转北东向，南端近南北向。长、短轴之比，T_{c1}^5 层为5.13，T_{c3}^4 层为6.61，属长条形构造。构造在水平应力作用下，褶皱强度由表层向深层减弱。香溪以上层以箱状褶皱为主，石炭系、二叠系为梳状或膝状，而处于中间层的嘉陵江组介于二者为似箱状-高梳状，有利于油气聚集。

（2）构造轴部断层发育，形成地垒抬起。

卧龙河构造发育断层19条，其中正断层5条，其余为逆断层。这些断层多分布在三叠系中，通过 $T_{c1}^5 \sim T_{c3}^4$ 层的断层12条，其中逆断层8条，正断层4条，除6号大断层位于西转折处外，其余均为小断层，集中于背斜轴部，分为东倾和西倾的两组共轭剪切逆断层，纵向斜切背斜轴部，使轴部呈现单级或多级地垒抬起（图附1-3）。其延伸方向与轴线一致，落差一般 $20 \sim 40m$，纵深向下消失于飞仙关，向上可达香溪群。由于这些断层的存在，使气藏轴部裂缝发育，是气藏的高产区。

（3）卧龙河 $T_{c1}^5 \sim T_{c3}^4$ 气藏为两层单系统背斜圈闭气藏。

分布在三叠系的断层虽多，但规模小，一般没有断开产层，个别较大的断层，如西翼的1号断层延伸长39.4km²，断距55m，但向上只达T_{c3}^4；6号断层虽然纵向上穿过嘉陵江组，但位于海拔-3000m以下，已在背斜-2300m以外。（图附1-4，表附1-1）。

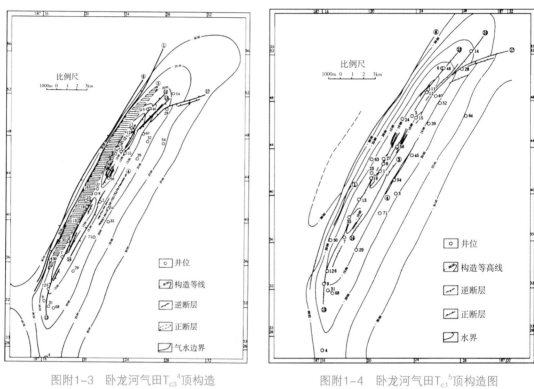

图附1-3 卧龙河气田T_{c3}^4顶构造

图附1-4 卧龙河气田T_{c1}^5顶构造图

表附1-1 卧龙河气田T_{c1}^5~T_{c3}^4气藏地质参数表

气层	储层			构造			气藏				
	孔隙厚度/m	孔隙度/%	储集类型	长轴/m	短轴/m	闭合面积/km²	气藏高度/m	含气面积/km²	气水界面/m	充满程度/%	
										高度	面积
T_{c1}^5	11.0	5.8	裂缝孔隙	30.8	6.0	119.3	1242	93.4	-2000	86.1	78.3
T_{c3}^4	10.0	4.9	裂缝孔隙	31.1	4.7	91.8	1130	59.9	-2000	79.0	65.3

2）气藏储层特征

（1）层状碳酸盐岩储层，分布稳定。

T_{c1}^5~T_{c3}^4层属海台地的浅滩及藻坪相沉积，两层岩性相似，主要为深灰色石灰岩，顶、底夹灰色或褐灰色白云岩。岩石结构主要为显微晶-微晶灰岩、泥晶灰岩、砂状藻云岩及粉晶云岩，顶底白云岩及灰质白云岩多具砂状、生物碎屑状及鲕状等粗结构，可偶见针孔。储层岩性在构造范围内变化不大，分布稳定，一般钻厚T_{c1}^5为22~33m，T_{c3}^4层为40~45m。

（2）储渗类型为裂缝–孔隙型。

T_{c1}^5、T_{c3}^4层的孔隙类型主要有晶间溶孔、粒间溶孔、藻架孔、晶间孔和粒间、粒内孔。根据毛管压力和孔隙度、渗透率、中值喉道宽度的关系，将储层分为4类。其中Ⅰ、Ⅱ、Ⅲ类储集岩孔隙度范围19.5%～1%，平均孔隙度T_{c1}^5为5.8%，T_{c3}^4为4.9%，孔隙层分别占钻厚的50%和40%。裂缝孔隙度估算为0.03%～0.5%，远小于基岩孔隙度。因此，孔隙是气藏主要的储集空间。

除Ⅰ类储层孔隙结构属粗孔大喉型，渗透率一般为$1.0 \times 10^{-3}\mu m^2$以上，有一定的渗透能力外，Ⅱ、Ⅲ类储层为细孔中、小喉型，渗透率一般（0.01～0.001）$\times 10^{-3}\mu m^2$，远比裂缝渗透率（$183 \times 10^{-3}\mu m^2$）小。储层裂缝、孔隙都发育，裂缝交错分布于储层之中，低渗孔隙中的天然气容易通过高渗透的裂缝流动，所以裂缝是气藏主要的渗滤通道。

（3）孔隙储层在纵向上三分明显。

T_{c1}^5、T_{c3}^4两储集层在纵向上的孔隙分布与岩性变化有关，分布在顶、底部的白云岩及白云质灰岩之中，平均孔隙度6%～10%，多为Ⅰ、Ⅱ类储集岩，属高孔段。中段为灰岩，平均孔隙度3%左右，多为Ⅲ类储集岩。Ⅲ类储集岩分布在整个产层中，约占有效厚度的70%～80%。

（4）构造轴部裂缝、孔隙发育、边部差。

构造轴部断层多、裂缝发育；孔隙层由构造轴部向边部减薄变差。

（5）气藏渗透性可分为高、中、低三个渗透区。

气藏从轴部到边部渗透性可分为高、中、低三个渗透区：轴部高渗区渗透率在（5～50）$\times 10^{-3}\mu m^2$，边部低渗区渗透率在$10^{-3}\mu m^2$以下，南端及南区东翼渗透率在$0.5 \times 10^{-3}\mu m^2$以下。说明气藏为典型的非均质气藏。

3）气藏中含硫化氢，边部含量高于轴部

T_{c1}^5、T_{c3}^4气藏中天然气的硫化氢含量4%～6%，平均77g/m³，轴部井硫化氢含量差异不大，为56～70g/m³，而沿东翼由北到南有逐渐增大的趋势，如北轴端部的卧14井硫化氢含量72.8g/m³，中轴东翼的卧33井为101.14g/m³，南端卧31井为144.8g/m³。这种变化与气体的重力分异有明显的关系。

3. 气田开发

1）开发过程分五个阶段

气藏开发可分为试采、产能建设、稳产、递减和增压开采5个阶段，见表附1-2和图附1-5。

表附1-2　气藏各生产阶段基本数据表

阶段	起止时间/年	平均日产水平/10^4m^3	阶段采气量/10^8m^3	油气比/（g/m³）	水气比/（g/m³）	采出程度/%
试采	1973~1976	74.0	9.83	6.33~10.61	0.029~0	6.9
产能建设	1977~1979	153.0	16.84	9.25~4.04	0.056~0.07	18.71
稳产	1980~1985	222.0	48.77	4.17~3.05	0.64~0.73	52.91
递减	1986~1988	146.0	22.39	2.83		68.64
增压开采	1989~1992	123.0	5.96	13.89	1.28	78.6

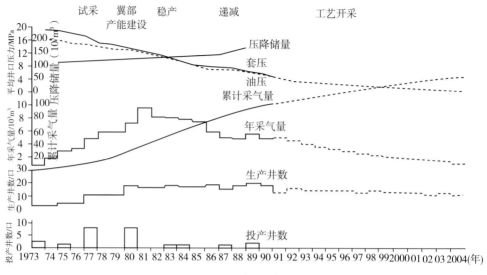

图附1-5　卧龙河气田T_{c1}^{5}~T_{c3}^{4}气藏开发阶段划分

2）气井产能分区性强

轴部高渗区气井稳产性能好，边部气井产量小递减快。轴部高渗区产量高，生产压差小，产量一般（30~60）×10⁴m³/d，采气指数50×10⁴m³/（d·MPa）以上，生产稳定，如卧3井，以日产气（40~70）×10⁴m³/d生产，基本稳产10年左右。边部低产井日产气量一般在5×10⁴m³/d以下，生产压差2.0MPa以上，最大10.0MPa，产量递减快，需经常关井复压，多是间歇生产（表附1-3）。

表附1-3　卧龙河气田T_{c1}^{5}~T_{c3}^{4}气藏主要产气井采气量统计表

层位	获气井数/口	主产气井/口	主产气井占总气井数/%	气藏累计采气量/10⁸m³	主产气井累计采气量/10⁸m³	主产井采气量气藏采气量/%
T5$_{c1}^{5}$	24	11	45.8	79.0508	77.8086	98.43
T4$_{c3}^{4}$	9	3	33.3	12.9774	12.6408	97.41
气藏	33	14	42.42	92.0282	90.4494	98.28

3）高渗透区得到低渗透区能量补给明显

气藏开发中后期，低渗透区向高渗透区补给明显，高渗透区压降储量不断增加，见表附1-4。

表附1-4　不同时期压降储量数据表

计算时间	累积采气量/10⁸m³	计算储量/10⁸m³
1977年	14.78	128
1986年	81.49	142.6
1990年	102.76	159.65

4）开采后期增压生产

由于卧龙河脱硫厂要求天然气进厂压力为6.4MPa，在气藏进入递减期后井口压力逐渐接近进厂压力，产量递减快，使得气井产能难以发挥。为了充分发挥气井产能潜力，提高气藏采气速度，必须降低井口生产压力。1988年开始采用了降低气井井口压力，增压输送至脱硫厂的开采方式，使气藏日产水平达到$140 \times 10^4 m^3$。至1992年底已增产气量$4.79 \times 10^8 m^3$。

4. 气藏开发主要经验

（1）建立正确的三维地质模型，开展地震、地质、测井、钻井、开采五位一体的综合研究，不断深化气藏认识，适时优化气井工作制度，确定不同开发阶段气藏合理的采气速度。

（2）在开发主力气藏的同时，兼探其他可能的含气层系，为气藏之间的产能接替和气田的增储上产作好先期准备。

（3）必须深度分离净化凝析油，以防止凝析油对脱硫溶液的发泡污染；开采过程中必须做好含硫废气、废油、废水的综合治理工作。

二、钻采技术调研

调研组成员：

刘一江，中原油田分公司副总经理；

曾庆坤，中石化油田事业部技术处处长；

何怀明，中石化安全环保局副处长；

李明志，中原油田分公司采油院总工程师；

边培民，胜利石油管理局钻井院总工程师；

孙书贞，中原油田分公司地质院副总工程师；

张庆生，中原油田分公司采油院所长；

卢立泽，中原油田分公司普光项目部科长。

以中原油田副总经理刘一江为团长的普光气田钻采组赴加拿大考察团一行8人，2005年7月25日到达加拿大，8月7日返回北京，历时两周。在加拿大期间，遵守外事纪律，维护民族尊严，按照考察计划与CoreLab公司、Advanced Geotechnology 公司、APA公司、雪弗龙菲利普公司、贝克休斯石油工具公司、NALCO公司、斯伦贝谢公司、哈里伯顿公司、卡麦隆公司和CORRPRO公司等十个技术服务公司和厂家进行了广泛的技术交流，并参观了一个钻井现场和采气井站。圆满地完成了这次考察任务，解决了高含硫气田开发钻采工程中的几个关键难题。

（一）钻井工程考察内容

1. 提高机械钻速：目前国外为了解决高陡构造钻井防斜打快，采用自动垂直钻井系统。就这个问题我们咨询了斯伦贝谢公司和贝克休斯公司。

（1）斯伦贝谢公司研制了Power V垂直钻井技术，它有效地解决了大钻压与井斜控制的矛盾。使用Power V技术在高陡构造硬地层钻进中，既可以达到加大钻压提高机械钻速的目的，又可以实现井身轨迹的良好控制。在普光气田的探井钻井中使用过，取得了很好的效果。

（2）贝克休斯公司研制了VerTitrak垂直钻井系统，它适用于大倾角地层和断层带，可以有效地防斜打直打快，因其钻柱不旋转，减少了总的能量损耗，减轻了钻具与套管的磨损，减少或避免了复杂情况和事故的发生。Power V垂直钻井技术和VerTitrak垂直钻井系统，在国外应用非常普遍。

因为Power V垂直钻井技术和VerTitrak垂直钻井系统，是斯伦贝谢公司和贝克休斯公司的关键技术，他们一般不出售，所以最好让他们为普光气田开发钻井提供技术服务。

2. 选择防硫的套管头和井控防喷器。就这个问题我们咨询了卡麦隆公司，并且参观了他们服务中的维修车间。

卡麦隆公司是世界唯一可以为客户提供全套井口、采油树、平板闸阀、节流阀、安全阀控制系统及执行器的系统解决方案的厂商。他生产各种型号的套管头，都是金属对金属密封、抗H_2S腐蚀，承压能力为10000psi（69MPa），都能够满足普光气田开发井的需要。卡麦隆公司的防喷器能抗205℃的高温，适合于H_2S含量小于35%和CO_2含量小于35%的气井，有承压35MPa、70MPa和105MPa不同压力级别和多种型号的防喷器，尤其UM型号的最好。

3. 如何提高含H_2S和CO_2气井的固井质量和防气窜固井，是这次考察的重点。就这个问题我们咨询了雪弗龙菲利普公司、斯伦贝谢公司和哈里伯顿公司。

（1）雪弗龙菲利普公司情况：雪弗龙菲利普公司，是一个综合性的石油钻井技术服务公司，在国内的分公司为北京普斯维斯石油技术公司。该公司有技术先进、性能可靠的防气窜固井气密封型机械开孔式双级箍（Type778-MC、Type778-100）和液压尾管悬挂器（DV-78），有获得专利的乳胶防气窜水泥浆体系和聚合物非渗透防窜防漏双作用低密度水泥浆体系及高效添加剂。这些固井附件和水泥浆体系，在中石化塔河油田近百口井的固井中使用，成功率100%，见到了很好的效果。

（2）斯伦贝谢公司情况：斯伦贝谢公司是一家全球性的油田技术服务公司，该公司在高温高压井固井、小井眼/小间隙固井、高含H_2S和CO_2气井固井、漏失地层固井和防气窜固井方面，有其成熟的技术，在我国的新疆和四川等油气田也有技术服务的经验。

（3）哈里伯顿公司情况：哈里伯顿公司是世界上最大的全球能源技术服务公司之一。该公司在高温高压固井（用泡沫水泥浆固井）、高含H_2S气井固井（用抗H_2S水泥）、高含CO_2气井固井（用thermalok水泥）和防气窜固井方面有其优势，在国际上有较高的信誉。

虽然雪弗龙菲利普公司、斯伦贝谢公司和哈里伯顿公司的固井技术都能满足普光气田开发井的固井要求，但是雪弗龙菲利普公司在国内有类似普光气田的近百口井的固井成功经验，服务费也低得多。

4. 高含H_2S气井钻井施工过程中的安全问题。加拿大的各个高含硫油气田和作业公司，都必须根据国家和当地政府的法律法规制订自己的安全、健康和环保文件和各种应急预案，并报当地政府批准备案，时刻在有关部门的监督之下，如有违反，就遭重罚，确保安全生产、作业人员健康和环境保护。

（二）采气工程考察内容

采气工程本次考察的重点内容包括高含硫气田的射孔、酸压改造、井下工具、采气井口、测试及腐蚀防护等技术，参观了井下工具和井口的制造及维修场地，对长井段碳酸盐岩的储层改造技术进行了详细的讨论，参观了哈里伯顿公司的全球现场实时检测系统及SHELL公司的高含硫气井的井口设施，对高含硫气藏的安全管理技术与一些公司进行了交流和探讨，达到了预期的考察目的。

1. 高酸性气田的储层改造技术

哈里伯顿公司成立于1919年，是世界上最大的全球能源方案、工程和建设服务、基础设施和其他政府服务的供应商之一。2004年，哈里伯顿营业收入为204.7亿美元。哈里伯顿遍布100多个国家，其增产服务（包括压裂、酸化、连续油管、液压修井、防砂、管具服务等）。完井和油藏优化服务（包括完井设备、钢丝和安全系统、可膨胀技术、射孔方案、欠平衡应用、测试、服务工具和油藏监测）。

（1）油管传输射孔。为常规射孔技术，在气田开发中得到广泛应用，其千年射孔弹具有更深的穿透深度，增加产能，射穿地层污染带，与更多的天然裂缝交汇，增大有效的井眼半径，减小通过射孔的压降。

千年射孔弹		穿透深度/in	业界排名	最强竞争对手
无枪身射孔系统				
$2^1/_8$in千年穿透之星		30.7	1	斯伦贝谢
过油管射孔				
$1^9/_{16}$in	Millennium	11.3	1	贝克—阿特拉斯
2in	Millennium	24.0	1	贝克—阿特拉斯
$2^1/_2$in	Millennium	26.5	1	斯伦贝谢
可销毁式射孔枪				
$2^3/_4$in	6 SPF Millennium	26.4	2	贝克—阿特拉斯
$3^3/_8$in	6 SPF Millennium	40.4	1	斯伦贝谢
4in	4 SPF Millennium	44.6	1	贝克—阿特拉斯
$4^1/_2$in	5 SPF Millennium	52.0	2	斯伦贝谢
$4^4/_2''$ in	12 SPF Millennium	26.8	2	贝克—阿特拉斯
7in	12 SPF Millennium	45.0	1	斯伦贝谢
带孔眼的枪身				
4in 19gm GSC		23.5	1	GOEX

（2）模块化射孔。根据储层特征和增产措施要求，利用连续油管将模块式射孔枪下放在悬挂器上，射孔枪根据每个层位的射孔要求分成若干个独立的单元，整个枪串定位和停留在所希望的层段，射孔后采用专用打捞工具打捞射孔枪，取枪再进行增产措施，可实现一趟管柱完成射孔酸压。但该技术要求严格，施工费用较高。

（3）PinPoint射孔酸压改造技术。PinPoint技术有三项技术：

CobraFrac、CobraMax和SurgiFrac，其中SurgiFrac可用于普光气田射孔酸压一体化改造技术。该技术是针对长井段的特点，采用一次管柱（对于深井上部采用连续油管，下部采用普通油管），通过上提管柱从气藏底部到顶部进行射孔、酸压措施改造，适合于多层酸压改造，利用水利学原理可对水平井、定向井实施分层改造，不需要采用封隔器及其他特殊井下工具，施工时间短，可降低储层改造成本。

斯伦贝谢公司是一家全球性油田服务和信息服务公司。公司总部设在纽约、巴黎和海牙，2003年的营业收入约为130亿美元。斯伦贝谢公司由两大集团公司组成：斯伦贝谢油田服务公司（OFS）和WesternGeco公司。本次参观的为斯伦贝谢油田服务公司，是一家世界领先的油田服务公司。

斯伦贝谢针对普光气藏条件下推荐的井下工具材料为镍－铬合金（INCONEL 718 OR 925），它适合于普光气田温度小于149℃下的严重腐蚀的油气井中，同时满足深井对抗拉强度的要求。同时推荐密封材料为AFLAS，为高抗硫、高抗二氧化碳合成橡胶。

斯伦贝谢的完井方案适用于直井、斜井、水平井等不同类型的井。完井管柱一次性下入，可以在安装完采油树后坐封封隔器。同时还可以实现射孔管柱和完井管柱一次下入，完成射孔完井一次性联合作业。这种设计保证完井施工时的人员和设备绝对安全；具有施工工艺简单，施工时间简短等优点；此外，还使油藏暴露在完井液中的时间最短，有效地保护了油藏。修井中，压井后投入堵塞器到封隔器下部，然后可以正旋管柱脱手，即密封插管从封隔器密封筒中脱离出来，然后上提上部生产管串，包括滑套、伸缩节、安全阀等工具。这时，下部所投的堵塞器起到隔离油藏的作用，保证修井作业的安全性。

如果要回收封隔器，则要通过钻铣的方式，斯伦贝谢可以提供跟永久式封隔器配套的磨铣工具，使得钻铣封隔器工作顺利进行。如果选择合适的磨铣工具，那磨铣封隔器是一件简单易行的工作。

斯伦贝谢在加拿大的酸性气藏完井技术指标为H_2S达到65%，CO_2达到20%，温度160℃，压力82MPa，深度为5000m。其射孔采用的Power Jet Omega*深穿透射孔技术，标靶射孔深度可达59in。

枪直径	3.5in		4in		4.5in	
孔密（SPF）	6		5		5	
	穿深	孔径	穿深	孔径	穿深	孔径
Power Jet Omega*	44.2	0.44	51.7	0.48	59.2	0.43
Baker	35.8	0.33			45	0.41
Jet Research Center	37.5	0.45	43.4	0.38	43.6	0.35
Owen	37.2	0.42			39.2	0.42

2. 井下工具制造技术

BAKER HUGHES 是一家石油行业内知名的国际公司,下有BOT、ATLAS、INTEQ、CENTRI-LIFT、PETROLITE、HCC、BHI等子公司,产品涉及定向钻井、完井、修井、测试、电潜泵、化学药剂、测井等多个领域,经过70年的发展,保持了行业内的领先地位,办公室、库房和服务队伍房遍布世界各地。

本次参观的BOT(贝克石油工具公司)隶属于BAKER HUGHES,成立70年,主要产品系列有封隔器系列、流动控制、安全系统,贝克石油工具公司在二氧化碳和硫化氢防腐方面已经做了很多的研究,并相应作出了金属和橡胶材料选择标准,在几十年的现场应用中得到了不断完善和验证。在加拿大Carroline高含硫油田,BOT的多种工具得到应用,防腐能力得到了充分验证。

针对普光气田采用的永久式封隔器、安全阀控制系统和投产时可采用的滑套等装置进行了详细的讨论和交流,封隔器使用的密封橡胶及材料可在酸性气田条件下使用20年,插管式封隔器可保证在高压下实现多级动密封,延长密封条件下的使用寿命。安全阀控制系统可在异常压力、火灾或硫化氢泄漏时进行自动关断,对气井进行保护;滑套可在气井投产时进行井筒内酸性液体的返排,保证气井顺利投产。所有材料根据酸性介质的特点和油管及套管尺寸的要求,采用耐蚀合金钢,丝扣可采用VAM等金属气密封扣,满足酸性气田的开发要求。

3. 井口采气树生产制造

Cooper Cameron 自1922年成立至今,已有83年的历史,产品遍布全球,从钻井、采油、集输到炼化都有产品。本次在EDMONTON的制造厂,主要参观了制造井口、采油树及球阀的车间,对适合普光气田的井口进行了交流和讨论。

(1)Cameron采油树。该公司可生产压力等级为35~140MPa的采气井口,针对高含硫的特点,按照API 6A和NACE MR0175标准生产满足抗$10\%~15\%H_2S$、CO_2腐蚀要求的内衬718材质采气井口装置。密封方式采用金属对金属密封,油管挂处采用两级密封。

(2)Cameron FLS平板闸阀特点:防腐超耐热合金里衬INCONEL625镍基合金,符合API6FA/B防火试验标准,并可剪切电缆。用于采油/气,钻井及油井增产措施(酸化、压裂等),为锻造阀体,螺杆机构采用压力密封,运动扭矩小,操作简便。

(3)笼套式节流阀技术。与一般气田使用的常规针型节流阀相比,笼套式节流阀具有抗腐蚀性高,控制范围大,磨损和噪音低,最大程度降低阀体腐蚀,采用金属阀帽密封。压力平衡杆及止推轴承很大程度减小了力矩,减小了阀杆的负载,控制简便,在阀柱塞表面采用碳化钨涂层,可满足高产酸性气井的长期生产要求。

4. 高温、高压、高酸性气藏井下压力测试技术

Core Lab集团公司是一个为全球石油行业提供油藏描述油气增产和油藏管理方面的一系列先进技术产品和服务的公司,Core Lab集团公司之中心工作就是竭力帮助用户优化油藏,最大程度地提高油田的采收率。

本次考察的为Core Lab 公司的子公司ProMore 公司,为井下实时监测提供解决方案。井下实时监测对于成功进行油藏管理、生产优化以及提高采收率至关重要。

可在高含硫气田使用的永置式实时压力监测系统采用电谐振膜片(Electrical Resonating Diaphragm)压力温度传感器敏感油层的温度和压力,通过与之相连的信号电缆将微弱信号传到地面,由地面设备提取出有用信号进行处理运算存储以及远传至中心控制室,实现对气井的连续实时

动态监测，它具有如下特点：

（1）永置式实时井下监测系统采用的ERD传感技术，由于井下无电子器件，传感器的使用寿命长（7～8年），耐高温，抗冲击，适用范围广，可以满足现场实时监测的需要。

（2）永置式实时井下监测系统随油管一次性永久下入，可随时获取实时数据。可按气藏工程要求进行试井测试，了解气井压力状况。

永置实时井下监测系统设备分为ERD传感器、信号电缆及其保护器等井下装置和地面测控仪器两大部分。对于多层监测的井还应配备封隔器、滑套开关以及液压控制线等设备。

ProMore公司的井下压力计与同类相比，其设备具有极高的可靠性，由于在井下监测系统中无电子电器部件，具有极高的抗温性能（250℃），且使用灵活方便（适于各种用途情况）。

5. 高含硫气井缓蚀剂技术

NALCO公司的是美国最著名的三家油田化学公司之一，其产品已在中国海上油气田开发中广泛应用。该公司在世界高硫油气田开发中的业绩尤其引人注目。本次参观的为该公司与SHELL在加拿大Caroline高硫气田（H_2S的含量为36%）开发中的长期合作分部。

在酸性气田开发中，NALCO提供下列几方面的服务：

为酸性油气田的开发提供缓蚀剂、生产油套管和集输管线腐蚀检测和水合物防治剂。其缓蚀剂的独特之处在于：

（1）对短距离含酸性气体集输管线，在使用其缓蚀剂后，可用碳钢代替合金钢或不锈钢用作集输管线。在加拿大的Caroline气田使用中EC9213A和EC1253A缓蚀剂，气管道在12年内未发生任何腐蚀泄漏的事故。

（2）根据气田的特定参数配置特定的缓蚀剂和检测技术后，可大大降低生产油套管的材质要求，甚至用碳钢代替合金钢或不锈钢，从而大大降低单井成本。这些技术也广泛用于加拿大的Caroline气田生产的全过程。

（3）温度和压力对水合物的形成至关重要，根据气体的PVT等相关数据预测水合物的形成条件，并使用相应的水合物防治剂。通过使用清管器和水合物抑制剂，可防止水合物的形成。NALCO的水合物抑制剂FreeFlow Ⅱ是目前最独特的小剂量高效产品，其用量比甲醇小5倍以上（仅1%的含量即可），能与缓蚀剂具有良好的配伍性能，使用方便，运输成本低。

6. 酸性气田开发技术咨询公司

Adams Pearson Associates（APA）公司成立于1982年，主要从事油气井技术咨询业务，在30多个国家110多个公司进行过技术服务，具有30多个资深技术人员，具有国际知名钻井、完井、油井优化、智能井、多分支井、酸性气井等涉及油气田开发的多种技术软件。

APA可进行高含硫气田的开发设计监督，包括高含硫气井的钻井、固井、完井、气井优化设计，对酸性气田开发的材料选择、安全措施管理执行、井喷措施的处理、井场撤离、点火及气井恢复等具有丰富的经验和技术水平。

（三）取得的成果

（1）为解决高陡构造钻井防斜打快，提高机械钻速，找到了有效的技术：Power V垂直钻井技术和VerTitrak垂直钻井系统。

（2）为保证钻井施工安全和开发井的寿命，选择了防硫的套管头和井控防喷器。

（3）为提高含H_2S和CO_2气井的固井质量和防气窜固井，确定了合适的固井工艺技术、水泥浆体系和添加剂。

（4）学习了高含H_2S气井钻井施工过程中的安全、健康和环保的有关原则。

（5）确定了适合普光气田射孔、完井技术路线，对投产方式有了明确的认识，油管传输和模块化射孔可作为主导的射孔技术。

（6）PinPoint射孔酸压一体化技术，可用于普光气田长井段措施改造，提高气井的产能。

（7）确定了高含硫气田开发使用的采气井口和完井管柱工具、结构，在材料选择和加工工艺上按照酸性气田开发的标准进行加工，满足普光气田开发技术要求。

（8）对于高含硫气藏的开发，腐蚀防护和水合物防治技术需根据流体介质的条件进行选取，并要建立有效的腐蚀监测与管理体系；确定了缓蚀剂及水合物抑制剂的类型和腐蚀监测的设备。

（9）在高温高压高含硫条件下，采用ERD测试技术作为普光气田关键井测试技术，能够满足气井监测及试井技术要求。

（四）建议

（1）在普光气田开发钻井中，在上部陆相高陡坡构造地层使用斯伦贝谢公司的Power V垂直钻井技术，以提高钻井速度，缩短钻井周期。

（2）选用卡麦隆公司的防硫套管头和UM型号井控防喷器，保证钻井施工安全。

（3）在正进行钻井施工的普光5、普光6和普光7等三口勘探井中的一口井上，由雪弗龙菲利普公司提供普光气田开发井的固井技术服务，试用其固井新工艺、水泥浆体系和固井附件，为开发井固井积累成功经验。

（4）借鉴加拿大高含H_2S气井钻井施工过程中的安全、健康和环保的有关原则，建立健全普光气田开发井钻井施工的有关规定。

（5）在普光气田选取丛式井组由哈里伯顿公司和斯伦贝谢公司进行射孔、完井、酸压改造及投产的措施方案设计，并由该公司负责技术实施。

（6）建议与国外咨询公司如APA公司进行合作，对普光气田丛式井组的工程设计方案进行监督实施，保证气井顺利投产，安全高效生产。

（7）卡麦隆井口可作为普光气田首批高产气井主要使用的井口，确保气井安全生产，井下工具可在贝克休斯、哈里伯顿和斯伦贝谢公司中进行选取，使用材质为718或925。

（8）加快开展普光气田流体相态技术的研究，选择与普光气田流体介质配伍的缓蚀剂和水合物抑制剂，成立针对普光气田的腐蚀研究管理机构，加强对腐蚀、硫沉积、水合物的研究。

三、集输工程技术调研

调研组成员：

石兴春，中石化油田事业部副主任；

张数球，中石化油田事业部天然气处副处长；

王立坤，中石化油田事业部钻采工程处高级工程师；

陈惟国，中石化中原油田分公司副总工程师；

周松景，中石化中原油田分公司安全处副处长；

杨　华，中石化中原油田分公司设计院副院长；

张维平，中石化中原油田分公司普光项目部高级工程师；

孙晓春，中石化胜利油田设计院副院长；

李时杰，中石化胜利油田设计院普光项目经理。

普光高含硫气田高效开发技术与实践

Slide 1:

中国石化
SINOPEC CORP.

普光气田
地面集输组赴加拿大
考察汇报
2005年9月

Slide 2:

汇报提纲

一、前言
二、加拿大阿尔伯塔省高含硫气田开发
三、高含硫气田集输工艺技术
四、高含硫防腐保温及腐蚀监测技术
五、安全环保措施及安全控制技术
六、单井试采工艺技术
七、认识和建议
八、下一步工作安排

Slide 3:

一、前言

2005年7月29日至8月11日，由油田部、中原分公司、胜利设计院、中原设计院组成的地面集输组一行9人，在团长石兴春带领下，对加拿大阿尔伯塔省类似气田进行了考察，现场考察了3个气田(Nexen、Shell、Husky)，与5个（GIE、VECO、IMV、Lavalin、Tartan）工程公司和一个政府部门（EUB）进行了技术交流。同时还现场考察了2个单井脱硫试采公司。

在EUB进行技术交流

三个气田包括：3个单井站场、2个脱水增压站、1个集气增压站、2个脱硫净化厂。

Slide 4:

一、前言

现场考察和技术交流过程中主要是针对以下几个方面的内容进行重点考察：

➢ 高含硫酸性气田集输工艺技术

➢ 高含硫酸性气田防腐保温腐蚀监测技术

➢ 高含硫酸性气田安全、环保措施及安全控制

➢ 单井试采工艺技术

Slide 5:

二、加拿大阿尔伯塔省高含硫气田开发

加拿大阿尔伯塔省是世界第三大产气基地，迄今为止已经有50年的酸性气田开发历史。该省现有将近4万个气田，12.54万口油井和气井，管线33.25万公里，气体处理厂483座，脱硫厂258座。2003年产气1350亿立方米，其中酸性天然气450亿立方米，占产气量的三分之一，在阿尔伯塔省酸性天然气中H_2S的平均含量约为9%，有一些气井H_2S气体的含量高达70%。

Slide 6:

二、加拿大阿尔伯塔省高含硫气田开发

在阿尔伯塔省酸性天然气中H_2S的含量大于15%的气田相当多，大部分气田的气质与普光气田的气质非常接近。

阿尔伯塔省酸性气田开发至今，尚未发生一起居民伤亡事件。加拿大高含硫酸性气田开发已经形成了工业化，工艺技术是成熟可靠的，加拿大成功的经验使我们增强了中石化开发好普光气田的信心，消除了酸气气田开发的神秘感和恐惧感。

Slide 7:

三、高含硫气田集输工艺技术
——集输模式

考察认为，加拿大酸气集输以湿气输送为主，干气输送为辅。

模式一：井口加热→湿气保温输送→脱硫净化厂

有些井含硫量达18%以上　　L=45km(单根最长距离)，湿气保温管线

井场
井场　　　　→ 气体处理厂
井场

Slide 8:

三、高含硫气田集输工艺技术
——集输模式

模式一：井口加热→湿气保温输送→脱硫净化厂

➢放射状管网、埋地敷设
➢湿气黄夹克保温输送、输送距离45km
➢井口加热、节流、不分离、不脱水
➢地势平坦
➢燃料气来自脱硫净化厂
➢井筒设置乙二醇水溶液循环加热系统，以防止井筒内形成水合物。
➢缓蚀剂加注系统。

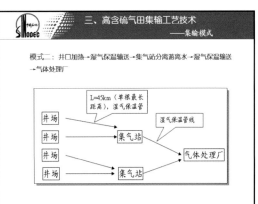

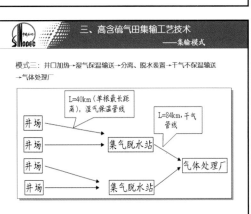

井口工艺：井场加热，不分离工艺

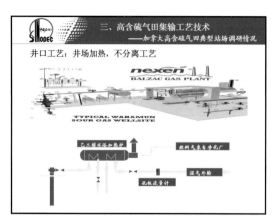

井口工艺：井场加热，不分离工艺

井口工艺：井场加热，不分离工艺

➤井场设缓蚀剂加注系统、水合物抑制剂加注系统、热油加注系统
➤井场设清管器发送装置
➤井场无污水处理设施
➤井场设调节计量装置

井口工艺：井场加热，不分离工艺

酸气井站现场
- 单翼采气，缓蚀剂从采气树顶部加注；
- 井筒采用热乙二醇水循环，以防止在井筒内形成水合物；
- 采气树上设置H_2S探头，一旦发生H_2S泄漏，ESD系统就会启动关井。

缓蚀剂入口　天然气出口　H_2S探头　套管环空加热进出口

井口工艺：自控系统

- 采用返输的净化燃料气作为仪表风。
- 井场高度自动化，无人值守。
- 设置阴极保护装置。

报警器
ESD　PLC　RTU　UPS
典型湿气输送集气站
室外露天仪表盘

计量工艺：

高级孔板阀在加拿大含硫气田运用广泛，对原料气的计量较其他计量装置有一定的优越性。高级孔板阀的安装方式突破了我们惯用的水平安装，有右侧、左侧及垂直安装等方式。

井口计量流程

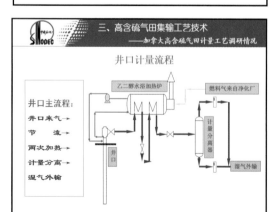

乙二醇水浴加热炉　燃料气来自净化厂　计量分离器　井口　湿气外输

井口主流程：
井口来气→
节流→
两次加热→
计量分离→
湿气外输

污水处理工艺：

气田污水处理通常采用闪蒸方法去除其中的硫化氢，其闪蒸的方式有高压闪蒸+低压闪蒸和低压闪蒸两种方式，处理过程中的闪蒸罐、污水罐等容器均采用了气封工艺。

普光高含硫气田高效开发技术与实践

三、高含硫气田集输工艺技术
——加拿大高含硫气田污水处理系统调研情况

污水处理工艺：

气田污水均采用了回注地层的方式处置，气田污水的输送采用车运和管输两种方式；气田水回注无指标要求，回注流程的确定在于"满足回注井及回注设备的要求"，主要控制指标有：SS含量、微生物含量及含氧量。

三、高含硫气田集输工艺技术
——加拿大高含硫气田污水处理系统调研情况

污水处理工艺：

气体污水闪蒸产生的硫化氢气体可采用两种方式处理：

➤ 采用火炬燃烧的方式排放。此方法工艺简单投资小。

➤ 采用压缩机增压返回集气管线同原料气一并进入气体处理厂。此方法更利于环保，但投资较大。

四、高含硫防腐保温及腐蚀监测技术
——导致集输系统事故因素分析

根据近年来阿尔伯塔省统计数据，有以下几方面的因素：

● 约65%是由于管线腐蚀；

● 10%是由于施工质量；

● 8%是由于管材本身缺陷；　施工质量和

● 5%是由于管线、设备连接不当；　材质占23%

● 3%是由于运行压力过高；

● 其余9%是由于其它原因。

由此可见，对于酸性气体输送管道，无论是采用湿气还是干气输送工艺，腐蚀控制是杜绝事故的最关键因素。

四、高含硫防腐保温及腐蚀监测技术
——酸气腐蚀机理

● 等效均匀腐蚀
● 电化学腐蚀
● 裂隙腐蚀
● 坑蚀
● 粒间腐蚀
● 选择性滤蚀
● 侵蚀性腐蚀
● 应力腐蚀
● 氢蚀

井口采气树到脱硫之间为 $H_2S+CO_2+H_2O$ 腐蚀环境，这种强腐蚀体系对管道和设备的腐蚀主要为硫化物应力开裂（SSC）、氢致开裂（HIC）、点蚀和电化学腐蚀。腐蚀形态对碳钢为均匀腐蚀、氢鼓泡和焊缝应力开裂，对不锈钢和低合金钢表现为硫化物应力腐蚀开裂。

四、高含硫防腐保温及腐蚀监测技术
——腐蚀控制措施

通过现场调查以及与国外公司的专家技术交流，在加拿大站场管线、设备与地面集输管线主要采用优质碳钢+缓蚀剂的防腐方案，通常使用的腐蚀控制措施有以下几种：

➤ 合理选择抗硫化氢材质。

➤ 提高管内流速，使介质流速控制在合理范围内，避免出现低流速。

➤ 投产前先对集输管内做缓蚀剂预膜处理。生产运行过程中定期采用清管列车（batch）对管线进行缓蚀剂涂膜处理。Husky气田井场至集气脱水站之间管线每月作一次管道内涂膜通球。

➤ 采用阴极保护防腐。

➤ 施工质量控制，射线探伤。

➤ 腐蚀监测。

➤ 及时更换。

四、高含硫防腐保温及腐蚀监测技术
——腐蚀控制措施

材料选择：

● 以下两种情况应按 H_2S 防护规定实施：

1. 集输管线：

H_2S 分压大于0.35KPa时。

2. 多相流体集输管线：

管线压力低于1.4MPa和 H_2S 含量高于5%时；

管线压力高于1.4MPa和 H_2S 分压高于70KPa时。

四、高含硫防腐保温及腐蚀监测技术
——腐蚀控制措施

● 材料选择：

1. 执行NACE MR0175《石油天然气生产中含硫化氢环境中原材料使用规定》标准；

2. 可以选择碳钢或低合金钢，含碳量低于0.4%；

3. 干气和湿气输送管道材质选择是一样的。

四、高含硫防腐保温及腐蚀监测技术
——腐蚀控制措施

清管排液防腐：

优化清管频率，井场至集气/脱水站之间管线定期清管。Husky气田井场至集气脱水站一般每周通球一次清除积液。

合理选择缓蚀剂加注方案：

采用预膜与加注缓蚀剂相结合方法。预膜的缓蚀剂一般采用油容性缓蚀剂，主要因为油的粘度大，在管壁上的作用时间长，适合于间歇加注的型式。连续或不连续加注缓蚀剂一般选用水溶性缓蚀剂。

不论是干气集输还是湿气集输，都要加注缓蚀剂防腐。

集气干线（干气管线）：

定期预膜+不连续加注缓蚀剂。对集气管线加注的缓蚀剂主要采用缓蚀剂清管列车涂抹预膜和泵同歇加注相结合的方式，在加拿大推荐采用的缓蚀剂涂抹周期为一个月。

采气管线（湿气管线）：

定期预膜+连续加注缓蚀剂。一般采用水溶性缓蚀剂，在井口采用计量泵连续注入要保护的管段。

1. 连续加注缓蚀剂的用量

连续加注缓蚀剂的量通常是以游离水中缓蚀剂的浓度来确定的，现场实践中常按每立方水中缓蚀剂的浓度为1000ppm来定。如果不能很好地确定管道中水的含量，只能根据输气量进行确定。即 0.1～1.0L/百万立方英尺（标态）。

2. 涂抹缓蚀剂加注缓蚀剂用量

涂抹缓蚀剂通常是由清管列车来完成的，清管列车由两个清管器串联组成，两个清管器之间的缓蚀剂量的确定是通过管道的表面积、缓蚀剂与管壁的接触时间同时还要考虑到10%的余量。

据加拿大专家推荐：一般涂抹层厚度是0.003inch/a、缓蚀剂与管壁的接触时间通常要求10秒，第一次预膜厚度为0.075mm，生产维护时按0.0375mm进行控制。

在线腐蚀监测

从70年代建成的站场和近年来建成的站场来看站内采用最普遍的和最简单的在线腐蚀监测方式是定点测厚方法；挂片方式进行腐蚀监测也大量采用，但价格昂贵。

智能清管

被认为是认识管道腐蚀性进行安全评价的好方法，但在加拿大并不是强制执行的检查项目，而是各个油气田公司根据自己油气田的腐蚀状况及经济性自行决定的。

对H2S 的危害认识十分到位，认为：

H2S是杀人魔王！

●环境中含量：

1. 高于10ppm时对人体有害
2. 10~200ppm时感到头疼和恶心
3. 200~300ppm时对生命造成危险（可能致死）
4. 300~500ppm时30分钟内视力严重破坏，肺部重度损伤
5. 500~700ppm时失去平衡、昏迷、呼吸停止
6. 700~1000ppm时立刻失去知觉，不紧急救助将快速死亡。

针对H2S的严重危害，制定了人与H2S接触的严格规定：

➤ 8小时职业接触含量：最大接触极限为8小时，H2S最大极限10ppm。

➤ 15分钟职业接触含量：最长H2S接触时间15分钟，最多4次/日，中间间隔最少为60分钟，H2S最大极限15ppm。

➤ 最高职业接触含量：H2S最大极限20ppm。

加拿大阿尔伯塔省EUB部门根据气井潜在的硫化氢释放流量，或其他设施潜在硫化氢释放体积，对高含硫气田开采和生产设施分为四级。

酸气设施级别	气井潜在H2S释放速率（m³/s）	其它设施潜在H2S释放量（m³）	最小距离
1	<0.3	<300	气井最小距离100米
2	0.3–2.0	300–2000	距居民和乡村居民集中区100米。距城区和公共场所500米。距每平方公里12户以下的居民区100米。
3	2.0–6.0	2000–6000	距乡村居民集中区（每平方公里12户以上）500米。距城区域共同场所1500米。
4	>6.0	>6000	按主管部门的要求执行，但不得低于三级酸气设施的要求。

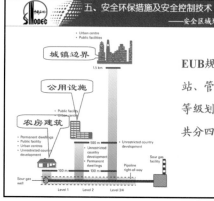

城镇边界

公用设施

农房建筑

EUB规定的井、站、管线安全等级划分图，共分四个等级。

气田危险区域划分图实例

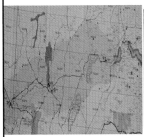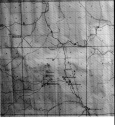

加拿大特别注重本质安全和人本安全。"提出零事故、零伤害、零污染"的管理目标。事故过程中首先保证自身的安全；操作、处理事故必须结伴；事故状态下人员以疏散、撤离为主，工艺设备管线以截断为主等观念已根深蒂固。由于预案详细、措施得力，加之加拿大地广人稀，所考察的公司、现场未发生严重的硫化氢泄漏事故。

● 悬挂有酸气泄漏初期紧急应对措施七步骤。
1．撤离
2．报警
3．应急策划
4．自我防护
5．援救
6．急救
7．医疗救护

H₂S
检测仪

➤ 安全教育培训工作认真到位，从我们所接受的硫化氢防护知识培训来看，加拿大的安全教育培训工作已经程序化、职业化、规模化。
➤ 现场工作人员或参观人员必须穿戴齐全防护服、鞋、帽、护目镜，进入噪声超标区域要配备耳塞。现场配有足够的空气呼吸器，生产现场均设有相对安全的集结地。

风向标

➤ 有完整、详细、针对性强的应急预案，预案报经当地政府审批、备案。
➤ ESD系统应用广泛。在所有生产操作场所均设有ESD装置，事故状态下，操作人员可及时进行截断，防止事态扩大。ESD系统中硫化氢含量标值高。只要达到10ppm就会自动报警，超过30ppm就需要进行人员撤离。

室内操作按钮 紧急关断阀
（ESD）

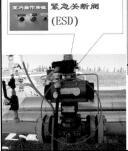

ESD

操作间门外
ESD操作按钮

1．集输工艺站场ESD系统
在进站管线处，进口分离器、脱水装置以及压缩机进出口管线均设置放空系统，站内在进出站管线处设置ESD阀门。

2．集气站ESD系统
通过了解，站内的ESD系统并未与上游井口装置进行连锁。气田系统内各部分的紧急关断主要是根据各部分的压力信号设定进行相应的截断，站内只设置硫化氢检测仪与ESD系统相连。
站内各装置区内均设置就地ESD按钮，在醒目处设置风向标，并设多个逃生安全门。站场内易检修部位的切断阀设"8"字盲板。

ESD

3．线路安全系统
线路安全阀室不采用远程控制，只采用RTU根据压力变化及硫化氢检测进行ESD阀的关断。一般不设放空及火炬燃烧系统。其设置距离是按所经过地区安全等级和硫化氢的泄漏量来计算的。低压关闭压力通常是其操作压力的50%，压降速率通常设置较高，以避免因为输送过程中的压降而关闭。
从考察情况来看，加拿大在井口、管线、集气脱水站、气体处理厂各装置控制系统基本是独立设置，自控采用两级控制，即现场控制（站控）和中心控制（区域控制）。在紧急状态下中心控制可启动ESD系统进行远程装置关闭和系统关闭。

普光高含硫气田高效开发技术与实践

五、安全环保措施及安全控制技术
——安全控制技术

4. 紧急状态下ESD系统的控制分为三级：

一级——装置关闭

二级——系统关闭

三级——放空（燃烧）

六、关于单井试采

针对普光单井试采难题，调研了以下两家技术服务公司：

- QTI研究技术有限公司：

设计制造酸气焚烧炉

- XERGY工艺工程公司：

从事单井脱硫设备设计制造公司

六、关于单井试采

QTI公司为普光设计的试采用酸气焚烧炉解决方案

- 设置4套14.2x10⁴m³/d的焚烧炉
- 直径将为： 3.66米
- 高度为： 12.2米
- 单重： 2吨左右
- 燃烧酸气效率：99.99%
- 交货时间为： 16周
- 单套报价：100万加元
- 共计400万加元

六、关于单井试采

现场单井脱硫装置

处理量：

$10 \times 10^4 m^3/d$；

H_2S含量：

<6%

<20吨硫磺/天。

六、关于单井试采

XERGY工艺工程公司为普光气井试采设计的单井脱硫装置

处 理 量：$50 \times 10^4 m^3/d$；

H_2S 含量为：15.8%；

设备投资为：595 万加元；

操作费用为：2000加元/天。

七、认识和建议

1. 加拿大酸气气田开发，湿气输送是主体工艺。建议普光气田在保证安全条件下，针对普光地形地貌情况，气井的压力和温度，气井距脱硫厂的距离，天然气含烃、含水情况等特点，优先考虑湿气输送工艺；采用井场不分离工艺，可有效解决分离污水难以处理，维护费用高，环境污染等问题。

七、认识和建议

2. 尽量简化站场工艺流程，在满足工艺要求的前提下，尽量减少阀门、弯头和连接管道，确保既减少设备及管道投资，又能达到安全生产，减少泄露点的目的。

3. 针对普光气质特点，井场设水套加热炉对天然气进行加热，防止节流过程中形成水化物，集气支线采用保温输送。

4. 从安全技术等因素综合考虑，气田水首先在脱硫厂集中处理，进行闪蒸后，再将污水输送至回注站集中回注。

八、下一步工作安排

1. 尽快组织开标工作，评标工程中重点考虑：
- 招标的范围
- 安全问题
- 腐蚀控制
- 投资和运行费用的优化。

2. 组织污水回注井的勘探与定位工作。

3. 开展腐蚀控制研究和缓蚀剂筛选工作。

八、下一步工作安排

4.进行山区地形高含硫化氢集输管道焊接、热处理及防腐保温技术研究。

5.尽快开展自动化、安全控制系统一体化技术交流和出国考察工作，做好两个统一：
- 上下游系统工程如何统一考虑问题；
- 地面集输系统自动化、安全控制、通信系统如何统一考虑问题。

6.建议对加拿大油公司和单井试采装置进行考察。

中国石化
SINOPEC CORP.

汇报结束
请批评指正！

附录1·国内外类似气田技术调研

附录2. 关键汇报

一、天然气开发情况汇报

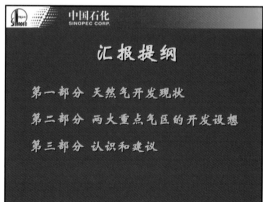

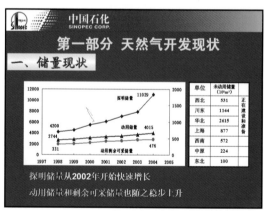

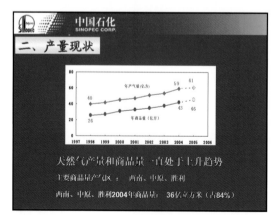

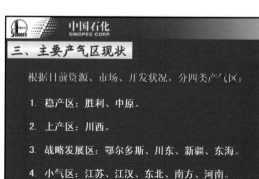

中国石化 SINOPEC CORP.

三、主要产气区现状

1.稳产区——胜利、中原

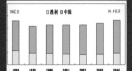

探明储量	3471 亿立方米
动用储量	2930 亿立方米
剩余可采储量	211 亿立方米
储采比	9

1998-2004年基本保持稳产

2004年产气**26.5亿立方米**，商品量为**17亿立方米**，商品率为**65%**。胜利以伴生气为主，年产**9亿立方米**，中原以气层气为主，年产**17.5亿立方米**。

中国石化 SINOPEC CORP.

三、主要产气区现状

2.上产气区现状——川西

探明储量	1255 亿立方米
动用储量	683 亿立方米
动用剩余可采储量	
	176 亿立方米
储采比	10

产量逐年稳步上升

中国石化 SINOPEC CORP.

三、主要产气区现状

3.战略发展区

鄂尔多斯			川东		
	探明储量	2615 亿立方米		探明储量	1144 亿立方米
	可采储量	1183 亿立方米		可采储量	858 亿立方米
	2004年产量	1 亿立方米		预计一期动用量	
	2005年动用	700 亿立方米			615 亿立方米
	2005年建产能	10 亿立方米		2007年建产能	20 亿立方米
新疆	探明储量	921 亿立方米	东海	总探明储量	931 亿立方米
	可采储量	407 亿立方米		份额探明储量	480 亿立方米
	2004年产量	5 亿立方米		份额可采储量	290 亿立方米
	2005年动用	265 亿立方米		2004年份额产量	2 亿立方米
	2005年建产能	9 亿立方米			

中国石化 SINOPEC CORP.

四、天然气发展面临的挑战

挑战1：稳产区（胜利、中原） 稳产资源基础薄弱

胜利 稳中有降

- 气层气"十五"前四年仅2001年提交新增探明储量10亿立方米
- 伴生气生产稳中略有下降

中国石化 SINOPEC CORP.

四、天然气发展面临的挑战

挑战1：稳产区（胜利、中原） 稳产资源基础薄弱

中原 稳产难度大

主力气田进入递减，后备接替资源有限，动用剩余可采158亿立方米，储采比10，稳产难度大。

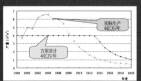

主力气田一文23以年产6亿立方米的速度，预计到2007年即进入快速递减。

中国石化 SINOPEC CORP.

四、天然气发展面临的挑战

挑战2：上产区（川西） 上产资源准备不足

（1）老气田开采强度大，加速气田递减；

（2）动用剩余可采储量少，储采比11，接替资源不足，上产基础差。

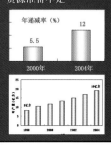

中国石化 SINOPEC CORP.

四、天然气发展面临的挑战

挑战3：战略发展区（鄂尔多斯） 提高单井产量配套开发技术尚未形成，开发难度大

鄂尔多斯	项目	大牛地	苏里格
低丰度	储量丰度（亿立方米/平方公里）	1.1	1.31
低孔渗	渗透率（毫达西）	0.55-1.36	0.73
低压	压力系数	0.9	0.85
低产	单井产能（万立方米/天）	1.5	1.6

中国石化 SINOPEC CORP.

四、天然气发展面临的挑战

挑战3：战略发展区（川东） 高含硫配套开采、净化技术还没有形成，安全高效开发难度大

川东	项目	普光	罗家寨
高含硫	含硫量（%）	15-18	11
井深、钻井周期长	含CO_2（%）	8.2	微量
开采、处理成本高	钻井周期（月）	8-10	6-7
储层非均质性严重	井深（米）	5700	4300

普光高含硫气田高效开发技术与实践

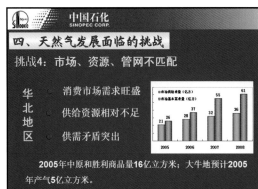

中国石化 SINOPEC CORP.

四、天然气发展面临的挑战

挑战4：市场、资源、管网不匹配

华北地区
- 消费市场需求旺盛
- 供给资源相对不足
- 供需矛盾突出

2005年中原和胜利商品量16亿立方米；大牛地预计2005年产气5亿立方米。

华北地区消费市场包括：北京、山东、河南、内蒙

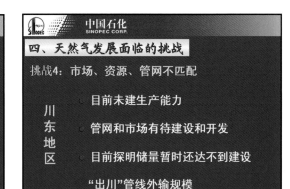

中国石化 SINOPEC CORP.

四、天然气发展面临的挑战

挑战4：市场、资源、管网不匹配

川东地区
- 目前未建生产能力
- 管网和市场有待建设和开发
- 目前探明储量暂时还达不到建设
- "出川"管线外输规模

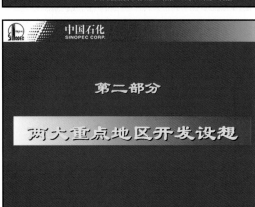

中国石化 SINOPEC CORP.

第二部分

两大重点地区开发设想

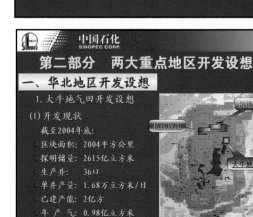

中国石化 SINOPEC CORP.

第二部分　两大重点地区开发设想

一、华北地区开发设想

1. 大牛地气田开发设想
(1) 开发现状

截至2004年底：
- 区块面积：2004平方公里
- 探明储量：2615亿立方米
- 生产井：36口
- 单井产量：1.68万立方米/日
- 已建产能：2亿方
- 年产气：0.98亿立方米

中国石化 SINOPEC CORP.

一、华北地区开发设想

1. 大牛地气田开发设想
(2) 10亿立方米产能建设方案
- 动用面积：326平方公里
- 动用储量：700亿立方米
- 钻开发井：233口
- 新建产能：10亿立方米
- 平均单井日产：1.43万立方米
- 总投资：20.6亿元
- 气价：0.8元/立方米
- 内部收益率：14.9%

中国石化 SINOPEC CORP.

一、华北地区开发设想

1. 大牛地气田开发设想
(3) 10亿立方米产能建设实施进展

- 完钻井42口
- 已试气井15口
  - 大于2万立方米　4口，占27%
  - 1—2万立方米　6口，占40%
  - 小于1万立方米　2口，占13%
  - 落空井　3口，占20%
- 待试、正试井27口

已试气井平均产量1.92万立方米，略高于方案设计产量1.77万立方米（盒3）。

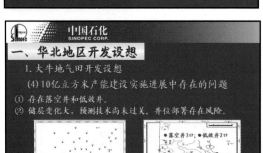

中国石化 SINOPEC CORP.

一、华北地区开发设想

1. 大牛地气田开发设想
(4) 10亿立方米产能建设实施进展中存在的问题
① 存在落空井和低效井。
② 储层变化大，预测技术尚未过关，井位部署存在风险。

中国石化 SINOPEC CORP.

一、华北地区开发设想

1. 大牛地气田开发设想
(5) 第二个10亿立方米开发准备与方案编制

初选目标区：
- 动用面积：404平方公里
- 动用储量：1050亿立方米
- 探井44口，试气获工业气流井41口，平均单井日产0.66万立方米

北1区：
面积：128km²
储量：270亿方

北2区：
面积：120km²
储量：180亿方

中1区：
面积：99km²
储量：470亿方

中2区：
面积：57km²
储量：130亿方

中国石化 SINOPEC CORP.

一、华北地区开发设想

1. 大牛地气田开发设想

（6）开发准备

- 部署开发准备井20口，重点解决四个难题：
  - ①储层、含气性研究——落实储层分布，优化选区。
  - ②钻采增产技术试验——落实提高单井产量的配套工艺措施。
  - ③合采层含水气井排液采气技术攻关——提高合采井产量。
  - ④优化钻井、采气、地面设计——降低投资规模。
- 在四个难题突破的基础上，编制第二个10亿立方米的开发方案，争取2006年上半年完成。2006年下半年开始建设。
- 根据剩余储量和勘探新增探明储量，2008年谋划第三个10亿立方米产能建设。

中国石化 SINOPEC CORP.

一、华北地区开发设想

2. 中原、胜利开发

2004年产量26亿立方米，商品量17亿立方米
2010年产量22亿立方米，商品量15亿立方米 → 基本稳定 略有下降

中原油田	胜利油田
- 以气层气为主，产量呈递减趋势	- 以溶解气为主，产量基本稳定
- 产量由2004年17亿立方米下降到2010年13亿立方米	- 产量9亿立方米
- 商品气量由2004年12.5亿立方米下降到2010年10亿立方米	- 商品气量5亿立方米

中国石化 SINOPEC CORP.

二、川东地区开发设想

1. 概况

- 探区面积：4035平方公里
- 已探明储量：1144亿立方米
- 探井：9口

勘探规划：2010年累计探明储量5000亿立方米，其中，达县—宣汉3500亿立方米；通南巴1500亿立方米。

中国石化 SINOPEC CORP.

二、川东地区开发设想

2. 川东北地区开发设想

根据勘探规划提交探明储量5000亿方和机会研究初步结果，类比邻区气田。	投资估算
动用率70%，动用储量：3500亿立方米	总投资：226亿元，其中： 勘探：50亿元 开发：112亿元
采收率75%，可采储量：2625亿立方米	钻井：66亿元 地面：46亿元
采气速度：3.2%	脱硫厂：64亿元
年产气量：110亿立方米	硫磺价格：600元/吨
商品气量：80亿立方米	气价：0.76元/方
硫化氢含量：15%	内部收益率13.8%

中国石化 SINOPEC CORP.

二、川东地区开发设想

3. 达县—宣汉地区

根据勘探规划，预计提交探明储量3500亿立方米。

- 动用率70%，
- 动用储量：2450亿立方米
- 采收率75%，
- 可采储量：1840亿立方米
- 采气速度：3.3%
- 单井配产：60-80万立方米/日
- 年产气量：80亿立方米
- 商品气量：56亿立方米

中国石化 SINOPEC CORP.

二、川东地区开发设想

4. 通南巴地区

根据勘探规划，预计提交探明储量1500亿立方米。

- 动用率70%，
- 动用储量：1000亿立方米
- 采收率75%，
- 可采储量：750亿立方米
- 采气速度：3%
- 单井配产：15万立方米/日
- 年产气量：30亿立方米
- 商品气量：24亿立方米

中国石化 SINOPEC CORP.

二、川东地区开发设想

5. 普光一期工程建设初步估算：

- 动用储量：615亿立方米
- 钻新井：12口
- 单井配产：60-80万立方米/日
- 建产能：20亿立方米
- 商品气量：14亿立方米
- 总投资：33亿元
  - 其中：钻井9亿元
  - 地面8亿元
  - 脱硫厂16亿元
- 气价：0.76元/立方米
- 内部收益率：12.3%

探明1143亿方，动用615亿方

中国石化 SINOPEC CORP.

二、川东地区开发设想

6. 普光二期工程设想：

根据勘探规划，2005-2006年普光地区新探明储量920亿立方米，加上一期未动用储量500亿立方米。

开发预计：

- 动用储量：1000-1200亿立方米
- 建产能：40亿立方米
- 2009年12月建成

620亿方　剩余500亿方　300亿方

附录2·关键汇报

中国石化 SINOPEC CORP.

二、川东地区开发设想

7. 三期工程——毛坝、大湾等地区开发设想：

根据勘探规划，2006-2008年预计提交探明储量1500亿立方米。

开发预计：

- 动用储量：600-800亿立方米
- 建产能：20亿立方米
- 2010年底建成

中国石化 SINOPEC CORP.

二、川东地区开发设想

8. 四期工程——通南巴开发设想：

根据勘探规划，预计提交探明储量1500亿立方米。

开发预计：

- 动用储量：1000亿立方米
- 建产能：30亿立方米
- 2012年底建成

通南巴构造带勘探部署图

中国石化 SINOPEC CORP.

三、两大气区开发风险

1. 鄂尔多斯气田开发风险分析
   - 地质风险：储层变化大，生产规律的认识有待深化
   - 技术风险：暂未形成提高单井产能的有效配套钻采技术
   - 效益风险：井数多，投资偏高，属边际气田
2. 普光气田开发风险
   - 储量风险：目前仅探明1144亿立方米储量
   - 技术风险：高含硫配套开采净化技术——国内还未完全掌握
   - 安全风险：缺乏高含硫气田安全生产、管理经验
   - 投资风险：开发投资、生产成本估算依据不充分

中国石化 SINOPEC CORP.

四、2005年天然气重点工作

1. 产能建设：①大牛地气田10亿立方米产能建设；
   ②大涝坝9亿立方米产能建设。
2. 开发准备：①普光一期20亿立方米产能建设准备；
   ②大牛地第二个10亿立方米产能建设准备；
   ③东海天然气开发，理顺合作关系。
3. 输气管线：①大牛地——榆林及榆林增压站；
   ②安平——德州——济南——曲阜；
   ③"出川"管线机会研究。
4. 产销衔接：①大牛地向北京、山东供气代输合同谈判；
   ②山东、河南产销衔接，胜利、中原增输80万方/天的实施。
5. LNG接收站建设：青岛LNG建设及其他地区LNG。
6. 天然气"十一五"规划编制。

中国石化 SINOPEC CORP.

第三部分

认识和建议

中国石化 SINOPEC CORP.

一、对天然气产业的四点认识

1. 资源导向型
   资源是基础——谁占有资源，谁就掌握主动权。
2. 市场决定型
   具有排它性、长期性—谁抢先占有，谁就有占领竞争的制高点。
   需求连续性、不稳定性——要求具有充足的资源及调峰应急能力。
3. 资源、管网、市场的三位一体性
   "两点一线"的连续生产装置——要求产供销一体化运行管理。
4. 全国管网的独立运行是大势所趋
   类似电力系统厂网分开，竞价上网——要谋划规避管网重组风险。

中国石化 SINOPEC CORP.

二、发展对策建议

1.发展对策建议

优势 ➡ 1）华北、川渝现有两大资源、市场的组合优势；
2）上海、天津、青岛、北海等沿海的企业区位优势；
3）炼油化工、天然气化工的技术优势和直接用户优势。

劣势 ➡ 1）资源、管网占有相对较少；
2）其它地区市场占有率相对较低。

对策 ➡ 1）发挥优势，扬长避短。
2）集中力量抓牢华北、川渝两大现有市场，利用沿海区位优势拓展更大的发展空间；
3）发挥炼油化工、天然气化工优势，实现上下游一体化发展；
4）充分利用宝贵资源，延长产业链，实现高倍增值，走效益发展之路。

中国石化 SINOPEC CORP.

2. 资源对策建议：国内、国外资源并重，实现有序对接和接替

国内资源：集中精力、集中投资，加大华北地区和川东地区的勘探开发力度，形成规模储量和产量

缓解华北供需矛盾 ➡ 1）加大胜利、中原深层气勘探力度，稳住现有产量；
2）加大鄂尔多斯勘探开发力度，形成现实供气能力；
3）扩展资源领域，探索煤层气。

加强川东勘探加快产能建设 ➡ 1）加快普光气田一期工程，尽快形成现实生产能力，掌握高含硫开发、集输、净化处理配套技术；
2）优先探明普光的储量，尽快启动二期工程；
3）集中投资，加快毛坝、大湾和通南巴地区勘探步伐，为规模外输提供资源保障，谋划三、四期工程。

2. 资源对策建议

国外资源

1）优先加快实施青岛LNG，确保2008年6月建成投运，尽快实现与华北地区资源的对接，巩固华北市场；

2）尽快启动天津、连云港LNG的建设，及早实现华北地区国外资源对国内资源的有效接替，为大华北地区提供充足资源；

3）采取LNG贸易、国外合资及独资开发建设LNG压缩站等多种方式，保证国内LNG资源的落实。

---

3. 市场布局对策建议

（1）抢占大华北市场（山东、河南、天津、北京、河北、内蒙和江苏）

● 利用胜利、中原、鄂尔多斯现有资源，打好山东市场的阻击战。

● 利用中原资源，稳住河南现有市场。

图例
中石化已建输气管线
中石化拟建输气管线
中石化已建输气管线
中石化拟建输气管线
其它资产输气管线

---

3. 市场布局对策建议

（1）抢占大华北市场

● 加快青岛、天津和连云港LNG建设步伐，实现与国内资源的对接和接替，拓展大华北的市场空间。

● 为提高华北市场资源抗风险能力，减少对LNG的依赖，规划论证川东资源进入河南，实现与河南、山东管网对接的可行性。

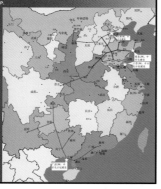

---

3. 市场布局对策建议

（2）筹划两个海气登陆点，为海气上岸和陆气延伸占据有利空间。

利用北海区域优势筹划北海LNG，一旦南方海相重大突破，实现川东资源和北海LNG对接，开辟中石化的大西南市场。

东海资源上岸拓展杭州湾市场。

---

3. 市场布局对策建议

（3）西北等气区按照资源、管网、市场匹配原则，实施上下游一体化布局，走效益发展之路。

（4）兼顾好资源地、管道沿线和目标市场的需求，为发展创造更加有利的环境。

---

4. 组织保障对策建议

（1）建立完善国内资源、开发生产、管网运行和销售管理一体化的实施责任主体，做到任务、责任明确，高效运行，以保障目标市场的长期稳定供应，资源、市场的匹配。

（2）建立完善国外资源落实、运输、LNG接收站建设管理和市场销售一体化的实施责任主体，做到任务、责任明确，高效运行，以保证LNG尽快投产运行，实现与国内资源的对接。

---

4. 组织保障对策建议

（3）加强三支科技队伍建设，抓好技术攻关和政策研究。

● 加强天然气勘探开发队伍建设

搞好四低气藏开发规律、提高单井产量和有效开发的配套技术的攻关；

搞好高含硫和南方海相气藏开发配套技术的攻关。

● 加强高含硫天然气集输和处理科技队伍建设

搞好高含硫气的集输、净化处理的配套技术的攻关。

● 加强天然气市场研究队伍建设

搞好市场开发策略、价格政策等研究工作。

---

4. 组织保障对策建议

（4）加强总部天然气管理力量；

完善总部天然气一体化管理体制；

建立高效运行的机制；

适应中石化天然气跨越式发展的形势；

保证天然气发展战略目标的实现。

二、加快川东北地区天然气开发设想

加快川东北地区天然气开发设想

汇报人　石兴春

油田勘探开发事业部
2005年5月21日

汇报提纲

第一部分　天然气储量基础

第二部分　加快开发的部署意见

第三部分　加快开发的保障措施

第一部分　天然气储量基础

一、勘探现状

1. 普光气田
完钻井4口，获工业气流井3口（普光1、普光2、普光4井）。
探明含气面积27.2km²
探明储量1144亿立方米
控制储量832亿立方米
预测储量1482亿立方米
2. 毛坝一大湾
完钻井2口，获工业气流井1口（毛坝1井），预测储量409亿立方米。
3. 通南巴
完钻井1口，获工业气流井1口（河坝1井）

探明储量1144亿方

二、测试成果

测试时间：2-5小时
生产压差：11-43MPa
测试产能：22-62万立方米 平均米采气指数：0.22万立方米/d.MPa.m
为罗家寨气田的1/5左右。

三个区带主要探井试气成果统计表

| 区带 | 井号 | 有效厚度（米） | | 试气层组 | 测试成果 | | | | | 备注 |
		飞仙关组	长兴组		射孔厚度（米）	最后工作制度气嘴直径（小时）	油压 MPa	生产压差 MPa	日产气量（万方）	
普光	普光1	207.8		长兴	55.9	2	8	19	42.4	
	普光2	321	58.9	长兴	44.6	2.3	21.5	11.5	58.9	
				飞二	74.5	3.5	8.03	29	62.0	
				飞三	51.6	5	5.23	43	22.7	
				飞一	40.2	4.3	5.4	41	27.6	
	普光3	101.5		飞一	30				8.9	产水393万/天
				飞三	19.4				8.04	产水
				飞一	60					水死
	普光4	246		飞一	30.7	2.5	20.5	15.5	58.0	
毛坝	毛坝1	19.8		飞三	29	2	36.0		33.0	试采210天，产下降到10万方/天
通南巴	河坝1			飞三	14	4	7	3	29.6	

三、勘探规划储量

2010年规划累计探明储量5000亿立方米

1. 普光气田2006年累计探明储量2100亿立方米
2. 毛坝一大湾2007年探明储量900亿立方米
3. 通南巴2010年探明储量1500亿立方米

2008年老君、双庙探明储量500亿方

第二部分　加快开发的部署意见

一、开发总体思路

二、开发总目标

三、普光气田开发部署意见

四、毛坝—大湾开发设想

五、通南巴开发设想

一、开发总体思路

按照党组加快川东北天然气开发的要求，尽快把川东北丰富的天然气资源转化为生产能力，形成中石化新的经济增长点，实现天然气产业的跨越式发展。

坚持上中下游一体化原则，川东北地区整体规划，资源、管网、市场配套建设，三个区带分步实施，加快建设节奏，尽快建成规模产能，以满足河南、山东和当地市场对天然气的需求。

二、开发总目标

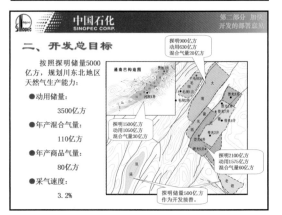

按照探明储量5000亿方，规划川东北地区天然气生产能力：

● 动用储量：
3500亿方

● 年产混合气量：
110亿方

● 年产商品气量：
80亿方

● 采气速度：
3.2%

探明900亿方 动用630亿方 混合气量20亿方

探明1500亿方 动用1050亿方 混合气量30亿方

探明2100亿方 动用1575亿方 混合气量60亿方

探明储量500亿方 作为开发接替。

三、普光气田开发部署意见

(一)开发概念设计

- 探明储量: 2100亿方
- 动用率70%,动用储量: 1500亿方
- 采收率75%,可采储量: 1125亿方
- 总井数: 36口
- 年产混合气量: 60亿方
- 年产商品气量: 42亿方(商品率70%)
- 采气速度: 4%
- 稳产期: 12年
- H_2S、CO_2含量: 25%
- 2006年6月探明立项
- 2008年底建成

(二)气藏地质特征

1. 普光气田具有"四高、一深"的特点。

◇储量丰度高,平均42亿方/km²

◇产能高,测试2-5小时,折算日产气量22-62万方

◇气藏压力高,55-57MPa

◇H_2S、CO_2含量高,H_2S含量14-18%,CO_2含量平均8.2%

◇气藏埋深4800~5800m

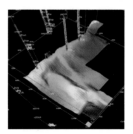

普光构造飞三底三维可视化构造图

(二)气藏地质特征

2. 储层非均质性强

一是纵横向物性变化大,Ⅰ、Ⅱ、Ⅲ类气层交互分布。

Ⅰ类储层($\phi \geq 12\%$)厚度平均占18%;

Ⅱ类储层($6 \leq \phi < 12\%$)厚度平均占45%;

Ⅲ类储层($2 \leq \phi < 6\%$)厚度平均占37%。

二是横向上气层厚度变化大,由普光2井到普光3井,有效厚度由329m变为146m。

普光气田飞仙关组储层分类示意图

Ⅰ类储层 Ⅱ类储层 Ⅲ类储层

(二)气藏地质特征

3. 气水界面与气藏类型

◇气水界面有差异

普光3井: —5008m

预计普光4井: —5176m。

◇构造—岩性气藏

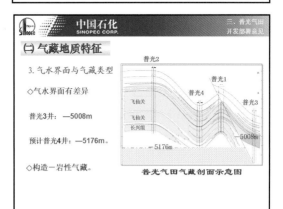

普光气田气藏剖面示意图

(三)开发对策

针对普光气田地质特点,采取以下开发对策:

1. 开发方式:采用衰竭式开采(降压开采)。

2. 开发层系:采用一套层系开采。

3. 开发井网:考虑储层变化大,采用不规则井网,尽可能将井部署在构造高部位和Ⅰ、Ⅱ类储层发育带。

4. 井型选择:以大斜度定向井为主,少量直井和水平井。

5. 布井方式:考虑山区地形,采用丛式井组布井。

6. 气井配产:依据普光气田试采4井6层的资料,并参照罗家寨气田配产方案(50万方/天),气井平均配产60万方/天。

(四)钻采工程

1. 井型与井场

(1) 总井数36口,利用探井5口,新钻井31口,其中:

直井5口,平均井深5700m

定向井26口,平均井深5900m

(2) 钻井平台14个

原则上一个平台上新钻井不超过3口,平均单井钻井周期8-9个月,钻井时间两年左右。共需7000m钻机14部。

普光气田开发井部署示意图

(四)钻采工程

2. 井身结构及生产管柱选材

➤井身采用三层结构:表层、技术、生产套管。

➤生产套管分两段:封隔器以上进口抗H_2S套管,封隔器以下进口抗H_2S、CO_2合金钢套管。

➤油管分三段:安全阀以上和封隔器以下进口抗H_2S、CO_2合金钢管材,中间进口抗H_2S管材。

➤地面及井下安装两级安全阀,下永久式井下封隔器,使用进口抗硫井口。

安全阀

表层套管 下深300m

技术套管 下深3500m

封隔器

生产套管 下深5700m

(四)钻采工程

3. 射孔—增产措施

为提高单井产量,采取射孔—酸压联作增产措施。

4. 防腐、防硫沉积措施

井口投注进口缓蚀剂、硫溶剂,降低油管腐蚀速度,防止硫沉积。

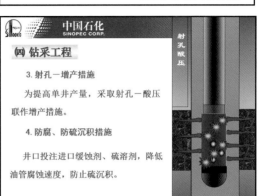

射孔酸压

（四）钻采工程

5. 重点钻采工艺技术

（1）与国外公司合作，进行钻采工程整体方案的优化设计。

（2）引进提高钻井速度的新工艺新技术。

（3）引进高含硫碳酸盐岩气藏长井段完井、储层改造技术。

（五）地面集输

地面集输管网布局图

集气站	14座
（井数 36口 2~3口/站）	
集气末站	1座
集气管线	82 km

图例
- 集气站
- 集气末站
- 净化厂
- 集气管线
- 公路
- 河流

（五）地面集输 系统工艺路线图

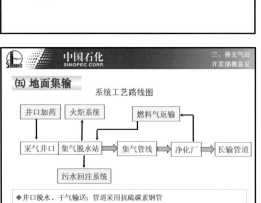

◆井口脱水、干气输送；管道采用抗硫碳素钢管
◆采用全方位的腐蚀控制与监测系统
◆设泄漏监测、紧急阀室关断和安全放空火炬等，预防和控制事故发生
◆气田生产污水回注地层

（六）净化厂建设

1. 厂址与处理规模

厂址：推荐普光镇赵家坝为首选厂址，净化厂距普光镇约3km，占地约783亩。

处理规模：60亿立方米混合气/年。

（六）净化厂建设

2. 主体工艺流程

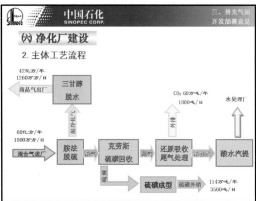

（六）净化厂建设

3. 对几个问题的考虑

（1）脱硫、脱水、硫磺回收、尾气处理关键工艺国内没有成熟的经验，引进方式需研究确定。

（2）114万吨/年（3500吨/日）硫磺外运方式（液体或固体、汽车或火车）需进一步论证确定。

（3）60万吨/年（1800吨/日）二氧化碳外排对环境可能造成的影响及如何处理需深入研究。

（七）安全、环保和健康(HSE)

针对高含硫气田开发特点，在安全、环保和健康方面需采取以下措施：

1. 在装置、设备、管材、工具的选择上要有针对性。

2. 建立腐蚀监测、泄漏监测、异常情况自动切断系统。

3. 建立气防、消防、联防、救援中心等应急快速反应系统。

4. 对气田井场500米、净化厂1000米范围内的居民进行搬迁。

5. 编制应急预案，对职工、居民进行防毒培训，配备必要的安全防护器具，定期进行防H_2S演练。

（八）投资估算及经济评价

1. 投资估算

项目投资估算及投资结构表

单位：亿元

项 目 名 称	投资额	投资结构	每十亿方产能投资
建设投资合计	97.7	100%	16.3
● 开发建设投资	48.7	49.8%	8.1
其中：钻井	26.8	28%	
采气	6.3	6%	
地面	15.6	16%	
● 净化厂	49.0	50.2%	8.2

普光高含硫气田高效开发技术与实践

（八）投资估算及经济评价

2. 成本测算

评价期单位成本测算表

单位：元/立方米

项　目　名　称	按混合气量计算	按商品气量计算
净化厂出口成本（采气+净化）	0.409	0.584
其中：操作成本	0.251	0.359
折旧、摊销、利息	0.158	0.226
1.采气成本	0.280	0.400
其中：采气操作成本	0.174	0.249
折旧、摊销、利息	0.106	0.151
2.净化成本	0.129	0.184
其中：净化操作费	0.077	0.110
净化折旧费、摊销、利息	0.052	0.074

（八）投资估算及经济评价

3. 经济评价

计算参数：
- 天然气商品率：70%
- 建设期3年，评价期20年
- 硫磺价格：600元/吨
- 贷款利率：6.12%

普光气田开发项目经济评价指标

项目名称	单位	商品气价格(元/方) 0.798	0.900	0.760
投资回收期（税后）	年	8.6	8.0	8.9
内部收益率（税后）	%	12	14.1	11.2

（九）项目实施进度

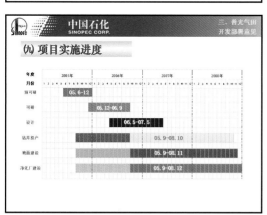

（十）先期启动川维供气工程

★动用储量：500亿立方米
★总井数：12口
★钻井平台：5个
★建集气站：5个
★建集气管线：32km
★建净化装置：2×300万方/日
★年产混合气量：20亿立方米
★年产商品气量：14亿立方米
★建川维管道：φ711 276km
★2005年6月报批、9月开工
★2007年6月建成

普光气田开发井部署示意图

（十一）42亿立方米商品气量分配设想

向川维厂供气： 14亿立方米

向当地供气： 8亿立方米

向山东、河南供气： 20亿立方米

四、毛坝—大湾开发设想

毛坝、大湾和普光西地区2007年探明储量900亿立方米，2009年建成产能20亿立方米。

- 动用70%，动用储量：630亿立方米
- 采收率75%，可采储量：473亿立方米
- 总井数：17口
- 单井配产：40万立方米/日
- 年产混合气量：20亿立方米
- 年产商品气量：14亿立方米
- 采气速度：3.2%
- 稳产期：15年

五、通南巴开发设想

通南巴地区2010年探明储量1500亿立方米，2012年建成产能30亿立方米。

- 动用率70%，动用储量：1050亿立方米
- 采收率70%，可采储量：735亿立方米
- 总井数：66口
- 单井配产：15万立方米/日
- 年产混合气量：30亿立方米
- 年产商品气量：27亿立方米
- 采气速度：2.9%
- 稳产期：16年

通南巴构造图

考虑到河坝1井不含硫，商品率暂取90%。

第三部分 加快开发的保障措施

川东北地区天然气藏埋藏深、储层变化大、硫化氢含量高，开发技术要求高，目前国内缺乏成熟的开发经验。要加快气田开发建设，需要采取以下措施：

1.加强开发前期准备，夯实气田开发基础

目前气井测试井层少、时间短，未实施增产措施，气井产能能否达到配产要求存在一定风险；钻井、地面集输及净化处理等还有不少问题需要进一步论证。

为此，需重点加强以下工作，一是加快气井产能测试，对储层实施酸压改造，尽快落实气井合理产能；二是加强勘探开发的结合和渗透，抓好开发方案的优化设计；三是尽快开展项目预可研及可研编制论证，确保2006年9月完成立项。

中国石化 SINOPEC CORP.

第三部分 加快开发的保障措施

2. 加大科技攻关力度，为气田开发提供技术保障

由于储层非均质性强，储量品位差异大，目前寻找富集带布井技术和提高单井产能的增产技术尚未形成，储量能否有效动用、单井产能能否达到指标存在技术风险。

为此，需要加大科技攻关力度，一是加强储层预测技术攻关，寻找储量富集区带，优选开发井位，多打高产井、少打低产井；二是加强钻井、完井、射孔和增产工艺等配套技术攻关，提高单井产能，保证开发目标的实现。

中国石化 SINOPEC CORP.

第三部分 加快开发的保障措施

3. 加大技术引进力度，加快气田开发，确保安全生产

国内缺乏高含硫气田开采、地面集输、净化处理技术和安全生产管理经验，需要加强技术合作和引进。为此：

一是在广泛交流、考察的基础上，尽快确定引进方式和合作伙伴；二是加强技术培训，尽快消化、吸收、掌握高含硫气田开发的先进技术和管理经验；三是建立高含硫气田的ＨＳＥ管理体系，确保安全生产。

中国石化 SINOPEC CORP.

第三部分 加快开发的保障措施

4. 加强组织领导，确保项目顺利进行

该项目是一项大的系统工程，涉及勘探、开发、地面、净化、管道和市场等多个方面，加上特殊管材和设备采办周期长，使得工程建设时间紧、任务重，调整余地小。为此：

一要加强组织领导，总部成立领导小组，加大协调力度，明确各部门职责和负责人，抓好各项工作的衔接，及时解决项目运行中的问题；二要强化项目前期工作，加快储量探明，加快项目立项，为项目开工创造条件；三要突出建设单位和设计单位的主导作用，加强组织管理，狠抓工作落实，保证项目快节奏高效率超前运行。

中国石化 SINOPEC CORP.

加快川东北地区天然气勘探开发是中石化重大战略举措，是中石化天然气产业跨越发展的关键。

我们坚信，在党组的正确领导下，通过参战单位卓有成效的工作，川东北将成为中石化重要的天然气生产基地，形成新的经济增长点。

汇报结束

不妥之处请领导批评指正！

362

普光高含硫气田高效开发技术与实践

中国石化 SINOPEC CORP.

关于加快川东北地区天然气
勘探开发利用的汇报

中国石油化工集团公司

2005年6月6日

中国石化 SINOPEC CORP.

项目简介

中石化川东北海相天然气勘探取得重大突破，发现了普光千亿方大气田，探明储量1144亿立方米。"十一五"末探明储量5000亿立方米。

加快天然气开发，立足5000亿方储量，动用3500亿立方米，2010年建成，年产商品气量80亿立方米。

配套建设川-豫-鲁输气管线，输气规模60亿立方米/年，满足河南、山东需求，20亿立方米供当地。

资源、市场基本落实。建议项目尽快核准立项，早日启动。

中国石化 SINOPEC CORP. 一、天然气资源基础

一、天然气资源基础

（一）四川盆地矿权与资源分布

四川盆地天然气资源量7.19万亿方。

中石化登记区块26个，面积5.27万平方公里，资源量3.08万亿立方米，探明储量2455亿方，探明程度8%。

中石化探区勘探程度低，川东北地区勘探潜力大，是重要的增储上产区。

四川盆地矿权区分布图

中国石化 SINOPEC CORP. 一、天然气资源基础

（二）川东北天然气资源和勘探部署

中石化在川东北登记区块7个，总面积2.09万平方公里，总资源量2.12万亿立方米。

中石化川东北勘探战略是：

◇整体探明宣汉－达县区块

◇整体探明通南巴区块

◇准备南江、巴中等5个区块作为后备资源

"十一五"末累计探明储量5000亿立方米

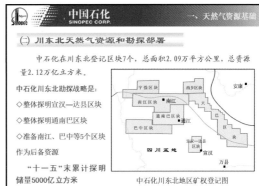

中石化川东北地区矿权登记图

中国石化 SINOPEC CORP. 一、天然气资源基础

（三）宣汉－达县区块已探明千亿方普光大气田，2008年累计探明储量3500亿立方米

1. 川东北海相勘探取得重大突破，普光气田已探明储量1144亿立方米。

2. 2006年整体探明普光气田，累计探明储量2100亿立方米。

3. 2008年探明普光周边，累计探明储量3500亿立方米。

中国石化 SINOPEC CORP. 一、天然气资源基础

普光气田特点

◇储量规模大：四川盆地最大气田

◇储层厚度大：146－329m

◇产量高：日产42－62万立方米（未实施储层改造）

◇埋藏深：4800－5800m

◇H_2S含量高：14%－18%

◇CO_2含量高：7.9%－9.1%

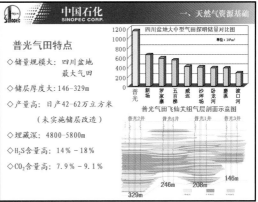

普光气田飞仙关组气层剖面示意图

中国石化 SINOPEC CORP. 一、天然气资源基础

（四）通南巴区块勘探取得重大突破，2010年前探明储量1500亿立方米

通南巴区块面积2919平方公里，天然气资源量5501亿方。河坝1井获工业气流，黑池1井正钻。

河坝1井：在两个主要目的层获得工业气流。

飞三段测试日产29.6万立方米，不含硫。

嘉二段中途测试日产8.6万立方米，不含硫。

通南巴构造图

中国石化 SINOPEC CORP. 一、天然气资源基础

（五）积极准备南江、巴中、宁强、西乡和大巴五个区块，作为重要的战略接替区

◇面积1.7万平方公里

◇资源量9790亿立方米

是川东北天然气增储上产的后备资源。

中石化川东北地区矿权登记图

(六) 海相天然气勘探理论与技术的创新，是实现勘探目标的重要保障

1. 从构造找气到构造-岩性圈闭找气思路的转变，指导了普光的突破。

2. 从海槽沉积到陆棚沉积认识的转变，拓展了勘探领域。

3. 地震技术的进步提高了储层识别和预测的准确性。

(七) 川东北地区探明储量增长趋势

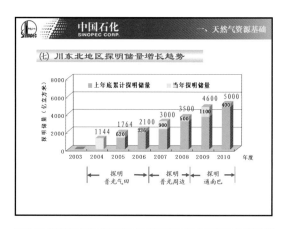

二、开发建设规划

(一) 开发总体思路

发挥中石化上下游一体化优势，川东北天然气整体规划，资源、管网、市场配套建设，宣汉—达县、通南巴两个区块滚动发展，尽快建成规模产能，形成中石化川东北天然气生产基地。

(二) 开发总目标

按照川东北地区探明储量规划进行开发部署。

- 探明储量：5000亿立方米
- 动用储量：3500亿立方米
- 年产商品气量：80亿立方米

动用储量1500亿立方米
年产商品气量38亿立方米

动用储量2000亿立方米
年产商品气量42亿立方米

宣汉—达县构造图

(三)加快普光气田开发

配套建设天然气净化厂，2007年建成，年产商品气量42亿立方米。

- 动用储量：2000亿立方米
- 可采储量：1400亿立方米
- 产商品气量：42亿立方米/年
  （1260万立方米/日）
- 产硫磺：114万吨/年
  （3500吨/日）

普光气田开发井部署示意图

(四)通南巴区块开发部署

勘探开发一体化，加快通南巴开发，2010年建成，年产商品气量38亿立方米。

2010年川东北地区年产商品气量达到80亿立方米（普光42亿立方米，通南巴38亿立方米）。

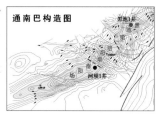

通南巴构造图

(五)针对高含硫气田开发的安全生产措施

引进国外成熟的脱硫净化技术、钻采完井及地面集输等技术，严格按照高含硫气田安全管理规范进行操作和管理，保证气田安全平稳生产。

三、市场与管道建设

(一) 目标市场定位

川东北天然气在考虑川渝地区和中石化企业用气的前提下，结合忠武线已供湖北、湖南市场的实际，为满足河南、山东石化企业的用气需求，中石化川东北天然气的目标市场确定为河南、山东。

普光高含硫气田高效开发技术与实践

（二）目标市场分析

1. 河南、山东市场天然气供需矛盾突出

（单位：亿立方米）

年 度	2005年	2010年	2015年
河南市场需求量	18	44	66
山东市场需求量	57	109	151
总需求预测	75	153	217
总供给预测	34	73~78	108~113
供需缺口量	41	75~80	104~109

注：河南、山东天然气供应主要来自于西气东输、中原油田、渤海气田及拟建的青岛LNG。

（二）目标市场分析

2. 河南、山东已形成较完善的区域管网和稳定的市场

中石化在河南、山东已建输气干线约1600km，与地方管线相连，形成了较完善的区域管网和稳定的市场。

（三）拟建天然气管道概况

管道走向：起点四川普光，终点山东东明
输气规模：60亿立方米/年
年输气量超过30亿立方米开始增压
设计压力：10 MPa
管　径：φ864～φ762
管线长度：1270 公里
设置站场：7座

（四）川东南突破后谋划大西南管线

中石化在川东南登记区块11个，面积3.11万平方公里。当川东南勘探获得重大突破后，积极谋划大西南管线（重庆-贵阳-北海），与广西LNG对接。

四、项目评价

气田开发项目，首站价格为0.80元/立方米时，税后内部收益率为14.3%，具有较好的经济效益。

管线建设项目，税后内部收益率12%、管输费为0.39元/立方米时，河南门站价格为1.19元/立方米，略低于西气东输河南门站价格1.20元/立方米的水平，是西气东输的有效补充。

管道项目盈亏平衡点为42%，保本输气量25亿立方米/年。

五、建设安排及建议

（一）2007年底配套建成，普光气田年产商品气量42亿立方米

年度	2005年												2006年												2007年											
月份	1	2	3	4	5	6	7	8	9	10	11	12	1	2	3	4	5	6	7	8	9	10	11	12	1	2	3	4	5	6	7	8	9	10	11	12
可研立项																																				
开发建设																																				
净化厂建设																																				
管道建设																																				

（二）2010年建成，通南巴区块年产商品气38亿立方米

● 2010年底，川东北地区年产商品气量80亿立方米。

● 管道外输60亿方，供当地20亿立方米。

建　议

川东北地区天然气资源、产能落实；

河南、山东两省区天然气需求量大，区域性管网基本配套；

具备了气田开发和建设川-豫-鲁天然气管道的基本条件。

建议国家尽快核准立项，早日启动工程建设。

汇报结束
敬请领导批评指正！

中国石化 SINOPEC CORP.

加快普光气田
开发建设的汇报

油田勘探开发事业部
二〇〇五年七月二十日

中国石化 SINOPEC CORP.

自五月份党组召开"加快川东北天然气开发"会议以来，各单位认真贯彻落实会议精神，围绕优化开发方案、优化钻采工艺、优化地面工程、优化项目投资，协同作战，强化项目前期工作，狠抓工作落实，各项工作取得了积极进展。现将主要情况汇报如下：

中国石化 SINOPEC CORP.

汇报提纲

第一部分　重点工作进展情况

第二部分　普光气田整体开发概念设计

第三部分　先期30亿立方米产能建设安排

第四部分　下步重点工作

中国石化 SINOPEC CORP.

第一部分

重点工作进展情况

中国石化 SINOPEC CORP.　第一部分　重点工作进展情况

一、深化气藏研究，优化开发方案

1. 应用地震预测新技术，评价气田可动用储量

根据地震数据体结构特征异常值（Ⅰ+Ⅱ类）预测评价普光气田整体可动用地质储量为1542亿立方米。

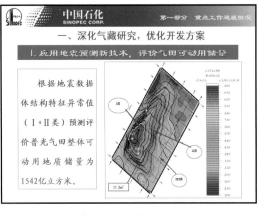

中国石化 SINOPEC CORP.　第一部分　重点工作进展情况

2. 加强构造储层研究，先期动用东南块

● 气田内部新发现一条断层，将气田分为两块；

● 深化储层预测，评价探明储量范围内可动用储量为952亿立方米；

★ 西北块暂不动用。

★ 设计先期动用东南区块储量873亿立方米。

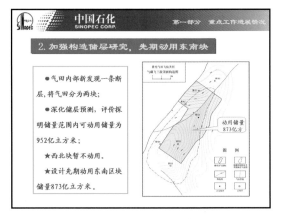

动用储量873亿立方

中国石化 SINOPEC CORP.　第一部分　重点工作进展情况

3. 优化井网和产能规模，设计五套开发方案

■ 应用数值模拟技术，优化井位部署和开采规模，预测了5套开发方案的指标。

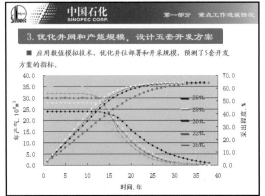

中国石化 SINOPEC CORP.　第一部分　重点工作进展情况

二、广泛进行技术交流，初步确定了钻采关键技术

与国外十五家公司进行了技术交流，确定了钻采关键技术，并和九家公司初步确定了合作意向。

1. 引进先进钻井技术，提高钻井速度

● 使用Power V垂直钻井技术，实现对井身轨迹良好控制，减少因控制井斜所使用的时间。

● 在上部陆相地层试验空气（或泡沫）钻井技术。

● 定向井在三开进入海相地层后使用顶驱。

普光高含硫气田高效开发技术与实践

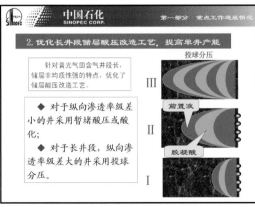

中国石化 SINOPEC CORP. 第一部分 重点工作进展情况

2. 优化长井段储层酸压改造工艺，提高单井产能

针对普光气田含气井段长，储层非均质性强的特点，优化了储层酸压改造工艺。

◆ 对于纵向渗透率级差小的井采用暂堵酸压或酸化；

◆ 对于长井段，纵向渗透率级差大的井采用投球分压。

投球分压
前置液
胶凝酸

中国石化 SINOPEC CORP. 第一部分 重点工作进展情况

3. 优化井口装置和生产管柱，确保安全生产

◆ 井口装置：日产量小于60万方的井，采用十字井口；60-90万立方米，采用Y型井口；大于90万方，采用Y型整体井口。

◆ 生产管柱：日产量小于90万立方米的井，采用合金钢和高抗硫油管组合的三段式管柱；大于90万立方米，采用整体合金钢管柱。

中国石化 SINOPEC CORP. 第一部分 重点工作进展情况

三、优化地面集输方案

1. 初步确定地面集输管网和站场布局方案

按照安全生产管理、控制投资的原则，通过现场踏勘和技术交流，并经过多方论证，优化了地面集输"枝状＋环状"相结合的管网布局方案，并完成了地面集输管网和站场初勘工作。

集输管网图
净化厂
普光镇
集气站
普光6井
集中油管站

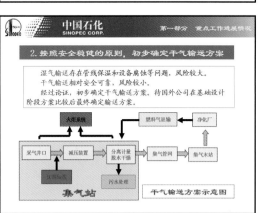

中国石化 SINOPEC CORP. 第一部分 重点工作进展情况

2. 按照安全稳健的原则，初步确定干气输送方案

湿气输送存在有管线保温和设备腐蚀等问题，风险较大。干气输送相对安全可靠，风险较小。经过论证，初步确定干气输送方案。待国外公司在基础设计阶段方案比较后最终确定输送方案。

火炬系统　燃料气返输　净化厂
采气井口 → 减压装置 → 分离计量脱水干燥 → 集气管网 → 集气末站
污水处理
集气站　干气输送方案示意图

中国石化 SINOPEC CORP. 第一部分 重点工作进展情况

3. 与八家国外公司进行地面集输技术交流，完成了基础设计发标

分别与加拿大IMV、美国LAVALIN、美国Black & Veach、加拿大GLE、美国VECO、加拿大TARTAN等8家公司就高含硫气田干/湿气输送工艺、安全控制、腐蚀监测、材料选择等方面进行了技术交流。完成了基础设计招标文件的编制，确定了六家外国公司为基础设计发标单位。7月15日完成发标，计划8月16日开标。

中国石化 SINOPEC CORP. 第一部分 普光气田产能建设进展

四、净化厂及硫磺运销

1. 净化厂选址

在对普光和罗家寨现场调研基础上，对多个备选厂址进行论证，确定赵家坝厂址；并完成厂址地形测量和地质初勘工作。

中国石化 SINOPEC CORP.

★ 洪灾对赵家坝厂址影响不大

七月上旬，普光遭受百年一遇大洪水。洪峰最高水位低于赵家坝厂址初定标高（356m）2.5米。根据设计要求，净化厂厂址平整后，场地还将在原初定标高基础上有所提高。

灾后市区
灾后净化厂厂址

中国石化 SINOPEC CORP. 第一部分 重点工作进展情况

2. 与国外九家公司进行脱硫技术交流，完成工艺包发标

分别与加拿大Lavalin、美国Black & Veach、加拿大Parsons、美国Jacobs、加拿大siirtec nigi等9家公司就脱硫工艺、硫磺回收、尾气处理、酸水气提等技术进行了交流。同时编制了工艺包招标文件，确定了五家外国公司为引进工艺包发标单位。6月8日完成了发标，计划7月28日开标。

3.硫磺运输调研

☆通过调研，拟采用公路运输或铁路专线运输，目前方案正在论证。

☆通过公路运输到达州火车站外运。

☆从净化厂新修约15公里铁路专线到宣汉火车站。

4.硫磺销售市场调研

单位：万吨

年度	需求量	国产量	进口量	备注
2004年	774	77	697	
2007年	1150	240	910	国产量包括罗家寨和普光140万吨

★需求：目前供不应求，需求逐年增加。

★市场：主要在四川、重庆、云南、贵州、山东、江苏等省。

★硫磺需求量大的公司：云南三环化工公司（133万吨/年）、贵州宏福公司（96万吨/年）、重庆涪陵化工公司（64万吨/年）、四川绵竹龙蟒集团公司（64万吨/年）、云南红磷化工公司（61万吨/年）、云南云峰化工公司（52万吨/年）。

★价格：2005-2009年预测价格约为900元/吨。

五、天然气长输管道工程

1.宣汉至东明管道

管道走向：起点四川宣汉普光镇，终点山东东明县。

输气规模：60亿立方米/年。

管径：φ864-φ762

管线长度：1270公里

设置站场：7座

目前正在组织人员优化选线。

2.宣汉至川维管道

管线已完成测定定线、踏勘和站场确定工作。

六、开展了普光3、4井酸压改造

1.普光3井（在探明含气面积之外）

★6月12日对飞三底5295.8-5349.3m酸压施工地层未压开。初步估计是由于地层致密所致。

●6月25-29日补孔再次酸压试气。

●酸压层位和井段：飞三底、飞二上部（5295.8-5382.0m）。

●6月29日用9.525mm油嘴、3mm孔板放喷求产，油压2.33MPa，日产气：1200m³，日产水：102m³。

2.普光4井

◆酸压设计已完成。6月8日南方勘探开发分公司组织胜利油田、中原油田分公司等单位在重庆对设计进行了审查。

◆目前正修路，计划7月下旬实施。

七、组织专家对方案进行咨询优化

★组织中石化、中石油系统内和有关高校30余名知名专家对方案进行了两次咨询评审，专家们提出很好的建议。

★组织有关单位编制完成了项目网络运行计划。

第二部分

普光气田整体开发概念设计

一、探明储量

1.2004年底，普光气田已探明储量1144亿立方米；

2.2006年整体探明普光气田，探明储量2100亿立方米；

3.2008年探明普光周边，探明储量1400亿立方米；

★合计探明储量3500亿立方米。

二、动用储量

★计划2006年累计探明地质储量2100亿立方米；

★结合储层预测和地震结构特征（I+II类）异常预测值，评价普光气田整体可动用地质储量为1542亿立方米。

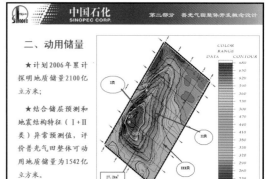

普光高含硫气田高效开发技术与实践

三、开发总目标

1. 普光气田
- 动用储量：1542亿立方米
- 可采储量：1080亿立方米
- 年产混合气量：60亿立方米
- 年产商品气量：42亿立方米
- 采气速度：3.9%
- 稳产期：10~11年
- 2007年底建成

2. 毛坝、大湾、老君作为稳产接替区

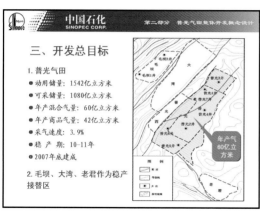

四、 开发布井方式

1. 开发井网：不规则井网。将井部署在构造高部位和有利储层发育带。

2. 井型选择：大斜度定向井为主，部分直井，试验水平井。

3. 布井方式：采用丛式井组布井。

五、开发指标

- 动用储量：1542亿立方米
- 可采储量：1080亿立方米
- 总井数：32口
- 设计井场：11座
- 单井配产：60万立方米/天
- 年产混合气量：60亿立方米
- 年产商品气量：42亿立方米
- 采气速度：3.9%
- 稳产期：11年

六、井型与井场

- 开发井32口，其中：
  直井10口，平均井深5700m；
  定向井22口，平均井深6100m；
- 钻井平台11个；
- 一个平台上新钻井2-3口，平均单井钻井周期8个月左右。

七、地面集输管网

集气站：11座
清管站：1座
集气末站：1座
集气管线：55km
井数：32口
黄线：30亿产能
黄线+红线：60亿产能

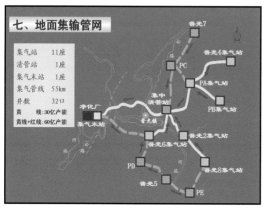

八、净化厂工程

- 装置规模：6×300万立方米/日
- 占地面积：975亩
- 搬迁户数：257户

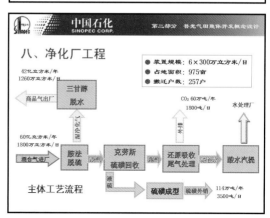

主体工艺流程

九、投资估算及经济评价

1. 钻井投资

☆井数：32口，其中
直井10口
斜井22口

☆钻井投资：
直井6694万元/井
斜井7139万元/井

☆钻前投资：
新建平台380万元/座
利用平台120万元/座

工作量及钻井投资测算

项目名称	指标
一、生产井数（口）	32
1、新钻直井（口）	10
2、新钻大斜度井（口）	22
二、可利用井数（口）	4
三、新钻井平台	7
四、钻井投资（亿元）	22.71
1、钻前工程	0.31
2、钻井工程	22.40

九、投资估算及经济评价

2. 采气工程投资

新钻井32口，采气工程投资 8.8亿元。

	项目	金额（万元/井）	备注
	合 计	2758	
材料费用	油管	1098	合金钢和高抗硫油管组合
	井口装置	317	
	井下工具	289	
	加药装置	104	
	井下监测仪器	35	井下压力、温度监测仪器安装2口井，井下腐蚀监测仪器安装3口井。费用均摊到32口井。
	合 计	1843	
投产费用	射孔	273	
	酸压	642	
	合 计	915	

九、投资估算及经济评价

3. 地面工程投资

项目类别	数量	投资（亿元）
合　计		16.90
1、集气站	11座	8.43
2、清管站	1座	0.25
3、集气末站	1座	0.56
4、管网部分	95km	4.39
5、自控系统	—	1.20
6、公用及辅助工程	—	2.07

九、投资估算及经济评价

4. 总投资

● 通过进一步优化，开发井数由36口减少到32口井，投资由97.7亿元减少到91.4亿元；

● 十亿方产能投资由16.3亿元降低到15.3亿元。

项目名称	投资额（亿元）	结构（%）
一、建设投资（亿元）	91.4	100.0
（一）开发投资	48.4	53.0
1、钻井	22.7	
2、采气	8.8	
3、地面	16.9	
（二）净化厂	43.0	47.0
二、每十亿方产能投资	15.3	
1、开发投资	8.1	
2、净化厂	7.2	

九、投资估算及经济评价

5. 成本测算

通过优化，开发井数减少，投资降低，采气生产成本有所降低，按商品气计算净化厂出口单位总成本为0.548元/方。

单位成本测算表　单位：元/方

项目名称	按混合气计算	按商品气计算
净化厂出口单位总成本	0.383	0.548
其中：操作成本	0.188	0.268
1、采气生产	0.261	0.373
其中：操作成本	0.114	0.163
2、净化成本	0.122	0.175
其中：净化经营费	0.074	0.105

九、投资估算及经济评价

6. 经济评价

计算参数：
● 天然气商品率：70%
● 硫磺价格：600元/吨
● 贷款利率：6.12%
● 评价期：2006-2025年

经济评价指标表

项目名称	单位	首站气价（元/立方米）		
		0.76	0.80	0.90
内部收益率（税后）	%	13.5	14.4	16.7
投资回收期（税后）	年	7.4	7.2	6.7

★ 中石油与川维新签供气合同的天然气到厂价为1.02元/立方米（首站气价0.9元/立方米）。

十、长输管道经济评价

■ 普光到河南、山东的管道建设项目，全长1270km，投资93.5亿元。

■ 当首站价格0.8元/立方米、管道费为0.39元/立方米、税后内部收益率12%时，河南门站价格为1.19元/立方米（略低于西气东输河南门站价格1.2元/立方米）。

■ 管道量亏平衡点为42%，保本输气量25亿立方米/年。

十一、提高单井产量方案概念设计

参考罗家寨气田酸压实施效果，单井产量若能提高到90万立方米/日。

1. 开发指标

● 动用储量：1542亿立方米
● 总井数：22口
● 设计井场：9座
● 单井配产：90万立方米/日
● 年产混合气量：60亿立方米
● 采气速度：3.9%
● 稳产期：10年

2. 经济评价

● 开发井减少10口，集气站减少2座；

● 投资减少6.4亿元；

● 内部收益率由13.5%上升到14.2%，提高0.7个百分点（气价0.76元/立方米）。

投资估算表　单位：亿元

项目名称	投资额（90万方米/井）	投资额（60万方米/井）	差额
一、建设投资（亿元）	85.0	91.4	6.4
（一）开发投资	42.0	48.4	6.4
1、钻井	15.7	22.7	7.0
2、采气	10.2	8.8	-1.4
3、地面	16.1	16.9	
（二）净化厂	43.0	43.0	
二、每十亿方产能投资（亿元）	14.2	15.2	1.1
1、开发投资	7.0	8.1	1.1
2、净化厂	7.2	7.2	

第三部分
先期30亿立方米产能建设安排

一、30亿立方米产能建设部署

- ★总井数：15口
- ★钻井平台：6个
- ★建集气站：6个
- ★建集气管线：25km
- ★净化装置：3×300万方米/日
- ★年产混合气量：30亿立方米
- ★年产商品气量：21亿立方米
- ★建成时间：2007年10月

二、地面集输

集气站	6座
集中清管站	1座
集气末站	1座
线路阀室	10座
集气管线	25km

30亿产能集气管网布局图

三、经济评价

- ● 开发井15口，6个集气站；
- ● 建设投资48.4亿元，10亿立方米产能16.1亿元，其中：

  开发投资24.4亿元，

  净化厂投资24.0亿元；
- ● 气价0.76元/立方米时，内部收益率12.8%，投资回收期7.2年。

投资估算表

项目名称	投资额(亿元)	结构(%)
一、建设投资（亿元）	48.4	100.0
（一）开发投资	24.4	50.5
1、钻井	10.7	
2、采气	4.1	
3、地面	9.6	
（二）净化厂	24.0	49.5
二、每10亿方产能投资	16.1	
1、开发投资	8.1	
2、净化厂	8.0	

四、项目实施进度安排

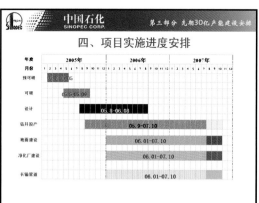

第四部分
下步重点工作

一、加强勘探开发一体化，抓好储量升级和产能评价工作

☆ 加快储量探明节奏，争取2006年上半年整体探明普光气田，为2007年整体投产创造条件；

☆ 勘探开发有机结合，加快普光3、4井的酸压改造，积极准备普光5、6、7井的酸压改造，进一步落实单井产能，尽快取全取准资料。

二、加强储层预测研究，培育高产井

★ 加大前期研究投入，加强与国内外的技术合作，搞好储层预测等平行研究，深化对Ⅰ、Ⅱ储层纵横向展布特征的认识，搞清高孔、高渗储层发育带，培育高产井；

★ 深化气藏工程研究，优化方案设计，为优化投资、提高效益提供技术支撑。

三、尽快确定国外合作伙伴和合作内容

◇ 组织好钻采、地面集输、净化厂的出国技术考察，尽快确定合作伙伴、合作内容和关键技术；

◇ 聘请国外有高含硫气田管理经验的咨询公司作顾问，引进并制定高含硫气田的QHSE管理体系，确保安全生产。

四、尽快启动钻井和地面工程

◆ 进一步与当地政府结合，做好供水、供电、征地和居民搬迁准备工作；

◆ 尽快确定先期30亿立方米产能建设方案，启动钻井工程，争取第一批6口井9月份开钻；

◆ 在完善方案设计，做好安评、环评的前提下，地面集输和净化厂工程早日开工。

五、尽快确定关键管材、设备的供货单位和时间

● 根据产能建设时间安排，充分考虑供货周期，早发标、早定货，确保按时引进管材（特别是油、套管）和净化厂的脱硫塔、蒸汽透频机等关键设备；

● 评价井普光5、6、7井按开发井要求完井，气层段选用双抗合金钢套管。

六、尽快组织60亿方产能和长输管道项目的立项

根据党组"加快川东北天然气开发"的会议精神，到2007年底建成60亿立方米规模产能及向河南山东供气长输管道。考虑到时间紧，任务重，应尽快组织60亿立方米产能和长输管道项目的立项。

七、下半年投资需求

1、前期研究：1500万（储层预测平行研究、增产技术研究、硫沉积研究、腐蚀机理研究、酸压改造、安全控制系统研究等）

2、安评等18项评价：650万元

3、新钻6口井：安排20000万元（含钻前）

4、普光2井酸压改造：915万元

5、地面工程可研、勘察：3790万元（可研900万元、勘察2890万元）

6、征地、搬迁：16420万元（征地11250万元、搬迁5170万元）

■ 合 计：43275万元

建议

■普光气田建设的供水、供电、征地和居民搬迁以及今后的开发离不开当地政府的支持。

■达州市提出要利用资源优势，"十一五"规划建设合成氨、二甲醚、发电等项目，对天然气提出了较高的需求。

■向达州供气问题建议及早研究。

请各位领导批评指正！

普光高含硫气田高效开发技术与实践

附录3. 关键评审意见

一、普光气田滚动开发方案初审会会议纪要

中国石油化工股份有限公司 油田勘探 开发事业 部文件

石化股份油天[2005]147 号

关于印发普光气田
滚动开发方案初审会会议纪要的通知

中原油田分公司：

　　2005 年 6 月 30 日-7 月 1 日，油田勘探开发事业部在北京组织专家对普光气田滚动开发方案进行了初步审查。与会专家认为，普光气田开发要坚持总体规划，分步实施。在总体规划指导下，编制优化 30 亿方产能建设方案；同时要处理好气藏、钻采、地面集输、脱硫净化厂建设相结合的原则，以提高项目的总体经济效益和保证气田安全生产。7 月 20 日集团公司总经理总裁联席办公会听取了加快普光气田开发建设的汇报，会上明确了先期建设 30 亿方产能建设的方案，并以此作为钻采工程、地面集输工程和脱硫净化厂建设的依

据。现将普光气田滚动开发方案初审会会议纪要印发给你们，请按照集团公司联席会精神和方案审查纪要，抓紧优化总体方案和30亿方方案，做好实施准备。

二〇〇五年九月二十六日

主题词：普光　开发　会议纪要　通知

普光气田滚动开发方案初审会
会议纪要

时间：2005 年 6 月 30 日-7 月 1 日

地点：北京吐哈石油宾馆 623#会议室

主持人：股份公司副总工程师何生厚（专家组组长）

参加人：专家组名单见附件

为了抓好普光气田开发方案的编制工作，及时了解开发方案等编制情况。油田勘探开发事业部组织专家对普光气田滚动开发方案进行了初步审查。与会专家认真听取了方案汇报，并分气藏地质和气藏工程研究、钻采工程方案和地面集输工程等三组进行了讨论和审查。最后专家组组长、副总工程师何生厚进行总结认为，该项目组针对普光气田的气藏及地面条件，进行了大量的调研工作，吸收借鉴了国内外先进的工艺技术，开展了必要的研究实验工作，并进行了一定的计算分析，整体方案基本可行。同时为了进一步修改和完善该方案，也提出了修改意见。现将会议纪要如下：

（1）气田构造认识基本清楚，普光气田内部北断层在地震剖面上有显示，并有两口井钻遇，较为落实。

（2）应用储层反演、地震数据体结构特征法对普光气田储层进行了预测，可以指导开发方案设计。

（3）根据新增资料，计算了气田可动用储量为 $952 \times 10^8 m^3$。

（4）在没有试采资料的情况下，利用试井解释及相关气藏工程方法对气井产能进行了评价，制定的开发技术政策基本符合气藏地质情况，为滚动开发方案设计提供了依据。

（5）专家组提出如下修改意见，请中原油田以此为依据，对报告进行修改完善。

普光气田开发要坚持总体规划，分步实施。在总体规划指导下，编制优化 30 亿立方米产能建设方案；同时要处理好气藏、钻采、地面集输和净化厂建设相结合的原则，以提高项目的总体经济效益和保证气田安全生产。

（一）气藏地质和气藏工程设计

（1）深入开展气田分类储层预测、成岩后生作用研究和高产带分布规律研究，为优化井位设计和提高单井产能提供依据。

（2）强化气藏储层识别和飞仙关组与长兴组之间隔层分布研究，进一步确定气藏类型，为正式开发方案设计提供依据。

（3）加强气井产能测试，利用完钻井加快实施储层酸压改造，尽快落实气井产能，为气藏工程设计提供可靠依据。

（4）尽快落实天然气中有机硫含量。在普光 4 井酸压后尽快取样，分析天然气中有机硫含量等，为净化厂设计提供基础资料。

（5）气藏开发方案部署应考虑兼顾长兴组的开发接替。

（6）进一步论证已完钻的探井可利用性。

（7）在五个方案中原则同意方案 3。在方案 3 的基础上，优化设计 30 亿立方米产能建设方案，并以此作为钻采、地面集输和脱硫厂设计的基础；方案设计不考虑预备井。

（8）加强相似气藏的调研和类比，研究相似气藏的递减规律，以指导方案设计和开发指标的预测。

（9）在适当部位要论证试验水平井方案。

（二）钻采工程方案

1. 钻井工程

（1）井身结构方案：表层下到 500m，二开采用 ϕ 314.1mm 钻头下入 ϕ 273.1mm 小接箍技术套管，技术套管不考虑防硫管材。三开采用 ϕ 241.3mm 钻头下入 ϕ 177.8mm 生产套管，以保证生产套管的固井质量，各层套管下入深度及原则不变。

（2）要求采用防硫的井控装置。

（3）补充三个地层压力剖面曲线。包括孔隙压力曲线、坍塌压力曲线及破裂压力曲线，以指导钻井工程设计。

（4）全井使用 ϕ 139.7mmG105 钻杆。

（5）钻井设计尽快到现场踏勘，根据井位设计确定优化的井场位置，并进行井位优化和井身轨迹的优化设计。井口位置及井身轨迹设计要考虑地层自然造斜能力。定向井造斜点位置尽可能下移为原则，避开须家河段，同时增加气层段的井眼长度。

（6）增加方案说明。主要内容包括已完井情况分析，国内外先进技术调研的结论，方案重点部分的补充说明。

（7）完善优快钻井技术方案，提出具体实施措施。重点开展应用垂直钻井技术、乳化石蜡基润滑防塌剂（可替代润滑剂，具有防塌、封堵和保护储层的作用）、高效钻头优选、扩眼钻井技术等较成熟的新技术。

（8）钻井过程中，同井场的老井必须井下关闭。

2. 采气工程

（1）针对普光气田长井段、碳酸盐岩的射孔问题，进一步研究明确不同条件下的射孔方式。

（2）加快对岩芯改造和泥浆堵塞解堵方法的实验研究，优选酸液体系，原则上要采用小型酸压或大型酸压投产，以提高产量，并对返排的酸液明确处理方法。

（3）鉴于固定式井下测试仪器成本高，只考虑毛细管测压，不配套温度测试。

（4）针对措施施工、完井投产等不同工序，确定不同的井下管柱。

（5）进一步开展腐蚀研究，完善腐蚀配套技术。

（6）对于修井、安全防护参照国标和行业标准，并将标准作为引用。修井过程中，同井场的生产井必须井下关闭。

（三）地面集输

1. 总体方案

（1）应结合天然气产量为 60 亿立方米/年的总体设想方案，提出 30 亿立方米/年的地面集输方案。

（2）集输系统点多、面广，又是高含 H_2S、高含 CO_2 天然气，因而安全措施更为重要。

（3）在保证安全的前提下，应尽可能地减少投资，以提高气田开发的效益。

2．集气工艺

（1）建议对干气集输工艺和湿气集输工艺进行从工艺到配套系统的深入论证和比较。从气田的井口产量、集输距离、地形高差等特点出发，综合考虑安全因素和经济因素。

（2）完善集气工艺方案，从减少地面处理设备、减少可能泄漏点出发，尽可能地减少集气站场的建设、简化工艺流程和井场设施。

（3）集输工艺方案，亦可采用干法和湿法结合方案，宜适度集中布置脱水站，如 PB 集气站、普光 2、普光 6 等的脱水集中到下游站统一进行。脱水后天然气的露点温度应以满足管输要求为准。

（4）补充加热炉与电伴热保温两种加热方式的比较。

3．集输管网

（1）原三个集输管网方案缺乏可对比性。应从气田地理特点、施工难度、总体投资、操作费用等方面进行管网方案的比较和优化。

（2）补充有关地形图、矿权线边界条件等资料。

（3）集气管道、集气设施的选用应充分考虑对井口产气量、压力等变化的适应性，考虑适当的操作弹性（南部高产区可能单井产能超过 60 万立方米/日）。

（4）进一步论述清管设施、清管站的设置。

4．污水处理

（1）落实污水水质分析数据，如硫化氢浓度、矿化度等。

（2）补充污水处理达标排放的方案。

（3）完善罐车拉运污水方案的安全性措施，细化对污水稳定工艺方案的论述。

（4）完善污水回注方案，落实回注污水的质量标准

5．安全、消防与应急方案

（1）慎重处理对站场和管道周围警戒区域的划分，应以相关法律法规及有关研究数据、结果为依据。

（2）在目前尚无相关行业标准的情况下，可参考并与中石油相关标准一致。

（3）结合地区性应急中心的建设，完善应急反应系统的设置。

（4）集输系统的安全控制系统要纳入到一个整体系统中考虑，如地面站场与管道运行的安全、通球系统与站点设置的安全等，应尽可能减少地面设施的设置，减少泄漏点。

（5）站场消防道路要考虑大功率消防车通道。

6．防腐及腐蚀控制

（1）考虑阴极保护的安全措施。

（2）完善腐蚀控制方案。

7．自动控制与泄漏监测

统筹考虑整个气田的自动控制系统，重点完善泄漏监测系统、

异常报警与 ESD 紧急关断系统，保留必要的参数监测与传输系统，简化其它的自动控制系统。

8. 尚需开展的工作及研究

（1）开展回注方案的选井、选层、回注指标等论证工作。

（2）开展缓蚀剂的评价与筛选工作。

（3）对高含 H_2S、高含 CO_2 天然气在高压下的相态及腐蚀机理进行研究。

（4）开展输送、处理高含硫、CO_2 混合天然气的材料腐蚀机理研究。

（5）进行高含硫天然气输送经济管径与合理流速的研究。

（6）考察研究硫化氢监测技术。

二〇〇五年七月二十五日

附件:

专家组名单

专家组组长：何生厚

气藏工程组组长：宋万超

  蔡希源 石兴春 张 勇 任玉林 郭 平 袁向春

  郭旭升 刘正中 张数球

钻采工程组组长：何生厚

  沈 琛 刘汝山 苏长明 李真祥 胥 云 卢世红

  牛新明

地面集输工程组组长：任继善

  刘 岩 陈庚良 李春福 罗东明 朱 玲 陈运强

  许乐林 魏玉洪 徐正斌 聂仕荣

中国石油化工股份有限公司 油田勘探开发事业部文件

石化股份油天〔2006〕84 号

关于印发普光气田（60 亿方/年）开发方案审查会专家组评审意见的通知

中原油田分公司：

2006 年 5 月 15-16 日，油田勘探开发事业部在北京组织专家对普光气田（60 亿方/年）开发方案进行了审查。与会专家认为，本方案吸收借鉴了国内外先进的工艺技术，开展了必要的研究和实验工作，整体方案基本可行。同时，与会专家对进一步优化和完善该方案提出了修改意见。

现将普光气田（60 亿方/年）开发方案审查会专家评审意见印发给你们，请按照总部领导的安排和方案评审意见，进一步修改和完善该开发方案，编制好实施方案，加强安全和环保工作，加强施工过程中监督管理，保证工程按期投产。

（此页无正文）

二〇〇六年五月二十六日

主题词：普光　气田　开发　审查　通知

石化股份公司油田勘探开发事业部办公室　2006年5月26日印发

《普光气田（60亿立方米/年）开发方案》审查会

专家组评审意见

时　间：2006年5月15~16日
地　点：北京香山饭店二楼多功能厅
主持人：股份公司副总工程师何生厚（专家组组长）
参加人：专家组名单见附件

为了抓好普光气田（60亿立方米/年）开发方案编制工作，以指导普光气田开发。油田勘探开发事业部组织专家对普光气田开发方案进行审查。与会专家认真地听取了方案汇报，并分①开发地质、气藏工程和污水回注方案组、②钻采工程组、③地面及配套工程和经济评价三组进行了认真讨论和审查。最后专家组进行总结认为，方案编制组针对普光气田实际情况，进行了认真地调研工作，吸收借鉴了国内外先进的工艺技术，开展必要的研究实验工作，整体方案基本可行。同时为了进一步修改和完善该开发方案，也提出了修改意见，形成如下评审意见。

一、推荐方案要点

1. 开发地质。普光气田飞仙关-长兴组发育巨厚的浅滩—生物礁体，储层物性好，天然气中甲烷平均含量75.52%、H_2S为15.16%、CO_2为8.64%，为常压低温系统，是一个受构造-岩性控制的、似块状的孔隙型高含硫干气藏。气田含气面积45.58km^2，探明地质储量$2510.70 \times 10^8 m^3$。

2. 气藏工程。方案设计优先动用普光2块优质地质储量$1764.33 \times 10^8 m^3$。采用衰竭式开采，一套开发层系，不规则井网、丛式井组布井方式，井距800~1150m，部署开发井30口，其中9口直井，20口斜井，1口水平井，设计9个井场，平均单井配产$60.7 \times 10^4 m^3/d$，建成年产能力$60 \times 10^8 m^3$，采气速度3.4%，稳产期11年。在气田开发时，考虑探井转开发井利用，在上述方案基础上，普光2、普光4、普光5、普光6井利用，平均单井配产$40 \times 10^4 m^3/d$，初期增加年生产能力$5 \times 10^8 m^3$，开发方案总井数达到（30+4）口，年生产能力达到（60+5）$\times 10^8 m^3$规模，保障普光气田$60 \times 10^8 m^3/$年的长期稳定供气。

3. 钻井工程。针对普光气田的特点，采用丛式井钻井技术，并实施整套防斜打快钻井技术。须家河以上地层推广采用空气钻井方式，并使用空气锤；在三开进入海相地层后推广使用顶驱，PDC钻头加复合驱钻井技术，缩短钻井周期。为了保证和延长气井的寿命，生产套管在井底以上800m左右主要储层井段（即封隔器以下井段）使用双防合金钢管材（3G），其他井段使用VM110SS高防硫进口套管。

4. 采气工程。采用高镍基合金油管（3G）完井管柱，采气井口及井下配套工具采用（3G）材质，考虑到采用酸压后投产方式，井口装置压力等级选用105MPa，井下工具压力等级为70MPa。应用节点分析方法，分析了气井产量与井底流压、井口压力、井口温度、油管尺寸的关系，确定了定产量的气井工作制度，选择外径为88.9mm油管为主要生产管柱。

5. 集输工程。采用湿气输送方案，井口天然气进集气站加热、节流、计量，分别经集气干线（南线21.1亿管径DN400＋北线38.9亿管径DN500）进集气末站，集中分水后输往净化厂，9座集气站依托钻井井场而建。

气田控制中心设在净化厂中控室，井口和切断阀室远程终端装置（RTU）设置在井口和线路阀室，ESD系统与SCADA系统集成设计，在站场及RTU室设置泄漏监测点。

站内外输送管道材料均选用抗硫碳钢管材，压力容器采用内涂层防腐和工艺防腐，管道采用夹克聚氨酯泡沫外防腐保温层，并设牺牲阳极保护系统。集输管道投产前用缓蚀剂预膜处理，投产后定期清管，设置挂片试样、氢探针、电阻探针等在线腐蚀监测系统，井口、支干线注喷缓蚀剂。

由主通信方式、备用通信、移动抢修通信组成完整的通信网络，站场、输气管道沿线紧急疏散区域内的村庄和1个镇安装紧急疏散广播预警系统。

集气末站水源依托天然气净化厂，其余各站采用地下水源井。气田初期预计最大污水产量约210m³/d，集中在末站分离，污水经闪蒸脱出H_2S后全部回注地层，分离出的H_2S送到净化厂的低压酸气系统集中处理。

由净化厂附近110/35kV变电所提供35kV电源，出线2回，在气田内部连通，互为备用。

建设进站矿场道路60km，道路等级四级，站场周围设防水墙、分水护坡，设置管线水保系统。

二、总体评价

1. 气田构造、储层特征和气藏类型等认识比较清楚，为气田开发方案设计奠定了地质基础。

2. 应用储层反演、地震数据体结构特征法对普光气田储层和含气性进行了预测，动用储量较可靠。建立了气田三维地质模型，为井位优化设计和数值模拟预测提供了依据。

3. 充分利用现代试井技术手段及气藏工程理论方法，确定的气井产能比较合理，其研究成果对进一步认识储层、评价和预测气井产能具有重要意义。

4. 气藏开发方式、层系划分、井网部署、合理产量确定、技术经济界限和气藏采收率等论证符合气藏实际。

5. 优先开发动用普2块，共设计了3套开发方案，应用数值模拟技术，预测了不同方案开发指标，优选出60亿立方米/年方案作为推荐方案，方案整体可行。

6. 钻采工程方案做了认真细致的调查研究工作，收集大量资料，分析总结了区域地质特点，依据地质和气藏工程方案的要求，对井身结构、套管设计、钻头选型、钻井液体系、固井方案、井控要求、完井管柱、射孔工艺、增产工艺、防腐工艺、动态监测方案等进行了充分的论证，整体方案设计基本合理、可行，具有较强的可操作性。

7. 经济评价方法正确，参数选择依据充分，评价结果稳妥、可靠。

三、专家组建议

（一）开发地质和气藏工程

1. 加强普3断块和普2块边部储量的动用可行性研究，为方案的稳产和扩大产能做好准备。

2. 加快气藏边部薄层水平井的现场应用，并开展水平井酸压工艺的攻关和试验。

3. 补充完善取资料要求，重点是有机硫含量和试气等资料。对单井产能进行深入评价，准确确定单井产能。

4. 加快高压物性资料的录取和分析，为产水率的预测提供依据，研究预测分年度产水量，并落实净化厂的污水处理方案及废水规模。

5.尽快确定回注井井位，组织现场建井工程和试注，取得污水回注方案编制需要的准确资料。

（二）钻井工程和采气工程

1.关于井身结构：

（1）技术套管下深以封住须家河二段含气层为原则。

（2）按照有关规定和上部地层裂缝发育特点，明确表层套管下深原则。

（3）导管下深要坐入基岩10m以下。

2.关于固井方案：

（1）明确各层套管水泥浆都要返至地面。

（2）7in生产套管回接段不用胶乳水泥浆体系，用防气窜高强度水泥浆体系。生产套管回接点应在技术套管鞋处200m以上，确保固井质量。

（3）生产套管固井水泥浆体系中要考虑水泥石的防腐问题，降低水泥石的渗透率，水泥浆中加入5%~10%的微硅、10%~15%的硅粉。

3.关于泥浆体系：

（1）不能使用环保要求中明令禁止的处理剂。

（2）限制对产层发现有影响的处理剂的使用，限制不利于产层改造的处理剂使用，三开段禁止使用重晶石粉，应用铁矿粉作为加重剂。

4.在钻井工艺上，明确上部陆相地层首选采用空气钻井技术，其次选用垂直钻井技术，海相地层使用PDC复合钻井技术。

5.进一步优化各井井位的布置方案，充分利用地层自然造斜规律和有利于完井中的酸压改造增产措施。

6.生产管柱全部使用高等级合金钢，满足气井长期安全生产的需要；

7.射孔、酸压工艺是提高普光碳酸盐岩气井产能的关键技术，优化完善射孔、酸压工艺，确保气田合理、高效开发；完井投产中能达到产量要求的井可不进行酸压改造。

8.加强硫沉积形成机理与预测方面的研究，为气田开发过程中防硫沉积工艺提供依据。

9.探井利用存在投资费用高，利用风险大的问题，开发方案暂缓考虑探井利用的问题，应对所有探井逐口井进行分析研究，提出转生产井的修复方案。

10.加快撬装脱硫装置的交流与引进工作。

11.加强钻采与地面集输的结合，提高气田开发总体方案经济效益和保证气田安全生产。

12.研究解除钻井中泥浆污染的解堵体系和工艺技术。

13.暂不考虑一个平台钻井过程进行投产测试的方案，待一个平台所有井钻井完成后，再进行逐井投产。

14.需要进一步完善的几个方面：

（1）完善HSE管理要求。细化井场泥浆池的建造要求；井队配备齐全呼吸器；建立健全应急预案，完善一警一预案的要求。

（2）完善空气钻井后防止井漏，提高地层承压能力的措施。

（3）完善空气钻井钻穿须家河低产气层的技术措施和安全预案。

（4）完善技术套管防气窜、防止井漏的技术方案。

（5）补充定向井井身质量标准，明确提出生产套管用微牙痕的套管钳上扣。

（6）加快一次统一投产的方案的编制工作。

（7）污水回注井尽可能集中并抓紧论证。

（三）地面集输

1. 应在符合安全距离要求的基础上，尽量利用钻井平台的征地面积建设集气站。

2. 进一步优化集输管网，探讨将目前的清管站单独建设改为与P2站合建的可行性。

3. 普光气田净化厂、集输井站和湿气集输管道应依据中国石化安 [2006] 252号文件《关于切实加强川东北地区勘探开发安全环保监督管理工作的通知》，分别按800m、300m和100m的安全距离设防。在此基础上落实搬迁人员工作量。

4. 建议集气末站考虑周边气田的开发，设置预留集气干线进气阀组。

5. 完善投产燃料气气源方案，论证利用双庙1井天然气、中石油天然气以及LNG、LPG等的可行性。

6. 建议进一步完善地面集输站场、集气管线等防"山体滑坡"的设计。

7. 建议采用带有压降速率感测装置的紧急关断阀，设置腐蚀监测短管，及早进行缓蚀剂筛选。

（四）系统公用工程

1. 按照建设达州基地与现场调度中心的格局，合理确定二者的功能和规模，统筹考虑建设达州基地，压缩现场调度中心。要进一步研究细化，单项报批。

2. 建议专题研究污水处理与处置方案，寻求减少净化厂废水量的途径，加快开展污水试注试验。

3. 建议实行清污分流、污污分流：生活污水处理后达标排放，净化厂污水尽量处理后循环使用，气田采出水处理后回注。

4. 排放方式：应对周边工业排放的纳污水沟调研，落实统一进入纳污水系的可行性。

5. 通信系统应尽量利用公网设施，不搞小而全建设。达州基地和现场调度中心的管理系统不能重复建设。

（五）经济评价

1. 投资估算总体偏高，与上一版本相比增加了6亿元，建议在满足安全环保要求的前提下，进一步优化方案、降低投资。

2. 具体建议：

（1）钻采部分建议有关部门尽快制定普光地区定额标准，作为投资测算的依据。

（2）集输部分要合理界定引进设备的范围，有关设计标准要进一步论证和优化。

（3）公用工程投资测算偏高，有较大的优化降低投资的空间。铁路专运线工程和大件运输建议采用招标方式选择队伍，降低投资。净化厂护坡等有关土建费用偏高，要进一步细化工作量，优化方案，铁路专用线要单项报批。

附件：专家组分组及成员名单

专家组组长：何生厚

开发地质、气藏工程和污水回注方案组：石兴春（组长） 李阳 张勇 孟伟 袁向春

　　　　许卫平 李国雄 李广月 张数球

钻采工程组：沈琛（组长） 常子恒 刘汝山 曾庆坤 苏长明 李真祥 牛新明 李宗田

　　　　杨玉坤 毛克伟 郝志强

地面及配套工程和经济评价组：朱玲（组长） 刘岩 李克明 游开诚 任继善 贾士超

　　　　陈江之 罗东明 范承武 王世清 刘应红 赵晓宁 聂仕荣 张艳

中国石油化工股份有限公司油田勘探开发事业部文件

石化股份油天〔2006〕170号

关于印发《普光气田主体开发方案》
专家组评审意见的通知

中原油田分公司：

　　根据普光气田开发和川气东送工程总体部署安排，2008年底建成产能120亿方。2006年8月18-19日，中石化油田勘探开发事业部组织气藏、钻采、地面及经济等专业有关专家组成专家组，对中原油田分公司提交的《普光气田主体开发方案》进行了审查。与会专家认真听取了方案汇报，并分气藏地质和气藏工程、钻采工程、地面集输及公用工程、经济评价四个专业组对方案进行了认真讨论和审查，形成一致意见。与会专家认为，本方案吸收借鉴了国内外先进的工艺技术，开展了必要的研究和实验工作，整体方案基本可行。同时，与会专家对进一步优化和完善该方案提出了修改意见。

现将《普光气田主体开发方案》专家组评审意见印发给你们，请按照总部领导的安排和方案评审意见，继续开展国内外调研工作，做好试验和研究工作，进一步优化和完善该开发方案，提高项目的安全性和经济性，为 2008 年底工程按期投产奠定坚实的基础。

二〇〇六年八月三十日

主题词：普光　气田　主体　开发　审查　通知

石化股份公司油田勘探开发事业部办公室　2006 年 8 月 30 日印发

391

附录 3 · 关键评审意见

《普光气田主体开发方案》专家组审查意见

时　　间：2006年8月18~19日

地　　点：九华山庄十六区第92会议室

主 持 人：股份公司副总工程师何生厚（专家组组长）

根据总部对普光气田开发和川气东送工程总体安排，2008年底建成$120 \times 10^8 \mathrm{m}^3$的产能。油田勘探开发事业部组织气藏、钻采、地面及经济等有关专业专家组成审查组，对中原油田分公司提交的《普光气田主体开发方案》进行了审查。与会专家听取了方案汇报，并分气藏地质和气藏工程、钻采工程、地面集输及公用工程、经济评价四个专业组对方案进行了认真讨论和审查，形成如下评审意见：

一、推荐方案要点

1. 普光气田飞仙关和长兴组气藏是一个受构造–岩性控制的孔隙型高含硫化氢、中含二氧化碳气藏，气田已探明含气面积$45.58 \mathrm{km}^2$，地质储量$2510.70 \times 10^8 \mathrm{m}^3$；初步计算普光8–普光9井区新增地质储量$303.1 \times 10^8 \mathrm{m}^3$，合计地质储量$2813.80 \times 10^8 \mathrm{m}^3$。本方案共动用天然气地质储量$2568.9 \times 10^8 \mathrm{m}^3$，设计采用衰竭式开采，一套开发层系，不规则井网、丛式井组布井方式，部署开发井52口，设计16个井场，平均单井配产$70 \times 10^4 \mathrm{m}^3/\mathrm{d}$，建成产能$120 \times 10^8 \mathrm{m}^3$。

2. 布井方式采用丛式井组，每个平台钻井3~4口井，井口间距10m；直井、定向井皆采用三级井身结构，水平井采用四级井身结构；采用射孔完井、射孔与测试联作、酸压生产一体化投产方式，地面与地下采用两级安全阀控制系统。

3. 集输系统依托丛式井场建设集气站，采用湿气集气工艺，在集气末站集中分水后，酸气送至净化厂进行净化，污水集中处理后回注。同时配套建设道路、供电、通讯、自控、消防、气防、铁路专用线等公用工程。

4. 普光气田主体开发建成$120 \times 10^8 \mathrm{m}^3$产能需总投资为2669267万元，根据投入与产出对应的原则，计入本次$120 \times 10^8 \mathrm{m}^3$规模产能建设经济评价的总投资为2611180万元。税后财务内部收益率为13.9%，投资回收期为7.3年，十亿方产能建设投资为18.7亿元。

二、总体评价

1. 气藏地质和气藏工程。

气田构造、储层特征和气藏类型的认识比较清楚；在未进行试采的情况下，充分利用现代试井技术手段及气藏工程理论方法，初步确定了气井产能。同时设计了3套开发方案，并优选出$120 \times 10^8 \mathrm{m}^3/\mathrm{a}$方案作为推荐方案，方案整体可行。

2. 钻采工程。

依据地质和气藏工程方案的要求，对井身结构、套管设计、钻头选型、钻井液体系、固井方案、井控要求、完井管柱、射孔工艺、增产工艺、防腐工艺、动态监测方案等进行了充分论证，整体方案设计基本合理、可行，具有较强的可操作性。

3. 地面集输及公用工程。

方案设计确定的建设规模和布局合理，提出的加热保温湿气集输、采用抗硫碳钢集输管道和缓蚀剂等控制腐蚀、污水集中处理和回注、自控系统等方案基本可行。

地面系统公用工程报告内容全面，达到方案编制要求。规模布局基本合理、可行。

4. 经济评价。

经济评价遵循国家和中国石化有关规定，方法正确，模型合理，主要参数选取适当，计算结果体现了稳健性原则。总体上投资还需进一步优化调整，重新测算经济评价指标。

三、专家组建议

1. 气藏地质和气藏工程。

进一步深化气田范围内储层展布、储层特性、流体性质以及含气范围外的水体的研究；进一步论证普光气田新设计的7个开发井台，研究利用普光901和普光10井两口探井井台的可行性；加强高含硫气田流体高压物性、硫沉积机理和渗流机理实验研究；尽快在净化厂附近部署1口污水回注井，对上部陆相地层进行储层预测、储层物性、敏感性分析研究，并进行试注，为进一步完善污水回注方案提供依据。

2. 钻采工程。

深化钻井工艺技术研究；细化丛式井防碰设计；细化固井方案的研究；要专题研究探井的再利用问题；对丛式井平台，要做好事故状况时的具体保护措施和安全预案；按照尽量简化生产管柱的原则，对现有的井下生产管串做进一步的优化；深化硫沉积和水化物形成机理研究，制定相应的工艺技术措施。

3. 地面工程。

进一步做好地面集输系统和公用工程的优化设计工作；深化研究、细化镍基合金复合管集气管道试验段的实施方案；落实气田采出污水和净化厂回注污水的水质数据，以确定污水处理工艺，并加紧开展缓蚀剂筛选工作；补充应急救援中心安全环保方案及设施等。

4. 经济评价。

经济评价应充分体现本阶段工程技术方案优化的成果，主要经济评价指标应有所改善；按照安全、从紧的原则调整投资；经济评价应对有关参数进行规范调整。

附件：

一、《普光气田主体开发方案》四个专业组评审意见

二、《普光气田主体开发方案》审查会专家组分组及成员名单

专家组长签字：何生厚

二〇〇六年八月十九日

附件一：《普光气田主体开发方案》四个专业组评审意见

气藏地质和气藏工程组评审意见

2006年8月18-19日，中石化股份公司油田部组织专家，对中原油田分公司提交的《普光气田主体开发方案》进行了审查。气藏地质和气藏工程组专家听取了方案汇报，并进行了认真讨论，形成如下评审意见。

一、推荐方案要点

1. 普光气田为一大型长轴断背斜，下三叠统飞仙关组三段顶面构造埋深-4240m；飞仙关、长兴组分别为浅滩、礁滩相碳酸盐岩沉积，储层在普光2-普光6井区最厚，厚达411m，向四周变薄；储层物性较好，Ⅰ+Ⅱ类储层占70%以上；天然气中甲烷平均含量75.52%、H_2S平均含量为14.28%、CO_2平均含量为10.02%；普光2、普光3块气水界面分别为-5229m、-4990m。飞仙关和长兴组气藏是一个受构造-岩性控制的孔隙型高含硫化氢、中含二氧化碳气藏。

2. 气田已探明含气面积45.58km²，地质储量$2510.70 \times 10^8 m^3$，初步计算普光8-普光9井区新增地质储量$303.1 \times 10^8 m^3$，合计地质储量$2813.80 \times 10^8 m^3$。其中普光断层与普光7断层夹缝带内的储量$244 \times 10^8 m^3$因缺乏测试资料暂不动用，共动用天然气地质储量$2568.9 \times 10^8 m^3$，储量动用率91.3%。

3. 方案设计采用衰竭式开采，一套开发层系，不规则井网、丛式井组布井方式，井距800～1300m，部署开发井52口，其中利用探井2口（普光8、普光101井），新钻井50口（直井14口，斜井24口，水平井12口），设计井场16座（利用探井井场7座，新增井场9座），平均单井配产$70 \times 10^4 m^3/d$，建成年产能力$120 \times 10^8 m^3$，采气速度4.7%，稳产期6年。

二、总体评价

1. 以三维地震、测井、录井、分析化验、试气等大量资料为基础，对气田构造、储层特征和气藏类型的认识比较清楚，为气田开发方案设计提供了地质基础。

2. 在未进行试采的情况下，充分利用现代试井技术手段及气藏工程理论方法，初步确定了气井产能。完成了气藏开发方式、层系划分、井网部署、产量确定、技术经济界限和气藏采收率论证，共设计了3套开发方案，在综合评价的基础上，优选出$120 \times 10^8 m^3/a$方案作为推荐方案，方案整体可行。因缺乏试采资料，单井产能存在一定风险。

3. 根据环保要求，编制了污水回注方案，待试注后进行实施。

三、专家组建议

1. 进一步深化气田范围内储层展布、储层物性以及含气范围外的水体的研究，为产能建设井位部署和边水能量大小确定提供依据。

2. 进一步论证普光气田新设计的7个井台（P8、P9、P101、PF、PG、PH和PI井台），研究利用普光901和普光10井两口探井井台的可行性。

3. 加强高含硫气田流体高压物性、硫沉积机理和渗流机理实验研究，以完善开发技术措施。

4. 尽快在气田净化厂附近部署1口污水回注井，对上部陆相地层进行储层预测、储层物性、敏感性分析研究，进行试注，为进一步完善污水回注方案提供依据。

气藏地质和气藏工程组组长：李阳

二OO六年八月十九日

钻采工程专家组评审意见

2006年8月18~19日，中石化股份公司油田部组织专家，对中原油田分公司提交的《普光气田主体开发方案》进行了审查，钻采工程组专家听取了普光气田钻采工程方案汇报后，进行了认真的分组讨论，形成了一致的评审意见。

一、钻采工程方案要点

1. 布井方式采用丛式井组，每平台钻井3~4口井，井口间距10米。井身轨迹的设计考虑地层自然造斜规律的影响。

2. 直井、定向井采用三级井身结构，即表层套管下过河床以下100m，下深700~1000m；$10^3/_4$ in 技术套管封过须家河组高压气层；采用7 in生产套管。各层套管水泥均返至地面。水平井设计四级井身结构，采用$5^1/_2$ in尾管完井。技术套管以变密度双凝防气窜一级固井方式为主，7 in生产套管采用旋转尾管固井工艺，主要封固井段采用胶乳水泥浆体系。

3. 生产套管考虑防硫化氢和二氧化碳腐蚀问题。阻流环至产层顶以上200m采用抗硫化氢和二氧化碳的VM825−110金属气密封扣合金钢套管，其他井段采用VM110SS进口抗硫金属气密封扣套管。

4. 钻井液体系。二开井段应用两性金属离子聚磺非渗透钻井液，三开应用聚硅醇非渗透钻井液。定向井、水平井的斜井段采用聚硅醇非渗透强润滑钻井液体系。采用非渗透技术与屏蔽暂堵技术相结合进行储层保护。

5. 普光气田主体采用射孔完井方式。设计了三种完井管柱：全部采用G3合金油管完井管柱、加注溶硫剂的完井管柱和测试完井管柱。油管外径88.9mm，丝扣为金属气密封扣。采气井口材料级别为HH级，井下配套工具为718材质，井口装置压力等级选用105MPa，井下工具压力等级为70MPa，产层顶部下永久式封隔器。井筒环空加缓蚀剂保护套管和油管。

6. 采用射孔与测试联作，酸压生产一体化投产方式。储层改造采用胶凝酸液体系和多级注入闭合酸压工艺；采用无固相压井液，提高压井液屏蔽暂堵性能。

7. 采用地面与地下两级安全阀控制系统，对异常高压、低压、火灾及硫化氢气体泄漏等情况实现自动关井控制，确保安全生产。

8. 试井测试工艺及解释方法；重点井采用永置式实时井下监测系统监测井下压力、温度，在井口设置腐蚀监测点和压力、温度监测点。

二、总体评价

专家组认为，钻采工程方案编制组做了认真细致的调查研究工作，收集大量资料，分析总结了区域地质特点，在对国内外同类气藏开发情况调研考察和室内研究的基础上，解决了普光气田钻采工程中的一系列技术难题。依据地质和气藏工程方案的要求，对井身结构、套管设计、钻头选型、钻井液体系、固井方案、井控要求、完井管柱、射孔工艺、增产工艺、防腐工艺、动态监测方案等进行了充分的论证，整体方案设计基本合理、可行，具有较强的可操作性，同意整体方案设计。

三、专家组建议

普光气田气藏高含H_2S和CO_2，气藏埋藏深，开发过程中安全环保标准高，钻采工程应充分考虑到地层的复杂性、腐蚀环境恶劣、单井产量高等因素，为此专家组提出以下意见：

1. 关于固井方案：

（1）水平井采用筛管顶部注水泥完井方式，$7\frac{5}{8}$in生产套管于完井后回接。

（2）技术套管采用TP110SS防硫套管。

（3）生产套管固井水泥浆体系中要考虑水泥石的防腐问题，降低水泥石的渗透率，水泥浆中加入5%~8%的微硅。

（4）技术套管固井采用低密度加高密度高强度防气窜水泥浆体系，下套管前按照固井设计进行承压堵漏。

2. 在钻井工艺上，上部陆相地层采用气体钻井技术并配用空气锤。完善气体钻井后转换泥浆的技术方案和措施。在钻井工程设计中明确定向井、水平井套管防磨技术措施。在落实管材的基础上，采用$13\frac{5}{8}$in的表层套管，并相应增大二开钻头尺寸。

3. 细化丛式井防碰设计。一开、二开钻具配用无磁钻铤，一开井段每50～100m单点测斜一次，二开井段每100～200m单点测斜一次，如果发现两井轨迹有靠近的趋势，应加密测斜，及时调整方位。

4. 对于探井的利用，要逐井做专题讨论。

5. 加强普光气田主体的岩芯分析评价，搞清普光气藏岩石性质和黏土含量，开展有针对性的入井液评价试验。对于普光厚储层，可通过避射差层为以后分段酸压提供条件。选用深穿透射孔弹。

6. 按照尽量简化生产管柱的原则，对现有的井下生产管串做进一步的优化。

7. 深入研究普光储层特征和流体性质，以及硫沉积和水化物形成的机理，制定相应的技术措施。

8. 对丛式井平台，若一口井出现险情，其他井如何进行有效的保护需开展研究，提出具体的保护措施和安全预案。

钻采工程组组长：沈琛

二〇〇六年八月十九日

地面集输专家组评审意见

2006年8月18~19日，中石化股份公司油田部组织专家，对中原油田分公司提交的《普光气田主体开发方案》进行了审查。地面集输组专家听取了方案汇报，并进行了认真讨论，形成如下评审意见。

一、推荐方案要点

设计集气规模为含硫混合气$120 \times 10^8 m^3/a$（$3637 \times 10^4 m^3/d$）。依托丛式井场建设集气站，采用湿气集气工艺、辐射与枝状结合集气管网，经三条集气干线进入集气末站后集中分水，分水后的酸气（压力8.3~8.5MPa、温度30~40℃）送至净化厂进行净化，污水输送至污水站处理后回注。

井口针形阀至井口加热炉节流阀之间的管道设计压力30MPa、设计温度80℃、采用镍基合金复合管；节流阀之后的酸气管道系统设计压力10MPa、设计温度60℃、采用"抗硫碳钢+缓蚀剂"管材、保温管道；燃料气返输管道设计压力4.0MPa、设计温度常温；集气站设计压力等级为10MPa。

设置"监控及数据采集（SCADA）+紧急关断（ESD）"自动化系统、"光缆数字传输网络+WIMAX无线备用"通信系统、紧急反应预案（ERP）/紧急反应区域（EPZ）以及腐蚀监测与控制其他系统，集输系统外部电源采用35kV架空线路接自220kV/35kV变电所的35kV母线上，集气站内设35kV/0.4kV直配变压器。

二、总体评价

地面工程根据气田开发方案和气质特征，借鉴国外成熟技术，对系统布局、集气工艺、腐蚀监测与控制、污水处理，以及供水、通信、自控等配套系统方案进行了研究，报告内容全面，达到了方案编制要求。

方案设计确定的建设规模和布局合理，所提出的加热保温湿气集输、采用抗硫碳钢集输管道，通过连续加注缓蚀剂、定期清管和腐蚀检测等措施控制腐蚀，污水集中处理和回注，自控系统方案等基本可行。

三、专家组建议

1. 建议井口针形阀至井口ESD阀之间的设计压力由30MPa提高到最高关井压力45MPa，井口ESD阀至井口加热炉节流阀之间的管道设计压力按最高流动压力30MPa设计。

2. 进一步调研论证集气站采用移动设施处理返排酸化压裂液的可行性。

3. 对于没有边水或底水的集气站，建议取消单井计量前的分离器，对井口采出气进行混合计量。

4. 酸气管道订货技术要求中应强调冶炼夹杂物的形态控制要求，以满足抗HIC（氢诱导腐蚀）的需要。

5. 进一步研究、细化镍基合金复合管集气管道试验段的实施方案，对复合钢管的基体钢管，建议按GB/T 9711.3—2005/ISO3183.3进行选择。

6. 深入调研集气管道的泄漏检测工艺，以选择成熟可靠的方式。

7. 应对管线隧道穿越地区地下水系统进行调查，并明确施工中遇水层时的堵水方案。

8. 补充完善隧道建设中的废渣利用与处置方案。

9. 进一步落实气田采出污水和净化厂回注污水的水质数据，以确定污水处理工艺；并加紧开展缓蚀剂筛选工作。

10. 优化集气末站与污水处理站的平面布置。污水处理站污水罐应增加防护堤，并引至污水池，以避免事故时污染地表水。

11. 对集输系统外部电源35kV供电电压等级的必要性进行论证。

12. 抓紧进行污水试注，确定合理的注水压力。

地面集输工程组组长：戴颂周

二〇〇六年八月十九日

地面系统公用工程专家组评审意见

2006年8月18~19日，中石化股份公司油田部组织专家，对中原油田分公司提交的《普光气田主体开发方案》进行了审查。地面系统公用工程组专家听取了方案汇报，并进行了认真讨论，形成如下评审意见。

一、推荐方案要点

1. 普光气田采用双电源供电，在净化厂附近建220kV/35kV变电所，外部电源分别引自宣汉变和亭子变220kV变电所。

2. 后河作为净化厂的主要取水水源，经管线输送至净化厂，拟在取水处建低坝取水系统。取水规模$6 \times 10^4 m^3/d$，经2条2.5kmϕ820×10的螺旋缝钢管输送至净化厂。

3. 普光气田外部通信系统采用24芯光纤通信方式，自长输管线首站直埋光缆120km至达州基地，负责气田天然气净化厂、气田地面集输、生产管理中心、自动化管理系统与川东北达州基地之间的通信链接。

4. 生产管理中心的信息管理系统分别从地面集输控制系统和净化厂中央控制系统中获取数据，并将有关数据分别传至川东北达州基地、应急救援中心站。

5. 建设应急救援中心站一座，主要负责普光气田主体集输系统和净化厂的消防、气防和紧急救援任务。

6. 在土主乡附近建设普光气田生产管理中心，以满足采气、集输、公用工程、净化厂、长输管道等人员生活及办公的需要，占地面积约42亩，建筑面积27125m^2。

7. 在达州建设川东北达州基地，以满足中原油田、齐鲁石化公司、南方勘探开发公司、天然气分公司、西部石油工程管理中心等单位的生产、办公和生活需要，占地面积约75亩，地上建筑面积67800m^2，地下建筑面积10000m^2。

8. 建设起于襄渝铁路宣汉站，止于普光气田净化厂的铁路专用线，线路全长7.7km。

9. 按照大件设备（最大件长27m，直径4.25m，车货总重335t）运输要求，对川维码头和川维码头至普光天然气净化厂沿途道路的部分设施进行改造，采用辅助措施通行43座桥梁，加固37座桥梁。

10. 地面集输系统、净化厂、川气东送管道的控制系统根据各自的功能分别进行控制，相互间可进行数据交换。

二、总体评价

地面系统公用工程为普光气田地面集输及天然气净化厂的外部系统配套工程，对道路、供电、给排水、应急救援中心、通信、自控、川东北达州基地、普光气田生产管理中心、铁路专用线、大件运输等系统方案进行了研究。

报告内容全面，达到了方案编制要求。规模布局基本合理、可行。

三、专家组建议

1. 建议有关单位、部门加强协调，进一步核实净化厂的消耗水量和用水性质，以确定适宜的设计取水规模，并核实净化厂清净废水排放量，尽可能减少排放量。

2. 对普光气田外部供电系统220kV电压等级的必要性进行论证。

3. 取消铁路施工用电专用线。

4. 补充应急救援中心安全环保方案及设施。

5. 补充符合安全环保要求的钻井固废、废液处理方案。

6. 补充利用达州新建燃气发电站作为第三电源的可行性方案论证。

7. 调查论证普光气田净化厂第二水源方案的可行性。

地面系统公用工程组组长：戴颂周

二〇〇六年八月十九日

经济组评审意见

2006年8月18-19日，中石化股份公司油田部组织专家，对中原油田分公司提交的《普光气田主体开发方案》进行了审查。经济组专家听取了方案汇报，并进行了认真讨论，形成如下评审意见。

一、方案要点

普光气田主体开发建成120亿立方米产能需总投资为2669267万元，其中：勘探已发生投资189832万元、新增投资为2479435万元；分项新增投资为：建设投资2295435万元、建设期利息137946万元和流动资金46054万元；分项新增建设投资为：开发直接投资1026494万元（其中钻井投资427341万元、采气工程投资268060万元、地面建设投资331093万元）、净化厂投资1030256万元、公用工程及其他投资为238685万元。根据投入与产出对应的原则，计入本次120亿立方米规模产能建设经济评价的总投资为2611180万元。

评价期内按平均每商品当量单位成本619元/千立方米、商品气含税价980元/千立方米、硫黄价格400元/吨计算，税后财务内部收益率为13.9%，财务净现值174166万元，投资回收期为7.3年，建成十亿方产能开发建设投资（包括开发直接投资、净化厂和公用工程）为18.7亿元。项目不但具有较好的直接经济效益，还具有很好的社会效益。

二、专家组评估意见

经济评价遵循国家和中国石化有关规定，方法正确，模型合理，主要参数选取适当，计算结果体现了稳健性原则。总体上投资还需进一步优化调整，重新测算经济评价指标。

三、专家建议

1. 经济评价应充分体现本阶段工程技术方案优化的成果，主要经济评价指标应有所改善。

2. 按照安全、从紧的原则调整投资。钻井工程要体现新工艺、新技术的应用，合理确定钻井周期和空气钻、测录井、取芯及钻前等费用，建议尽快审定造价管理中心编制的《川东北石油专业工程定额》，并按审定后的定额重新调整投资；采气工程应按直井、定向井和水平井分别对单井采气费用进行详细测算，并对射孔和酸压投资进行核实；气田地面集输工程适当调减二、三类费用及站外道路和主干线投资；公用工程部分应进一步深化，并细化调整单项投资估算。

3. 经济评价应对有关参数进行规范调整。勘探损益部分、地面工程折旧、建设期管理费用等按照有关规定调整；油气处理费、井下作业费、测井试井费等单项成本，要进一步调研，合理取值。净化厂投资按产能规模进行合理分摊。

经济评价组组长：贾士超

二〇〇六年八月十九日

附件二：《普光气田主体开发方案》审查会专家组分组及成员名单

专家组组长：何生厚

专家顾问组：宋万超　吕连海　赵厚学　李克明　任继善

开发地质　气藏工程方案组：

　　组　　长：李　阳

　　副组长：石兴春

　　成　员：张　勇　张永刚　许卫平　史云清　李国雄　钱　勤　刘金连　李广月　张数球
　　　　　　周德华

钻采工程组：

　　组　　长：沈　琛

　　副组长：刘汝山

　　成　员：常子恒　牛新明　薛承瑾　赵晓宁　苏长明　李宗田　李真祥　马利成　毛克伟

地面集输及公用工程组：

　　组　　长：戴颂周

　　副组长：王世清

　　成　员：游开诚　范承武　王立坤　黄廷胜　聂仕荣　刘峻峰　闫　彦

经济评价组：

　　组　　长：贾士超

　　副组长：陈江之

　　成　员：付守平　郭　丽　李芳鹏　张　艳　刘应红　姜　详　王有青　王志远

中国石油化工股份有限公司油田勘探开发事业部文件

石化股份油天〔2008〕37 号

关于印发《普光气田主体开发调整（优化）方案》评审意见的通知

中原油田普光分公司：

　　根据普光气田开发总体安排，油田勘探开发事业部于 2008 年 3 月 31 日组织有关专家组成专家组，听取了你公司关于《普光气田主体开发调整（优化）方案》的汇报，并就有关问题进行了讨论和评议，形成了专家组评审意见。

　　现将《普光气田主体开发调整（优化）方案》评审意见印发给你们，请按照评审意见精神，加强前期研究工作，加强边水分布范围、水体大小和活跃程度的研究，系统分析边、底水对气藏开发指标的影响，及时优化设计，进一步优化完善《普光气田主体开发（优化）方案》。

二〇〇八年四月　日

《普光气田主体开发调整（优化）方案》评审意见

中石化油田勘探开发事业部于 2008 年 3 月 31 日在北京组织专家对《普光气田主体开发调整（优化）方案》进行了评审。评审组在认真听取汇报后，进行了讨论。认为方案组在新完钻井资料的基础上，做了大量研究工作，深化了地质认识，取得了很好的成果。优化方案体现了少井高产、效益优先的原则，方案调整（优化）依据充分。

一、方案要点

1. 气田构造落实，构造格局基本没有变化，整体构造表现为与逆冲断层有关、西南高北东低、NNE 走向的大型长轴断背斜型构造。

2. 储层物性整体较好，储层平均孔隙度为 7.85%。纵向上飞一二中、下段储层物性好于其它层系，平面上构造高部位储层物性好于边部。

3. 储层非均质性认识进一步深化。已完钻 23 口开发井，单井钻遇气层厚度变化较大。主体南部相变边界清楚。飞仙关组储层连通性较好，长兴组储层连通性较差。

4. 气水关系认识更清楚。飞仙关组与长兴组为不同的气水系统，普光 2 块与普光 3 块气水系统也不同。普光 2 块飞仙关组气水界面 -5125m，长兴组内部具多套气水系统，最深为 -5230m。普光 3 块飞仙关组气水界面 -4890m。

5. 评价普光气田主体动用储量为 $1811.06 \times 10^8 m^3$。其中普光 2 块动用储量为 $1746.70 \times 10^8 m^3$；普光 3 块动用储量为 $63.36 \times 10^8 m^3$。

6. 优化后，部署井台 18 座，开发井 40 口，其中利用探井 1

口。普光 2 块平均单井配产 $80 \times 10^4 m^3/d$，普光 3 块平均单井配产 $50 \times 10^4 m^3/d$；设计建成天然气产能 $105 \times 10^8 m^3/a$，采气速度 5.8%，预测气田稳产期 3 年。

7. 方案优化后，按照现行价格计算，开发直接投资为 1037179 万元，与原可研投资 980815 万元相比，增加 56364 万元，与中期评估投资 1043269 万元相比，减少 6090 万元。

二、评审组意见

评审组认为方案整体可行，建议加强以下工作：

1. 进一步完善开发调整方案，加强地质建模和数值模拟跟踪研究。按照两个产能台阶开发，前 3 年按照 5%－6% 的采速开发，第二个产能台阶按照 3.5%－4% 的采速开发，稳产期达到 8－10 年。

2. 普光 203－2H 待邻井实施后，根据实钻情况进行优化。

3. 在生产准备允许的条件下，在 6 口待钻井中，优选 1 到 2 口井进行大井眼试验，培育高产井。

4. 加强前期研究工作，尽快启动以气藏工程和采气工程为重点的研究工作，为全面投产做好准备。

5. 加强边水分布范围、水体大小和活跃程度的研究，系统分析边、底水对气藏开发指标的影响，及时优化设计。

6. 补充完善整体经济评价方案，分析投资变化原因。

7. 以本次评审井位部署优化成果为基础，进一步优化完善《普光气田主体开发（优化）方案》。

评审组组长（签字）：何生厚

2008 年 3 月 31 日

附件:

专家组名单

何生厚（组长）　孔凡群　刘　岩　石兴春　沈　琛　刘汝山
刘一江　王寿平　罗东明　疏壮志　曾大乾　史云清　牛新明
张数球　聂仕荣　周德华

中国石油化工股份有限公司油田勘探开发事业部文件

石化股份油天〔2006〕246 号

关于印发《普光气田 P101-2H 等 6 口开发井井位设计》及《普光气田污水回注井井位设计》评审意见的通知

中原油田分公司：

　　根据普光气田开发的总体安排，2008 年底完成普光气田建成 120 亿方产能建设任务。2006 年 12 月 21 日，油田勘探开发事业部组织有关专家组成专家组，听取了你公司关于《普光气田 P101-2H 等 6 口开发井井位设计》及《普光气田污水回注井井位设计》的汇报，并就有关问题进行了讨论和评议，专家组认为：普光气田构造、储层及气水关系认识较清楚，提出的 6 口开发井井位设计原则和思路是正确的，同意六口开发井的井位设计。同时原则同意回注 2 井的井位设计，并建议将该井位优化部署在净化厂东北部，并组织实施，开展系统的试注试验工作；考虑到回注 1 井地质构造复杂，暂不实施．

　　现将《普光气田 P101-2H 等 6 口开发井井位设计》及《普光气田污水回注井井位设计》评审意见印发给你们，请按照评审意见精神，进一步优化开发井井身轨迹，同时开展其它地区回注层的优选工作，精心组织、精心施工，切实搞好跟踪研究工作．

二〇〇六年十二月二十二日

普光高含硫气田高效开发技术与实践

《普光气田 P101-2H 等 6 口开发井井位设计》评审意见

中石化股份公司油田部组织专家组于 2006 年 12 月 21 日在重庆市对《普光气田 P101-2H 等 6 口开发井井位设计》进行审查，专家组成员对井位设计进行了认真讨论和评议，形成评审意见如下：

一、依据普光气田新钻井资料，进一步深化了气田主体构造、储层、气水分布等认识。根据地质研究新成果，设计了普光 101-2H、106-1、105-1、203-1、204-2、305-2 6 口开发井井位。其中，普光 203-1、204-2、305-2 井钻穿长兴组气层完钻；普光 101-2H、106-1、105-1 井钻穿飞仙关组气层完钻。专家组认为，构造、储层及气水关系认识较清楚，提出的设计原则和思路是正确的，同意六口开发井的井位设计。

二、专家组建议

1. 进一步结合新井实施情况，采用多方法研究储层的展布，为优化井身轨迹提供充分依据。

2. 考虑水平井尽量钻遇 I、II 类气层，进一步优化 P101-2H 井井身轨迹。同时，普光 105-1 井兼探长兴组气层，以落实该井区长兴组含气情况。

3. 为落实裂缝分布及气水分布特征，建议边部井加测核磁共振。

4. 普光 1 井交南方勘探开发分公司进一步试气，以落实普光 3 块地质储量和产能。

《普光气田污水回注井井位设计》评审意见

中石化股份公司油田部组织专家组于 2006 年 12 月 21 日在重庆市听取了《普光 3 井回注试验总结》，根据《普光气田污水回注方案》，对《普光气田污水回注井位设计》进行审查。专家组成员对井位设计进行了认真讨论和评议，形成评审意见如下：

本次试注试验测试了普光 3 井三个层段的吸水指数、启动吸水压力等参数，达到了试注的目的和要求。

依据普光气田主体及周边钻井资料，开展土主地区构造、储层分布等研究工作。根据地质研究新成果，设计了回注 1 井、回注 2 井。

专家组建议：

一、原则同意回注 2 井的井位设计，建议井位优化部署在净化厂东北部，并组织实施，开展系统的试注试验工作；考虑到回注 1 井地质构造复杂，暂不实施。

二、同时开展其他地区回注层的优选工作，利用毛开 1 井开展试注试验，优选毛坝地区回注层；为普光气田长期开发提供后备储水库；

三、进一步修改完善普光气田污水回注方案。

专家组名单：

何生厚（专家组组长）　石兴春　刘一江　史云清　李国雄
曾大乾　牛新明　张数球　刘传喜　李昌鸿　吴亚军　周德华
刘峻峰

（注：为体现原始资料，附录中部分资料仍用"方"代表"立方米"）

参考文献

[1] 何生厚，曹耀峰等.普光高酸性气田开发.北京：中国石化出版社，2010

[2] 钱治家，郭平译等.酸气开发设计指南.北京：石油工业出版社，2003

[3] 陈京元等.罗家寨气田飞仙关组气藏高产井培育分析.天然气工业，2004.24（4）：65-67

[4] 彭英等.中坝气田某气藏高效开发经验.天然气勘探与开发，2004.12

[5] 王玉普，郭万奎等译.气藏工程.北京：石油工业出版社，2007

[6] 谢兴礼，朱玉新等.气藏产能评价方法及其应用.天然气地球科学，2004.6

[7] 刘月田，蔡晖，丁燕飞等. 不同类型气藏生产效果评价指标及评价标准研究.天然气工业，2004，24（3）：102-104

[8] 张旺青，刘阳平，程超，李华，等.储层相控随机建模研究 [J].断块油气田，2008，15（5）

[9] 于兴河，李胜利，赵舒，陈建阳，侯国伟.河流相油气储层的井震结合相控随机建模约束方法 [J].地学前缘，2005.4.

[10] 朱怡翔，张明禄，王根久，李胜利，郭建林.苏里格气田相控建模及有利储层预测 [J].中国石油勘探，2004.1.

[11] 潘少伟，杨少春，杨柏，黄建廷，段天向. 相控建模技术在江苏油田庄2断块中的应用 [J].天然气地球科学，2009.6.

[12] 严申斌，李少华，邓恒. 相控储层建模在胜南油田的应用 [J].断块油气田，2008.1.

[13] 夏明军等.普光气田长兴组台地边缘礁、滩沉积相及储层特征.天然气地球科学.2009.08.549-557.

[14] 钱峥.碳酸盐岩成岩作用及储集层.石油工业出版社.2000.

[15] 司马利强.碳酸盐岩储层测井评价方法及应用.石油工业出版社.2009.

[16] 肖立志.核磁共振测井原理与应用.石油工业出版社.2007.

[17] 孙耀庭.普光气田储层特征及测井解释方法.石油天然气学报.2008.02.ISSN 1000-9752.

[18] 彭鑫岭，张世民等.普光气田气井投产层段优化方法与效果.天然气工业，2011，31（5）：61-63

[19] 郭海敏著，生产测井导论，北京：石油工业出版社，2010

[20] 王敬农，鞠晓东，毛志强等.石油地球物理测井技术进展 [M].北京：石油工业出版社，2006

[21] 马永生，刘 波，梅冥相等译.碳酸盐岩层序地层学—近期进展及应用 [M].北京：海洋出版社，2002

[22] 马永生主译.碳酸盐岩微相——分析、解释及应用 [M].北京：地质出版社，2006

[23] 裘亦楠，薛叔浩，应凤祥等.油气储层评价技术 [M].北京：石油工业出版社，2001

[24] 陆基孟，王永刚，任甲祥等.地震勘探原理 [M].山东东营：中国石油大学出版社，2009

[25] 庞彦明，黄德利，刘云燕等译.使用开发地震 [M].北京：石油工业出版社，2001

[26] 钱荣钧，王尚旭，詹世凡，等.石油地球物理勘探技术进展 [M].北京：石油工业出版社，2006

[27] 林昌荣，孙立春，崇仁杰. 地震数据结构特征与油气预测.中国海上油气（地质），2000，14（6）：417~421

[28] 刘伟方，于兴河，黄兴文等.利用地震属性进行无井条件下的储层及含油气预测.西南石油学院学报，2006，28（4）：22~25

[29] 林昌荣，王尚旭，马在田等. 地震数据体结构特征时空关系与油气预测.石油勘探与开发，2009，36（2）：208~215

[30] 唐海，汪全林，彭鑫岭. 川东宣汉地区飞仙关组裂缝特征及成因研究. 西南石油大学学报 2011年第4期

[31] 王小鲁，许正豪，李江涛等. 水驱多层砂岩气藏射孔层位优化的实用方法. 天然气工业，2004，24（4）：57-59

[32] 李文魁，周广厚，毕国强等. 涩北气田排水采气优选模式. 天然气工业，2009，29（4）：60-63

[33] 李阳，王大锐，张正卿等译. 油藏评价一体化研究 [M]. 北京：石油工业出版社，2003

[34] 穆龙新，赵国良，田中元等. 储层裂缝预测研究 [M]. 北京：石油工业出版社，2009

[35] 王玉普，郭万奎，庞颜明等译. 气藏工程 [M]. 北京：石油工业出版社，2007

[36] 彭鑫岭，曾大乾，张世民. 普光气田高含硫化氢气井开发测井工艺优选与应用. 天然气工业 2012 Vol. 32（11）：32-35

[37] 齐真真，赵永刚等. 利用产出剖面分析合采产出效果，天然气工业，2010 Vol. 30（12）：41-43

[38] 刘能强编著. 实用现代试井解释方法. 北京：石油工业出版社，2008

[39] [美] 阿曼纳特U. 乔德瑞. 国外油气勘探开发新进展丛书（五）气井试井手册. 北京：石油工业出版社，2008

[40] 郭海敏著. 生产测井导论. 北京：石油工业出版社，2010

[41] 裴亦楠，薛叔浩等. 油气储层评价技术. 北京：石油工业出版社，2001

[42] 马永生主译. 碳酸盐岩微相—分析、解释及应用. 北京：地质出版社，2006

[43] 唐泽尧主编. 气田开发地质. 北京：石油工业出版社，1997

[44] 洪有密主编. 测井原理与综合解释. 北京：中国石油大学出版社，2005

[45] 刘成川，向 丹，黄大志. 川东北普光构造三叠系飞仙关组台缘鲕滩储层特征，天然气工业. 2005 25（7）

[46] 强子同. 碳酸盐岩储层地质学 [M]. 东营：石油大学出版社，1998. 347-354.

[47] 刘成川，向 丹，黄大志. 川东北普光构造三叠系飞仙关组台缘鲕滩储层特征 [J]. 天然气工业，2005，25（7）：54-56.

[48] 陈更生，曾 伟，杨 雨，杨天泉，王兴志. 川东北部飞仙关组白云石化成因探讨. 天然气工业，2005，25（4）：40-41.

[49] 苏立萍，罗平，罗忠等. 川东北飞仙关组鲕粒滩储层特征研究 [J]. 天然气工业，2005，25（6）：14-17.

[50] 钱峥. 川东石炭系碳酸盐岩沉积环境探讨 [J]. 天然气工业，1999，19（4）：19-23.

[51] 王恕一，蒋小琼，管宏林等. 川东北普光气田鲕粒白云岩储层粒内溶孔的成因 [J]. 沉积学报，2010，28（1）：10-16.

[52] 张学丰，胡文宣，张军涛. 白云岩成因相关问题及主要形成模式 [J]. 地质科技情报，2006，25（5）：32-39.

[53] 王恕一，蒋小琼. 川东北地区普光气田飞仙关组储层孔隙演化 [J]. 石油实验地质，2009，31（1）：26-30.

[54] 李振宏，杨永恒. 白云岩成因研究现状及进展 [J]. 油气地质与采收率，2005，12（2）：5-8.

[55] 魏国齐，杨威，张林等. 川东北飞仙关组鲕滩储层白云石化成因模式 [J]. 天然气地球科学，2005，16（2）：162-165.

[56] 陶士振，邹才能，张宝民. 川东北飞仙关鲕滩气藏储层流体包裹体与成藏特征 [J]. 矿物岩石地球化学通报，2006，25（1）：42-48.

[57] 王寿平，孔凡群，彭鑫岭，张世民. 普光气田开发指标优化技术. 天然气工业 2011 Vol. 31（03）：5-8

[58] 马波，冉崎，罗礼军. 川东北部地区飞仙关组鲕滩储层量化预测技术. 天然气勘探与开发，2004 27（3）

[59] 曾云贤，杨雨，刘微. 川东北部飞仙关组鲕滩气藏储层裂缝发育特. 天然气勘探与开发，2003 26（4）

[60] 齐真真，赵永刚等. 利用产出剖面分析合采产出效果. 天然气工业，2010 Vol. 30（12）：41-43

[61] 刘能强编著. 实用现代试井解释方法. 北京：石油工业出版社，2008

[62] 何生厚. 普光高含H_2S、CO_2气田开发技术难题及对策 [J]. 天然气工业，2008，28（4）：82-85.

[63] 张庆生，吴晓东，魏风玲等. 普光高含硫气田采气管柱的优选 [J]. 天然气工业，2009，29（3）：91-93.

[64]] 魏风玲，姚慧智，魏鲲鹏等. 普光高含硫气田完井工艺技术研究与应用 [J]. 断块油气田，2009，16（4）：132-133.

[65] 朱光有，张水昌，李剑等. 中国高含硫天然气的形成及其分布. 石油勘探与开发，2004，31（3）：18-21

[66] 马永生. 四川盆地普光超大型气田的形成机制. 石油学报，2007，28（2）：9-12

[67] 李士伦，杜建芬，郭平等. 对高含硫气田开发的几点建议. 天然气工业，2007，27（2）：137-140

[68] 曾时田. 高含硫气井钻井、完井主要难点和对策. 天然气工业，2008，28（4）：52-55

[69] 夏明军，曾大乾. 普光气田长兴组台地边缘礁、滩沉积相及储层特征. 天然气地球科学，2009（20）4：549-556

[70] 林昌荣，王尚旭，马在田等. 地震数据体结构特征时空关系与油气预测. 石油勘探与开发，2009，36（2）：208~215

[71] 王道成，李闽. 天然气启动压力梯度实验研究. 钻采工业

[72] 依呷，唐海. 低渗气藏启动压力梯度研究与分析. 海洋石油

[73] 许建红，钱俪丹. 储层非均质对油田开发效果的影响. 断块油气田

[74] 聂锐利，卢德唐. 气井动态产能预测方法研究. 天然气工业

[75] 张烈辉，李成勇. 高含硫气藏气井产能试井解释理论. 天然气工业

[76] 张世民，彭鑫岭等. 普光气田大湾区块开发（优化）方案 [R]. 内部资料，2008.

[77] 孔凡群，王寿平，曾大乾等. 普光高含硫气田开发关键技术 [J]. 天然气工业，2011 Vol. 31（03）：1-4.

[78] 何生厚，孔凡群，王寿平等. 普光气田高效井设计技术 [J]. 中国工程科学，1009-1742（2010）10-0024-05.

[79] 何生厚，曹耀峰. 普光高酸性气田开发 [M]. 北京：中国石化出版社，2010

[80] 赵海洋，邬蓝柯西，刘青山等. 不同完井方式下水平井不稳定产能研究 [J]. 西南石油大学学报（自然科学版）2012 34（5）：133-136.

[81] 靳秀菊，毕建霞，刘红磊等. 水平井优化设计技术在普光气田产能建设中的应用 [J]. 天然气工业，2011 Vol. 31（05）：58-60.

[82] 曾大乾，彭鑫岭，刘志远等. 普光气田礁滩相储层表征方法 [J]. 天然气工业，2011 Vol. 31（03）：9-13.

[83] 强子同. 碳酸盐岩储层地质学 [M]. 北京：中国石油大学出版社，2007.

[84] 何生厚. 高含硫化氢和二氧化碳天然气开发工程技术 [M]. 北京：中国石化出版社，2008.

[85] 王春江，杨玉坤. 普光气田钻井井身结构优化及管材优选技术 [J]. 中国工程科学，1009-1742（2010）10-0039-05.

[86] 石俊生，古小红，王木乐等. 普光高含硫气田裸眼水平井投产工艺技术 [J]. 天然气工业，2012 Vol. 32（1）：71-74.

[87] 赵立强，李年银，李文锦等. 普光气田大型酸压改造技术 [J]. 天然气工业，2007 Vol. 27（7）：4-7.

[88] 李 津，孙 渊，张成利. 地震属性参数神经网络油气预测应用研究 [J]. 西安石油学院学报，1999，14（6）：17-19

[89] 郭淑文. 二维叠前模式识别方法研究 [J]. 石油地球物理勘探，2008，43（3）：313-317

[90] 郑春雷，史忠科. 基于神经网络的油气预测方法 [J]. 西北工业大学学报，2003，21（5）：574-577

[91] 刘伟方，于兴河，黄兴文等. 利用地震属性进行无井条件下的储层及含油气预测 [J]. 西南石油学院学报，2006，28（4）：22-25

[92] 刘雯林. 油气田开发地震技术 [M]. 北京：石油工业出版社，1996

[93] 王振国，陈小宏，王学军等. AVO 方法检测油气应用实例分析 [J]. 石油地球物理勘探，2007，42（2）：194-197

[94] 顾功叙. 顾功叙文集 [M]. 北京：地质出版社，1999.

[95] 黄绪德. 油气预测与油气藏描述 [M]. 南京：江苏科学技术出版社，2003

[96] 刘文岭，李 刚，夏海英. 地震波形特征分析定量描述方法 [J]. 大庆石油地质与开发，1999，18（4）：44-46

[97] 邓聚龙. 灰色系统基本方法 [M]. 武汉：华中理工大学出版社，1987

[98] 邓聚龙. 灰色预测与决策 [M]. 武汉：华中理工大学出版社，1986

[99] 邓聚龙. 灰色控制系统 [M]. 武汉：华中理工大学出版社，1985

[100] 邓聚龙. 灰色理论基础 [M]. 武汉：华中理工大学出版社，2003

[101] 林昌荣，王尚旭，夏 强. 川东北地区飞仙关组地震反射特征及地震相分析 [J]. 油气田地面工程，2007，26（4）：10-12

[102] 林昌荣，王尚旭，马在田等. 地震数据体结构特征时空关系与油气预测 [J]. 石油勘探与开发，2009，36（2）：208-215

[103] 林昌荣，王尚旭，张骥东. 储层物性参数预测技术在大牛地气田开发中的应用 [J]. 天然气工业，2007，27（ZB）：44-47

[104] 林昌荣，孙立春，崇仁杰. 地震数据结构特征与油气预测 [J]. 中国海上油气（地质），2000，14（6）：417-421

[105] 岑芳，赖枫鹏，姜辉等. 改进定容含硫气藏储量计算方法 [J]. 石油与天然气地质，2007，28（3）：320-323

[106] 杨学锋. 高含硫气藏特殊流体相态及硫沉积对气藏储层伤害研究 [D]. 成都：西南石油大学，2006

[107] 杨学锋，黄先平，杜志敏等. 考虑非平衡过程元素硫沉积对高含硫气藏储层伤害研究 [J]. 大庆石油地质与开发 2007，26（6）：67-70

[108] 朱光有，张水昌，李剑等. 中国高含硫化氢天然气的形成及其分布 [J]. 石油勘探与开发，2004，31（3）：18-21

[109] 李云波，李相方，姚约东等. 高含硫气田开发过程中H_2S含量变化规律 [J]. 石油学报，2007，28（6）：99-102

[110] 曾平，赵金洲，周洪彬等. 高含硫气藏元素硫沉积对储集层的伤害 [J]. 石油勘探与开发，2005，32（6）：113-115

[111] 钟太贤，袁士义，周龙军等. 含硫天然气相态及渗流 [J]. 石油勘探与开发，2004，31（5）：109–111

[112] 王琛. 硫的沉积对气井产能的影响 [J]. 石油勘探与开发，1999，26（5）：56–58

[113] 杜志敏，张勇，郭肖等. 高含硫气藏中的硫微粒运移和沉积 [J]. 西安石油大学学报，2008，23（1）：69–72

[114] 付德奎，郭肖，邓生辉. 基于溶解度实验的硫沉积模型及应用研究 [J]. 西南石油大学学报，2007，29（1）：57–59

[115] 张勇，杜志敏，杨学锋等. 高含硫气藏气–固两相多组分数值模型 [J]. 天然气工业，2006，26（8）：93–95

[116] 杜志敏. 国外高含硫气藏开发经验与启示 [J]. 天然气工业，2006，26（12）：35–37

[117] 郭肖，杜志敏，陈小凡等. 高含硫裂缝性气藏流体渗流规律研究进展 [J]. 天然气工业，2006，26（1）：30–33

[118] 杨学锋，胡勇，黄先平等. 高速非达西流动时元素硫沉积模型研究 [J]. 天然气地球科学，2007，18（5）：764–767

[119] 曾平，李治平. 高含硫气藏地层硫沉积预测模型 [J]. 试采技术，2004，25（4）：12–14

[120] 欧成华，胡晓东，万红心. 含硫气藏元素硫沉积及防治对策研究 [J]. 钻采工艺，2005，28（6）：86–89，92

[121] 马永生，郭旭升，郭彤楼等. 四川盆地普光大型气田的发现与勘探启示 [J]. 地质论评，2005，51（4）：477–480.

[122] 马永生，蔡勋育，李国雄. 四川盆地普光大型气藏基本特征及成藏富集规律 [J]. 地质学报，2005，79（6）：858–865.

[123] 司马立强，赵冉，王培春，谭勇. 普光缝洞性储层流体性质测井判别适应性 [J]. 西南石油大学学报，2010，32（1）：11–15.

[124] 张岩，郑智君，鲁改欣. 三维地质建模与数值模拟技术在裂缝型有水气藏开发中的应用 [J]. 天然气地球科学，2010，21（5）：863–867.

[125] 石晓燕. Petrel 软件在精细地质建模中的应用 [J]. 新疆石油地质，2007，28（6）：773–774.

[126] 邵才瑞，印兴耀，李洪奇. 储层属性的遗传神经克里金插值方法及其应用 [J]. 中国石油大学学报，2007，31（5）：35–40.

[127] 刘滨，石晓燕，何伯斌，刘瑛，罗阳俊. 复杂断块油藏建模技术在丘陵油田的应用 [J]. 新疆石油地质，2010，31（5）：548–550.

[128] 杨继盛. 采气工艺基础. 北京：石油工业出版社，1992

[129] 杨继盛，刘建仪. 采气实用计算. 北京：石油工业出版社，1994

[130] 邬光辉，漆家福. 黄骅盆地一级构造变换带的特征与成因. 石油与天然气地质，1999，20（2）：125–128

[131] 郭正吾，邓康龄，韩永辉，等. 四川盆地形成与演化 [M]. 北京：地质出版社，1996

[132] 陈发景. 调节带（或传递带）的基本概念和分类. 现代地质，2003，17（2）：186.

[133] 余一欣，周心怀，魏刚等. 渤海湾地区构造变换带及油气意义. 古地理学报，2008，10（5）：555–560.

[134] 孙思敏，彭仕宓，黄述旺. 渤海湾盆地东濮凹陷横向调节带特征、成因及其区域分段作用. 地质力学学报，2006，12（1）：55–63.

[135] 刘剑平，汪新文. 伸展地区变换构造研究进展. 地质科技情报，2000，19（3）：27–32.

[136] 安福利，张焱林，郭忻. 川东黄金口构造带普光构造演化及油气成藏模式. 海洋地质动态，2009（05）：25-29.

[137] 马永生. 四川盆地普光超大型气田的形成机制 石油学报，2007（02）：9-14.

[138] 费琪，等. 石油勘探构造分析 [M]. 湖北武汉：中国地质大学出版社，1990.

[139] 王道成，李闽. 天然气启动压力梯度实验研究. 钻采工业

[140] 依呷，唐海. 低渗气藏启动压力梯度研究与分析. 海洋石油

[141] 许建红，钱俪丹. 储层非均质对油田开发效果的影响. 断块油气田

[142] 聂锐利，卢德唐. 气井动态产能预测方法研究. 天然气工业

[143] 张烈辉，李成勇. 高含硫气藏气井产能试井解释理论. 天然气工业

[144] 试井手册编写组. 试井手册. 北京：石油工业出版社，1992

[145] [美] 阿曼纳特U. 乔德瑞. 国外油气勘探开发新进展丛书（五）气井试井手册. 北京：石油工业出版社，2008

[146] 冯曦，钟兵. 天然气井试井技术规范 [S]. 国家能源局，SY/T 5440-2009

[147] 卢德唐，现代试井理论及应用，北京：石油工业出版社，2009

[148] 彭鑫岭，张世民，刘佳. 普光气田大湾区块培育高效井关键技术. 天然气工业，2013，33（6）：39-43

[149] 刘华强，罗邦林. 高含硫气田水平井试井工艺技术. 天然气工业，2005

[150] Guo Xiao, Du zhimin. EOS-Relatedmathematicalmodel to Predict Sulfur Deposition and Cost-effective Approach of Removing Sulfides from Sour Natural Gas, SPE 106614；

[151] L. Bi, G. Qin, P. Popov, Y. Efendiev, M. S. Espedal. "An Efficient Upscaling Process Based on a Unified Fine-scale Multi-Physics Model for Flow Simulation in Naturally Fracture Carbonate Karst Reservoirs". （SPE-125593），Proceeding of 2009 SPE/EAGE Reservoir Cha

[152] Zhang Wangqing, Liu Yangping, Cheng Chao, et al. Stochasticmodeling controlled by reservoir

[153] micro-facies [J]. Fault-Block Oil & Gas Field, 2008, 15（5）

[154] Yu Xinghe, Li Shengli, Zhao Shu, Chen Jianyang. The constrainingmethod on stochasticmodeling for

[155] fluvial petroleum reservoir controlled by depositional facies integrating wells with seismic data [J].

[156] Earth Science Frontiers, 2005. 4.

[157] ZhuYixiang, Zhangminglu, Wang Genjiu, Li Shengli, Guo Jianlin. Fades Controllingmodeling of

[158] Sulige Gas Field and Prediction for Favorable Reservoirs. [J] China Petrleum Exploration, 2004. 1

[159] PAN Shao-wei, YANG Shao-chun, YANG Bai, HUANG Jian-ting, DUAN Tian-xiang. Application of

[160] Facies-controlledmodeling Technology to the Fault-block Z2 in Jiangsu Oilfield [J].

[161] Natural Gas Geoscience, 2009. 6.

[162] Machel H G, Burton E A. Burial-diagenetic sabkha-like gypsum and anhydrite nodules [J]. Chem Geol, 1991, 90：211-231.

[163] O'Doherty R F, Anstey N A. Reflections on amplitudes [J]. Geophys Prospect, 1971, 19：430-458

[164] Banik N C, Lerche T, Shuey R T. Stratigraphic filtering, Part I: Derivation of O'Doherty - Anstey formula [J]. Geophysics, 1985, 50：2768-2774

[165] Shapiro S A, Zien H. The O'Doherty - Anstey formula and localization of seismic waves [J]. Geophysics, 1993, 58：736-740

[166] Lin Changrong, Wang Shangxu, Zhang Yong. Predicting the distribution of reservoirs by applying themethod of seismic data structure characteristics：Example from the eighth zone in Tahe Oilfield [J]. Applied Geophysics, 2006, 3（4）：234-242

[167] Lin Changrong. Application of grey system theory to gas pool prediction of 3D seismic data prior to drilling [R]. SPE 54274, 1999

[168] Wang Shangxu, Lin Changrong. The analysis of seismic data structure and oil and gas prediction [J]. Applied Geophysics, 2004, 1（2）：75–82

[169] Xiao Guo, Zhimin Du, Haiyanmei, et al. EOS–Relatedmathematicalmodel to Predict Sulfur Deposition and Cost–effective Approach of Removing Sulfides from Sour Natural Gas [J] SPE 106614, 2007.

[170] Xiao Guo, Zhimin Du, Dekui Fu. What Determines Sour Gas Reservoir Development in China. IPTC 11422, 2007

[171] Du Zhimin, Guo Xiao, Zhang Yong, et al. Gas–liquid–solid Coupled Flowmodelling in Fractured Carbonate Gas Reservoir with high H_2S content [J]. SPE 103946, 2006

[172] Guo Xiao, Du Zhimin, Zhang Yong, et al. Laboratory and Simulation Investigation of Sulfur Deposition in Sour Gas Reservoir [J] SPE 103810, 2006

[173] H. mei, M. Zhang, X. Yang. The Effect of Sulfur Deposition on Gas Deliverability [A] SPE 99700, 2006

[174] Nicholas Hands, Bora Oz, Bruce Roberts et al. Advances in the Prediction andmanagement of elemental sulfur deposition associated with sour gas production from fractured carbonate reservoirs [A]. SPE 77332, 2002

[175] BEHRENS R A, MACLEODm K, TRAN T T, et al. Incorporating seismic attributemaps in 3D reservoirmodels [R]. SPE, 1998, April：122– 126.

[176] Rzasam J, D. L. Katz. Ca1eulation of static pressure gradients in gas welis. Trans, AIME 1945；

[177] Sukkar Y K, Cornell D. Dlrect calcuintion of bottom–hole Pres–sures in natural gas wells. Ttans, AIME 204, 1955

[178] Messer P H, Raghavan R, Ramey H J jr. Calculation of bot–tom–hole Pressure for deeP, hot, sour gas wells. Journal of petroleum Teehnology, Jan 1974

[179] Gibbs AD. Structural evolution of extensional basinmargins. Geological Society of London Journal, 1984, 141：609~620.

[180] Rouce F, Nazaj S, Mushka K, Fili I, et al. Kinematics evolution and petroleum systems–an appraisal of the Outer Albanides. InmcClay K R, ed, Thrust tectonic and hydrocarbon systems： AAPGmemoir 82, 2004：474–495.

[181] Scott D, Rosendahl BR. North Viking Graben： An East African Perspective： AAPG Bulletin, 1989, 73（2）：155–165.

[182] Morley CK, Nelson RA, Patton TL. Transfer zones in the East African rift system and their relevance to hydrocarbon exploration in rifts. AAPG, 1990, 74（8）：1234~1253.

[183] Dahlstrom CDA. Structural geology in the easternmargin of the Canadian Rockymountains, Bull. of Canadian Petroleum Geology, 1970, 187：332~406.

[184] Dahlstrom C D A. Balanced cross sections [M]. Canadian Journal of Earth Sciences. 1969, 6：743–757.

[185] Roeder D, Witherspon W. Palinspasticmap of East Tennessee [J]. American [21] Journal of Science, 1978, 278：543–550.

[186] Suppe J. Geometry and kinematics of fault–bend folding [J]. American Journal of Science, 1983, 283：684–721.

[187] Shaw J H, Suppe J. Structural trend analysis by axial surfacemapping [J]. AAPG Bull, 1994, 78（5）：700–721.

参
考
文
献